林业公益性行业科研专项（201104029）
国家科技支撑计划课题（2008BADB0B01）

自然保护系列丛书
丛书主编 崔国发

自然保护区
建设和管理关键技术

崔国发 郭子良 王清春 邢韶华 张建亮
等◎著

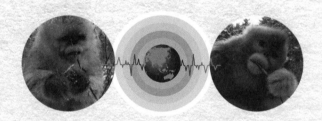

KEY TECHNOLOGIES
FOR THE CONSTRUCTION AND MANAGEMENT OF
NATURE RESERVE

U0215402

中国林业出版社
China Forestry Publishing House

图书在版编目（CIP）数据

自然保护区建设和管理关键技术／崔国发等著. --北京：中国林业出版社，2018.10（2019.9重印）

ISBN 978-7-5038-9830-3

Ⅰ.①自… Ⅱ.①崔… Ⅲ.①自然保护区-建设 ②自然保护区-管理 Ⅳ.①X36

中国版本图书馆 CIP 数据核字（2018）第 255632 号

审图号：GS（2018）6546 号

中国林业出版社·生态保护出版中心

策划编辑： 刘家玲
责任编辑： 刘家玲 甄美子

出 版：中国林业出版社(100009 北京市西城区德内大街刘海胡同7号)
　　　　http://lycb.forestry.gov.cn 电话：(010)83143519 83143616
印 刷：固安县京平诚乾印刷有限公司
版 次：2018 年 12 月第 1 版
印 次：2019 年 9 月第 2 次
开 本：787mm×1092mm 1/16
印 张：23
字 数：580 千字
定 价：160.00 元

《自然保护区建设和管理关键技术》编委会

主　　编：崔国发

副 主 编：郭子良　王清春　邢韶华　张建亮

参编人员：(按姓氏笔画排序)

王清春　邢韶华　刘方正　孙　锐

李玉强　李晓笑　宋延龄　张建亮

郑姚闽　赵永健　郭　宁　郭子良

涂　磊　姬文元　崔国发　曾治高

鲍伟东　魏永久

前　言

随着全球人口的不断增长，人类对生活生产空间的需求急速增加，在很多地区自然生态系统及其生物多样性衰退日趋严重。全球变化背景下的野生动植物及其生境就地保护和管理逐渐受到了国际社会的广泛关注。1872年，美国建立了第一个现代意义上的保护区——美国黄石国家公园。截至2014年，全球范围内已建设保护区209429处，面积达32868673km²，几乎占到了全球陆域的14%和海域的3.41%。截至2017年，我国（不含港澳台地区）自然保护区数量已达2750处，总面积约147万km²；与此同时，自然保护区的分类管理、规划设计、社区共管、生物多样性评价和保护优先区评估等科学研究迅速发展，应用于管理实践，并在自然保护区建设与管理方面逐渐形成了独具特色的学科发展方向和研究领域。

在我国，虽然第一个自然保护区——广东鼎湖山自然保护区设立于1956年，但是自然保护区的科学研究发展相对缓慢。20世纪80年代开始，李文华、马建章、金鉴明、宋朝枢、王献溥、赵献英和薛达元等少数科技工作者开始关注自然保护区建设、管理和评估等科学问题。1987年，宋朝枢先生首次公开提出了自然保护区学的概念，明确了其定义和研究热点问题。马建章院士主编的《自然保护区学》于1992年出版，标志着自然保护区学科的雏形在我国逐渐形成。2002年，北京林业大学向国务院学位委员会提出了自然保护区学科建设方案，并使之成为了独立的二级学科；2004年，自然保护区学院成立。此后，我国一些科研院所和高等院校相继成立了自然保护区教研室、自然保护区研究中心等教学、研究机构。随着自然保护区学科的发展，自然保护区的建设和管理技术逐步形成体系。

自2007年以来，笔者在"十一五"国家科技支撑计划"自然保护区体系构建技术研究"（2008BADB0B01）、国家林业公益性行业科研专项"严格自然保护区保护成效评价与适宜规模研究"(201104029)等连续资助下，开展了自然保护区的优化布局、规划设计、功能分区、保护对象管理和保护成效评价等建设与管理关键技术的研究，最终完成了此项工作。2007—2015年历时9年，项目组已发表相关科技论文60余篇，制定国家和林业行业标准21项，获得国家发明专利5项，获得实用新型专利6项。

本书整体上分为自然保护区的体系布局、规划设计、保护对象保育管理技术、保护成效定量评价技术四大部分，对其宏观布局、内部规划、局部设计、保护对象确定、生存状况评价、生境调控管理、不同尺度的保护成效评估等内容进行了系统研究和深入探讨，提出了中国自然保护综合地理区划方案，研发了生物多样性保护价值评估技术、自然保护区适宜规模确定和功能区划技术、保护对象保育管理技术，以及自然保护区保护成效定量评估技术，解决了自然保护区保护价值和保护成效科学评估的难题。研究成果将进一步促进我国自然保护区建立和监管工作的科学化、规范化、标准化。

第一章(自然保护综合地理区划)以及第二章(国家级自然保护区体系优化布局)由郭子良、崔国发负责撰写，第三章(生物多样性保护价值评估技术)由郭子良、孙锐、崔国发负责撰写，第四章(自然保护区适宜规模确定和功能区划技术)由王清春、鲍伟东、宋延龄、曾治高、张建亮、郭子良、崔国发负责撰写，第五章(野生动物通道和生物廊道设计技术)由邢韶华、李玉强、崔国发负责撰写，第六章(保护对象保育管理技术)由邢韶华、张建亮、姬文元、郭宁、魏永久、崔国发负责撰写，第七章(景观保护成效定量评估技术)由张建亮、刘方正、郑姚闽、崔国发负责撰写，第八章(植被保护成效定量评估技术)由张建亮、刘方正、崔国发负责撰写，第九章(野生动植物保护成效定量评估技术)由张建亮、刘方正、李晓笑、涂磊、赵永健、崔国发负责撰写，全书由郭子良、崔国发负责统稿。

由于编著者水平有限，内容难免有错漏之处，敬请广大读者批评和指正。

编著者
2018 年 7 月

目　录

第**1**章
自然保护综合地理区划

　　自然地理区划能为区域生物多样性保护和自然保护区体系建设等提供重要的基础资料，为制定区域生物多样性政策提供科学依据（解焱等，2002）。而生物地理区划是目前自然地理区划的重要研究方向之一，许多生物地理区划方案已经被提出，为区域保护区的规划布局等提供了参考（Sclater，1858；单纬东，1988）。20世纪70年代，Udvardy（1975）则编制了一个比较完整的生物地理区划方案——世界生物地理省分类，提出了生物多样性就地保护工作应该与生物地理区划研究密切结合，并建议在每个生物地理省内选择适宜地段建立生物圈保护区，从而使主要的自然生态系统能得到必要保护（王树基，1993）。近些年，国内外针对生物地理区划开展了大量的研究工作，并提出了很多相关的全球区划方案（Bailey & Hogg，1986；Prentice et al.，1992；赵淑清等，2000；Kreft & Jetz，2010）。但由于研究人员专业背景、基础资料等差异，各种区划方案在气候、生物群落和生物多样性分布等方面参考指标和内容的选取具有一定差异，侧重点各有不同，其内容也不一致。近代以来，为满足社会发展要求，我国的自然地理区划和生物地理区划研究也较多，并形成了许多内容各异的区划方案（倪健等，1998；傅伯杰等，2001；郑度，2008；李霄宇，2011；张荣祖，2011）。此外，很多定量化分析方法也被运用到我国的地理区划研究中，其中倪健等主要根据土壤、气候和地形等非生物因子，而解焱等主要根据我国部分野生动植物的分布，分别开展了量化分析，由于两者选取的依据差别较大，其地理区划结果存在一定的差异（倪健等，1998；解焱等，2002）。但这些区划很多主要是以生物因子和非生物因子等单一因素为基础开展的（郭子良和崔国发，2014）。

　　自然保护综合地理区划可以为生物多样性就地保护、自然保护区建设与管理提供参考，是基于区域自然环境要素和生物分布等开展的重要工作，属于自然地理区划的一个重要内容（郭子良和崔国发，2014）。虽然我国已经提出了众多的区划方案，但是这些方案大多基于专项的数据类型，一定程度上不能满足我国开展生物多样性保护和自然保护区体系建设的需求。随着自然保护区数量的不断增加、体系布局的不断完善，迫切地需要能更好地反映区域自然地理特征和植被类型等内容的地理区划，来配合我国的自然保护区建设工程，为其科学建设布局和管理提供依据（崔国发，2004；唐小平，2005；卢爱刚和王圣杰，2010；闫颜等，2010；吴健和刘昊，2012）。本研究结合中国地貌类型、中国地形高程数据和中国自然地理图集等资料，以及气候区划、土壤区划和植被区划等，提出了我国的自然保护综合地理区划方案，为我国自然保护区体系和区域保护区网络的建设布局提供参考和依据。

1.1 区划及命名原则

1.1.1 区划原则

（1）相对一致性原则。地理区划必须以地域分异的相对一致性为基础，而相对一致的地貌、植被等能为野生动植物提供相对一致的生境，并有助于对相同种类的野生动植物及其生境的保护，以及自然保护区的布局。因此，区划方案应充分体现区域地貌、自然地理特征和生物类群的空间组合及其空间分异特征，保持区域的相对一致性。而在不同层次地理区划时参考的主要区划依据也应有所差别（中国科学院中国自然地理编辑委员会，1980）。

（2）综合性原则。综合地理区划研究是以综合反映一个地区的地域异质性为目标而开展的，并不建议根据专项区划的边界划定其边界。数量分类方法虽然能对区域异质性进行综合表达并保证区划的客观性，但有时不能对相邻基本地理单元的关联程度进行精确区分，所以应综合运用图层叠加等手段对其进行修正。

（3）完整性原则。一个地理单元内可能存在多种地貌或生境类型，为了确保地貌的完整性，在每一个地理单元以代表其明显地貌特点的地貌类型为主要依据，有助于自然保护区建设中对区域整体的保护（高江波等，2010）。

1.1.2 命名原则

为了反映各个自然地理单元的主要特征，本研究拟采用自然名称命名法。目前，很多区划单元的命名与人们习惯用法不一致，给人们带来了很多困惑。而本研究区划系统命名时，优先采用了惯用地名，便于理解和记忆，以主要山体、高原、平原和盆地等主要地貌类型作为主要命名依据。本研究所使用的地理单元名称主要依据《中国自然地理地貌》（中国科学院中国自然地理编辑委员会，1980）和2010年出版的《中国自然地理图集》（刘光明，2010）。

1.2 区划依据

1.2.1 区划方案的依据

气候区划、土壤区划、植物区系分区和动物地理区划等均反映了较大尺度的生态因子的分布规律，对小尺度综合区划的影响有限，但地貌格局和植被分布的变化均显著影响着野生动植物及其生境（郑度等，2005；张新时，2007；郑景云等，2010；张荣祖，2011）。因此，本研究中在数量分类过程中同时考虑了气候、土壤、植物、动物和植被等因素，假定其对每个地理单元的影响是相同的，而在数量分类分析后，参考地貌区划和植被区划内容对其边界进行了修正，进一步确定了区划系统。

地貌区划方案：选取了 2013 年中国地貌区划系统（郭子良和崔国发，2013）。

气候区划方案：选取了 1978 年中央气象局根据已有气候区划和全国气象台站的数据资料提出的"中国气候区划"。

土壤区划方案：选取了 1965 年赵其国等提出的"中国土壤区划"。

植物区系分区方案：选取了 1983 年吴征镒等提出的"中国植物区系分区"。

动物地理区划方案：选取了 1999 年张荣祖等提出的"中国动物地理区划"。

植被区划方案：选取了 2007 年张新时等提出的"中国植被区划"。

1.2.2　数量分类的依据

气候、土壤、植物、动物和植被 5 个方面组成了 TWINSPAN 方法进行数量分类的基础指标，这些指标的属性信息分别通过我国的气候区划、土壤区划、植物区系分区、动物地理区划和植被区划等方案获得。这些区划主要依据了地理空间上气候、土壤、植物、动物和植被地带性的差异确定其方案，而其每个区划地理单元均表现了其代表性的气候、土壤和植物分布等因子。每个基本地理区划单元的各项属性主要依据专项区划方案中各斑块的属性信息确定，包括了 45 个气候区、78 个土壤区、29 个植物地区、54 个动物地理省和 116 个植被区。利用 ArcGIS10.0，通过图层叠加，提取这些信息并输入到基本地理单元内，得到基本地理单元的属性表，作为数量分类的依据。

1.3　区划方法

首先，使用 ArcGIS10.0 软件将气候区划单元、土壤区划单元和根据地貌类型确定的地貌区划单元进行叠加，各图层合并后得到我国陆地区域的 3489 个基本地理单元。

然后，根据每个基本地理单元在我国气候区划、土壤区划、植物区系分区、动物地理区划和植被区划中位置的不同，利用 ArcGIS10.0 提取各个基本地理单元的属性信息，并将其作为数量分类的参考指标，再得到"基本地理单元×属性信息"排列矩阵，用"1"表示具有的属性字段，用"0"表示不具有的属性字段，并使用 PC-ORD4.0 软件中的双向指示种分析（TWINSPAN）方法进行数量分类，得到其分类结果。其中，TWINSPAN 方法是一种兼顾定性及定量的分类方法，在群落分类中较为常用，为数值分类的一种，本法由 Hill 等在 1975 年所创立。其原理是采用序列法中的交互平均法（Hill，1973），对分类样本自上而下依次进行二分，直到各群无法切分为止。TWINSPAN 方法可以通过计算模型来反映样本之间的差别，比较客观地反映分类样本的相似或相异性，并据此进行分类，但仍然需要人为判断临界值。

最后，将得到 3489 个基本地理单元的数量分类结果输入 ArcGIS10.0 中。因为 TWINSPAN 方法并不考虑不同指标之间的近似和相关程度，所以要对数量分类所得结果中各区域的边缘进行检查矫正。在数量分类的基础上，参考植被区划、地貌区划等确定中国自然保护综合地理区划方案的区划系统（图 1-1）。

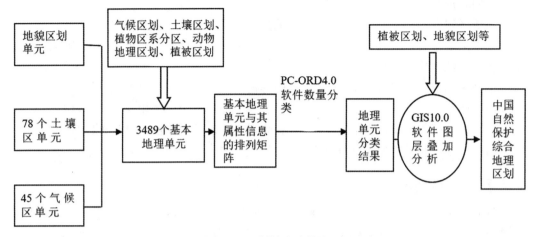

图 1-1　区划技术路线图

Fig. 1-1　The technology roadmap of division

1.4　基本地理单元数量分类结果

自然保护区以自然生态系统、野生动植物及其生境为主要保护目标。因此，在自然保护综合地理区划中，全面考虑了自然界的非生物和生物因子，对其区划指标进行了量化处理，通过数量分类得到了其分类结果，部分结果如图 1-2a 和图 1-2b 所示。

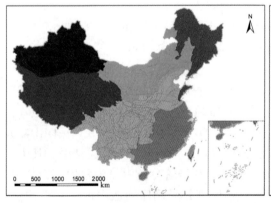

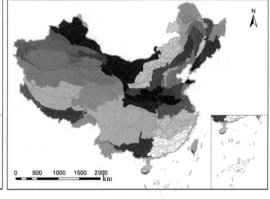

图 1-2a　数量分类 4 次后分类结果	图 1-2b　数量分类 7 次后分类结果
Fig. 1-2a　The result of numerical taxonomic after 4 times	Fig. 1-2b　The result of numerical taxonomic after 7 times

分类 4 次后，我国陆域被划分为 12 个区域，基本符合我国东北、华北、东南、中南、内蒙古、西北和青藏高原等的地域分异规律。特别是青藏高原和东北地区被明显地区分出，气候、土壤和植被等因子的综合分析有助于开展自然保护综合地理区划研究。而分类 7 次后，分类结果更为复杂，而局部地貌的变化对其影响变大。这说明随着区划尺度的不断变小或区划方案的细化，局部地貌特征等因素的影响越来越大。数量分类结果对区划指标具有较好的表达，较为客观地表现了我国不同区域间的差异。

1.5　自然保护综合地理区划方案

　　根据以上研究成果，并参考我国的地貌区划、植被区划等，以及进一步的分类结果等对各个地理单元的边界进行调整，将狭小的带状地区并入相邻地理单元。根据上述的区划原则、依据和方法，提出了包括 8 个自然保护地理区域、37 个自然保护地理地带、117 个自然保护地理区和 496 个自然保护地理小区的中国自然保护综合地理区划方案（图 1-3，附录 A）。各个自然保护地理单元的描述参考了自然保护区的科学考察

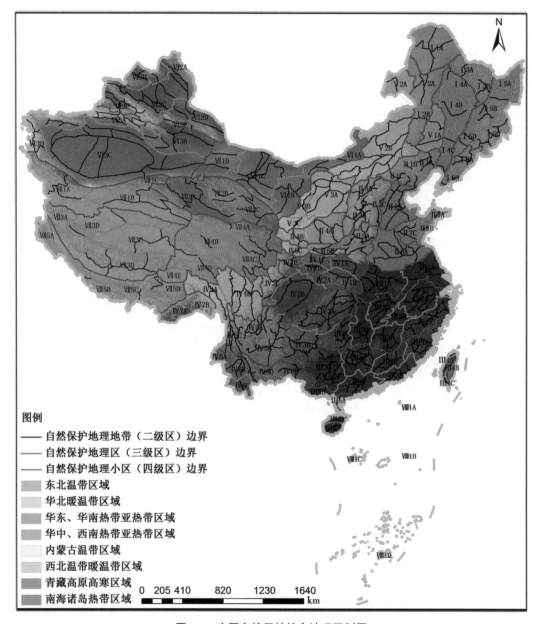

图例
—— 自然保护地理地带（二级区）边界
—— 自然保护地理区（三级区）边界
—— 自然保护地理小区（四级区）边界
■ 东北温带区域
■ 华北暖温带区域
■ 华东、华南热带亚热带区域
■ 华中、西南热带亚热带区域
■ 内蒙古温带区域
■ 西北温带暖温带区域
■ 青藏高原高寒区域
■ 南海诸岛热带区域

0　205　410　　　820　　　1230　　　1640
km

图 1-3　中国自然保护综合地理区划图

Fig. 1-3　The natural conservation comprehensive geographical regionalization of China

报告、野生动植物方面专著以及专业网站信息等（汪松和解焱，2004；2009；张新时，2007；张荣祖，2011；蒋志刚，2015；中国科学院植物研究所，2016；中国科学院动物研究所等，2016）。

1.5.1 东北温带区域

该区域主要位于我国植被区划的寒温带针叶林区域、温带针阔混交林区域和暖温带落叶阔叶林区域的辽东半岛，东北部以黑龙江沿国境线与俄罗斯为邻，东南以鸭绿江、长白山及图们江等为界与朝鲜、俄罗斯毗邻，总面积约 100.01 万 km²。大兴安岭位于其西部，小兴安岭位于其北部，而东南部有长白山、张广才岭和吉林哈达岭等山地，而在其间分布有广阔的三江平原和松嫩平原。大部分位于温带大陆性季风气候区内，但纬度较高，夏季温暖、冬季严寒。地带性土壤主要包括暗棕壤、黑土和黑钙土等类型。作为我国最主要的天然林分布区之一，仍保留有大面积的原始森林或天然次生林，而低地平原多分布有草甸草原、沼泽地和河漫滩等。其植物区系分区和动物地理区划具有较高的一致性。在此区域，多种植被类型交叉分布，是我国寒温带针叶林和温带针阔混交林最主要分布区，森林湿地和沼泽湿地较多，也是我国耐寒性动植物主要分布地，但珍稀濒危和特有物种较少。

该自然保护地理区域包括大兴安岭北部寒温带半湿润地带、小兴安岭温带半湿润地带和长白山温带湿润半湿润地带等 6 个自然保护地理地带，以及 14 个自然保护地理区和 46 个自然保护地理小区。

1.5.1.1 大兴安岭北部寒温带半湿润地带

大兴安岭北部寒温带半湿润地带仅有 1 个区，即大兴安岭北段落叶针叶林区，位于大兴安岭最北部，黑龙江南岸，是我国纬度最高的地带，面积约 17 万 km²。植被以寒温带明亮针叶林为主，主要树种有兴安落叶松 Larix gmelinii、樟子松 Pinus sylvestnis var. mongholica、偃松 Pinus pumila、白桦 Betula platyphylla 和山杨 Populus davidiana 等，而兴安落叶松是主要建群种，沟谷内分布有大量森林湿地。包括大兴安岭北端、呼玛河流域山地、大兴安岭北段西麓和黑河-鄂伦春山地 4 个小区。国家重点保护和珍稀濒危野生植物有浮叶慈姑 Sagittaria natans、黄檗 Phellodendron amurense、钻天柳 Chosenia arbutifolia 等；国家重点保护野生动物有中华秋沙鸭 Mergus squamatus、黑嘴松鸡 Tetrao parvirostris、原麝 Moschus moschiferus、貂熊 Gulo gulo、紫貂 Martes zibellina、美洲驼鹿 Alces americanus、东北马鹿 Cervus xanthopygus 等。

1.5.1.2 大兴安岭南部温带半湿润地带

1.5.1.2.1 大兴安岭中段针阔混交林区

位于大兴安岭中部，海拉尔市以南山地，呼伦贝尔高原以东，东北平原西侧，是典型的气候分割带，面积约 9.74 万 km²。植被以针阔混交林、温性阔叶林为主，主要树种有兴安落叶松、蒙古栎 Quercus mongolica、白桦、黑桦 Betula davurica 和山杨等，并伴有一定面积的草原草甸。包括根河-海拉尔河山地、大兴安岭中段西麓和大兴安岭中段东麓 3 个小区。国家重点保护和珍稀濒危野生植物有浮叶慈姑、野大豆 Glycine soja、黄檗、紫点杓兰 Cypripedium guttatum 等；国家重点保护野生动物有金雕 Aquila chrysaetos、丹顶鹤 Grus japonensis、白头鹤 Grus monacha、白鹤 Grus leucogeranus、东北

梅花鹿 *Cervus hortulorum* 等。

1.5.1.2.2 大兴安岭南段森林草原区

位于大兴安岭南部，锡林郭勒草原以东，科尔沁草原西侧，是典型的气候分割带和农牧交错带，面积约 5.89 万 km²，现有森林、草原、湿地和沙地等多种生态系统。植被以温性阔叶林、灌丛、草原草甸为主，主要树种有樟子松、蒙古栎、白桦、紫椴 *Tilia amurensis*、榆树 *Ulmus pumila*、黑桦和山杏 *Armeniaca sibirica* 等。包括苏克斜鲁山北段和苏克斜鲁山南段 2 个小区。国家重点保护和珍稀濒危野生植物有紫椴、野大豆、草苁蓉 *Orobanche coerulescens* 和单花郁金香 *Tulipa uniflora* 等；国家重点保护野生动物有大鸨 *Otis tarda*、黑鹳 *Ciconia nigra*、东方白鹳 *Ciconia boyciana*、原麝、蓑羽鹤 *Anthropoides virgo*、黑琴鸡 *Tetrao tetrix* 等。

1.5.1.3 小兴安岭温带半湿润地带

1.5.1.3.1 小兴安岭北部针阔混交林区

位于小兴安岭西北部，大兴安岭以东，东北平原北侧，黑龙江南畔，面积约 5.07 万 km²。植被以针阔叶混交林为主，主要树种有红松、云杉 *Picea asperata*、冷杉 *Abies fabri*、兴安落叶松、蒙古栎和白桦等；并伴有森林湿地，境内胜山是红松林生长的最北端。包括小兴安岭北段和小兴安岭中段 2 个小区。国家重点保护和珍稀濒危野生植物有红松 *Pinus koraiensis*、黄檗、水曲柳 *Fraxinus mandschurica*、杓兰 *Cypripedium calceolus* 等；国家重点保护野生动物有中华秋沙鸭、白头鹤、紫貂、东北梅花鹿、雪兔 *Lepus timidus*、镰翅鸡 *Falcipennis falcipennis*、凤头蜂鹰 *Pernis ptilorhynchus* 等。

1.5.1.3.2 小兴安岭南部针阔混交林区

位于小兴安岭东南部的中低山区域，南邻东北平原，东到三江平原，黑龙江南畔，面积约 5.47 万 km²，拥有亚洲面积最大、保存最完整的红松原始林。以红松为主的针阔叶混交林为其主要植被类型，主要树种有红松、云杉、冷杉、兴安落叶松、樟子松、蒙古栎和白桦等。包括青黑山、大管山和平顶山 3 个小区。国家重点保护和珍稀濒危野生植物有水曲柳、黄檗、钻天柳、杓兰等；国家重点保护野生动物有黑鹳、东方白鹳、中华秋沙鸭、白尾海雕 *Haliaeetus albicilla*、水獭 *Lutra lutra*、红角鸮 *Otus scops* 等。

1.5.1.4 东北平原温带湿润半湿润地带

1.5.1.4.1 松嫩平原外围蒙古栎、草原草甸区

位于大兴安岭、小兴安岭、长白山脉与东北平原之间，是山地和平原的过渡区域，呈环状分布，面积约 8.27 万 km²。目前该区域以栽培植被为主，但仍残存有小面积的兴安落叶松林、蒙古栎林，以及以苔草 *Carex tristachya*、小叶章 *Calamagrostis angustifolia*、小白花地榆 *Sanguisorba tenuifolia*、芦苇 *Phragmites australis*、金莲花 *Trollius chinensis*、羊草 *Leymus chinensis* 和碱茅 *Puccinellia distans* 等为主的沼泽湿地。包括大兴安岭山前台地、小兴安岭山前台地和大黑山台地 3 个小区。国家重点保护和珍稀濒危野生植物有野大豆、绶草 *Spiranthes sinensis* 和浮叶慈姑等；国家重点保护野生动物有东方白鹳、白鹤、丹顶鹤、黑头白鹮 *Threskiornis melanocephalus*、小天鹅 *Cygnus columbianus*、白枕鹤 *Grus vipio* 等，主要为迁徙性水鸟。

1.5.1.4.2 松嫩平原栽培植被与草原草甸区

位于大兴安岭、小兴安岭与长白山脉及松辽分水岭之间，主要由松花江和嫩江等

冲积而成,面积约 8.47 万 km²。在河流汇集地带,水流不畅,形成了大面积的沼泽湿地;西南部为闭流区,有无尾河形成。拥有较大面积的栽培植被,并残存有羊草、杂类草草原、小白花地榆、金莲花、禾草草甸、芦苇沼泽等。包括松嫩平原北部和松嫩平原南部 2 个小区。国家重点保护和珍稀濒危野生植物有野大豆、东北龙胆 *Gentiana manshurica*、绶草、手掌参 *Gymnadenia conopsea* 等;国家重点保护野生动物有白鹤、丹顶鹤、大鸨、赤颈䴙䴘 *Podiceps grisegena*、大天鹅 *Cygnus cygnus*、黄嘴白鹭 *Egretta eulophotes* 等。

1.5.1.4.3　辽河平原栽培植被与草原草甸区

位于辽东丘陵西侧,辽西山地和科尔沁沙地东侧,松嫩平原以南,面积约 5.57 万 km²。以栽培植被为主,西北部存留一定面积的榆树疏林、禾草草原、羊草草原和芦苇草甸等植被,而其他区域残留小面积的樟子松林、榛子灌丛和芦苇沼泽等。包括东辽河平原、辽河平原和辽河湾沿海平原 3 个小区。国家重点保护和珍稀濒危野生植物有珊瑚菜 *Glehnia littoralis*、野大豆等;国家重点保护野生动物有东方白鹳、丹顶鹤、白鹤、黑脸琵鹭 *Platalea minor*、灰鹤 *Grus grus*、燕隼 *Falco subbuteo* 等,以迁徙性鸟类为主。

1.5.1.5　长白山温带湿润半湿润地带

1.5.1.5.1　穆棱-三江平原湿地、草甸区

位于东北平原东北部,北起黑龙江,南抵兴凯湖,西邻小兴安岭,东至乌苏里江,面积约 6.04 万 km²。现有开荒后形成的大面积栽培植被,原生性植被多被破坏,现存湿生和沼生植物主要有小叶章、沼柳 *Salix rosmarinifolia*、苔草和芦苇等,而苔草沼泽分布最广。包括三江平原和穆棱平原 2 个小区。国家重点保护和珍稀濒危野生植物有兴凯赤松 *Pinus densiflora* var. *ussuriensis*、浮叶慈姑、水曲柳、刺五加 *Eleutherococcus senticosus* 等;国家重点保护野生动物有东方白鹳、白鹤、虎头海雕 *Haliaeetus pelagicus*、玉带海雕 *Haliaeetus leucoryphus*、柳雷鸟 *Lagopus lagopus* 等。

1.5.1.5.2　张广才岭-完达山针阔混交林区

位于长白山山脉,北邻小兴安岭南麓,南接长白山,东至乌苏里江,面积约 8.02 万 km²。该区植被以针阔混交林为主,山区主要树种有红松、冷杉、云杉、鱼鳞松 *Picea jezoen*、黄花落叶松 *Larix olgensis*、白桦和山杨等。包括分水岗-完达山、张广才岭北段、张广才岭南段、张广才岭山前丘陵和大青山丘陵 5 个小区。国家重点保护和珍稀濒危野生植物有东北红豆杉 *Taxus cuspidata*、人参 *Panax ginseng*、水曲柳、黄檗等;国家重点保护野生动物有东方白鹳、中华秋沙鸭、东北虎 *Panthera tigris altaica*、紫貂、东北梅花鹿、猞猁 *Lynx lynx*、靴隼雕 *Hieraaetus pennatus*。

1.5.1.5.3　长白山阔叶红松林区

位于长白山山脉东南部,西接张广才岭,北起完达山,东邻俄罗斯和朝鲜,是牡丹江、图们江和鸭绿江的发源地,面积约 8.68 万 km²。区内以典型温带针阔叶混交林为主,代表植被中针叶树种以红松、沙冷杉 *Abies holophylla*、臭冷杉 *Abies nephrolepis* 和红皮云杉 *Picea koraiensis* 等占优势,阔叶树种以紫椴、色木 *Acer mono*、山杨和蒙古栎等为主,垂直植被带谱明显。包括老爷岭-太平岭、高岭-盘岭、大丽岭-哈尔巴岭、英额岭、威虎岭、龙岗山北段和长白山 7 个小区。国家重点保护和珍稀濒危野生植物有东

北红豆杉、朝鲜崖柏 *Thuja koraiensis*、对开蕨 *Phyllitis scolopendrium*、人参、水曲柳等；国家重点保护野生动物有黑鹳、东方白鹳、中华秋沙鸭、远东豹 *Panthera pardus orientalis*、东北虎、东北梅花鹿、灰林鸮 *Strix aluco*、黑熊 *Selenarctos thibetanus*、青鼬 *Martes flavigula* 等。

1.5.1.5.4　吉林哈达岭次生落叶阔叶林区

位于长白山脉西部，北起松花湖，南至辽宁省抚顺市，西接松辽平原，面积约 4.91 万 km²。区内有大面积的栽培植被，仍保留了零星分布的长白落叶松 *Larix olgensis*、椴树 *Tilia tuan*、槭树和蒙古栎等组成的森林群落。包括吉林哈达岭北段、吉林哈达岭中段和吉林哈达岭南段 3 个小区。国家重点保护和珍稀濒危野生植物有红松、野大豆、紫椴、大花杓兰 *Cypripedium macranthum* 和珊瑚兰 *Corallorhiza trifida* 等；国家重点保护野生动物有中华秋沙鸭、白鹤、丹顶鹤、原麝、白尾鹞 *Circus cyaneus*、红隼 *Falco tinnunculus*、雕鸮 *Bubo bubo*、花田鸡 *Coturnicops exquisitus* 等。

1.5.1.6　辽东半岛暖温带湿润半湿润地带

1.5.1.6.1　龙岗山针阔混交林区

位于吉林哈达岭东侧，北起吉林省辉南县，南至辽宁省新宾满族自治县大伙房水库上游，面积约 3.66 万 km²，属长白植物区系的西南边缘，并具有向华北植物区系的过渡性。中山植被垂直分布特征明显，山底至山顶依次为落叶阔叶林带、针阔混交林带、云冷杉暗针叶林带、岳桦 *Betula ermanii* 林带和灌丛带等；主要树种有云杉、冷杉、红松、油松 *Pinus tabuliformis*、蒙古栎和辽东栎 *Quercus wutaishansea* 等。包括龙岗山中段、龙岗山南段、老岭和千山北段 4 个小区。国家重点保护和珍稀濒危野生植物有红松、水曲柳、黄檗、紫椴、狭叶瓶儿小草 *Ophioglossum thermale*、胡桃楸 *Juglans mandshurica*、双蕊兰 *Diplandrorchis sinica* 等；国家重点保护野生动物有金雕、东北梅花鹿、鸳鸯 *Aix galericulata*、赤颈鸊鷉、矛隼 *Falco rusticolus*、花尾榛鸡 *Tetrastes bonasia*、花头鸺鹠 *Glaucidium passerinum* 等。

1.5.1.6.2　辽东半岛落叶阔叶林与湿地区

位于我国东北辽宁省中南部，渤海与黄海之间的半岛，东北与龙岗山毗邻，是我国第二大半岛，面积约 3.22 万 km²。地带性植被为温带落叶阔叶林，天然林较少，区内栽培植被广泛分布在低海拔区域，沿海仍存留一定野生动物栖息地。包括千山南段、辽东半岛和鸭绿江沿岸丘陵 3 个小区。国家重点保护和珍稀濒危野生植物有珊瑚菜、野大豆、胡桃楸和黄檗等；国家重点保护野生动物有东方白鹳、白头鹤、白肩雕 *Aquila heliaca*、东北梅花鹿、松江鲈鱼 *Trachidermus fasciatus*、海鸬鹚 *Phalacrocorax pelagicus*、赤腹鹰 *Accipiter soloensis*、白头鹞 *Circus aeruginosus*、小杓鹬 *Numenius minutus*、斑海豹 *Phoca largha* 等。

1.5.2　华北暖温带区域

该区域位于我国渤海和黄海西侧，青藏高原东部，内蒙古和东北地区以南，秦岭山脉主脊线和淮河一线以北，面积约 93.19 万 km²。区域内具有稳定而古老的台地，受到侵蚀和堆积的交替作用，形成了明显的多级阶地，西部有显著的黄土堆积。因其位于中纬度大陆东岸，受大陆性季风的影响显著，属中纬度暖温带季风气候，四季分明，夏秋湿热，冬季干冷。其地带性土壤由东到西依次为棕壤土、淋溶褐色土和褐土等，以及发育在森林草原与干草原上的黑土和黄绵土等。该区域的地带性植被以落叶阔叶林为主，但由于热量不同而引起植被的纬度地带性变化明显，其南界秦岭淮河一线附近，植物区系中的亚热带常绿成分较多，而西北边界附近温带草原成分突出。在植被区划上，涵盖了暖温带阔叶混交林区域的大部分以及温带草原区域与暖温带阔叶混交林区域交界的边缘部分，但野生动植物种类较少且物种组成较单一。其生态系统类型的区域差异明显，但人口密度较大，开发利用较早，很多地区原生性自然生态系统和野生动植物种类缺乏，应以保护和恢复不同地区的森林生态系统、湿地生态系统和野生动物迁徙通道等为重点，特别是在野生动物集中分布区。

该自然保护地理区域包括燕山暖温带半湿润地带、海河平原暖温带半湿润地带、山西高原暖温带半湿润地带和山东半岛暖温带半湿润地带等 7 个自然保护地理地带，以及 16 个自然保护地理区和 72 个自然保护地理小区。

1.5.2.1　燕山暖温带半湿润地带

1.5.2.1.1　辽西冀北山地落叶阔叶林区

位于我国辽宁西部和燕山北部，处于东北平原和华北平原的交汇处，面积约 4.73 万 km²，属半干旱草原向半湿润森林区过渡地带，是阻拦北部寒流大风与科尔沁沙地南侵的重要天然生态屏障。植被建群种主要有油松、蒙古栎、糠椴 *Tilia mandschurica*、白桦、山杨、山杏和荆条 *Vitex negundo* 等。包括医巫闾山、松岭山地、努鲁儿虎山北段和努鲁儿虎山南段 4 个小区。国家重点保护和珍稀濒危野生植物有野大豆、紫椴和黄檗等；国家重点保护野生动物有黑鹳、东方白鹳、遗鸥 *Larus relictus*、大鸨、黄爪隼 *Falco naumanni*、鹰鸮 *Ninox scutulata*、领角鸮 *Otus bakkamoena*、黄羊 *Procapra gutturosa* 等。

1.5.2.1.2　七老图山落叶阔叶林与草原区

位于赤峰市西部与河北省交界处，属燕山山脉支脉，西北-东南走向，西北起自白岔山，东南接努鲁儿虎山，面积约 1.71 万 km²，地处华北、东北、大兴安岭和蒙古植物区系交错带，欧亚草原区和东亚阔叶林区的过渡地带。主要树种有油松、蒙古栎、红皮云杉 *Picea koraiensis*、糠椴、黑桦、白桦、山杨和山杏等。包括七老图山北段和七老图山南段 2 个小区。国家重点保护和珍稀濒危野生植物有野大豆、黄檗和紫椴等；国家重点保护野生动物有黑鹳、白鹤、大鸨、金雕、黑鸢 *Milvus migrans*、苍鹰 *Accipiter gentilis*、黄羊、斑羚 *Naemorhedus goral* 等。

1.5.2.1.3　燕山落叶阔叶林区

位于大兴安岭、内蒙古高原和华北平原的交汇处，燕山山脉为其主体，面积约 5.80 万 km²。地带性植被落叶阔叶林（以栎类为主），并混生暖性针叶林，为许多野生动植物的分布北限；在高山垂直带谱明显，主要树种有蒙古栎、辽东栎、槲栎 *Quercus aliena*、栓皮栎 *Quercus variabilis*、白桦和华北落叶松 *Larix principis-rupprechtii* 等，目前以次生林为主。包括燕山西段、大马群山-军都山、雾灵山、都山和燕山东段沿海丘陵 5 个小区。国家重点保护和珍稀濒危野生植物有珊瑚菜、黄檗、野大豆、紫点杓兰、二叶舌唇兰 *Platanthera chlorantha*、大花杓兰等；国家重点保护野生动物有白肩雕、金雕、豹 *Panthera pardus*、黑翅鸢 *Elanus caeruleus*、普通鵟 *Buteo buteo*、白腹鹞

Circus spilonotus、黑浮鸥 *Chlidonias niger*、猕猴 *Macaca mulatta* 和斑羚等。

1.5.2.2 海河平原暖温带半湿润地带

海河平原暖温带半湿润地带仅有 1 个区，即海河平原栽培植被与湿地区，是华北平原的一部分，北依燕山，南至黄河，西邻太行山，东濒渤海，面积约 11.63 万 km²。全区以栽培植被为主，人口密度大，仅在山区边缘和低洼湿地仍残留有部分林地和湿地资源。包括北京平原、太行山山前平原、燕山山前平原、冀中平原、冀南平原、渤海西部滨海平原、黄河三角洲平原和黄河平原 8 个小区。国家重点保护和珍稀濒危野生植物有珊瑚菜、野大豆等；国家重点保护野生动物有东方白鹳、白鹤、白头鹤、大鸨、小鸥 *Larus minutus*、黑浮鸥、草原鹞 *Circus macrourus*、猎隼 *Falco cherrug*、纵纹腹小鸮 *Athene noctua* 等。自然植被匮乏，缺少大型兽类，以迁徙性鸟类为主。

1.5.2.3 山西高原暖温带半湿润地带

1.5.2.3.1 晋北中山落叶阔叶林与草原区

位于内蒙古高原以南，黄河以东，东邻太行山，面积约 5.42 万 km²，分布有暖温带落叶阔叶林与温带草原交错区的典型生态系统，山区保存有大面积华北落叶林和云杉林。植物区系成分复杂，盆地平原和低山以栽培植被为主。包括冀西北山地、大同盆地、晋西北高原、恒山和芦芽山 5 个小区。国家重点保护和珍稀濒危野生植物有黄檗、紫点杓兰和野大豆等；国家重点保护野生动物有黑鹳、褐马鸡 *Crossoptilon mantchuricum*、大鸨、金雕、豹、松雀鹰 *Accipiter virgatus*、豺 *Cuon alpinus* 等。

1.5.2.3.2 晋中山地落叶阔叶林区

位于恒山以南，运城盆地和长治盆地以北，黄河以东，东邻太行山，面积约 6.99 万 km²，为传统农耕区，栽培植被分布较广。山地植被类型随海拔升高依次为温性阔叶混交林、针阔混交林和寒温性针叶混交林等。主要树种有油松、白皮松 *Pinus bungeana*、华北落叶松、云杉、白桦、红桦 *Betula albo-sinensis* 和山杨等，灌木有胡枝子 *Lespedeza bicolor*、虎榛子 *Ostryopsis davidiana*、沙棘 *Hippophae rhamnoides*、黄刺玫 *Rosa xanthina* 和锦鸡儿 *Caragana sinica* 等。包括五台山、太行山中段西麓、寿阳山地、忻州盆地、太原盆地、太岳山、云中山、关帝山和吕梁山南段 9 个小区。国家重点保护和珍稀濒危野生植物有黄檗、紫椴、毛杓兰 *Cypripedium franchetii*、绿花杓兰 *Cypripedium henryi*、山西杓兰 *Cypripedium shanxiense* 等；国家重点保护野生动物有黑鹳、褐马鸡、大鸨、金雕、豹、阿穆尔隼 *Falco amurensis*、游隼 *Falco peregrinus*、勺鸡 *Pucrasia macrolopha*、豺等。

1.5.2.3.3 太行山东麓栽培植被与落叶阔叶林区

位于黄土高原东侧，华北平原以西，北接燕山，南至长治，面积约 4.08 万 km²。该区以栽培植被为主，山区存留有一定面积的自然植被，随海拔升高呈现明显的垂直植被带谱，依次为灌木林、落叶阔叶林、针阔混交林、亚高山灌丛、草甸等。包括太行山北段、太行山山前丘陵和太行山中段东麓 3 个小区。国家重点保护和珍稀濒危野生植物有水曲柳、黄檗、紫点杓兰、山西杓兰、大花杓兰、野大豆等；国家重点保护野生动物有黑鹳、褐马鸡、大鸨、原麝、豹、鸳鸯、豺、猎隼、燕隼、猕猴、斑羚等。

1.5.2.4 陕北和陇中高原暖温带半干旱地带

1.5.2.4.1 陕北高原切割塬落叶阔叶林与草原区

位于黄土高原的中心部分，鄂尔多斯以南，关中平原以北，西至六盘山，东至黄河，面积约 9.13 万 km²，处于暖温带半湿润落叶阔叶林带的北部西段，是森林向草原植被的过渡地带，原生植被破坏殆尽，多为天然次生植被。乔木以油松、侧柏 *Platycladus orientalis*、辽东栎、山杨和白桦等为主，灌木以虎榛子、绣线菊 *Spiraea salicifolia*、狼牙刺 *Sophora viciifolia* 和酸刺 *Hippophae rhamnoides* 等为主。包括白于山、梁山、子午岭和陇东黄土高原 4 个小区。国家重点保护和珍稀濒危野生植物有紫斑牡丹 *Paeonia rockii*、胡桃楸、杜松 *Juniperus communis*、文冠果 *Xanthoceras sorbifolium* 等；国家重点保护野生动物有黑鹳、褐马鸡、金雕、豹、大天鹅、黑翅鸢、长耳鸮 *Asio otus*、短耳鸮 *Asio flammeus*、水獭、豺、斑羚等。

1.5.2.4.2 陇中高原南部落叶阔叶林与草原区

位于六盘山、陇山以西，秦岭以北，黄河以南，属于典型的黄土高原地貌，面积约 3.87 万 km²。经长期的人类活动破坏，许多原生植被不复存在，残留各种不同演替阶段的植被类型，多为草原草甸、落叶阔叶灌丛、落叶阔叶林和温带针叶林等，主要树种有华山松 *Pinus armandii*、油松、青海云杉 *Picea crassifolia*、青杆 *Picea wilsonii*、辽东栎、山杨和箭竹 *Fargesia spathacea* 等。包括六盘山、陇山和陇西高原 3 个小区。国家重点保护和珍稀濒危野生植物有胡桃楸、桃儿七 *Sinopodophyllum hexandrum*、凹舌兰 *Coeloglossum viride*、火烧兰 *Epipactis helleborine*、对叶兰 *Listera puberula* 等；国家重点保护野生动物有金雕、马麝 *Moschus chrysogaster*、林麝 *Moschus berezovskii*、豹、白琵鹭 *Platalea leucorodia*、大鵟 *Buteo hemilasius*、雀鹰 *Accipiter nisus*、红腹锦鸡 *Chrysolophus pictus*、岩羊 *Pseudois nayaur* 等。

1.5.2.5 太行山南段和秦岭北坡暖温带半湿润地带

1.5.2.5.1 太行山南段山地落叶阔叶林与湿地区

位于太行山和黄土高原南部，黄河以北，关中平原以东，华北平原以西，面积约 5.24 万 km²。森林植被以落叶阔叶天然次生林为主，主要树种有栓皮栎、槲栎、橿子栎 *Quercus baronii* 和辽东栎等栎类，以及油松、侧柏、白皮松、山杨和白桦等。包括太行山南段、长治盆地、沁河谷地、临沂-运城盆地、中条山和太行山南麓平原 6 个小区。国家重点保护和珍稀濒危野生植物有翅果油树 *Elaeagnus mollis*、水曲柳、太行花 *Taihangia rupestris* 和领春木 *Euptelea pleiosperma* 等；国家重点保护野生动物有黑鹳、白鹤、大鸨、豹、大鲵 *Andrias davidianus*、斑嘴鹈鹕 *Pelecanus philippensis*、大天鹅、红脚隼 *Falco vespertinus*、领角鸮、短耳鸮、斑羚、猕猴等。

1.5.2.5.2 陕南豫西栽培植被与山地落叶阔叶林区

位于秦岭以北，黄土高原以南，西接六盘山，东至华北平原，面积约 7.63 万 km²。区内栽培植被较多，但山地保留有较完整的天然次生植被和原生植物群落，具有亚热带常绿阔叶林向温带落叶阔叶林过渡的特征，主要树种有秦岭冷杉 *Abies chensiensis*、油松、华山松、白皮松、栓皮栎、槲栎、香果树 *Emmenopterys henryi* 和水青树 *Tetracentron sinense* 等。包括嵩山、崤山、伏牛山、华山、关中盆地、陇东高原南部和秦岭北麓 7 个小区。国家重点保护和珍稀濒危野生植物有翅果油树、水曲柳、华山新麦草 *Psathy-*

rostachys huashanica、红豆杉 *Taxus chinensis*、野大豆等；国家重点保护野生动物有黑鹳、白鹤、林麝、大鲵、白琵鹭、大天鹅、小天鹅、红腹锦鸡、金猫 *Catopuma temminckii*、鬣羚 *Capricornis sumatraensis*、斑羚等。

1.5.2.5.3　陇南山地落叶阔叶林与草甸区

位于秦岭以西，青藏高原以东，南至岷山，北接黄土高原，面积约 2.58 万 km²。栽培植被较广，山地南北坡向植被差异明显，主要树种有冷杉、云杉、华山松、油松、山杨和白桦等。包括陇南山地西段和陇南山地东段 2 个小区。国家重点保护和珍稀濒危野生植物有水曲柳、毛杓兰、紫斑牡丹、桃儿七、星叶草 *Circaeaster agristis*、垂枝云杉 *Picea brachytyla* 等；国家重点保护野生动物有斑尾榛鸡 *Tetrastes sewerzowi*、胡兀鹫 *Gypaetus barbatus*、四川羚牛 *Budorcas tibetanus*、林麝、豹、秦岭细鳞鲑 *Brachymystax tsinlingensis*、四川林鸮 *Strix davidi*、蓝马鸡 *Crossoptilon auritum*、血雉 *Ithaginis cruentus*、岩羊、鬣羚、斑羚等。

1.5.2.6　黄淮平原暖温带半湿润地带

黄淮平原暖温带半湿润地带仅有 1 个区，即黄淮平原栽培植被与湿地区，由黄河、淮河下游泥沙冲积而成，面积约 15.39 万 km²。现平原上沟渠纵横，水网密布，产小麦、水稻和棉花等，为我国重要产粮基地，自然植被几无残存，仅保留有少量的候鸟栖息地。包括南四湖洼地、黄淮平原、黄淮沙区、淮北平原东北部、沂沭平原、淮北平原和苏北平原 7 个小区。国家重点保护和珍稀濒危野生植物有珊瑚菜、野大豆；国家重点保护野生动物有黑鹳、白鹤、白头鹤、丹顶鹤、大天鹅、斑嘴鹈鹕、白额雁 *Anser albifrons*、灰鹤、白琵鹭、黑浮鸥等，以迁徙性水鸟为主。

1.5.2.7　山东半岛暖温带半湿润地带

1.5.2.7.1　胶东半岛落叶阔叶林区

位于华北平原东北部沿海地区，北临渤海、黄海与辽东半岛相对，东邻黄海，面积约 2.05 万 km²。由于开发历史悠久，原生植被破坏殆尽，天然次生植被为暖温带落叶阔叶林，主要树种有赤松 *Pinus densiflora*、麻栎 *Quercus acutissima*、辽东栎、赤杨 *Alnus japonica*、槲树 *Quercus dentata* 和苦木 *Picrasma quassioides* 等。包括艾山和昆嵛山 2 个小区。国家重点保护和珍稀濒危野生植物有珊瑚菜、胡桃楸、中华结缕草 *Zoysia sinica* 和野大豆等；国家重点保护野生动物有黑鹳、东方白鹳、白鹤、白头鹤、黄嘴白鹭、疣鼻天鹅 *Cygnus olor*、大天鹅、中华凤头燕鸥 *Thalasseus bernsteini*、毛脚鵟 *Buteo lagopus*、鹊鹞 *Circus melanoleucos*、小杓鹬等，多为迁徙性鸟类。

1.5.2.7.2　胶莱平原栽培植被与落叶阔叶林区

位于鲁东的中部，北达莱州湾，南抵胶州湾，由潍河和胶莱河等冲积而成，面积约 2.64 万 km²，属于典型的平原地貌，东西两侧均为低山丘陵，南北侧一直到海岸线附近。由于开发历史悠久，原生植被破坏殆尽，以栽培植被为主。包括胶莱平原和鲁东南丘陵 2 个小区。国家重点保护和珍稀濒危野生植物有珊瑚菜、野大豆等；国家重点保护野生动物有东方白鹳、白鹤、黄嘴白鹭、大天鹅、小天鹅、白额雁、中华凤头燕鸥、小杓鹬等，以迁徙性水鸟为主。

1.5.2.7.3　鲁中南山地落叶阔叶林区

山东中部凸起的独立山地丘陵，西北为华北平原，西南为黄淮平原，东邻胶莱平原，面积约 4.30 万 km²。由于开发历史悠久，原生植物被破坏殆尽，栽培植被广布于低海拔地区，山区多人工和次生植被。主要树种有油松、侧柏、麻栎、栓皮栎和榆树等。包括泰山–鲁山、鲁南山地和抱犊崮丘陵 3 个小区。国家重点保护和珍稀濒危野生植物有野大豆、青檀 *Pteroceltis tatarinowii* 等；国家重点保护和珍稀濒危野生动物有文昌鱼 *Branchiotoma belcheri*、黑鹳、白鹤、黑鸢、普通鵟、斑头鸺鹠 *Glaucidium cuculoides*、红角鸮、领角鸮、豺等，多为迁徙性鸟类。

1.5.3 华东、华南热带亚热带区域

位于我国东南沿海，西以云贵高原和秦巴山地为界，东至台湾岛，北以淮河为界，南至海南岛，面积约 125.54 万 km²。该区域以低山丘陵地貌为主，山地丘陵连绵交错，其中戴云山、武夷山和南岭等属于较大山体，山间多小盆地和平原。主要位于亚热带季风气候区，气候湿润、多雨，沿海地区受海洋性气候影响显著，而其南部海南岛等地位于热带季风气候区北缘。红壤、黄壤和黄棕壤等为其主要地带性土壤。地带性植被为典型常绿阔叶林和热带雨林季雨林等，沿海湿地面积较大，南岭以南的常绿阔叶林中含有较多的热带成分，植物种类复杂多样，攀缘和附生植物众多，受人口分布等影响，自然植被分布较破碎。而且该区域内植物区系分区和动物地理区划较为复杂；植物区系分区包含了我国的华东、华南和滇黔桂等地；动物地理区划则包含了我国的东部丘陵平原亚区、闽广沿海亚区和台湾亚区等地。海岸湿地和内陆湿地众多，特有植物种类众多，应进一步加强对该区域森林和湿地生态系统的保护，并关注区域特有和极小种群植物的救护管理。

该自然保护地理区域包括长江中下游北亚热带湿润地带、长江中下游中亚热带湿润地带和台湾岛热带亚热带湿润地带等 6 个自然保护地理地带，以及 22 个自然保护地理区和 108 个自然保护地理小区。

1.5.3.1 长江中下游北亚热带湿润地带

1.5.3.1.1 江淮平原栽培植被与湿地区

位于大别山以东，北起淮河，南至长江，由长江和淮河冲积而成，面积约 10.39 万 km²。地势低洼，水网交织，沿江一带平原分布着众多的丘陵和岗地。处于北亚热带区域，由于开发历史悠久，原生植物被破坏殆尽，以栽培植被为主，仅在山地、湖泊和海岸残留一定面积自然生境。包括里下河低地平原、淮阳丘陵、长江三角洲平原北部、长江三角洲平原南部和巢湖平原丘陵 5 个小区。国家重点保护和珍稀濒危野生植物有珊瑚菜、野大豆等；国家重点保护野生动物有中华鲟 *Acipenser sinensis*、白鲟 *Psephuyrus gladius*、东方白鹳、中华秋沙鸭、白鹤、麋鹿 *Elaphurus davidianus*、卷羽鹈鹕 *Pelecanus crispus*、白额雁、大天鹅、小青脚鹬 *Tringa guttifer*、獐 *Hydropotes inermis*、江豚 *Neophocaena asiaorientalis* 等，以迁徙性水鸟为主。

1.5.3.1.2 大别山及周边栽培植被与常绿阔叶林区

淮河以南，南邻长江，从秦巴山地直到黄淮平原，以大别山为主体，面积约 11.52 万 km²。平原和山体基部分布有大面积的栽培植被，属北亚热带落叶常绿阔叶混交林带，主要建群树种有杉木 *Cunninghamia lanceolata*、马尾松 *Pinus massoniana*、黄山松 *Pinus taiwanensis*、柳杉 *Cryptomeria fortunei*、青冈栎 *Cyclobalanopsis glauca*、枫香 *Liquid-*

ambar formosana、黄檀 *Dalbergia hupeana* 和多枝杜鹃 *Rhododendron polycladum* 等。包括淮南平原、桐柏山北部丘陵、桐柏山、大别山西段、大别山东段、大洪山和江汉平原北部 7 个小区。国家重点保护和珍稀濒危野生植物有大别山五针松 *Pinus dabeshanensis*、霍山石斛 *Dendrobium huoshanense*、七子花 *Heptacodium miconioides*、厚朴 *Magnolia offici-nalis*、大叶榉树 *Zelkova schneideriana*、细叶石斛 *Dendrobium hancockii*、鹅掌楸 *Liriodendron chinense*、连香树 *Cercidiphyllum japonicum* 等；国家重点保护野生动物有安徽麝 *Moschus anhuiensis*、林麝、虎纹蛙 *Rana rugulosa*、虎斑夜鳽 *Gorsachius magnificus*、灰背隼 *Falco columbarius*、白冠长尾雉 *Symaticus reevesii*、獐、穿山甲 *Manis pentadactyla*、小灵猫 *Viverricula indica* 等。

1.5.3.2　长江中下游中亚热带湿润地带

1.5.3.2.1　浙皖山地常绿阔叶林与湿地区

位于长江以南，富春江和信江以北的山地丘陵区域，面积约 9.68 万 km²，以低山丘陵为主，多栽培植被，山地保留有复杂的森林生态系统和植被垂直带谱。主要树种有青冈 *Cyclobalanopsis glauca*、苦槠 *Castanopsis sclerophylla*、甜槠 *Castanopsis eyrei*、木荷 *Schima superba*、石栎 *Lithocarpus glaber*、黄山松和短柄枹栎 *Quercus glandulifera* 等。包括宁镇丘陵、九华山、黄山、天目山、钱塘江三角洲平原、彭泽丘陵、白际山-清凉峰、昱岭-千里岗、龙门山-金衢盆地和怀玉山 10 个小区。国家重点保护和珍稀濒危野生植物有天目铁木 *Ostrya rehderiana*、银缕梅 *Shaniodendron subaequale*、长序榆 *Ulmus elongata*、羊角槭 *Acer yangjuechi*、中华水韭 *Isoetes sinensis*、粗梗水蕨 *Ceratopteris pterioides*、银杏 *Ginkgo biloba*、南方红豆杉 *Taxus mairei*、永瓣藤 *Monimopetalum chinense*、花榈木 *Ormosia henryi*、天竺桂 *Cinnamomum japonicum* 等；国家重点保护野生动物有扬子鳄 *Alligator sinensis*、中华秋沙鸭、白颈长尾雉 *Symaticus ellioti*、林麝、华南梅花鹿 *Cervus pseudaxis*、黑麂 *Muntiacus crinifrons*、角鸊鷉 *Podiceps auritus*、领鸺鹠 *Glaucidium brodiei*、白鹇 *Lophura nycthemera*、短尾猴 *Macaca arctoides*、大灵猫 *Viverra zibetha* 等。

1.5.3.2.2　鄱阳湖平原栽培植被与湿地区

位于长江以南，罗霄山脉和武夷山脉之间，面积约 2.95 万 km²，地处中亚热带，是赣江、修河、鄱江、信江和抚河等水系的汇水区，也是全球重要的候鸟停歇地和越冬地，多栽培植被，以鄱阳湖为中心的湿地生态系统形成了国际重要的野生动物栖息地。包括鄱阳湖湿地平原和鄱阳湖南部平原 2 个小区。国家重点保护野生动物有东方白鹳、白鹤、白头鹤、中华秋沙鸭、胭脂鱼 *Myxocyprinus asiaticus*、虎纹蛙、大天鹅、小天鹅、白额雁、黑冠鹃隼 *Aviceda leuphotes*、凤头鹰 *Accipiter trivirgatus*、橙胸咬鹃 *Harpactes oreskios*、小鸦鹃 *Centropus toulou*、小杓鹬等，以迁徙性水鸟为主。

1.5.3.2.3　罗霄山脉北段山地常绿阔叶林区

位于长江以南，武功山以北，鄱阳湖和洞庭湖之间，面积约 7.12 万 km²。其地带性植被为亚热带常绿阔叶林，主要树种为马尾松、锥栗 *Castanea henryi*、白栎 *Quercus fabri*、水青冈 *Fagus longipetiolata*、枫杨 *Pterocarya stenoptera*、润楠 *Machilus pingii*、苦槠、米槠 *Castanopsis carlesii* 和栲树 *Castanopsis fargesii* 等。包括江汉平原南部、长江中游河谷平原、幕阜山北支、幕阜山南支、连云山、九岭山和武功山北部 7 个小区。位于重要的候鸟迁徙路线上，国家重点保护和珍稀濒危野生植物有落叶木莲 *Magnoliaceae* glanca、南方红豆杉、篦子三尖杉 *Cephalotaxus oliveri*、银杏、金钱松 *Pseudolarix amabilis*、伯乐树 *Bretschneidera sinensis*、莼菜 *Brasenia schreberi*、多花兰 *Cymbidium floribundum*、红豆树 *Ormosia hosiei*、独花兰 *Changnienia amoena*、喜树 *Camptotheca acuminata* 等；国家重点保护野生动物有黑鹳、白颈长尾雉、林麝、云豹 *Neofelis nebulosa* 和豹、白冠长尾雉、白鹇、褐翅鸦鹃 *Centropus sinensis*、蛇雕 *Spilornis cheela*、鹰雕 *Spizaetus nipalensis*、褐渔鸮 *Ketupa zeylonensis*、草鸮 *Tyto capensis*、褐林鸮 *Strix leptogrammica*、小灵猫、金猫等。

1.5.3.2.4 湘中平原丘陵栽培植被与常绿阔叶林区

位于武陵山以东，罗霄山以西，北邻长江，南到阳明山，面积约 6.83 万 km²。区内以栽培植被和湿地生态系统为主，并在低山丘陵区残留了一定面积的森林植被。包括洞庭湖平原、长沙盆地、湘西丘陵、衡阳盆地和九党荆山 5 个小区。国家重点保护和珍稀濒危野生植物有绒毛皂荚 *Gleditsia vestita*、桫椤 *Alsophila spinulosa*、粗梗水蕨、水蕨 *Ceratopteris thalictroides*、白豆杉 *Pseudotaxus chienii*、曲茎石斛 *Dendrobium flexicaule* 等；国家重点保护野生动物有东方白鹳、白颈长尾雉、黄腹角雉 *Tragopan caboti*、白鹤、白头鹤、麋鹿、胭脂鱼、大鲵、大天鹅、小天鹅、白枕鹤、灰鹤、白额雁、红腹锦鸡、大灵猫、穿山甲、江豚等。

1.5.3.2.5 浙闽山地常绿阔叶林与湿地区

位于富春江和信江东南，东邻东海，面积约 9.06 万 km²。区内保留有大面积的中亚热带原生性森林生态系统，在个别山地发育有明显植被垂直带谱，随海拔升高，依次为常绿阔叶林、针叶阔叶林、温性针叶林、中山苔藓矮曲林、中山草甸等。包括会稽山、四明山、天台山、大盘山、括苍山、仙霞岭、武夷山北段、洞宫山、武夷山中段西麓、武夷山中段东麓和武夷山南段西侧 11 个小区。国家重点保护野生植物有百山祖冷杉 *Abies beshanzuensis*、普陀鹅耳枥 *Carpinus putoensis*、天台鹅耳枥 *Carpinus tientaiensis*、东方水韭 *Isoetes orientalis*、中华水韭 *Isoetes sinensis*、九龙山榧树 *Torreya grandis* var. *jiulongshanensis*、长叶榧树 *Torreya jackii*、山豆根 *Radix sophorae*、舟山新木姜子 *Neolitsea sericea*、长喙毛茛泽泻 *Ranalisma rostratum*、建兰 *Cymbidium ensifolium*、寒兰 *Cymbidium kanran* 等；国家重点保护野生动物有鼋 *Pelochelys bibroni*、中华秋沙鸭、短尾信天翁 *Diomedea albatrus*、黄腹角雉、白颈长尾雉、黑麂、金斑喙凤蝶 *Teinopalpus aureus*、镇海棘螈 *Echinotriton chinhaiensis*、三线闭壳龟 *Cuora trifasciata*、林雕 *Ictinaetus malayensis*、白鹇、獐、藏酋猴 *Macaca thibetana* 等。

1.5.3.2.6 赣南山地常绿阔叶林区

位于江西南部的低山丘陵区域，面积约 6.89 万 km²。区内栽培植被和人工林分布较广，但仍保留有大面积中亚热带湿润常绿阔叶林生态系统，并在山地形成明显植被带谱。包括赣中盆地、于山北段、于山南段、杉岭西北部山地、武功山和万洋山-八面山-诸广山 6 个小区。国家重点保护和珍稀濒危野生植物有桫椤、水蕨、南方红豆杉、资源冷杉 *Abies ziyuanensis*、篦子三尖杉、花榈木、半枫荷 *Semiliquidambar cathayensis*、天竺桂、闽楠 *Phoebe bournei*、多花兰等；国家重点保护野生动物有白颈长尾雉、黄腹角雉、黑麂、林麝、云豹、金斑喙凤蝶、虎纹蛙、大鲵、鸳鸯、白鹇、勺鸡、白冠长尾雉、红腹角雉 *Tragopan temminckii*、鹰鸮、斑头鸺鹠、穿山甲、水獭、獐、大灵猫、金猫、藏酋猴、水鹿 *Rusa unicolor* 和斑羚等。

1.5.3.2.7　雪峰山常绿阔叶林区

位于武陵山以东，衡阳盆地以西，南至南岭，北到鄱阳湖，面积约 4.73 万 km²，处于华中区系与华南区系的交汇地带，属中亚热带常绿阔叶林带，并具有较多的黔桂区系成分。主要树种有亮叶水青冈 *Fagus lucida*、楠木 *Phoebe zhennan*、杉木和马尾松等。包括雪峰山北段、雪峰山南段、八十里南山和越城岭 4 个小区。国家重点保护和珍稀濒危野生植物有资源冷杉、银杏、南方红豆杉、篦子三尖杉、粗梗水蕨、多花兰、鹅掌楸等；国家重点保护野生动物有白颈长尾雉、黄腹角雉、林麝、云豹、大鲵、细痣疣螈 *Tylototriton asperrimus*、虎纹蛙、白冠长尾雉、红腹角雉、白鹇、穿山甲、獐、青鼬、大灵猫、小灵猫、金猫、短尾猴、鬣羚等。

1.5.3.3　东南南亚热带湿润地带

1.5.3.3.1　戴云山及周边山地常绿阔叶林区

位于南岭以东，东海西侧，南北均为山地丘陵，面积约 7.56 万 km²。该区森林资源丰富，覆盖率高，在深山和高海拔地区分布有大量的原始常绿阔叶林，植被区系具有中亚热带南缘向南亚热带过渡的特点。包括太姥山、鹫峰山、戴云山、戴云山沿海丘陵、玳瑁山北段、玳瑁山南段和武夷山南段东侧 7 个小区。国家重点保护和珍稀濒危野生植物有长序榆、桫椤、苏铁 *Cycas revoluta*、伯乐树、山豆根、短绒野大豆 *Glycine tomentella*、花榈木、多花兰、墨兰 *Cymbidium sinense*、广东石斛 *Dendrobium wilsonii*、喜树等；国家重点保护野生动物有短尾信天翁、黄腹角雉、白颈长尾雉、黑麂、林麝、云豹、花鳗鲡 *Anguilla marmorata*、三线闭壳龟、卷羽鹈鹕、红胸黑雁 *Branta ruficollis*、白鹇、豺、大灵猫、小灵猫、金猫、水鹿等。

1.5.3.3.2　南岭东段-杉岭山地常绿阔叶林区

位于南岭和武夷山交汇地区，是中亚热带与南亚热带过渡区，面积约 5.22 万 km²，为我国中亚热带与南亚热带过渡区森林生态系统最丰富的地区，也是一些古老植物种属著名的"避难所"，保存有较大面积的原生性常绿阔叶林，主要有青冈林、南岭栲 *Castanopsis fordii* 林、米槠林、甜槠林、罗浮栲 *Castanopsis faberi* 林和曼青冈 *Cyclobalanopsis oxyodon* 林等。包括杉岭北段、杉岭南段、杉岭西南部山地、九连山北段、九连山南段和滑石山 6 个小区。国家重点保护和珍稀濒危野生植物有银杉、桫椤、南方红豆杉、水蕨、篦子三尖杉、苏铁、华南五针松 *Pinus fenzeliana*、驼峰藤 *Merrillanthus hainanensis*、冬凤兰 *Cymbidium dayanum*、云南杓兰 *Cypripedium yunnanense*、钩状石斛 *Dendrobium aduncum* 和矩唇石斛 *Dendrobium linawianum* 等；国家重点保护野生动物有蟒蛇 *Python molurus*、黄腹角雉、白颈长尾雉、林麝、云豹、金斑喙凤蝶、三线闭壳龟、虎斑夜鳽、白鹇、草鸮、领角鸮、穿山甲、水獭、大灵猫、小灵猫、金猫、水鹿等。

1.5.3.3.3　南岭西段山地常绿阔叶林区

位于苗岭东侧，南邻广西盆地，北为衡阳盆地，为重要自然地理界线，面积约 8.77 万 km²。山岭间夹有低谷盆地，地带性植被为亚热带常绿阔叶林，山地垂直植被带依次为常绿阔叶林、山地常绿林、针阔叶混交林和矮林灌丛等。包括阳明山、大庾岭、骑田岭、海洋山、都庞岭、九嶷山、萌渚岭、五指山、大桂山和瑶山北段 10 个小区。国家重点保护和珍稀濒危野生植物有银杉 *Cathaya argyrophylla*、报春苣苔 *Primulina tabacum*、丹霞梧桐 *Firmiana danxiaensis*、桫椤、篦子三尖杉、华南五针松、白豆杉、红豆杉、冬凤兰 *Cymbidium dayanum*、钩状石斛、矩唇石斛、罗河石斛 *Dendrobium lohohense* 等。国家重点保护野生动物有鳄蜥 *Shinisaurus crocodilurus*、蟒蛇、黄腹角雉、白颈长尾雉、林麝和云豹、细痣疣螈、地龟 *Geoemyda spengleri*、凹甲陆龟 *Manouria impressa*、山瑞鳖 *Palea steindachneri*、白鹇、勺鸡、楔尾绿鸠 *Treron sphenura*、穿山甲、水獭、大灵猫、小灵猫、金猫、短尾猴、黑熊、水鹿等。

1.5.3.3.4 黔桂石灰岩丘陵山地常绿阔叶林区

位于苗岭以南，南邻十万大山，西起桂西南，东至南岭，面积约 11.53 万 km²，以平原盆地地貌为主，喀斯特地貌发育，有千姿百态的峰林，规模不等的溶蚀平原或盆地。区内以栽培植被为主，山区残存大量的常绿阔叶林植被。包括九万山、架桥岭、大瑶山、大容山、六万大山–罗阳山、桂北丘陵、桂西岩溶丘陵和桂东南平原丘陵 8 个小区。国家重点保护和珍稀濒危野生植物有元宝山冷杉 *Abies yuanbaoshanensis*、瑶山苣苔 *Dayaoshania cotinifolia*、白花兜兰 *Paphiopedilum emersonii*、单性木兰 *Kmeria septentrionalis*、贵州苏铁 *Cycas guizhouensis*、叉孢苏铁 *Cycas segmentifida*、伯乐树、任豆 *Zenia insignis*、辐花苣苔 *Thamnocharis esquirolii*、半枫荷、掌叶木 *Handeliodendron bodinieri*、地枫皮 *Illicium difengpi*、云南拟单性木兰 *Parakmeria yunnanensis*、蒜头果 *Malania oleifera*、柄翅果 *Burretiodendron esquirolii*、纹瓣兰 *Cymbidium aloifolium*、大根兰 *Cymbidium macrorhizon*、珍珠矮 *Cymbidium nanulum*、邱北冬蕙兰 *Cymbidium qiubeiense*、果香兰 *Cymbidium suavissimum*、束花石斛 *Dendrobium chrysanthum*、黑毛石斛 *Dendrobium williamsonii*、小叶兜兰 *Paphiopedilum barbigerum*、长瓣兜兰 *Paphiopedilum concolor*、带叶兜兰 *Paphiopedilum hirsutissimum*、硬叶兜兰 *Paphiopedilum wardii*、华西蝴蝶兰 *Phalaenopsis wilsonii*、琴唇万代兰 *Vanda concolor* 和野生稻 *Oryza rufipogon* 等；国家重点保护野生动物有蟒蛇、鳄蜥、黄腹角雉、熊猴 *Macaca assamensis*、林麝和云豹、细痣疣螈、三线闭壳龟、山瑞鳖、大壁虎 *Gekko gecko*、黑头白鹮、白鹇、穿山甲、水鹿、藏酋猴等。

1.5.3.3.5 粤桂丘陵山地常绿阔叶林与湿地区

位于广东和广西沿海地区的山地丘陵，广西盆地东侧，面积约 6.87 万 km²。低地和平原以栽培植被为主，山区有典型的南亚热带季风常绿阔叶林、次生南亚热带常绿阔叶林和沟谷雨林等，主要树种有杉木、华南五针松、肉桂 *Cinnamomum cassia* 和樟属植物等。包括瑶山南段、珠江三角洲平原、云雾山、云雾山沿海丘陵和云开大山 5 个小区。国家重点保护和珍稀濒危野生植物有仙湖苏铁 *Cycas fairylakea*、水松 *Glyptostrobus pensilis*、紫荆木 *Madhuca pasquieri*、猪血木 *Euryodendron excelsum*、篦子三尖杉、短叶黄杉 *Pseudotsuga brevifolia*、伯乐树、格木 *Erythrophleum fordii*、华南栲 *Castanopsis concinna*、天竺桂、厚叶木莲 *Manglietia pachyphylla*、土沉香 *Aquilaria sinensis*、拟高粱 *Sorghum propinquum* 等；国家重点保护野生动物有鼋、鳄蜥、巨蜥 *Stellio salvator*、蟒蛇、白腹军舰鸟 *Fregata andrewsi*、儒艮 *Dugong dugon*、中华白海豚 *Sousa chinensis*、凹甲陆龟、海龟 *Chelonia mydas*、玳瑁 *Eretmochelys imbricata*、山瑞鳖、岩鹭 *Egretta sacra*、红领绿鹦鹉 *Psittacula krameri*、花头鹦鹉 *Psittacula roseata*、绯胸鹦鹉 *Psittacula alexandri*、蓝背八色鸫 *Pitta soror*、水鹿、大灵猫、小灵猫、金猫、短尾猴、江獭 *Lutra perspicillata*、江豚等。

1.5.3.3.6　闽粤沿海山地常绿阔叶林与湿地区

位于广东和福建沿海地区的山地丘陵，珠江和厦门之间，面积约 5.79 万 km²，以低山丘陵地貌为主，低地和平原以栽培植被为主，保存有少量具热带雨林特征的原始森林群落。主要树种有红栲、罗浮栲、甜槠和米槠等。包括博平岭北段、博平岭南段、莲花山、莲花山沿海丘陵 4 个小区。国家重点保护和珍稀濒危野生植物有桫椤、南方红豆杉、苏铁、金钱松、伯乐树、卵叶桂 Cinnamomum rigidissimum、墨兰、广东石斛、紫纹兜兰 Paphiopedilum purpuratum 等；国家重点保护野生动物有蟒蛇、黄腹角雉、云豹、虎纹蛙、大鲵、三线闭壳龟、海龟、玳瑁、黄嘴白鹭、白鹇、花田鸡、褐翅鸦鹃、小鸦鹃、蛇雕、褐林鸮、红领绿鹦鹉、蓝背八色鸫、穿山甲、水鹿、水獭、大灵猫、小灵猫、短尾猴、鬣羚等。

1.5.3.4　台湾岛热带亚热带湿润地带

1.5.3.4.1　台湾西部平原栽培植被与湿地区

位于台湾西部沿海，面积约 1.05 万 km²，北部狭长，南部宽广，为河流三角洲组成的滨海平原，海滨及西南部诸河下游有沙丘分布。台湾西部平原土壤肥沃，盛产水稻和甘蔗，以栽培植被为主。包括台湾西部平原 1 个小区。国家重点保护和珍稀濒危野生植物有七指蕨 Helminthostachys zeylanica、珊瑚菜和台湾穗花杉 Amentotaxus formosana 等；国家重点保护和珍稀濒危野生动物有虎纹蛙、卷羽鹈鹕、橙胸绿鸠 Treron bicinctus、红顶绿鸠 Treron formosae、黑颏果鸠 Ptilinopus leclancheri 等。

1.5.3.4.2　台湾东部山地常绿阔叶林区

位于台湾东部，面积约 1.90 万 km²，以山地为主，分布在台湾岛东部和中部，呈南北走向，直抵太平洋沿岸，沿海有狭长平原。受太平洋气流和山地的特定地形影响，全年气温高、冷热悬殊、雨水丰盈且集中。具有明显的山地垂直植被带谱，依次为常绿阔叶林、针阔混交林、针叶林等。包括雪山和中央山 2 个小区。国家重点保护和珍稀濒危野生植物有七指蕨、台湾水韭 Isoetes taiwanensis、红桧 Chamaecyparis formosensis、台东苏铁 Cycas taitungensis、台湾杉 Taiwania cryptomerioides、垂花兰 Cymbidium cochleare、台湾杓兰 Cypripedium formosanum、宝岛杓兰 Cypripedium segawai、长爪石斛 Dendrobium chameleon、木石斛 Dendrobium crumenatum、燕石斛 Dendrobium equitans、雅美万代兰 Vanda lamellata 等；国家重点保护和珍稀濒危野生动物有海龟、玳瑁、蓝鹇 Lophura swinhoii、黑长尾雉 Syrmaticus mikado、卷羽鹈鹕、黑颏果鸠、台湾猴 Macaca cyclopis、台湾梅花鹿 Cervus taiouanus、台湾鬣羚 Naemorhedus swinhoei 等。

1.5.3.4.3　台南地区热带雨林季雨林与湿地区

位于台湾最南部，西邻台湾海峡，东与太平洋为邻，面积约 0.58 万 km²。东部有少量的山地丘陵，而西部为沿海平原，整体背山面海，受海洋气流影响，气候温和、雨量充沛，栽培植被普遍，保留有一定面积的热带雨林群落。主要树种有红栲、罗浮栲、甜槠和米槠等。包括台湾山南端和台湾西南部平原 2 个小区。国家重点保护和珍稀濒危野生植物有紫檀 Pterocarpus indicus、桫椤、七指蕨、台东苏铁、短绒野大豆 Glycine tomentella 等；国家重点保护和珍稀濒危野生动物有虎纹蛙、蓝鹇、黑长尾雉、岩鹭、黑脸琵鹭、林雕、中华凤头燕鸥、松雀鹰、赤腹鹰、红隼、兰屿角鸮 Otus elegans、鹰鸮、诺氏鹬 Tringa guttifer、台湾鬣羚等。

1.5.3.5 华南热带湿润地带

1.5.3.5.1 雷州半岛台地栽培植被与湿地区

位于广东南部雷州半岛，面积约 1.80 万 km²。半岛地表水缺乏，河流短少，成放射状独流入海，地下水资源较丰富。沿海分布有大面积红树林，为野生动植物提供了一定面积的自然生境。包括雷州半岛 1 个小区。国家重点保护和珍稀濒危野生植物有南方红豆杉、野大豆、木榄 *Bruguiera gymnorrhiza*、秋茄 *Kandelia candel*、红海榄 *Rhizophora stylosa*、白骨壤 *Aricennia marina* 等，国家重点保护和珍稀濒危野生动物有海龟、白蝶贝 *Pinctada maxima*、白腹军舰鸟、岩鹭、褐翅鸦鹃、原鸡 *Gallus gallus*、中华白海豚、儒艮等。

1.5.3.5.2 十万大山热带雨林季雨林与湿地区

位于广西的西部，属桂西南山地，东起广西壮族自治区钦州市贵台镇，西至中越边境，面积约 2.04 万 km²。区内山脉连绵，低地和平原以热带季雨林为主，保存有一定面积的原始森林群落和海岸红树林群落。包括十万大山和北部湾平原 2 个小区。国家重点保护和珍稀濒危野生植物有叉叶苏铁 *Cycas micholitzii*、膝柄木 *Bhesa sinensis*、狭叶坡垒 *Hopea chinensis*、紫檀、紫荆木、流苏石斛 *Dendrobium fimbriatum*、卷萼兜兰 *Paphiopedilum appletonianum*、同色兜兰 *Paphiopedilum concolor*、带叶兜兰、紫纹兜兰等；国家重点保护野生动物有巨蜥、蟒蛇、白头叶猴 *Trachypithecus poliocephalus*、林麝、儒艮、中华白海豚、三线闭壳龟、地龟、凹甲陆龟、海龟、玳瑁、山瑞鳖、大壁虎、绿皇鸠 *Ducula aenea*、花头鹦鹉、绯胸鹦鹉、冠斑犀鸟 *Anthracoceros coronatus*、栗鸮 *Phodilus badius*、穿山甲、短尾猴、巨松鼠 *Ratufa bicolor*、大灵猫、小灵猫、金猫、丛林猫 *Felis chaus* 等。

1.5.3.6 海南岛热带湿润地带

1.5.3.6.1 海南岛北部平原栽培植被与湿地区

位于海南岛的北部，面积约 1.39 万 km²。地形以平原为主，栽培植被较广，农田终年可以种植，不少作物年可收获 2~3 次，仅沿海地区保存有原生性自然生态系统。包括海南岛北部 1 个小区。国家重点保护和珍稀濒危野生植物有昌江石斛 *Dendrobium changjiangense*、海南苏铁 *Cycas hainanensis*、华南五针松、雅加松 *Pinus massoniana* var. *hainanensis*、青梅 *Vatica mangachapoi*、降香黄檀 *Dalbergia odorifera*、油丹 *Alseodaphne hainanensis*、密花石斛 *Dendrobium densiflorum*、竹枝石斛 *Dendrobium salaccense*、纯色万代兰 *Vanda subconcolor*、药用稻 *Oryza officinalis* 等；国家重点保护和珍稀濒危野生动物有三线闭壳龟、斑嘴鹈鹕、褐鲣鸟 *Sula leucogaster*、褐冠鹃隼 *Aviceda jerdoni*、渔雕 *Ichthyophaga humilis*、白腹鹞、褐翅鸦鹃、原鸡、橙胸绿鸠、绿皇鸠、山皇鸠 *Ducula badia*、红领绿鹦鹉、灰喉针尾雨燕 *Hirundapus cochinchinensis*、海南兔 *Lepus hainanus* 等。

1.5.3.6.2 海南岛南部山地热带雨林季雨林与湿地区

位于海南岛的南部，面积约 1.87 万 km²，保存有大面积的原始热带雨林季雨林，由于山体较高，许多山体自山麓至山顶植被垂直分带明显，有沟谷雨林、低山雨林、亚热带山地常绿林和高山矮林等。包括黎母岭和五指山 2 个小区。国家重点保护和珍稀濒危野生植物有葫芦苏铁 *Cycas changjiangensis*、坡垒、紫檀、美花兰 *Cymbidium insigne*、海南石斛 *Dendrobium hainanense*、梳唇石斛 *Dendrobium strongylanthum*、华石斛 *Dendrobium sinense*、翠柏 *Calocedrus macrolepis*、海南苏铁、海南油杉 *Keteleeria hainanensis*、华南五针松、缘毛红豆 *Ormosia howii*、油楠 *Sindora glabra*、山铜材 *Chunia bucklandioides*、石碌含笑 *Michelia shiluensis*、海南梧桐 *Firmiana hainanensis*、蝴蝶树 *Heritiera parvifolia*、小钩叶藤 *Plectocomia microstachys*、钩状石斛、密花石斛、卷萼兜兰、海南蝴蝶兰 *Phalaenopsis hainanensis*、矮万代兰 *Vanda pumila*、野生稻、药用稻等；国家重点保护野生动物有巨蜥、蟒蛇、海南山鹧鸪 *Arborophila ardens*、灰孔雀雉 *Polyplectron bicalcaratum*、海南长臂猿 *Nomascus hainanus*、坡鹿 *Cervus eldii*、海龟、玳瑁、斑嘴鹈鹕、褐鲣鸟、岩鹭、彩鹳 *Mycteria leucocephalus*、褐冠鹃隼、褐翅鸦鹃、渔雕、棕腹隼雕 *Hieraaetus kienerii*、原鸡、橙胸绿鸠、厚嘴绿鸠 *Treron curvirostra*、绿皇鸠、山皇鸠、红领绿鹦鹉、水鹿、小灵猫等。

1.5.4　华中、西南热带亚热带区域

该区域位于我国中部和西南部，北起秦岭山地，南到东南亚热带雨林，西起青藏高原，东至雪峰山，面积约 150.33 万 km^2。区内高原、山地和盆地等地貌类型多样，有大面积的低缓起伏高原和切割山地等，西部受青藏高原影响，山高谷深。其大部分位于我国的亚热带季风气候区，而南部在热带季风气候区北缘；受到局部地貌影响较大，在大气环流和海拔高度等综合作用下，气温季节变化较小。其地带性土壤主要有红壤和黄壤，其中云贵高原以红壤为主。地带性植被常见的有常绿阔叶林、干性热带季雨林、半常绿季雨林和亚热带寒温性针叶林等，大部分地区位于我国植被区划的西部偏干性热带季雨林雨林亚区域和亚热带常绿阔叶林区域西部。野生动植物分化，我国许多生物多样性热点地区位于其中，植物区系分区和动物地理区划较复杂；其中，植物区系分区包含了我国的华中、滇缅泰和云南高原等地；动物地理区划包含了我国的华中区、华南区和西南区等地。该区域是我国自然生态系统最复杂、生物多样性最丰富和特有物种最集中的地区，应加强对其山地生态系统的保护和管理。

该自然保护地理区域包括秦巴山地北亚热带湿润地带、四川盆地及边缘山地北亚热带湿润地带和贵州高原及边缘山地亚热带湿润地带等 7 个自然保护地理地带，以及 22 个自然保护地理区和 99 个自然保护地理小区。

1.5.4.1　秦巴山地北亚热带湿润地带

1.5.4.1.1　秦岭东部栽培植被与常绿阔叶林区

位于黄河以南、南阳盆地以北的山地，是秦岭山脉的东延部分，面积约 5.4 万 km^2，属暖温带落叶阔叶林向北亚热带常绿落叶混交林的过渡区，区内森林植被保存完好，是北亚热带和暖温带地区天然阔叶林保存较完整的地段。包括南阳盆地、流岭-蟒岭和秦岭东段 3 个小区。国家重点保护和珍稀濒危野生植物有光叶蕨 *Cystoathyrium chinense*、红豆杉、毛杓兰、曲茎石斛、秦岭冷杉等；国家重点保护野生动物有林麝、云豹、豹、秦岭羚牛 *Budorcas bedfordi*、大鲵、灰脸鵟鹰 *Butastur indicus*、白腹鹞、鹊鹞、红隼、领角鸮、红角鸮、雕鸮、纵纹腹小鸮、豺、金猫、大灵猫、斑羚等。

1.5.4.1.2　大巴山北部常绿阔叶林区

位于大巴山北坡，安康以东，一直延伸到东部平原区，包括武当山，面积约 4.87 万 km^2。地势由西南向东北逐渐降低，山地两侧多陷落盆地，是汉江重要水源地。位于

北亚热带，原生植被多为常绿阔叶和落叶阔叶混交林，而针阔混交林和针叶林多为次生林和人工林。包括荆山、武当山、大巴山西段北麓和大巴山东段北麓 4 个小区。国家重点保护和珍稀濒危野生植物有珙桐 *Davidia involucrata*、红豆杉、秦岭冷杉、大果青杆 *Picea neoveitchii*、黄杉 *Pseudotsuga sinensis*、独叶草 *Kingdonia uniflora*、崖白菜 *Triaenophora rupestris*、黄花杓兰 *Cypripedium flavum*、绿花杓兰、曲茎石斛等；国家重点保护野生动物有东方白鹳、黑鹳、白肩雕、林麝、川金丝猴 *Rhinopithecus roxellanae*、云豹、大鲵、红腹角雉、鸳鸯、白冠长尾雉、赤腹鹰、鹊鹞、水獭、藏酋猴、鬣羚等。

1.5.4.1.3　秦岭中段南坡常绿阔叶林区

位于秦岭南坡，嘉陵江以东，汉江盆地北侧，是秦岭山系的主体，面积约 2.55 万 km²，属于北亚热带向暖温带过渡的典型山地区域，植被状况良好，垂直植被带谱明显，从山体基部直到山顶，依次为常绿阔叶林、针阔混交林和针叶林等，生境类型多样，集中分布了大量原始的温带属和众多的古老孑遗植物。包括平河梁、秦岭中段南麓和小陇山–紫柏山 3 个小区。国家重点保护和珍稀濒危野生植物有秦岭石蝴蝶 *Petrocosmea qinlingensis*、秦岭冷杉、大果青杆、南方红豆杉、独叶草、水青树、绿花杓兰、细叶石斛等；国家重点保护野生动物有黑鹳、朱鹮 *Nipponia nippon*、川金丝猴、林麝、大熊猫 *Ailuropoda melanoleuca*、秦岭羚牛、秦岭细鳞鲑、红腹角雉、白冠长尾雉、红翅绿鸠 *Treron sieboldii*、红腹锦鸡、血雉、勺鸡、豺、大灵猫、金猫、鬣羚等。

1.5.4.1.4　米仓山北部常绿阔叶林区

位于嘉陵江以东，直到安康附近的大巴山，米仓山北坡，包括汉江盆地，面积约 1.85 万 km²。山区保留有较为完好的常绿阔叶林，随海拔升高，逐渐呈现暖温带和温带植被特征。主要树种有巴山冷杉 *Abies fargesii*、枫类、槭类、水青冈、椴树和桦类等；汉中平原以栽培植被为主。包括汉中盆地、米仓山西段北麓和米仓山东段 3 个小区。国家重点保护和珍稀濒危野生植物有桫椤、银杏、秦岭冷杉、大果青杆、南方红豆杉、厚朴、水青树和独叶草等；国家重点保护野生动物有黑鹳、朱鹮、金雕、林麝、云豹、大鲵、虎纹蛙、红腹角雉、勺鸡、雀鹰、松雀鹰、黄爪隼、灰脸鵟鹰、纵纹腹小鸮、豺、金猫、大灵猫、小灵猫、黑熊、藏酋猴、斑羚等。

1.5.4.1.5　岷山–西秦岭常绿阔叶林区

在松潘高原以东，东邻嘉陵江上游，北起白龙江北岸，向南到龙门山，面积约 3.65 万 km²，处于青藏高原植被、亚热带植被和温带植被交汇区，沟谷属北亚热带常绿阔叶林，大部分为温带性质的落叶阔叶林，并随着海拔升高出现针阔混交林和高山草地等。包括西秦岭东段、西秦岭西段和岷山 3 个小区。国家重点保护和珍稀濒危野生植物有中国蕨 *Sinopteris grevilleoides*、岷江柏木 *Cupressus chengiana*、秦岭冷杉、大果青杆、毛瓣杓兰 *Cypripedium fargesii*、华西杓兰 *Cypripedium farreri*、黄花杓兰等；国家重点保护野生动物有斑尾榛鸡、雉鹑 *Tetraophasis obscurus*、绿尾虹雉 *Lophophorus lhuysii*、川金丝猴、云豹、大熊猫、马麝、林麝、白唇鹿 *Gervus albirostris*、四川梅花鹿 *Cervus sichuanicus*、四川哲罗鲑 *Hucho bleekeri*、白马鸡 *Crossoptilon crossoptilon*、蓝马鸡、红腹角雉、红腹锦鸡、四川林鸮、大灵猫、小熊猫 *Ailurus fulgens*、四川马鹿 *Cervus macneilli*、鬣羚等。

1.5.4.2　四川盆地及边缘山地亚热带湿润地带

1.5.4.2.1　大巴山脉南部常绿阔叶林与湿地区

从岷山向东延伸至巫山的狭长区域，北侧为大巴山主脊，南邻四川盆地，面积约3.18万 km²。处于亚热带常绿阔叶林区域，主要分布有针叶林、针阔混交林、落叶阔叶林、常绿落叶阔叶混交林、常绿阔叶林和灌丛等。包括大巴山南麓和米仓山南麓2个小区。国家重点保护和珍稀濒危野生植物有四川苏铁 *Cycas szechuanensis*、水杉 *Metasequoia glyptostroboides*、崖柏 *Thuja sutchuenensis*、小花杓兰 *Cypripedium micranthum*、秦岭冷杉、独叶草、崖白菜、黄花杓兰、广东石斛等；国家重点保护野生动物有金雕、林麝、川金丝猴、云豹、大鲵、彩鹳、红腹角雉、勺鸡、白冠长尾雉、黑冠鹃隼、楔尾绿鸠、水獭、豺、金猫、大灵猫、斑羚、鬣羚等。

1.5.4.2.2　四川盆地栽培植被与湿地区

位于大巴山以南，南邻云南高原，西到龙门山和邛崃山，东至武陵山脉，面积约13.30万 km²。其地带性植被为亚热带常绿阔叶林，代表树种有栲树、峨眉栲 *Castanopsis platyacantha*、青冈、曼青冈、华木荷 *Schima sinensis*、四川大头茶 *Gordonia acuminata*、楠木和润楠 *Machilus pingii* 等，但栽培植被遍及各地；盆地边缘山地及盆东平行岭谷尚可见银杉、鹅掌楸、珙桐、穗花杉 *Amentotaxus argotaenia* 和桫椤等珍稀孑遗植物种。包括川北丘陵、川东平行岭谷、川中丘陵平原和成都平原4个小区。国家重点保护和珍稀濒危野生植物有水杉、银杏、苏铁、四川苏铁、伯乐树、红豆杉、鹅掌楸、峨眉含笑 *Michelia wilsonii*、连香树、红豆树、桫椤等；国家重点保护和珍稀濒危野生动物有黑冠鹃隼、红腹锦鸡、红隼、游隼、鹊鹞、草鸮、红角鸮、雕鸮、小灵猫等。

1.5.4.2.3　川西山地常绿阔叶林与高山草甸区

四川盆地西缘山地，地势由西北向东南递减，西北部山大峰高、河谷深切，面积约6.33万 km²，属青藏高原气候区的东缘，随着海拔的增高，从山谷到山顶形成了亚热带、温带、寒温带、寒带和高寒带等不同的气候垂直带谱。区内森林植被保存完好，是天然阔叶林保存较完整的地段，山体从下到上依次为常绿阔叶林、常绿落叶阔叶混交林、针阔叶混交林、寒温性针叶林、耐寒灌丛和高山草甸等。包括龙门山、邛崃山北段、邛崃山南段和大相岭4个小区。国家重点保护和珍稀濒危野生植物有光叶蕨、四川苏铁、峨眉拟单性木兰 *Parakmeria omeiensis*、巴郎山杓兰 *Cypripedium palangshanense*、梓叶槭 *Acer catalpifolium*、四川红杉 *Larix mastersiana*、川柿 *Diospyros sutchuensis*、油樟 *Cinnamomum longepaniculatum*、芒苞草 *Acanthochlamys bracteata*、虎头兰 *Cymbidium hookerianum*、离萼杓兰 *Cypripedium plectrochilum*、冰沼草 *Scheuchzeria palustris* 等；国家重点保护野生动物有玉带海雕、雉鹑、绿尾虹雉、马麝、川金丝猴、雪豹 *Uncia uncia*、大熊猫、四川梅花鹿、白唇鹿、高山兀鹫 *Gyps himalayensis*、藏雪鸡 *Tetraogallus tibetanus*、白马鸡、蓝马鸡、白腹锦鸡 *Chrvsolophus amherstiae*、林雕鸮 *Bubo nipalensis*、横斑腹小鸮 *Athene brama*、白腹黑啄木鸟 *Dryocopus javensis*、四川马鹿、短尾猴、兔狲 *Felis manul* 等。

1.5.4.3　贵州高原及边缘山地亚热带湿润地带

1.5.4.3.1　武陵山常绿阔叶林与湿地区

位于四川盆地东侧山地，东到洞庭湖，北起长江，南到苗岭，面积约16.82万 km²，是我国亚热带森林生态系统分布的核心区，栽培植被较多，自然植被以森林为主，有原生性的青冈栎林和栲树林等，以及次生性的枫香林、马尾松林和毛竹 Phyllostachys heterocycla 林等植被。包括武陵山山前平原、巫山、壶瓶山、武陵山东北部、武陵山南段、齐岳山、武陵山西北部、梵净山、大娄山东段、大娄山西段和大娄山南侧石灰岩山地 11 个小区。国家重点保护和珍稀濒危野生植物有银杉、水松、水杉、珙桐、长果秤锤树 Sinojackia dolichocarpa、桫椤、梵净山冷杉 Abies fanjingshanensis、柔毛油杉 Keteleeria pubescens、花榈木、红豆树、多花兰、大根兰、绿花杓兰等；国家重点保护野生动物有白颈长尾雉、林麝、黔金丝猴 Rhinopithecus brelichi、黑叶猴 Trachypithecus francoisi、云豹、黑脸琵鹭、白鹇、红腹锦鸡、红腹角雉、白冠长尾雉、草鸮、斑头鸺鹠、褐林鸮、穿山甲、豺、青鼬、大灵猫、小灵猫、水鹿等。

1.5.4.3.2　贵州高原常绿阔叶林与石灰岩溶洞区

西依云南高原，东邻云岭，北起武陵山，南到桂西南，面积约 12.43 万 km²，属中亚热带常绿阔叶林带，植物区系成分复杂，植被类型多样。东部湿性常绿阔叶林常见树种有大叶锥栗、甜槠、香樟、木荷和马尾松等；西部干性常绿阔叶林常见树种有滇青冈 Cyclobalanopsis glaucoides、滇锥栗 Castanopsis delavayi、云南樟 Cinnamomum glanduliferum、西南木荷 Schima wallichii、云南松 Pinus yunnanensis 和矮杨梅 Myrica nana 等。包括苗岭东段、苗岭山原石灰岩、黔南石灰岩峰丛、武陵山南段黔西北高原、黔西高原、黔南高原和桂西北岩溶山地 7 个小区。国家重点保护和珍稀濒危野生植物有银杉、单性木兰、云贵水韭 Isoetes yunguiensis、篦子三尖杉、贵州苏铁、叉孢苏铁、云南穗花杉 Amentotaxus yunnanensis、落叶兰 Cymbidium defoliatum 等；国家重点保护野生动物有白颈长尾雉、白肩雕、黑颈鹤 Grus nigricollis、白头鹤、黑叶猴、云豹、大鲵、贵州疣螈 Tylototriton kweichowensis、白冠长尾雉、白腹锦鸡、棕背田鸡 Porzana bicolor、长尾阔嘴鸟 Psarisomus dalhousiae、褐翅鸦鹃、穿山甲、水獭、斑林狸 Prionodon pardicolor、大灵猫、小灵猫、短尾猴、藏酋猴等。

1.5.4.4　横断山脉北部亚热带湿润半湿润地带

1.5.4.4.1　怒江澜沧江切割山地常绿阔叶林与高山植被区

位于青藏高原东南缘，唐古拉山以东，芒康山西侧，怒江澜沧江上游，面积约 7.64 万 km²。区内有丰富多样的森林生态系统，暗针叶林树种主要有云杉、冷杉、高山松 Pinus densata var. pygmaea、油松、大果红杉 Larix potaninii var. macrocarpa 等；还有川滇高山栎 Quercus aquifolioides、大果圆柏 Sabina tibetica、高山柳 Salix cupularis、锦鸡儿、杜鹃和金露梅 Potentilla fruticosa 等。包括念青唐古拉山东段、他念他翁山南段和伯舒拉岭 3 个小区。国家重点保护和珍稀濒危野生植物有澜沧黄杉 Pseudotsuga forrestii、密叶红豆杉 Taxus fuana、须弥红豆杉 Taxus wallichiana、贡山三尖杉 Cephalotaxus lanceolata、金铁锁 Psammosilene tunicoides、胡黄连 Picrorhiza scrophulariiflora、黄蝉兰 Cymbidium iridioides、宽口杓兰 Cypripedium wardii 等；国家重点保护野生动物有雉鹑、白尾梢虹雉 Lophophorus sclateri、马麝、黑麝 Moschus fuscus、雪豹、熊猴、白背兀鹫 Gyps bengalensis、高山兀鹫、藏雪鸡、白马鸡、白腹锦鸡、血雉、大绯胸鹦鹉 Psittacula derbiana 等。

1.5.4.4.2　金沙江切割山地常绿阔叶林与高山植被区

位于澜沧江以东，大渡河以西，青藏高原向四川盆地过渡区域，面积约 15.63 万 km²，地处我国西部横断山区的极高山区，区内山岭纵横，地表崎岖，拥有从暖温带到寒带的较完整自然垂直带，以及河谷灌丛、亚高山针叶林、高山灌丛草甸和高山流石滩植被等多种植被类型。包括芒康山、沙鲁里山北段、沙鲁里山西南部、沙鲁里山东南部、工卡拉山、大雪山北段和大雪山南段 7 个小区。国家重点保护和珍稀濒危野生植物有岷江柏木、红豆杉、独叶草、玉龙蕨 *Sorolepidium glaciale*、水青树、连香树等；国家重点保护野生动物有黑颈鹤、雉鹑、金雕、玉带海雕、白尾海雕、胡兀鹫、滇金丝猴 *Rhinopithecus bieti*、马麝、林麝、雪豹、红斑羚 *Naemorhedus baileyi*、白马鸡、藏雪鸡、白腹锦鸡、大绯胸鹦鹉、小熊猫、藏酋猴、黑熊、石貂 *Martes foina*、小爪水獭 *Aonyx cinerea*、藏原羚 *Procapra picticaudata* 等。

1.5.4.5　横断山脉南部中亚热带湿润地带

1.5.4.5.1　川南山地常绿阔叶林区

位于四川盆地南侧，云南高原以北，横断山脉向东至武陵山，面积约 7.32 万 km²。顶极植被为常绿阔叶林，尚有保持近原始状态的自然植被，植被垂直分异明显，依次为常绿阔叶林、常绿落叶阔叶混交林、针阔叶混交林、亚高山针叶林和高山灌丛草甸等。包括大凉山北部、大凉山南部、小相岭、牦牛山、鲁南山-龙帚山、锦屏山、白林山和绵绵山 8 个小区。国家重点保护和珍稀濒危野生植物有澜沧黄杉、斑叶杓兰 *Cypripedium margaritaceum*、篦子三尖杉、攀枝花苏铁 *Cycas panzhihuaensis*、莼菜、丁茜 *Trailliaedox agracilis*、平当树 *Paradombeya sinensis*、毛瓣杓兰、离萼杓兰、双斑叠鞘石斛 *Dendrobium aurantiacum* 等；国家重点保护野生动物有四川山鹧鸪 *Arborophila rufipectus*、绿尾虹雉、灰腹角雉 *Tragopan blythii*、马麝、林麝、云豹、大熊猫、四川梅花鹿、大凉疣螈 *Tylototriton taliangensis*、大鲵、白腹锦鸡、红腹锦鸡、白鹇、黑冠鹃隼、白腹锦鸡、棕背田鸡、针尾绿鸠 *Treron apicauda*、楔尾绿鸠、大绯胸鹦鹉、四川马鹿、短尾猴、小熊猫、金猫、水鹿等。

1.5.4.5.2　云南高原栽培植被与常绿阔叶林区

东缘止于云南省境内，南缘抵达广南、通海、峨山一线，西缘到大理、丽江附近，北邻四川盆地，面积约 12.89 万 km²。地带性植被以壳斗科的常绿阔叶林和云南松林为主，主要成分有滇青冈、黄毛青冈 *Cyclobalanopsis delavayi*、高山栲 *Castanopsis delavayi* 和元江栲 *Castanopsis orthacantha* 等，并伴生有少量的落叶树种；但因长期人类活动的影响，云南松、华山松和滇油杉 *Keteleeria evelyniana* 较多。包括乌蒙山北段、乌蒙山南段、五莲峰、堂狼山、拱王山-三台山、白草岭、滇东北高原、滇中高原西部和滇中高原东部 9 个小区。国家重点保护和珍稀濒危野生植物有巧家五针松 *Pinus squamaia*、云贵水韭、翠柏、黄杉、南方红豆杉、龙棕 *Trachycarpus nana*、乌蒙杓兰 *Cypripedium wumengense* 等；国家重点保护野生动物黑颈鹤、白肩雕、白尾海雕、林麝、熊猴、云豹、大头鲤 *Cyprinus pellegrini*、金钱鲃 *Sinocyclocheilus grahami*、云南闭壳龟 *Cuora yunnanensis*、斑嘴鹈鹕、黑颈鸬鹚 *Phalacrocorax niger*、猛隼 *Falco severus*、白腹锦鸡、红腹角雉、棕背田鸡、楔尾绿鸠、大绯胸鹦鹉、绿喉蜂虎 *Merops orientalis*、穿山甲、水獭、青鼬、短尾猴等。

1.5.4.5.3 怒江澜沧江平行峡谷常绿阔叶林区

西起高黎贡山，东到雅砻江，北邻芒康山，南至无量山，面积约 6.96 万 km²。植被类型多样，从澜沧江河谷到北部白马雪山，依次出现南亚热带、中亚热带、北亚热带、暖温带、中温带、寒温带等垂直植被带；植物区系成分复杂，过渡色彩非常明显。主要树种有长苞冷杉 *Abies georgei*、苍山冷杉 *Abies delavayi*、川滇冷杉 *Abies forrestii*、杜鹃、大果红杉、云南松、短柱金丝桃 *Hypericum hookerianum*、旱冬瓜 *Alnus nepalensis*、多变石栎 *Lithocarpus variolosus* 和黄背栎 *Quercus pannosa* 等。包括雪山、玉龙山、点苍山、云岭北段、云岭南段、雪盘山、清水郎山、怒山北段、怒山南段和高黎贡山 10 个小区。国家重点保护和珍稀濒危野生植物有广西青梅 *Vatica guangxiensis*、玉龙杓兰 *Cypripedium forrestii*、丽江杓兰 *Cypripedium lichiangense*、杏黄兜兰 *Paphiopedilum armenia-cum*、高寒水韭 *Isoetes hypsophila*、须弥红豆杉、云南木榧 *Torreya yunnanensis*、莎草兰 *Cymbidium elegans*、雅致杓兰 *Cypripedium elegans*、齿瓣石斛 *Dendrobium devonianum*、金耳石斛 *Dendrobium hookerianum*、波瓣兜兰 *Paphiopedilum insigne*、白柱万代兰 *Vanda brunnea* 等；国家重点保护野生动物有灰腹角雉、白尾梢虹雉、绿孔雀 *Pavo muticus*、斑尾榛鸡、雉鹑、北豚尾猴 *Macaca leonina*、滇金丝猴、缅甸金丝猴 *Rhinopithecus strykeri*、菲氏叶猴 *Trachypithecus phayrei*、戴帽叶猴 *Trachypithecus pileatus*、林麝、马麝、黑麝、云豹、印度支那虎 *Panthera tigris corbetti*、红斑羚、大理裂腹鱼 *Schizothorax taliensis* 等。

1.5.4.6 西南热带亚热带湿润地带

1.5.4.6.1 滇西山原常绿阔叶林区

西侧和南侧均为中缅边境，东北到高黎贡山，面积约 1.54 万 km²。原生植被为亚热带常绿阔叶林，主要优势树种为思茅松 *Pinus kesiya* var. *langbianensis*、西南桦 *Betula al-noides*、旱冬瓜、木荷和栎类等。仅包括滇西山原 1 个小区。国家重点保护和珍稀濒危野生植物有密叶红豆杉、萼翅藤 *Calycopteris floribunda*、大树杜鹃 *Rhododendron protistum*、滇南风吹楠 *Horsfieldia tetratepala*、鹿角蕨 *Platycerium wallichii*、篦齿苏铁 *Cycas pectinata*、蛇根木 *Rauvolfia serpentina*、东京龙脑香 *Dipterocarpus retusus*、碧玉兰 *Cymbidium lowianum*、斑舌兰 *Cymbidium tigrinum*、尖刀唇石斛 *Dendrobium heterocarpum*、长距石斛 *Dendrobium longicornu*、单葶草石斛 *Dendrobium porphyrochilum*、叉唇石斛 *Dendrobium stuposum*、球花石斛 *Dendrobium thyrsiflorum*、大苞鞘石斛 *Dendrobium wardianum*、滇西蝴蝶兰 *Phalaenopsis stobariana*、小蓝万代兰 *Vanda coerulescens* 等；国家重点保护野生动物有白尾梢虹雉、黑颈长尾雉 *Syrmaticus humiae*、赤颈鹤 *Grus antigone*、亚洲象 *Elephas maximus*、马麝、蜂猴 *Nycticebus coucang*、北豚尾猴、菲氏叶猴、戴帽叶猴、东白眉长臂猿 *Hylobates hoolock*、白掌长臂猿 *Hylobates lar*、西黑冠长臂猿 *Nomascus concolor*、云豹、印度支那虎、熊狸 *Arctictis binturong*、马来熊 *Helarctos malayanus*、野牛 *Bos frontalis*、棕黑疣螈 *Tylototriton verrucosus*、黑兀鹫 *Sarcogyps calvus*、红腿小隼 *Microhierax caerulescens*、灰燕鸻 *Glareola lactea*、黄嘴河燕鸥 *Sterna aurantia*、凤头雨燕 *Hemiprocne longipennis*、花冠皱盔犀鸟 *Rhyticeros undulatus*、蓝枕八色鸫 *Pitta nipalensis*、栗头八色鸫 *Pitta oatesi*、短尾猴、巨松鼠、丛林猫、小爪水獭等。

1.5.4.6.2 滇中南亚高山常绿阔叶林区

西起中缅边境，东临元江，北至高黎贡山，南到西双版纳和中越边境，面积约

6.98 万 km²，处东亚季风热带、南亚季风热带和青藏横断山系三大自然地理区域的交汇处。主要群落类型有干热河谷稀树灌木草丛、季风常绿阔叶林、常绿阔叶林、针阔混交林和常绿阔叶苔藓矮林等。包括老别山、邦马山、澜沧江中游河谷、无量山北段、无量山南段、哀牢山北段和哀牢山南段 7 个小区。国家重点保护和珍稀濒危野生植物有密叶红豆杉、宽叶苏铁 *Cycas balansae*、灰干苏铁 *Cycas hongheensis*、多歧苏铁 *Cycas multipinnata*、滇桐 *Craigia yunnanensis*、绿春苏铁 *Cycas tanqingii*、姜状三七 *Panax zingiberensis*、黑黄檀 *Dalbergia fusca*、三棱栎 *Trigonobalanus doichangensis*、四数木 *Tetrameles nudiflora*、大雪兰 *Cymbidium mastersii*、滇南虎头兰 *Cymbidium wilsonii*、矮石斛 *Dendrobium bellatulum*、长苏石斛 *Dendrobium brymerianum*、鼓槌石斛 *Dendrobium chrysotoxum*、草石斛 *Dendrobium compactum*、玫瑰石斛 *Dendrobium crepidatum*、杯鞘石斛 *Dendrobium gratiosissimum*、喇叭唇石斛 *Dendrobium lituiflorum*、巨瓣兜兰 *Paphiopedilum bellatulum*、叉唇万代兰 *Vanda cristata*、长果姜 *Siliquamomum tonkinense* 等；国家重点保护野生动物有鼋、蟒蛇、黑颈长尾雉、绿孔雀、蜂猴、间蜂猴 *Nycticebus intermedius*、倭蜂猴 *Nycticebus pygmaeus*、北豚尾猴、菲氏叶猴、西黑冠长臂猿、云豹、印度支那虎、熊狸、马来熊、马麝、林麝、鼷鹿 *Tragulus javanicus*、豚鹿 *Axis porcinus*、野牛、棕翅鵟鹰 *Butastur liventer*、黄脚绿鸠 *Treron phoenicoptera*、栗头蜂虎 *Merops leschenaulti*、绿胸八色鸫 *Pitta sordida* 等。

1.5.4.6.3　滇南宽谷热带雨林季雨林区

位于边境区域，南邻缅甸和老挝，北部为无量山等地，面积约 3.44 万 km²，属东南亚热带雨林，保存有大量的沟谷雨林和山地雨林，林木多具有板状根、支柱根和气生根，藤本植物丰富，附生和寄生植物随处可见。主要树种有望天树 *Parashorea chinensis*、云南石梓 *Gmelina arborea*、版纳青梅 *Vatica xishuangbannaensis*、山白兰 *Michelia alba*、毛麻楝 *Chukrasia tabularis* var. *velutina*、龙血树 *Dracaena angustifolia*、萝芙木 *Rauvolfia verticillata* 等。包括澜沧江下游河谷和滇西南山地 2 个小区。国家重点保护和珍稀濒危野生植物有云南肉豆蔻 *Myristica yunnanensis*、云南蓝果树 *Nyssa yunnanensis*、景东翅子树 *Pterospermum kingtungense*、西双版纳粗榧 *Cephalotaxus mannii*、大果木莲 *Manglietia grandis*、勐仑翅子树 *Pterospermum menglunense*、短棒石斛 *Dendrobium capillipes*、晶帽石斛 *Dendrobium crystallinum*、黄花石斛 *Dendrobium dixanthum*、反瓣石斛 *Dendrobium ellipsophyllum*、景洪石斛 *Dendrobium exile*、棒节石斛 *Dendrobium findlayanum*、杯鞘石斛、苏瓣石斛 *Dendrobium harveyanum*、杓唇石斛 *Dendrobium moschatum*、少花石斛 *Dendrobium parciflorum*、肿节石斛 *Dendrobium pendulum*、针叶石斛 *Dendrobium pseudotenellum*、具槽石斛 *Dendrobium stuposum*、刀叶石斛 *Dendrobium terminale*、翅梗石斛 *Dendrobium trigonopus*、飘带兜兰 *Paphiopedilum parishii*、紫毛兜兰 *Paphiopedilum venustum*、版纳蝴蝶兰 *Phalaenopsis mannii*、垂头万代兰 *Vanda alpina* 等；国家重点保护野生动物有鼋、巨蜥、蟒蛇、黑颈长尾雉、灰孔雀雉、绿孔雀、亚洲象、蜂猴、间蜂猴、倭蜂猴、北豚尾猴、菲氏叶猴、西黑冠长臂猿、白颊长臂猿 *Nomascus leucogenys*、云豹、印度支那虎、马来熊、鼷鹿、地龟、凹甲陆龟、铜翅水雉 *Metopidius indicus*、灰头绿鸠 *Treron pompadora*、短尾鹦鹉 *Loriculus vernalis*、仓鸮 *Tyto alba*、蓝耳翠鸟 *Alcedo meninting*、鹳嘴翡翠 *Pelargopsis capensis*、双角犀鸟 *Buceros bicornis*、白喉犀鸟 *Anorrhinus austeni*、棕颈犀鸟 *Aceros nipalensis*、双辫八色鸫 *Pitta phayrei*、蓝八色鸫 *Pitta cyanea* 等。

1.5.4.6.4 滇东南常绿阔叶林与山地季雨林区

西起元江，东到玉溪和蒙自，南至中越边境，面积约 2.86 万 km²。区内存在着较完整的山地森林生态系统，主要有热带湿润雨林、季节雨林、山地雨林、季风常绿阔叶林、苔藓常绿阔叶林和山顶苔藓矮林等。包括元江河谷北段和元江河谷南段 2 个小区。国家重点保护和珍稀濒危野生植物有滇南苏铁 *Cycas diannanensis*、毛枝五针松 *Pinus wangii*、云南金钱槭 *Dipteronia dyeriana*、狭叶坡垒、二回原始观音座莲 *Archangiopteris bipinnata*、亨利原始观音莲 *Archangiopteris henryi*、单叶贯众 *Cyrtomium hemionitis*、富宁藤 *Parepigynum funingense*、金丝李 *Garcinia paucinervis*、东京桐 *Deutzianthus tonkinensis*、香木莲 *Manglietia aromatica*、粉背人字果 *Dichocarpum hypoglaucum*、曲轴石斛 *Dendrobium gibsonii*、紫瓣石斛 *Dendrobium parishii*、西畴石斛 *Dendrobium xichouense*、云南火焰兰 *Renanthera imschootiana* 等；国家重点保护野生动物有巨蜥、蟒蛇、黑颈长尾雉、绿孔雀、蜂猴、间蜂猴、倭蜂猴、菲氏叶猴、西黑冠长臂猿、白颊长臂猿、云豹、熊狸、马来熊、褐冠鹃隼、白腹锦鸡、黄嘴河燕鸥、厚嘴绿鸠、针尾绿鸠、花头鹦鹉、褐渔鸮、绿喉蜂虎、栗头蜂虎、冠斑犀鸟、花冠皱盔犀鸟、长尾阔嘴鸟、蓝枕八色鸫、短尾猴、丛林猫、水鹿、江獭等。

1.5.4.6.5 桂西南岩溶山原常绿阔叶林与山地季雨林区

西起六诏山，东到红水河附近，北至南盘江附近，南到中越边境，面积约 5.87 万 km²。当地原生植被为石灰岩季节性雨林和常绿阔叶林，建群种多为蚬木 *Excentrodendron hsienmu*、金丝李等，但许多地方受人为干扰较大，形成次生林；常见树种有火麻树 *Dendrocnide urentissima*、海南蒲桃 *Syzygium cumini*、翻白叶树 *Pterospermum heterophyllum* 和肥牛树 *Cephalomappa sinensis* 等。包括六诏山北部、六诏山南部、桂西山原和桂西南山地 4 个小区。国家重点保护和珍稀濒危野生植物有宽叶苏铁、德保苏铁 *Cycas debaoensis*、长叶苏铁 *Cycas circinalia*、狭叶坡垒、锈毛苏铁 *Cycas ferruginea*、石山苏铁 *Cycas sexseminifera*、金丝李、望天树、单座苣苔 *Metabriggsia ovalifolia*、斜翼 *Piagiopteron chinensis*、钩状石斛、流苏石斛、藏南石斛 *Dendrobium monticola*、长瓣兜兰、带叶兜兰、硬叶兜兰等；国家重点保护野生动物有巨蜥、蟒蛇、黑颈长尾雉、蜂猴、熊猴、黑叶猴、白头叶猴、东黑冠长臂猿 *Nomascus nasutus*、云豹、熊狸、马来熊、大壁虎、褐冠鹃隼、黑冠鹃隼、原鸡、白腹锦鸡、厚嘴绿鸠、针尾绿鸠、绯胸鹦鹉、冠斑犀鸟、长尾阔嘴鸟、栗头八色鸫、绿胸八色鸫、短尾猴等。

1.5.4.7 喜马拉雅山东缘热带湿润地带

1.5.4.7.1 喜马拉雅山南翼常绿阔叶林与山地季雨林区

位于喜马拉雅山东部南坡，一直延伸到印度境内，东至雅鲁藏布江，西起不丹，面积约 4.96 万 km²。该区是我国植被垂直带谱最显著和最丰富的地区，从低到高，依次出现低山热带季风雨林、山地亚热带常绿半常绿阔叶林、暖温带常绿针叶林、亚高山寒温带常绿针叶林和高山亚寒带灌丛草甸等。包括喜马拉雅山南翼 1 个小区。国家重点保护和珍稀濒危野生植物有莎草兰、雅致杓兰、暖地杓兰 *Cypripedium subtropicum*、宽口杓兰、金耳石斛、长距石斛、秀丽兜兰 *Paphiopedilum venustum* 和叉唇万代兰等；国家重点保护野生动物有玉带海雕、灰腹角雉、黑麝、喜马拉雅麝 *Moschus chrysogaster*、林麝、马麝、熊猴、北豚尾猴、不丹羚牛 *Budorcas whitei*、红斑羚、短趾雕 *Circaetus ferox*、灰头鹦鹉 *Psittacula finschii*、长尾阔嘴鸟、白颊猕猴 *Macaca leucogenys*、达旺猴 *Macaca munzala*、巨松鼠、丛林猫、棕熊 *Ursus arctos*、黑熊、小熊猫、大灵猫、豺狼、小爪水獭等。

1.5.4.7.2　喜马拉雅山东端高山常绿阔叶林与山地季雨林区

西起雅鲁藏布江，东到伯舒拉岭，北至念青唐古拉山，南到中印和中缅边境，面积约 3.86 万 km²，地处青藏高原的东南角，喜马拉雅山与横断山脉交汇处，基带植被属热带亚热带常绿阔叶林，随海拔升高植被向温带和寒带区转变，主要有云杉、乔松、云南松、檀香和香樟等树种。包括喜马拉雅山东端 1 个小区。国家重点保护和珍稀濒危野生植物有桫椤、须弥红豆杉、金铁锁、虎头兰、黄蝉兰、雅致杓兰、暖地杓兰、宽口杓兰、密花石斛、齿瓣石斛、秀丽兜兰和叉唇万代兰等；国家重点保护野生动物有金雕、玉带海雕、绿尾虹雉、灰腹角雉、黑颈鹤、黑麝、喜马拉雅麝、马麝、熊猴、北豚尾猴、不丹羚牛、红斑羚、云豹、雪豹、孟加拉虎 *Panthera tigris tigris*、短趾雕、黑鹇、秃鹫 *Aegypius monachus*、楔尾绿鸠、灰头鹦鹉、大绯胸鹦鹉、棕颈犀鸟、长尾阔嘴鸟、白颊猕猴、达旺猴、巨松鼠、丛林猫、棕熊、黑熊、石貂、小熊猫、大灵猫、豺狼、小爪水獭等。

1.5.5　内蒙古温带区域

该区域位于我国北部边疆，北侧以我国与蒙古和俄罗斯的边境线为界，东到东北平原，西接狼山南端沿乌兰布和沙漠东缘至贺兰山西麓一线，东南到山西高原，面积约 62.90 万 km²。区域内地貌相对单一，地势起伏较小，境内山脉少且相对高差较小，而阴山位于其中部。该区域形状狭长，多位于中温带半干旱气候区内，各个地带的气候变化明显，气温、降水格局变异显著。栗钙土和棕钙土等为其主要地带性土壤，分布较广。而温带草原和稀树灌木草原为这一区域的主要地带性植被类型，并在贺兰山、阴山和大兴安岭南部地段局部生长有以落叶松和蒙古栎等为主的森林。该区域主要位于我国植被区划的温带草原区域，植物区系分区和动物地理区划方案较一致。其东部边缘是我国主要的森林草原过渡带，而西侧为典型草原和荒漠过渡区，植被类型由东向西带状分布。野生动植物组成等与蒙古国相近，生态系统脆弱，应限制开发，加强对该区域草原、草甸和群落交错带等特有自然生态系统的保护和管理。

该自然保护地理区域包括西辽河温带半湿润半干旱地带、内蒙古东部温带半干旱地带和鄂尔多斯高原及周边山地温带半干旱地带 3 个自然保护地理地带，以及 6 个自然保护地理区和 28 个自然保护地理小区。

1.5.5.1　西辽河温带半干旱地带

西辽河温带半干旱地带仅有 1 个区，即西辽河平原草原与针阔混交林区，西邻内蒙古高原和大兴安岭，东到东北平原，南邻努鲁儿虎山，面积约 9.41 万 km²。自然植被以典型草原、灌木、半灌木草原和草甸为主，由于人类活动破坏，草地面积已迅速减少，转变为旱地和沙地。包括松嫩平原西部、西辽河平原、科尔沁沙地和赤峰黄土 4 个小区。国家重点保护和珍稀濒危野生植物有蒙古黄榆 *Ulmus macrocarpa* var. *mongolica*、五角枫 *Acer mono* 和黄芪 *Astragalus membranaceus* 等；国家重点保护野生动物有东方白鹳、丹顶鹤、白鹤、白头鹤、金雕、白肩雕、大鸨、白枕鹤、蓑羽鹤、灰鹤、大天鹅、白琵鹭、白额雁、灰背隼、大鵟、长耳鸮等。

1.5.5.2 内蒙古东部温带半干旱地带

1.5.5.2.1 呼伦贝尔高原草原与湿地区

·北邻俄罗斯，西侧和南侧为蒙古国，东靠大兴安岭，面积约 5.79 万 km²。东部为大兴安岭山前，中部为波状起伏的海拉尔高平原，西部则为低地丘陵地带，植被为以羊草和针茅为主的典型草原和草甸草原。包括东呼伦贝尔草原和西呼伦贝尔草原 2 个小区。国家重点保护和珍稀濒危野生植物有野大豆、黄芪等；国家重点保护野生动物有白尾海雕、玉带海雕、金雕、白鹤、丹顶鹤、大鸨、遗鸥、灰鹤、蓑羽鹤、白琵鹭、大天鹅、小天鹅、苍鹰、大鵟、毛脚鵟、草原雕 *Aquila nipalensis*、黑浮鸥、毛腿渔鸮 *Ketupa blakistoni*、长耳鸮、雕鸮、乌林鸮 *Strix nebulosa*、雪鸮 *Nyctea scandiaca*、黄羊、水獭、兔狲等，多为迁徙性水鸟和猛禽。

1.5.5.2.2 内蒙古高原东部草原区

西起宁夏平原，东到大兴安岭，北至中蒙边境，南到山西高原和鄂尔多斯高原，面积约 26.41 万 km²。植被以草原草甸为主，由于人为干扰，分布有大面积栽培植被和人工草场，天然草地已少见，边缘山地区域分布有一定面积的森林植被，主要树种有白杆 *Picea meyeri*、青杆、侧柏和蒙古栎等。包括乌珠穆沁高原、锡林郭勒高原东部、锡林郭勒高原西部、浑善达克沙地东部、坝上高原、张北高原、乌兰察布高原东部、阴山北部丘陵平原和大青山 9 个小区。国家重点保护和珍稀濒危野生植物有毛披碱草 *Elymus villifer*、大麦 *Hordeum vulgare*、野大豆、黄芪等；国家重点保护野生动物有黑鹳、白尾海雕、玉带海雕、金雕、胡兀鹫、白头鹤、白鹤、大鸨、遗鸥、大天鹅、小天鹅、疣鼻天鹅、白琵鹭、蓑羽鹤、白枕鹤、靴隼雕、苍鹰、白尾鹞、鹊鹞、毛脚鵟、乌雕 *Aquila clanga*、草原雕、雕鸮、短耳鸮、花头鸺鹠、秃鹫、灰背隼、游隼、猎隼、鹅喉羚 *Gazella subgutturosa*、岩羊、黄羊等。

1.5.5.3 鄂尔多斯高原及周边山地温带半干旱地带

1.5.5.3.1 鄂尔多斯高原荒漠草原区

东北西三面被黄河环绕，南与黄土高原相连，直至长城附近，面积约 15.15 万 km²。原生植被多为典型草原和灌木草原等，局部地区有森林植被，生态环境脆弱，极易受自然干扰和人类活动的影响而出现土地退化和荒漠化等问题。包括河套平原西部、河套平原东部、库布奇沙地西部、桌子山、西鄂尔多斯高原、鄂尔多斯高原北部、鄂尔多斯高原东部和毛乌素沙地 8 个小区。国家重点保护和珍稀濒危野生植物有四合木 *Tetraena mongolica*、绵刺 *Potaninia mongolica*、中麻黄 *Ephedra intermedin*、麻黄 *Ephedra sinica*、沙冬青 *Ammopiptanthus mongolicus*、半日花 *Helianthemum songaricum*、蒙古扁桃 *Amygdalus mongolica*、胡杨 *Populus euphratica* 等；国家重点保护野生动物有金雕、白尾海雕、黑鹳、遗鸥、大鸨、大天鹅、小天鹅、蓑羽鹤、白琵鹭、靴隼雕、大鵟、红脚隼、猎隼、黑浮鸥、鹅喉羚、漠猫 *Felis bieti* 等，以迁徙性水鸟为主。

1.5.5.3.2 贺兰山及周边草原与山地落叶阔叶林区

西起腾格里沙漠，东到鄂尔多斯高原，北至乌兰布和沙漠，南到六盘山，面积约 2.57 万 km²。平原地区以栽培植被为主，山地既有以云杉、油松、白桦和山杨等为主的森林植被，也有以长芒草 *Stipa bungeana*、大针茅 *Stipa grandis*、中亚细柄茅 *Ptilagrostis pelliotii*、灌木亚菊 *Ajania fruticulosa* 等为主的典型草原和荒漠草原，以红砂 *Reaumuria songarica*、珍珠猪毛菜 *Salsola passerina*、霸王 *Sarcozygium xanthoxylon* 和沙冬青为主的灌木荒漠。包括贺兰山、宁夏平原、罗山–屈吴山 3 个小区。国家重点保护和珍稀濒危野生植物有四合木、绵刺、大麦、沙冬青、蒙古扁桃、羽叶丁香 *Syringa pinnatifolia* 等；国家重点保护野生动物有白尾海雕、胡兀鹫、马麝、林麝、高山兀鹫、靴隼雕、猎隼、阿拉善马鹿 *Cervus alashanicus*、黄羊、兔狲、石貂等。

1.5.5.3.3　陇中高原北部草原与落叶阔叶林区

西起青藏高原，东到六盘山，北至宁夏平原，南到定西附近，面积约 3.57 万 km^2。黄河自西南流向东北，横穿全境，许多地区已是栽培植被，仍保留大面积的干旱草原、灌木等，局部山地有森林植被。包括陇中高原北部和六盘山余脉 2 个小区。国家重点保护和珍稀濒危野生植物有野大豆、当归 *Angelica sinensis*、党参 *Codonopsis pilosula*、麻黄等；国家重点保护野生动物有黑鹳、斑尾榛鸡、金雕、玉带海雕、白尾海雕、胡兀鹫、林麝、豹、斑嘴鹈鹕、蓑羽鹤、藏雪鸡、蓝马鸡、靴隼雕、鹊鹞、黄爪隼、游隼、猎隼、长耳鸮、短耳鸮、猞猁、青鼬等。

1.5.6　西北温带暖温带区域

位于我国阿拉善高原以西，阿尔金山、昆仑山和祁连山北侧，四周多为高山，气候干燥，海洋气流很少能够到达，面积约 198.69 万 km^2。天山、阿尔泰山和山间盆地等构成了其地貌主体，山地与盆地的呈南北相间分布。该区域具有典型温带和暖温带大陆性荒漠气候特点，是我国最干旱的地区，光照长、气温变化大，在山地区域形成明显垂直气候带。其地带性土壤有棕漠土、灰漠土和灰棕漠土，并在局部发育有一定面积的盐土、草甸土和风沙土等。区域内盆地多干旱沙漠，有我国最大的塔克拉玛干沙漠，而山地迎风坡面上降水较丰富，山地森林和草原植被发育，更高海拔常年积雪。灌木和半灌木荒漠属于该区域最典型的地带性植被，灌木荒漠多分布于山前洪积扇及由小砾石组成的冲积扇，半灌木荒漠主要分布位于砾质戈壁及荒漠性低山。但在其局域出现的山地与绿洲等生境内，生境条件较好，野生动植物较丰富，同时人类分布也较多，如准噶尔盆地和塔里木盆地的山前绿洲、阿尔泰山和天山的山地森林草原。而该区域的植物区系分区和动物地理区划相对简单，但由于地理隔离等，不同地区间物种组成差异明显。该区域相对独立的地理格局，以及大面积独特的荒漠生态系统和垂直山地生态系统，为其野生动植物提供了许多特殊生境类型，特有属和特有种物种所占比例较高。应加强对其荒漠生态系统中迁徙性野生动物的保护和管理，以及作为重要生态功能区的山地生态系统的保护。

该自然保护地理区域包括北疆温带干旱半干旱地带、内蒙古西部温带干旱地带和南疆温带暖温带干旱地带 3 个自然保护地理地带，以及 14 个自然保护地理区和 84 个自然保护地理小区。

1.5.6.1　内蒙古西部温带干旱地带

1.5.6.1.1　乌兰察布高原草原与荒漠草原区

西与阿拉善高原相连，东到浑善达克沙地，阴山以北，北至中蒙边境，面积约

8.46 万 km²。地势南高北低，多低山丘陵，南部为阴山北麓丘陵，向北逐渐进入地势平缓的凹陷地带和缓丘隆起带。植被以荒漠草原为主，多丛生性的小禾草。包括浑善达克沙地西部、巴彦淖尔高原西部、巴彦淖尔高原东部和狼山 4 个小区。国家重点保护和珍稀濒危野生植物有裸果木 *Gymnocarpos przewalskii*、革苞菊 *Tugarinovia mongolica*、梭梭 *Haloxylon ammodendron*、蒙古扁桃、沙冬青、肉苁蓉 *Cistanche deserticola* 等；国家重点保护野生动物有大鸨、波斑鸨 *Chlamydotis macqueeni*、金雕、蒙古野驴 *Equus hemionus*、蓑羽鹤、灰鹤、靴隼雕、草原雕、鸢、红隼、猎隼、秃鹫、黄羊、鹅喉羚、戈壁盘羊 *Ovis ammon darwini*、猞猁、兔狲、漠猫等。

1.5.6.1.2 阿拉善高原东部低地草原化荒漠与灌木化荒漠区

西到雅布赖山，东临贺兰山，祁连山脉以北，北至中央戈壁，面积约 10.92 万 km²。区内以沙漠为主，西南部植被覆盖较好，主要为麻黄和油蒿等；芦苇、沙蒿 *Artemisia desertorum*、白刺 *Nitraria tangutorum*、沙拐枣 *Calligonum arborescens*、花棒 *Hedysarum scoparium*、柽柳 *Tamarix chinensis* 和霸王等构成主要植被类型。包括雅布赖山、乌兰布和沙漠、腾格里沙漠西部和腾格里沙漠东部 4 个小区。国家重点保护和珍稀濒危野生植物有瓣鳞花 *Frankenia pulverulenta*、绵刺、四合木、裸果木、蒙古扁桃、胡杨、肉苁蓉等；国家重点保护野生动物有黑鹳、金雕、大鸨、小鸨 *Tetrax tetrax*、蒙古野驴、双峰驼 *Camelus bactrianus*、疣鼻天鹅、小天鹅、白琵鹭、高山兀鹫、靴隼雕、鸢、游隼、灰背隼、长耳鸮、阿拉善马鹿、雅布赖盘羊 *Ovis jubata*、黄羊、鹅喉羚、漠猫等。

1.5.6.1.3 阿拉善高原及河西走廊荒漠区

西起北山，东至雅布赖山，南邻祁连山脉，北至中蒙边境，面积约 20.45 万 km²，以沙生植物为主，沙丘上植物较少，沙丘下部或丘间低地多生长有稀疏灌木和半灌木，主要物种有梭梭、沙拐枣、柽柳、木蓼 *Atraphaxis frutescens* 和沙葱 *Allium mongolicum* 等；沙漠绿洲有胡杨、白刺等植被分布。包括察汗毛里脱沙窝、巴丹吉林沙漠、西阿拉善荒漠、额济纳绿洲、包尔乌拉山荒漠、龙首山山地、疏勒河流域荒漠和河西走廊东部 8 个小区。国家重点保护和珍稀濒危野生植物有瓣鳞花、绵刺、胡杨、沙冬青、肉苁蓉、蒙古扁桃、桃儿七、裸果木等；国家重点保护野生动物有遗鸥、波斑鸨、斑尾榛鸡、白尾海雕、玉带海雕、白肩雕、胡兀鹫、双峰驼、北山羊 *Capra sibirica*、疣鼻天鹅、大天鹅、小天鹅、白琵鹭、灰鹤、草原雕、长耳鸮、阿拉善马鹿、戈壁盘羊、岩羊、鹅喉羚、漠猫等。

1.5.6.1.4 北山及周边荒漠戈壁与荒漠草原区

西起哈顺戈壁，东至阿拉善高原，祁连山脉和阿尔金山以北，北至中蒙边境，面积约 10.72 万 km²。区内荒漠生态系统类型多样，极旱荒漠、典型荒漠和草原化荒漠的植被类型都有一定面积的分布。其中，泡泡刺 *Nitraria sphaerocarpa* 荒漠、红砂荒漠、黑柴 *Sympegma regelii* 荒漠和珍珠猪毛菜荒漠为中亚荒漠最有代表性和典型的植被类型。包括北山北坡、北山南坡和河西走廊西部 3 个小区。国家重点保护和珍稀濒危野生植物有裸果木、霸王、膜果麻黄 *Ephedra przewalskii*、泡泡刺等；国家重点保护野生动物有金雕、小鸨、胡兀鹫、蒙古野驴、双峰驼、野马 *Equus ferus*、北山羊、大天鹅、暗腹雪鸡 *Tetraogallus himalayensis*、高山兀鹫、草原雕、猎隼、红脚隼、阿拉善马鹿、戈壁盘羊、鹅喉羚、岩羊、黄羊、草原斑猫 *Felis lybica* 等。

1.5.6.2　北疆温带干旱半干旱地带

1.5.6.2.1　阿尔泰山山地草原与针叶林区

位于额尔齐斯河以北的阿尔泰山地区，直到中蒙、中俄和中哈边境，面积约 2.57 万 km²。主要树种有西伯利亚冷杉 *Abies sibirica*、西伯利亚落叶松 *Larix sibirica*、新疆五针松 *Pinus sibirica*、白桦和山杨等；沿海拔呈现出明显植被带谱，从低到高依次为山地沙漠带、山地草原带、山地森林带和高山带。包括阿尔泰山西北部和阿尔泰山中部 2 个小区。国家重点保护和珍稀濒危野生植物有盐桦 *Betula halophila*、紫斑红门兰 *Orchis fuchsii*、宽叶红门兰 *Orchis latifolia*、新疆火烧兰 *Epipactis palustris*、裂唇虎舌兰 *Epipogium aphyllum* 等；国家重点保护野生动物有金雕、白尾海雕、白肩雕、小鸥、胡兀鹫、河狸 *Castor fiber*、原麝、貂熊、紫貂、北山羊、雪豹、白鹈鹕 *Pelecanus onocrotalus*、卷羽鹈鹕、大天鹅、小天鹅、灰鹤、蓑羽鹤、高山兀鹫、靴隼雕、草原雕、乌雕、大鵟、苍鹰、褐耳鹰 *Accipiter badius*、红脚隼 *Falco vespertinus*、岩雷鸟 *Lagopus muta*、花尾榛鸡、阿尔泰雪鸡 *Tetraogallus altaicus*、暗腹雪鸡、黑腹沙鸡 *Pterocles orientalis*、猛鸮 *Surnia ulula*、雪兔、天山盘羊 *Ovis ammon karelini*、欧亚驼鹿 *Alces alces*、马鹿 *Cervus elaphus*、棕熊、兔狲、猞猁等。

1.5.6.2.2　准噶尔盆地西部荒漠、山地草原与针叶林区

位于准噶尔盆地西部，西起中哈边境，东部延伸到准噶尔盆地，南邻艾比湖，北至额尔齐斯河，面积约 6.74 万 km²，有许多相互并不连续的低山丘陵，大致呈东西走向，山下多为荒漠植被，山地降水较丰沛，林木茂盛，山前丘陵平原，牧草丰茂。包括萨吾尔山、乌尔喀什尔山、巴尔鲁克山–玛依勒山和额敏河谷地 4 个小区。国家重点保护和珍稀濒危野生植物有天山樱桃 *Cerasus tianshanica*、新疆野苹果 *Malus sieversii*、野蔷薇 *Rosa multiflora*、野巴旦杏 *Amygdalus ledebouriana*、新疆阿魏 *Ferula sinkiangensis* 等；国家重点保护野生动物有黑鹳、金雕、胡兀鹫、波斑鸨、双峰驼、北山羊、雪豹、白鹈鹕、小苇鳽 *Ixobrychus minutus*、高山兀鹫、短趾雕、草原雕、靴隼雕、猎隼、黑琴鸡、花尾榛鸡、暗腹雪鸡、黑腹沙鸡、雪兔、水獭、兔狲、漠猫、天山盘羊、塔里木马鹿 *Cervus yarkandensis*、鹅喉羚、棕熊等。

1.5.6.2.3　准噶尔盆地中部低地荒漠区

西起巴尔鲁克山和玛依勒山，东至北塔山，南依天山山脉，北到阿尔泰山，面积约 19.63 万 km²。盆地边缘多山麓绿洲，农业开垦和放牧较多。包括阿尔泰山山前平原、额尔齐斯河流域荒漠、阿尔泰山东南部、乌伦古河流域戈壁、古尔班通古特沙漠东部、古尔班通古特沙漠西部、北天山山前平原、北天山东段北麓、北天山西段北麓、艾比湖河谷、赛里木湖–科尔古琴山和阿拉套山 12 个小区。国家重点保护和珍稀濒危野生植物有胡杨、艾比湖沙拐枣 *Calligonum ebinuricum ivanova*、艾比湖桦、梭梭、沙拐枣等；国家重点保护野生动物有黑鹳、白鹳、金雕、白肩雕、胡兀鹫、波斑鸨、小鸥、河狸、野马、蒙古野驴、双峰驼、赛加羚羊 *Saiga tatarica*、北山羊、白鹈鹕、卷羽鹈鹕、白琵鹭、小苇鳽、疣鼻天鹅、大天鹅、小天鹅、靴隼雕、猎隼、岩雷鸟、黑琴鸡、花尾榛鸡、黑腹沙鸡、鹅喉羚、戈壁盘羊、兔狲、猞猁、石貂、漠猫等。

1.5.6.2.4　准噶尔盆地东部荒漠与荒漠戈壁区

西邻古尔班通古特沙漠，东至北山，东天山以北，至中蒙边境，面积约 9.36 万 km²。

该区干旱大陆性气候特征明显，冬季长而偏暖，夏季短而偏凉，光照充足，降水主要集中在冬春季。包括北塔山、将军戈壁、霍景涅里辛沙漠、二百四戈壁和莫钦乌拉山5个小区。国家重点保护和珍稀濒危野生植物有裸果木、麻黄、泡泡刺等；国家重点保护野生动物有黑鹳、金雕、玉带海雕、波斑鸨、小鸨、野马、蒙古野驴、双峰驼、北山羊、小苇鳽、疣鼻天鹅、小天鹅、靴隼雕、雀鹰、阿尔泰雪鸡、暗腹雪鸡、黑腹沙鸡、鹅喉羚、戈壁盘羊、岩羊、草原斑猫、石貂等。

1.5.6.2.5　天山东段灌木、半灌木荒漠区

西到乌鲁木齐，东至北山，北侧为准噶尔盆地，南侧为吐鲁番盆地和哈顺戈壁，面积约3.77万 km²。区内地势高差大，垂直出现了沙漠带、荒漠带、草原带、森林带、高山草甸带、高山冰雪带等诸多气候植被带，植被类型较多。包括巴里坤山、博格达山北坡和博格达山南坡3个小区。国家重点保护和珍稀濒危野生植物有雪莲 Saussurea involucrata、胡杨、梭梭等；国家重点保护野生动物有白肩雕、波斑鸨、小鸨、胡兀鹫、蒙古野驴、双峰驼、北山羊、卷羽鹈鹕、疣鼻天鹅、大天鹅、小天鹅、高山兀鹫、乌灰鹞 Circus pygargus、游隼、红隼、纵纹腹小鸮、长耳鸮、暗腹雪鸡、鹅喉羚、塔里木马鹿、戈壁盘羊、棕熊、兔狲等。

1.5.6.2.6　天山西段北麓荒漠、草原与针叶林区

西起中哈边境，向东延伸到天山腹地，北侧为准噶尔盆地，南到那拉提山和额尔宾山，面积约7.53万 km²。区内植被状况较好，山地区域多云杉、山杨、野核桃 Juglans cathayensis 和野苹果等森林群落，山下为草原草甸，林线以上为高山植被和积雪冰川。包括科古琴山南麓、伊犁河谷、乌孙山-那拉提山、依连哈比尔尕山、阿吾拉勒山和天山中部山地6个小区。国家重点保护和珍稀濒危野生植物有新疆野苹果、野核桃、雪莲、胡杨、新疆阿魏等；国家重点保护野生动物有四爪陆龟、金雕、白尾海雕、白肩雕、胡兀鹫、波斑鸨、雪豹、北山羊、白鹈鹕、斑嘴鹈鹕、大天鹅、白额雁、蓑羽鹤、高山兀鹫、短趾雕、乌灰鹞、靴隼雕、鹗 Pandion haliaetus、普通鵟、猎隼、黄爪隼、红隼、纵纹腹小鸮、鬼鸮 Aegolius funereus、暗腹雪鸡、长脚秧鸡 Crex crex、姬田鸡 Porzana parva、黑腹沙鸡、黑琴鸡、斑尾林鸽 Columba palumbus、纵纹角鸮 Otus brucei、天山盘羊、塔里木马鹿、棕熊等。

1.5.6.3　南疆温带暖温带干旱地带

1.5.6.3.1　天山西段南麓山地草原与针叶林区

西起托木尔峰，东至库鲁克塔格，塔里木盆地以北，面积约14.64万 km²。山区有明显植被带谱，山体基部以荒漠植被为主，从下往上依次为山地温带荒漠草原带、山地寒温带草原带、亚高山寒温带草原森林带、高山寒冷草甸带和高山寒冻垫状植被带等。包括额尔宾山、阿拉沟山、巴音布鲁克盆地、霍拉山、哈尔克他乌山北坡、哈尔克他乌山南坡、托木尔山地、拜城谷地、天山南脉、柯坪盆地西部、柯坪盆地东部和喀拉铁热克山12个小区。国家重点保护和珍稀濒危野生植物有阿魏、紫草 Lithospermum erythrorhizon、雪莲、黄芪等；国家重点保护野生动物有白鹳 Ciconia ciconia、金雕、玉带海雕、白尾海雕、胡兀鹫、小鸨、雪豹、北山羊、白额雁、高山兀鹫、短趾雕、乌灰鹞、棕尾鵟 Buteo rufinus、暗腹雪鸡、长脚秧鸡、姬田鸡、小鸥、黑浮鸥、黑腹沙鸡、黑琴鸡、塔里木马鹿、帕米尔盘羊 Ovis ammon polii、棕熊、石貂、

草原斑猫、兔狲等。

1.5.6.3.2　吐鲁番-哈密盆地及周边荒漠与盆地绿洲区

西起天山，东至北山，北邻东天山，南到罗布泊，面积约 14.48 万 km^2。地势差别较大，荒漠植被构成了其主要生态系统；常见树种以云杉、落叶松和胡杨为主，多分布在山坡，而胡杨分布在绿洲附近。包括吐鲁番盆地、哈密盆地、哈顺戈壁、库鲁克塔格东部、库鲁克塔格西部和焉耆盆地 6 个小区。国家重点保护和珍稀濒危野生植物有裸果木、霸王、梭梭、膜果麻黄、骆驼刺、泡泡刺等；国家重点保护野生动物有金雕、玉带海雕、波斑鸨、双峰驼、北山羊、小苇鳽、斑嘴鹈鹕、白琵鹭、疣鼻天鹅、大天鹅、高山兀鹫、乌灰鹞、棕尾鵟、靴隼雕、姬田鸡、塔里木兔 *Lepus yarkandensis*、鹅喉羚、戈壁盘羊、棕熊、兔狲、漠猫等。

1.5.6.3.3　塔里木盆地低地荒漠区

西起喀什地区，东至罗布泊，南接昆仑山，北至天山，面积约 62.01 万 km^2。地表多沙漠，植被稀疏，地表水源充足的山麓地带已发展为灌溉绿洲，很多内流河断流。包括罗布泊、阿尔金山山前平原、天山山前平原、塔里木河东段荒漠河岸平原、塔克拉玛干沙漠东部、塔里木河西段荒漠河岸平原、克里雅河流域荒漠、和田河流域荒漠、昆仑山山前地带、叶尔羌河流域荒漠和喀什冲积平原 11 个小区。国家重点保护和珍稀濒危野生植物有胡杨、梭梭、白梭梭 *Haloxylon persicum*、沙拐枣、肉苁蓉等；国家重点保护野生动物有新疆大头鱼 *Aspiorhynchus laticeps*、白鹤、金雕、白肩雕、玉带海雕、黑颈鹤、小鸨、双峰驼、白鹈鹕、大天鹅、白额雁、棕尾鵟、草原雕、鸢、猎隼、矛隼、姬田鸡、斑尾林鸽、纵纹角鸮、塔里木兔、塔里木马鹿、鹅喉羚、草原斑猫等。

1.5.6.3.4　西昆仑山地低地荒漠与高山植被区

西起帕米尔高原，东北至塔里木盆地，南至喀喇昆仑山，面积约 7.41 万 km^2。区内地形复杂，山峰重叠、河谷纵横，地势从西南向东北倾斜。高寒荒漠为主要植被类型，偶有胡杨群落、密花柽柳群落和山杏群落等分布。包括乌卡沟高寒山地、卡尔隆高寒山地、塔什库尔干高原和喀喇昆仑山北麓 4 个小区。国家重点保护和珍稀濒危野生植物有西南手参 *Gymnadenia orchidis*、宽叶红门兰等；国家重点保护野生动物有金雕、玉带海雕、白尾海雕、黑颈鹤、胡兀鹫、小鸨、雪豹、野牦牛 *Bos mutus*、北山羊、藏羚 *Pantholops hodgsoni*、高山兀鹫、秃鹫、棕尾鵟、鸢、红隼、燕隼、藏雪鸡、暗腹雪鸡、长脚秧鸡、帕米尔盘羊、岩羊、兔狲、猞猁、石貂等。

1.5.7　青藏高原高寒区域

位于我国的西南部，北部为昆仑山、阿尔金山及祁连山，南部为喜马拉雅山，地势高峻，海拔普遍在 4500m 以上，是全球海拔最高的高原，面积约 229.34 万 km^2。高原上四周多高山，并分布有多条东西走向的平行山脉，与邻近的塔里木盆地和四川盆地等的相对高差在 3000m 以上。青藏高原强烈的隆起，形成了巨大的高原面，对所处区域的大气环流造成了显著影响，区域内光照充足但气候寒冷。青藏高原不同地区的降水相差悬殊，高原边缘降水量相对丰富，而且从东南向西北递减。此外，受气候影响，区域内发育有广阔的高山草甸土、亚高山草甸土和高原冻土等。该区域的地带性植被以高山草原、高山草甸和高寒荒漠等为主，而且高原外围山地植被垂直带谱明显。

区域内植物区系和动物地理区划组成较为简单，但许多种为该地区所特有，特别是野生动物。该区域面积广阔、地广人稀，属于我国重要生态功能区，迁徙兽群数量众多，应加强对其特有的高寒生态系统及其野生动植物、高原边缘山地植被垂直带谱、野生动物迁徙路线的保护，减少人为干扰。

该自然保护地理区域包括昆仑山高寒干旱地带、羌塘高原高寒干旱地带和藏南高寒半湿润半干旱地带等 5 个自然保护地理地带，以及 19 个自然保护地理区和 55 个自然保护地理小区。

1.5.7.1　昆仑山高寒干旱地带

1.5.7.1.1　昆仑山西段高山高寒荒漠区

位于昆仑山西段的高山区，北起塔里木盆地，南到藏北高原，面积约 18.75 万 km²。该区多雪峰及巨大的冰川，南坡长而陡，北坡陡而短，在较温湿的山谷，有高山针叶林分布，邻近河流处可见山杨等，再往上为灌丛和高山草原。包括喀喇昆仑山、喀拉塔什山和喀喇昆仑山东部高寒山地 3 个小区。动植物资源相对匮乏，国家重点保护和珍稀濒危野生植物有雪莲、西南手参和宽叶红门兰等；国家重点保护野生动物有金雕、白尾海雕、胡兀鹫、雪豹、藏野驴 *Equus kiang*、野牦牛、北山羊、藏羚、棕尾鵟、秃鹫、藏雪鸡、暗腹雪鸡、长脚秧鸡、藏原羚、西藏盘羊 *Ovis hodgsoni*、岩羊、棕熊、兔狲、猞猁、石貂等。

1.5.7.1.2　昆仑山中东段高山高寒荒漠区

昆仑山中东段，向东直到柴达木盆地和青南高原，北到塔里木盆地和阿尔金山，南至藏北高原，面积约 21.52 万 km²。山地平均海拔 5000m 以上，草原植被稀疏，植被类型以高寒草原草甸为主，主要的建群种有紫花针茅 *Stipa purpurea*、扇穗茅、青藏苔草、曲枝早熟禾和黄芪等。包括昆仑山中段、库木库勒盆地、博卡雷克塔格和可可西里山 4 个小区。国家重点保护野生动物有黑颈鹤、金雕、胡兀鹫、雪豹、藏野驴、野牦牛、藏羚、猎隼、红隼、棕尾鵟、秃鹫、高山兀鹫、藏雪鸡、暗腹雪鸡、藏原羚、西藏盘羊、岩羊、棕熊、石貂、豺、猞猁、兔狲等。

1.5.7.1.3　阿尔金山高寒植被与荒漠植被区

西起昆仑山，东至祁连山，南接昆仑山，北至塔里木盆地，面积约 2.63 万 km²。区内山地切割破碎，冰川发育，植被贫乏，以荒漠植被为主，主要代表植物有合头草 *Sympegma regelii*、昆仑蒿 *Artemisia nanschanica* 等。包括阿尔金山 1 个小区。各类野生动物相对集中分布，种群大、数量多，但种类较少。国家重点保护野生动物有黑颈鹤、藏野驴、双峰驼、野牦牛、藏羚、雪豹、白额雁、猎隼、游隼、雕鸮、藏雪鸡、暗腹雪鸡、凤头蜂鹰、藏原羚、西藏盘羊、岩羊、棕熊、猞猁等。

1.5.7.2　柴达木、祁连山高寒干旱半干旱地带

1.5.7.2.1　柴达木盆地荒漠区

西起祁漫塔格山，东至祁连山，南接青南高原，北至阿尔金山，面积约 17.21 万 km²，为昆仑山、阿尔金山和祁连山等环抱的封闭高原型盆地，地势由西北向东南微倾，盆地西北部戈壁带多垅岗丘陵、盆地东南多冲积与湖积平原。植物种类简单、地表植被稀疏，其中以抗旱能力较强的灌木和半灌木等为主，多盐生植物。包括祁连山西部低

山、柴达木盆地西北部、柴达木盆地东南部和祁漫塔格山 4 个小区。国家重点保护和珍稀濒危野生植物有梭梭、沙拐枣、肉苁蓉、麻黄、雪莲等；国家重点保护和珍稀濒危野生动物有大天鹅、黑颈鹤、胡兀鹫、藏野驴、双峰驼、藏羚、雪豹、疣鼻天鹅、灰鹤、大鸨、高山兀鹫、暗腹雪鸡、岩羊、鹅喉羚、石貂、漠猫等。

1.5.7.2.2　祁连山西段高山盆地草原与针叶林区

该区西南为柴达木盆地，北邻河西走廊，面积约 7.17 万 km²。区内植被较好，有许多天然草原草甸，从下到上依次为荒漠草原、森林草原、灌丛草原和草甸草原等。其中，森林草原和灌丛草原是祁连山的水源涵养植被，河西走廊内绿洲的主要水源地。区内有祁连山西段山地、西祁连山荒漠和西祁连山山原 3 个小区。国家重点保护和珍稀濒危野生植物有紫斑掌裂兰 *Dactylorhiza fuchsii*、裸果木、雪莲、梭梭等；国家重点保护野生动物有黑颈鹤、玉带海雕、白肩雕、金雕、马麝、雪豹、白唇鹿、藏野驴、普氏原羚、野牦牛、藏羚、大天鹅、疣鼻天鹅、大鸨、燕隼、秃鹫、高山兀鹫、藏雪鸡、暗腹雪鸡、蓝马鸡、藏原羚、西藏盘羊、岩羊、棕熊、兔狲、猞猁等。

1.5.7.2.3　祁连山东段高山草原、湿地与针叶林区

祁连山东部，东至黄土高原，南依青南高原，北至阿拉善高原，面积约 11.36 万 km²。区内形成了集森林、草原和草甸等为一体的山地高原森林景观，主要树种有青海云杉、祁连圆柏、青杆、红桦、黑桦和山杨等。包括祁连山中段山地、祁连山东段山地、祁连山南部、青海湖和祁连山东端 5 个小区。国家重点保护和珍稀濒危野生植物有野大豆、桃儿七等；国家重点保护野生动物有黑颈鹤、金雕、玉带海雕、白肩雕、斑尾榛鸡、雉鹑、马麝、雪豹、白唇鹿、四川梅花鹿、藏野驴、普氏原羚 *Procapra przewalskii*、野牦牛、藏羚、白鹈鹕、大天鹅、高山兀鹫、藏雪鸡、暗腹雪鸡、血雉、蓝马鸡、藏原羚、西藏马鹿、岩羊、棕熊、石貂、兔狲等。

1.5.7.3　羌塘高原高寒干旱地带

1.5.7.3.1　中阿里地区高寒荒漠与荒漠草原区

位于藏北高原西部，东至羌塘，南接冈底斯山，北至喀喇昆仑山，面积约 5.63 万 km²。南北地势较高，中间呈谷地。高寒地区植被贫乏，耕地也较少，自然植被以高山草原草甸植被为主。区内有中阿里地区 1 个小区。国家重点保护和珍稀濒危野生植物有三蕊草 *Sinochasea trigyna*、红花绿绒蒿 *Meconopsis punicea*、红景天 *Rhodiola rosea* 等；国家重点保护野生动物有黑颈鹤、胡兀鹫、金雕、雪豹、藏野驴、藏羚羊、野牦牛、大鸨、草原雕、秃鹫、高山兀鹫、草原鹞、猎隼、雕鸮、暗腹雪鸡、棕熊、藏原羚、猞猁等。

1.5.7.3.2　羌塘高原北部高寒草原区

位于羌塘高原北部，西至冈底斯山，东至青南高原，北至昆仑山，面积约 18.16 万 km²。地势平缓开阔，湖泊星罗棋布，东北高、西南低。植被类型比较简单，以高原高寒荒漠草原为主，多垫状植物。区内有阿里高原、羌塘高原西北部和羌塘高原东北部 3 个小区。国家重点保护和珍稀濒危野生植物有三蕊草、红花绿绒蒿、颈果草 *Metaeritrichium microuloides*、红景天等；国家重点保护野生动物有玉带海雕、胡兀鹫、雪豹、藏野驴、野牦牛、藏羚、高山兀鹫、暗腹雪鸡、藏雪鸡、长脚秧鸡、藏原羚、西藏盘羊、岩羊、棕熊、猞猁、兔狲等。

1.5.7.3.3 羌塘高原中部高寒草原区

位于羌塘高原中部，东至青南高原，面积约 18.98 万 km²。绝对海拔极高，但内部地势相对平缓，湖泊数量众多。植被以高原高寒荒漠草原为主，有大面积的苔草草原、紫花针茅草原以及风毛菊 Saussurea japonica 和红景天稀疏植被等。包括长江源西部、唐古拉山西段和羌塘高原中北部 3 个小区。国家重点保护和珍稀濒危野生植物有三蕊草、红花绿绒蒿、颈果草、红景天等；国家重点保护野生动物有黑颈鹤、玉带海雕、胡兀鹫、雪豹、藏野驴、野牦牛、藏羚、鸢、草原雕、游隼、雕鸮、高山兀鹫、秃鹫、暗腹雪鸡、长脚秧鸡、藏原羚、西藏盘羊、岩羊、棕熊、漠猫等。

1.5.7.3.4 羌塘高原南部高寒草原与高寒湿地区

位于羌塘高原南部，西至冈底斯山，东至念青唐古拉山，南接藏南谷地，面积约 22.16 万 km²。区内高山林立，冰川和永久积雪发育，但相对高差不大，形成大小不一的湖盆，高原湖泊众多，多为咸水湖，主要有紫花针茅草原、固沙草 Orinus thoroldii 和白草 Pennisetum centrasiaticum 草原、羽状针茅 Stipa pinnate 和藏沙蒿 Artemisia wellbyi 草原、小蒿草 Kobresia pygmaea 和羊茅 Festuca ovina 组成的高山草原草甸等植被类型，植被组成相对单一。包括羌塘高原西南部、羌塘高原中南部、羌塘高原东南部、冈底斯山脉中段和冈底斯山脉东段 5 个小区。国家重点保护和珍稀濒危野生植物有红景天、西藏沙棘 Hippophae thibetana、掌叶大黄 Rheum palmatum、合头菊 Syncalathium kawaguchii 等；国家重点保护野生动物有黑颈鹤、玉带海雕、白尾海雕、雪豹、藏野驴、野牦牛、藏羚、秃鹫、高山兀鹫、暗腹雪鸡、苍鹰、黑鸢、藏原羚、西藏盘羊、岩羊、棕熊、猞猁等。

1.5.7.4 藏东、青南高寒半湿润半干旱地带

1.5.7.4.1 江河源高寒草原区

位于青南高原和柴达木盆地之间，西依昆仑山，东至祁连山，面积约 9.33 万 km²。山势东西走向，西高东低，北坡陡峭、南坡平缓。区内主要有紫花针茅草原、固沙草和白草草原、羽状针茅和藏沙蒿草原等植被类型。包括鄂拉山和长江源北部 2 个小区。国家重点保护和珍稀濒危植物有独叶草、星叶草、桃儿七等；国家重点保护野生动物有黑鹳、胡兀鹫、雪豹、马麝、藏野驴、野牦牛、藏羚、四川梅花鹿、大天鹅、高山兀鹫、游隼、猎隼、血雉、藏雪鸡、暗腹雪鸡、血雉、蓝马鸡、白马鸡、水獭、藏原羚、四川马鹿、岩羊、棕熊、猞猁、石貂、兔狲、金猫等。

1.5.7.4.2 青南高原宽谷高寒草原草甸区

位于青藏高原东部，西起羌塘高原，东至陇中高原，南接唐古拉山，面积约 13.97 万 km²。属典型的丘状高原和高平原地貌，长江、黄河和澜沧江发源于此。从东南向西北植被类型依次是寒温性针叶林、高寒灌丛草甸、高寒草甸和高寒草原等，耕地极少，草原广阔，有一定面积的林地。区内有巴颜喀拉山北段、长江源南部和唐古拉山东南部 3 个小区。国家重点保护和珍稀濒危植物有辐花 Lomatogoniopsis galeiformis、独叶草、星叶草、桃儿七、红花绿绒蒿等；国家重点保护野生动物有胡兀鹫、雪豹、藏野驴、野牦牛、藏羚、高山兀鹫、藏雪鸡、暗腹雪鸡、血雉、蓝马鸡、白马鸡、苍鹰、黑鸢、水獭、藏原羚、岩羊、西藏盘羊、棕熊、兔狲、猞猁等。

1.5.7.4.3 川西藏东高寒灌丛与草甸区

位于青藏高原东缘,西起青南高原,东至岷山,南接横断山脉,北至祁连山,面积约 19.77 万 km²。区内植被差异较大,以高寒草甸为主,东部沟谷留存有森林和灌丛植被,主要乔木树种有紫果云杉、秦岭冷杉和红杉等。包括甘南高原、黄南山-西倾山、松潘高原、阿尼玛卿山、巴颜喀拉山中段、巴颜喀拉山东南部和巴颜喀拉山西南部 7 个小区。国家重点保护和珍稀濒危植物有辐花、芒苞草、独叶草、星叶草、桃儿七、红花绿绒蒿等;国家重点保护野生动物有黑鹳、玉带海雕、胡兀鹫、斑尾榛鸡、雉鹑、黑颈鹤、马麝、雪豹、四川梅花鹿、藏野驴、普氏原羚、野牦牛、藏羚、藏雪鸡、暗腹雪鸡、血雉、白马鸡、蓝马鸡、棕背田鸡、四川林鸮、水獭、四川马鹿、藏原羚、猞猁、石貂、金猫等。

1.5.7.4.4 澜沧江、金沙江上游切割山地高寒草原区

西起唐古拉山,东至通天河,南接横断山脉,北至青南高原,面积约 7.78 万 km²。植被以高寒草原草甸为主,东南部低海拔区域和河谷地带有森林植被,主要建群种为川西云杉 *Picea likiangensis* var. *balfouriana* 和大果圆柏等。包括澜沧江-金沙江上游谷地和他念他翁山北段 2 个小区。国家重点保护野生动物有黑颈鹤、胡兀鹫、灰腹角雉、马麝、雪豹、野牦牛、藏羚、大天鹅、白额雁、高山兀鹫、苍鹰、猛隼、猎隼、白眼鹭鹰 *Butastur teesa*、藏雪鸡、暗腹雪鸡、血雉、白马鸡、黑鸢、岩羊、西藏马鹿、藏原羚、棕熊、猞猁、兔狲等。

1.5.7.4.5 念青唐古拉山中段北麓灌丛草原与高山植被区

位于念青唐古拉山北麓,面积约 3.41 万 km²。属高原丘陵地形,南高北低,但山势较和缓,冰川发育,以高寒草原草甸植被为主,并有一定面积高山灌丛植被。念青唐古拉山中段北麓 1 个小区。野生动植物种类相对匮乏,国家重点保护野生动物有黑颈鹤、胡兀鹫、雪豹、藏羚、大天鹅、高山兀鹫、白眼鹭鹰、藏雪鸡、暗腹雪鸡、棕熊、西藏马鹿、藏原羚、藏野驴、猞猁等。

1.5.7.5 藏南高寒半湿润半干旱地带

1.5.7.5.1 西南阿里山地高寒荒漠与荒漠草原区

位于阿里高原西南部,西起喜马拉雅山,东至冈底斯山,面积约 6.53 万 km²。本区代表植被为荒漠草原,主要建群种是沙生针茅 *Stipa glareosa*、短花针茅 *Stipa breviflora* 和紫花针茅等,并混生有垫状驼绒藜 *Ceratoides compacta*、变色锦鸡儿 *Caragana versicolor* 等。区内有西南阿里山地 1 个小区。国家重点保护和珍稀濒危野生动物有黑颈鹤、玉带海雕、胡兀鹫、黑头角雉 *Tragopan melanocephalus*、大天鹅、白眼鹭鹰、长脚秧鸡、雪豹、藏野驴、野牦牛、藏羚、西藏马鹿、西藏盘羊、岩羊、棕熊等。

1.5.7.5.2 喜马拉雅山脉中部山地森林与高山植被区

位于我国的喜马拉雅山一侧,西北-东南走向,青藏高原南缘,面积约 10.41 万 km²。山体高耸,但因主要位于北坡,山势较平缓,流水侵蚀和山崩现象明显。植被类型多样,从下到上具有明显植被垂直带谱。区内有藏南谷地西部、喜马拉雅山中段和喜马拉雅山东段 3 个小区。国家重点保护和珍稀濒危野生植物有密叶红豆杉、胡黄连、白唇杓兰 *Cypripedium cordigerum*、雅致杓兰、大花杓兰、绿花杓兰、藏南石斛、三蕊草等;国家重点保护野生动物有黑颈鹤、玉带海雕、胡兀鹫、红胸角雉 *Tragopan satyra*、

灰腹角雉、棕尾虹雉 *Lophophorus impejanus*、白尾梢虹雉、长尾叶猴 *Semnopithecus entellus*、马麝、喜马拉雅麝、雪豹、藏野驴、不丹羚牛、喜马拉雅塔尔羊 *Hemitragus jemlahicus*、藏羚、白眼鹭鹰、鸢、草原雕、猛隼、藏雪鸡、暗腹雪鸡、黑鹇、水獭、小爪水獭、达旺猴、丛林猫、兔狲、西藏马鹿、西藏盘羊、岩羊、棕熊等。

1.5.7.5.3 雅鲁藏布江谷地灌丛与草原区

东至雅鲁藏布大峡谷，南依喜马拉雅山，位于雅鲁藏布江中上游，面积约 7.15 万 km²，为青藏高原重要的栽培植被区，海拔低的河谷地带多已开垦为农田；自然植被多为以马蔺 *Iris lactea* 和苔草等为主的草原草甸、以白草和长芒草等为主的草原，以及锦鸡儿灌丛、金露梅灌丛、香柏 *Sabina pingii* var. *wilsonii* 灌丛、高山垫状植被等。区内有藏南谷地中部和藏南谷地东部 2 个小区。国家重点保护野生动物有黑颈鹤、金雕、玉带海雕、胡兀鹫、红胸角雉、灰腹角雉、棕尾虹雉、白尾梢虹雉、马麝、雪豹、不丹羚牛、红斑羚、藏羚、高山兀鹫、白眼鹭鹰、藏雪鸡、暗腹雪鸡、白马鸡、苍鹰、黑鸢、水獭、西藏马鹿、西藏盘羊、藏原羚、岩羊、棕熊等。

1.5.7.5.4 念青唐古拉山南麓草原草甸与高山植被区

西起拉萨附近，东至林芝附近，南接藏南谷地，面积约 6.42 万 km²，东西方向延伸，北高南低，地势陡峭雄伟，多断裂凹陷。种植业较集中，为典型旱生灌丛草原景观，西段山脉的基带为典型高寒草原或草甸，向上与高山寒冻风化带相邻；东段山脉植被类型较丰富，并形成明显垂直带谱，其中以云冷杉为主的暗针叶林较多。区内有念青唐古拉山中段南麓和念青唐古拉山西段 2 个小区。国家重点保护野生动物有金雕、玉带海雕、胡兀鹫、马麝、雪豹、野牦牛、红斑羚、藏羚、高山兀鹫、白眼鹭鹰、藏雪鸡、暗腹雪鸡、白马鸡、苍鹰、黑鸢、藏原羚、西藏盘羊、岩羊、棕熊、猞猁等。

1.5.8 南海诸岛热带区域

位于我国的最南部，包括南海的东沙、中沙、西沙和南沙四大群岛及其周边海域，陆地面积狭小，珊瑚礁远离内陆，具有大面积的海域，各类岛礁散布于其上，具有典型的热带海洋性湿润气候，热带珊瑚岛常绿林为其地带性植被。在西沙群岛的永兴岛、金银岛和甘泉岛等岛礁生长有较大面积的植被群落。热带珊瑚岛常绿林的群落组成单一，常见树种仅 10 余种，其中麻风桐 *Jatropha curcas* 和海岸桐 *Guettarda speciosa* 分布较广；灌木林为珊瑚岛上的主要植被类型，各岛屿多有分布。在植被区划上，包含了东部偏湿性季雨林雨林亚区域的南海北部珊瑚岛植被区和南海珊瑚岛植被亚区域。植物区系分区包含了南海地区的大部分；动物地理区划仅包含了南海诸岛亚区。该区具有我国最典型的海洋和海岛生态系统，应加强对其海洋生态系统和海洋鸟类的保护，促进海洋类型自然保护区的建设和管理。

该自然保护地区域包括南海诸岛热带湿润地带 1 个自然保护地理地带，以及 4 个自然保护地理区和 4 个自然保护地理小区。

1.5.8.1 南海诸岛热带湿润地带

1.5.8.1.1 东沙群岛热带珊瑚岛区

位于 20°33′~21°10′N、115°54′~116°57′E，是我国南海诸岛中位置最北的一组群岛，主要由东沙岛、东沙礁、南卫滩和北卫滩等组成，附近海域暗沙和暗礁较多，多为珊瑚礁堆积而成，陆地总面积约 2km²。灌草丛为主要植被类型，热带性植物以蔓性爬藤植物及布满矮小灌木为主，如草海桐 *Scaevola sericea*、苦蓝盘 *Myoporum bontioides*、水芫花 *Pemphis acidula* 及海岸桐等。海鸟和海洋生物众多，珍稀濒危物种有克氏海马鱼 *Hippocampus kelloggi*、玳瑁、海龟、红脚鲣鸟 *Sula sula*、褐鲣鸟、花冠皱盔犀鸟、露脊鲸 *Eubalaena japonica*、鳀鲸 *Balaenoptera edeni*、座头鲸 *Megaptera novaeangliae*、真海豚 *Delphinus capensis*、灰海豚 *Grampus griseus*、太平洋短吻海豚 *Lagenorhynchus obliquidens*、花斑原海豚 *Stenella frontalis*、长吻原海豚 *Stenella longirostris*、糙齿海豚 *Steno bredanensis* 等。

1.5.8.1.2　中沙群岛热带珊瑚岛区

位于南海中部海域，从东北向西南延伸，略呈椭圆形，涵盖了位于深海海盆上的中南暗沙、宪法暗沙、黄岩岛，以及海盆西侧的中沙环礁、北侧的神狐暗沙等，多为未露出海面的暗礁和暗沙，植被以草海桐灌丛为主，为候鸟迁徙的重要停歇地。珍稀濒危物种有玳瑁、海龟、红脚鲣鸟、褐鲣鸟、花冠皱盔犀鸟、露脊鲸、鳀鲸、座头鲸、真海豚、灰海豚、太平洋短吻海豚、花斑原海豚、长吻原海豚、糙齿海豚等。

1.5.8.1.3　西沙群岛热带珊瑚岛区

位于南海西北部，东面为宣德群岛，西面为永乐群岛，海域宽阔，岛礁星罗棋布，陆地总面积约 10km²。西沙群岛的岛屿上鸟粪沉积，较适合植物生长，植被类型以灌丛为主，主要树种有银毛树 *Messerschmidia argentea*、麻风桐、海岸桐、草海桐等。常见鸟类有红脚鲣鸟、褐鲣鸟、乌燕鸥 *Sterna fuscata*、黑枕燕鸥 *Sterna sumatrana*、大凤头燕鸥 *Sterna bergii* 等，其中红脚鲣鸟繁殖种群繁盛，另有数量众多的海洋生物栖息，如海龟、露脊鲸、座头鲸、灰海豚、花斑原海豚等。

1.5.8.1.4　南沙群岛热带珊瑚岛区

位于南海南部，跨 4°~15°N，是散布范围最广的一椭圆形珊瑚礁群，陆地总面积约 500km²。岛上灌木繁茂，海鸟群集，水产种类繁多，珍稀濒危物种有克氏海马鱼、玳瑁、海龟、红脚鲣鸟、褐鲣鸟、花冠皱盔犀鸟、露脊鲸、鳀鲸、座头鲸、大吻巨头鲸 *Globicephala macrorhynchus*、灰海豚、花斑原海豚、糙齿海豚等。

1.6　小结

能够反映区域自然地理特征和生物分异格局的自然保护综合地理区划方案，对我国生物多样性保护策略和行动计划的制定具有重要的参考价值和现实意义。综合自然地理区划往往涉及地理学、生态学和生物学等诸多学科，而确定一个理想的、能被普遍接受的自然保护综合地理区划，并非易事（张荣祖等，2012）。将气候、土壤、地貌、植物、动物和植被等生态因子相结合，参照各个生态因子的分布规律，依据区域代表性，排除隐域性特征的干扰是综合地理区划的必然选择，本研究正是在此基础上实施开展的。

自然保护综合地理区划研究是以为生物多样性保护和自然保护区建设服务为目标的区划工作，所以该区划的界线应不能用单一区划要素的界线来确定，而是依据各类生态因子在地理空间上的总体分布特征确定的，而以上研究通过 TWINSPAN 方法数量分类实现这个过程。而目前我国对自然地理单一要素的区划仍然是自然地理区划工作的主要工作，综合自然地理区划研究则侧重于对气候、土壤和地貌差异的定性分析研究（杨勤业等，2005；郑度，2008；高江波等，2010）。本研究的区划由于参考了多种生态因素，其结果与侯学煜（1988）、任美锷和赵松桥等提出的较单一的自然地理区划方案有较大的差异，后者地理界线是在参考地貌和气候界线的基础上划定的，如许多自然地理区划方案均按照气候差异将亚热带气候区和热带季风气候区分开（刘光明，2010）。但本研究在区划结果中将秦岭淮河以南的区域以秦巴山地东端、云贵高原东南缘和雪峰山为界划分为东西两部分。这条界线与中国地势二、三级阶梯的界线基本一致，离海洋的远近和海拔的差异可能使两侧生物类群间也出现差异。而且已有自然地理区划方案在确定一级区边界时均将大兴安岭、燕山和横断山脉等进行了分割，而本研究提出的自然保护综合地理区划在大尺度的分区系统中均优先考虑了地貌单元的完整性。此外，中国植被区划主要依据植被类型和组成植被的植物区系等差异进行分区，中国植物区系分区主要依据植物区系成分和优势植被区系组成等差异进行分区，中国动物地理区划则根据动物区系在系统上的区域差异进行分区，其区划依据和区划系统与自然保护综合地理区划也有较大差异（吴征镒，1980；张新时，2007；张荣祖，2011）。首先，这些地理区划的依据是比较单一的，仅基于已有植被、植物和动物的地理空间分布数据差异，而且确定分区时均未考虑大兴安岭、燕山、武夷山和南岭等主要山体的完整性。但是这些地理区划方案在细化分区过程中均不同程度地考虑了黄土高原、天山山地和内蒙古高原等局部地形地貌的影响。

在确定自然保护地理地带、区和小区等边界时，主要选择了海拔较低的沟谷和河流等自然界线作为其边界。这是由于随着人类文明的进程，人们更倾向于选择平原、沟谷和河流两岸等这些地区定居，因而这些地区逐渐被农田、村落和城市等所占据，成为阻隔或影响野生动植物扩散和迁徙的重要障碍，形成相对隔离的生境斑块和地理单元。

地貌、土壤、动植物区系等相对一致的自然保护地理小区是自然保护区建设的基本地理单元，可以为自然保护区体系建设布局提供基础分析单元，评估自然保护区体系布局的有效性和保护空缺，也可以明确自然保护区选址的重点区域，其在一定程度上保证了自然生态系统的完整性。另外，本研究借助于计算机技术和相关软件，对地貌、气候和土壤等要素进行分析，确定了基本地理单元，并以其为基础通过考虑气候、动物和植被等多重生态因子的分布特征从上而下逐级划分出低阶的区划单元。这种利用 TWINSPAN 方法进行地理区划探索是区划方法上的创新和尝试，为自然地理区划的研究提供了新的研究途径。同时，本研究选取的量化指标是在结合已有专项区划资料的基础上提出的，可以避免动植物分布指标的人为选择偏差，能够综合反映区域自然地理特征，对生物多样性就地保护和自然保护区体系建设具有较好的指导作用。量化分析较少掺杂了主观推断，提高了地理区划研究的客观性，同时定性分析避免了量化分析过程中没有考虑指标之间的关联程度的问题，使区划结果更准确。量化和定性分析的综合使用，有利于综合反映区域差异，应作为地理区划工作的必要分析途径。

参考文献

崔国发. 2004. 自然保护区学当前应该解决的几个科学问题［J］. 北京林业大学学报，26（6）：102-105.

傅伯杰，刘国华，陈利顶，等. 2001. 中国生态区划方案［J］. 生态学报，21（1）：1-6.

高江波，黄姣，李双成，等. 2010. 中国自然地理区划研究的新进展与发展趋势［J］. 地理科学进展，29（11）：1400-1407.

郭子良，崔国发. 2013. 中国地貌区划系统——以自然保护区体系建设为目标［J］. 生态学报，33（19）：6264-6276.

郭子良，崔国发. 2014. 中国自然保护综合地理区划［J］. 生态学报，34（5）：1284-1294.

侯学煜. 1988. 论我国自然生态区划及其大农业的发展（I）［J］. 中国科学院院刊，3（1）：28-37.

蒋志刚. 2015. 中国哺乳动物多样性及地理分布［M］. 北京：科学出版社.

解焱，李典谟，J MacKinnon. 2002. 中国生物地理区划研究［J］. 生态学报，22（10）：1599-1615.

李霄宇. 2011. 国家级森林类型自然保护区保护价值评价及合理布局研究［D］. 北京：北京林业大学.

刘光明. 2010. 中国自然地理图集［M］. 北京：中国地图出版社.

卢爱刚，王圣杰. 2010. 中国自然保护区发展状况分析［J］. 干旱区资源与环境，24（11）：7-11.

倪健，陈仲新，董鸣，等. 1998. 中国生物多样性的生态地理区划［J］. 植物学报，40（4）：370-382.

单纬东. 1988. 青海省地貌区划的初步研究［J］. 青海师范大学学报：自然科学版，（4）：79-84.

唐小平. 2005. 中国自然保护区网络现状分析与优化设想［J］. 生物多样性，13（1）：81-88.

汪松，解焱. 2004. 中国物种红色名录（第1卷）［M］. 北京：高等教育出版社.

汪松，解焱. 2009. 中国物种红色名录（第2卷）［M］. 北京：高等教育出版社.

王树基. 1993. 昆仑山西段与东段地貌景观差异性探讨［J］. 干旱区地理，16（2）：1-8.

吴健，刘昊. 2012. 中国自然保护区空间分布的经济分析［J］. 自然资源学报，27（12）：2091-2101.

吴征镒. 1980. 中国植被［M］. 北京：科学出版社.

闫颜，王智，高军，等. 2010. 我国自然保护区地区分布特征及影响因素［J］. 生态学报，30（18）：5091-5097.

杨勤业，郑度，吴绍洪，等. 2005. 20世纪50年代以来中国综合自然地理研究进展［J］. 地理研究，24（6）：899-910.

张荣祖，李炳元，张豪禧，等. 2012. 中国自然保护区区划系统研究［M］. 北京：中国环境科学出版社.

张荣祖. 2011. 中国动物地理［M］. 北京：科学出版社.

张新时. 2007. 中国植被及其地理格局［M］. 北京：科学出版社.

赵淑清，方精云，雷光春. 2000. 全球200：确定大尺度生物多样性优先保护的一种方法［J］. 生物多样性，8（4）：435-440.

郑度，葛全胜，张雪芹，等. 2005. 中国区划工作的回顾与展望［J］. 地理研究，24（3）：330-344.

郑度. 2008. 中国生态地理区域系统研究［M］. 北京：商务印书馆.

郑景云，尹云鹤，李炳元. 2010. 中国气候区划新方案［J］. 地理学报，65（1）：3-12.

中国科学院动物研究所，中国科学院昆明动物研究所，中国科学院成都生物研究所，等. 中国动物主题数据库［DB/OL］.［2016-05-20］. http：//www. zoology. csdb. cn/page/index. vpage.

中国科学院植物研究所. 中国珍稀濒危植物信息系统［DB/OL］.［2016-05-20］. http：//rep. iplant. cn/protlist.

中国科学院中国自然地理编辑委员会. 1980. 中国自然地理地貌［M］. 北京：科学出版社.

Bailey R G，Hogg H C. 1986. A world ecoregions map for resource reporting［J］. Environmental Conservation, 13 (3): 195-202.

Hill M O, Bunce R G H, Shaw M W. 1975. Indicator species analysis, a divisive polythetic method of classification and its application to a survey of native pinewoods in Scotland [J]. Journal of Ecology, 63 (2): 597-613.

Hill M O. 1973. Reciprocal averaging: an eigenvector method of ordination [J]. Journal of Ecology, 61 (1): 237-249.

Kreft H, Jetz W. 2010. A framework for delineating biogeographical regions based on species distributions [J]. Journalof Biogeography, 37 (11): 2029-2053.

Prentice I, Cramer W, Harrison S, et al. 1992. A global biome model based on plant physiology and dominance, soil properties and climate [J]. Journal of Biogeography, 19 (2): 117-134.

Sclater P. 1858. On the general geographical distribution of the members of the class aves [J]. Journal of the Proceedings of the Linnean Society of London Zoology, 7 (2): 130-136.

Udvardy M D F. 1975. A classification of the biogeographical provinces of the world [R]. IUCN Occasional Paper, 18: 1-48.

第 2 章
国家级自然保护区体系优化布局

越来越多的物种面临着生存繁衍的危机，走到了濒临灭绝和局域绝灭的边缘（Hoffmann et al.，2010；IUCN，2001），这促进了全球范围内自然保护区的规划和建设（Rodrigues et al.，2004）。自然保护区是对生态系统、珍稀濒危野生动植物和自然遗迹等进行就地保护的主要形式，也是最有效的途径（Jenkins & Joppa，2009；Tang et al.，2011；Greve et al.，2011；马建章等，2012）。为了使野生动植物在气候变化和人为干扰的背景下得以生存，维持其种群的延续，需要对全球不同生态系统类型、生态区或地理单元等进行适度的保护（Gaston et al.，2003；Jenkins & Joppa，2009；Groves et al.，2012；James & Madhu，2012），从而使不同地区的生物能够适应气候变化和人为干扰，维持生物种群和群落的延续（Jenkins & Joppa，2009）。

根据不同方面的需求，人们提出了生态区规划分析、保护优先性分析和保护空缺分析等方法（Bailey & Hogg，1986；Jennings，2000；Kreft & Jetz，2010），而后通过不断完善，提出了系统保护规划（Myers et al.，2000；Margules & Pressey，2000）。这些保护规划方法在局域、区域和全球尺度均得到了广泛的应用（Rodrigues et al.，2004；Chen et al.，2011；Jantke et al.，2011；Huang et al.，2012）。很多研究与栖息地适宜性模型（habitat suitability models）、物种地理分布模型（models of species' geographic distributions）等数学模型和地理信息系统相结合对区域生物多样性保护进行保护空缺分析，但物种分布模型仍然存在极大的不确定性（Hopton & Mayer，2006；Catullo et al.，2008）。并且通过不同评价指标的选取，提出了多种保护优先区方案，但各个方案之间空间范围差别很大（Brooks et al.，2006）。研究人员也针对不同空间尺度的保护规划等进行了研究探讨，从小尺度到大尺度的研究可能分别适用于保护优先区域识别、管理计划制定和生境网络规划管理等不同研究内容（Cabeza et al.，2010；Cumming et al.，2015）。

我国开展了大量的保护区布局选址研究工作，许多研究以珍稀濒危物种和自然生态系统的抢救性保护为目标，注重对物种个体和部分稀有生态系统的保护（徐卫华，2002；李迪强等，2003；陈雅涵等，2009；苑虎等，2009）。优先选择保护局域自然生态系统，比在其受到威胁破坏后进行抢救性保护付出的代价要小得多。相关研究也表明，将野生动物迁徙和集合种群理论等应用到自然保护区的规划中，构建区域自然保护区网络，有助于提高生物多样性保护效果（Noss & Harris，1986；Rouget et al.，2006；Hodgson et al.，2011）。

2.1 数据来源与处理

2.1.1 数据来源

2.1.1.1 自然保护区

根据我国生态环境部（原环境保护部）网站公布的 2012 年底自然保护区名录，并参考 2013—2014 年国家级自然保护区晋级等公布信息，建立了包括 428 个国家级自然保护区和 848 个省级自然保护区的数据库。并参考我国自然保护区主管机构公布的信息和自然保护区总体规划等，建立了国家级自然保护区（面）空间分布数据库。由于目前情况下只有国家级自然保护区存在公开的完整而精确的范围边界，而其他级别自然保护区信息不全且难以获得，所以仅对国家级自然保护区进行了研究。

2.1.1.2 自然保护地理区划

保护空缺分析中，本研究使用了中国自然保护综合地理区划方案，其包括 7 个自然保护地理区域、35 个自然保护地理地带和 110 个自然保护地理区，以及 487 个自然保护地理小区，具体见"第 2 章 2.5"（郭子良和崔国发，2014）。

2.1.1.3 保护优先区

收集了公开出版的我国重要生态功能区、生物多样性保护优先区域、生物多样性关键地区等矢量数据或图片资料，以及我国植被分布数据。采用统一的地理坐标系，对图片信息进行矢量化处理，标注相关信息。这些数据主要包括：①全国重要生态功能区（环境保护部和中国科学院，2015）；②中国生物多样性保护优先区域（《中国生物多样性保护战略与行动计划（2011—2030）》编写组，2011）；③中国生物多样性关键地区（陈灵芝，1993）；④中国物种多样性热点地区（李迪强等，2003）；⑤中国植被分布图（张新时，2007）。

2.1.2 数据处理

2.1.2.1 不同自然保护综合地理单元保护空缺分析

使用 ArcGIS10.0 对数据进行处理，得到我国国家级自然保护区的地理空间分布图。在此基础上，对我国国家级自然保护区体系的保护空缺进行分析，仅分析我国国家级自然保护区对我国陆域国土的保护，并将自然遗迹类自然保护区和其他类型自然保护区分别进行统计，重点分析了除自然遗迹类外国家级自然保护区的保护空缺。具体步骤如下。

（1）使用 ArcGIS10.0 将中国自然保护综合地理区划图与我国大陆国家级自然保护

区分布图进行叠加。

（2）导出处理后图层的属性信息，分别统计不同自然保护地理小区被国家级自然保护区所保护的面积和国家级自然保护区的数量等信息。

（3）计算在各个自然保护地理区域、地带、区和小区中，国家级自然保护区对其陆域国土面积的保护比例。

（4）分析我国国家级自然保护区对各自然保护地理区域、地带、区和小区等不同尺度的保护空缺和有效性。

2.1.2.2 自然保护区建设关键区域分析

首先将我国生物多样性保护优先区域、生物多样性关键区域和物种多样性热点地区等各类图层数据进行矢量化处理，然后分别对其进行赋值。其中，全国重要生态功能区赋值为 1；中国生物多样性保护优先区域赋值为 1；中国生物多样性关键地区赋值为 1；中国物种多样性热点地区赋值为 1；而中国植被分布图中阔叶林、针阔混交林、针叶林、灌丛、草原等非人工植被赋值为 1，栽培植被和无植被赋值为 0。

再用 ArcGIS10.0 对相关方案进行叠加，计算不同地理单元的综合得分，其得分在 0~5 之间。其中，得分超过 4（包括 4）的地区被确定为我国自然保护区建设关键区域。并计算不同地理单元内我国自然保护区建设关键区域所占比例。

筛选出自然保护地理小区中存在保护空缺，以及保护有效性较低的地理单元。然后，比较这些自然保护地理单元内省级自然保护区的生物多样性及其保护价值等，并参考自然保护区建设关键区域，提出我国自然保护区体系优化布局方案。

2.2 国家级自然保护区体系总体保护有效性和保护空缺

2.2.1 自然保护地理区域和地带

在所有自然保护地理区域中，国家级自然保护区（除自然遗迹类外）对华北暖温带区域的保护比例最低，仅有 1.37%，而华东、华南热带亚热带区域紧随其后，为 1.86%（图 2-1）。青藏高原高寒区域的国家级自然保护区保护比例最高，高达 30% 左右，其次为内蒙古温带区域和西北温带暖温带区域，但其保护比例与东北温带区域等自然保护地理区域较接近，多集中在 5% 左右。有 50% 以上的国家级自然保护区集中于我国的华东、华南热带亚热带区域和华中、西南热带亚热带区域，但其保护比例却不高。

在不同自然保护地理区域，国家级自然保护区的数量与其对陆域国土面积的保护比例之间并不存在明显正相关关系（图 2-1）。虽然这些自然保护地理区域的保护比例很低，但是其区域内的国家级自然保护区数量却很高。这与不同区域单个国家级自然保护区的平均建设规模等直接相关，其中华北暖温带区域和华东、华南热带亚热带区域的国家级自然保护区平均面积较小，均不足 $200km^2$。各个自然保护地理区域的国家级自然保护区建设数量和面积情况见表 2-1。其中，自然遗迹类自然保护区建设较少，在青藏高原高寒区域和西北温带暖温带区域并没有自然遗迹类国家级自然保护区。西北温带暖温带区域的国家级自然保护区数量最少，但总面积仅次于青藏高原高寒区域。

而青藏高原高寒区域的国家级自然保护区（除自然遗迹类外）总面积显著高于其他自然保护地理区域。

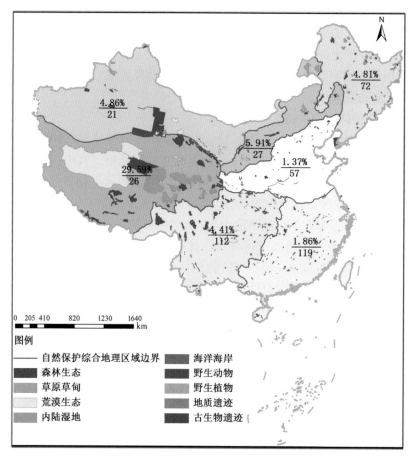

图2-1　不同自然保护地理区域国家级自然保护区数量及其保护比例

Fig. 2-1 **The coverage and number of national nature reserves among different geographical regions**

表2-1　不同自然保护地理区域国家级自然保护区数量及其总面积

Tab. 2-1 **The number and total area of national nature reserves among different geographical regions**

自然保护地理区域	自然遗迹类国家级自然保护区		国家级自然保护区（除自然遗迹类外）	
	数量	面积（km²）	数量	面积（km²）
东北温带区域	5	546.43	72（6）	48419.28
华北暖温带区域	7（1）	137.32	57（8）	12768.84
华东、华南热带亚热带区域	3	319.75	119（7）	22668.20
华中、西南热带亚热带区域	2	928.72	112（7）	66294.22
内蒙古温带区域	2（1）	513.08	27（9）	37169.61
西北温带暖温带区域	0	0	21（5）	96552.87
青藏高原高寒区域	0	0	26（6）	676561.28

注：括号内的数字为跨区域自然保护区的数量。

　　不同自然保护地理地带的国家级自然保护区（除自然遗迹类外）的保护比例存在明显差异（图 2-2）。其中，华北暖温带区域和华东华南热带亚热带区域的自然保护地理地带保护比例普遍低于 2%，其内部很多地区已经被开发为栽培植被、交通用地和建筑用地等。而且由于长期的开发利用，人口密度较大，山东半岛和黄淮平原暖温带半湿润地带的保护比例尚不足 1%。22 个自然保护地理地带的保护比例不足其陆域国土面积的 5%，超过所有自然保护地理地带的 60% 以上；而保护比例不足其陆域国土面积的 10% 的自然保护地理地带则占到其总数的 86% 左右。

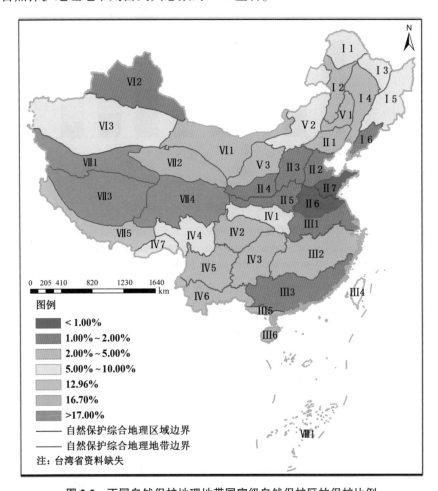

图 2-2　不同自然保护地理地带国家级自然保护区的保护比例

Fig. 2-2　The coverage ratio of national nature reserves among different geographical zones

2.2.2　自然保护地理区

　　研究表明，我国大陆地区仍然有 8 个自然保护地理区尚未建设国家级自然保护区，占其总数的 7.27% 左右，这些自然保护地理区总面积占我国陆域国土面积的 4.07% 左右（图 2-3，图 2-4）。而保护比例在 0~2% 和 2%~5% 的自然保护地理区分别占其总数的 32.73% 和 24.55% 左右，其总面积分别占我国陆域国土面积的 28.85% 和 22.37% 左右。超过 60% 的自然保护地理区未建设国家级自然保护区或保护比例低于 5%。

不同自然保护地理区域的保护有效性存在一定差异（图2-3，图2-4）。其中未进

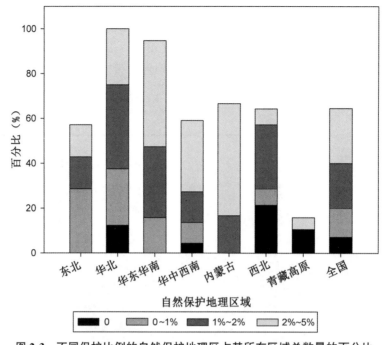

图 2-3　不同保护比例的自然保护地理区占其所在区域总数量的百分比

Fig. 2-3　The percentage of natural conservation geographical provinces with different protected ratios in the total number

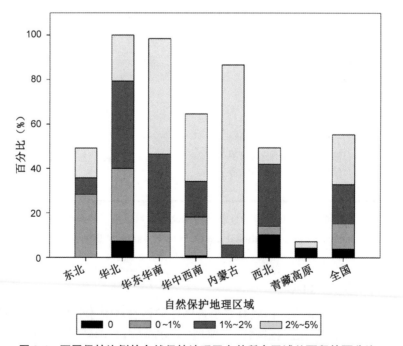

图 2-4　不同保护比例的自然保护地理区占其所在区域总面积的百分比

Fig. 2-4　The percentage of natural conservation geographical provinces with different protected ratios in the total area

行国家级自然保护区建设的自然保护地理区主要位于华北暖温带区域和西北温带暖温带区域等地。而华北暖温带区域内所有自然保护地理区的保护比例均低于 5%，华东华南热带亚热带区域紧随其后，占其自然保护地理区总数量的 95% 左右、总面积的 98% 左右。华北暖温带区域、华东华南热带亚热带区域和西北温带暖温带区域中超过 40% 的自然保护地理区的保护比例低于 2%。

2.2.3　自然保护地理小区

如图 2-5 和图 2-6 所示，超过一半的自然保护地理小区其陆域国土的保护比例不足 2%，甚至 37.37% 左右的自然保护地理小区未布局建设国家级自然保护区，这些自然保护地理小区占我国大陆陆域国土的 32.62% 左右。而西北温带暖温带区域未被保护的自然保护地理小区最多，占到了其总数量和总面积的 70% 左右，华北暖温带区域其次，占 40% 左右。除青藏高原高寒区域外，其他自然保护地理区域的自然保护地理小区保护比例普遍低于其陆域国土面积的 2%（图 2-5）。

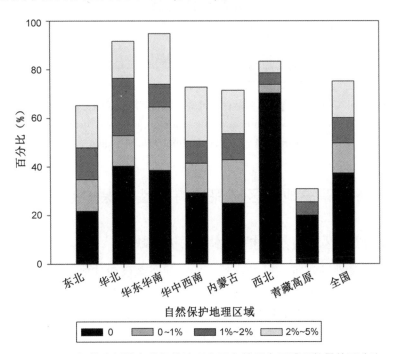

图 2-5　不同保护比例的自然保护地理小区占其所在区域总数量的百分比

Fig. 2-5　The percentage of natural conservation geographical districts with different protected ratios in the total number

在华东华南热带亚热带区域，保护比例低于 5% 的自然保护地理小区所占比例最高，为其总数量的 95% 左右，华北暖温带区域和西北暖温带区域紧随其后，分别为 92% 和 83% 左右。而随着研究尺度的减小，不同地区出现地理单元的保护空缺逐渐增多（图 2-3，图 2-5）。其中，很多自然保护地理小区以栽培植被为主，可开展国家级自然保护区建设的范围较小。在不同自然保护地理区域中，个别自然保护地理小区的国家级自然保护区保护比例较高，在其总面积的 15% 以上；在我国，保护比例超过 15% 的自然保护地理小区仅占其总数量和总面积的十分之一左右。

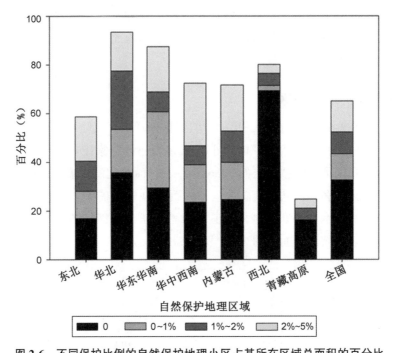

图 2-6　不同保护比例的自然保护地理小区占其所在区域总面积的百分比

Fig. 2-6　The percentage of natural conservation geographical districts with different protected ratios in the total area of region

2.3　不同自然保护地理区域保护有效性和保护空缺

2.3.1　东北温带区域自然保护区体系保护空缺

该区域包括黑龙江全部，以及吉林、辽宁和内蒙古部分地区。区域内国家级自然保护区（除自然遗迹类外）在大兴安岭北部寒温带半湿润地带、小兴安岭温带半湿润地带、长白山温带湿润半湿润地带的保护比例较高，均超过其陆域国土面积的 5%。而辽东半岛暖温带湿润半湿润地带的保护比例最低，仅为 1.51% 左右（表 2-2）。每个自然保护地理区均有国家级自然保护区（除自然遗迹类外），但是大兴安岭中段针阔混交林区（0.79%）、松嫩平原外围蒙古栎草原草甸区（0.89%）、辽河平原栽培植被与草原草甸区（0.82%）、吉林哈达岭次生落叶阔叶林区（0.42%）、龙岗山针阔混交林区（1.66%）、辽东半岛落叶阔叶林与湿地区（1.30%）的保护比例较低；大兴安岭中段针阔混交林区、松嫩平原外围蒙古栎草原草甸区、吉林哈达岭次生落叶阔叶林区中国家级自然保护区（除自然遗迹类外）不足 3 处。其中，松嫩平原外围蒙古栎草原草甸区、辽河平原栽培植被与草原草甸区和辽东半岛落叶阔叶林与湿地区内几乎全部被栽培植被所覆盖，自然植被缺乏，因此保护比例较低。

而尚无国家级自然保护区（除自然遗迹类外）建设的自然保护地理小区有根河–海拉尔河山地、平顶山、小兴安岭山前台地、东辽河平原、张广才岭北段、张广才岭山前丘陵、大青山丘陵、吉林哈达岭中段、吉林哈达岭南段、龙岗山中段共 10个。保护比例在 0~2% 的自然保护地理小区有大兴安岭中段西麓、大兴安岭中段东麓、苏克斜鲁山北段大管山、大黑山台地、辽河平原、大丽岭–哈尔巴岭、吉林哈达岭北段、龙岗山南段、千山北段、千山南段、辽东半岛共 12 个（图 2-7）。无国家级自然保护区和保护比例低于 2% 的自然保护地理小区占所有自然保护地理小区的45%，只有苏克斜鲁山南段、小兴安岭中段、三江平原、穆棱平原、分水岗–完达山、高岭–盘岭和长白山的保护比例超过其陆域国土面积的 10%。其中小兴安岭山前台地、东辽河平原、大青山丘陵、大黑山台地、辽河平原、辽东半岛等自然保护地理小区内栽培植被所占比例极高，因此保护比例较低，仅残留少量湿地生境宜作为自然保护区选址地。

表 2-2　东北温带区域各个自然保护地理单元的保护比例

Tab. 2-2　The protected ratio of different geographical units in northeast China region

自然保护地理地带	保护比例（%）	自然保护地理区	保护比例（%）	自然保护地理小区	保护比例（%）
大兴安岭北部寒温带半湿润地带 I 1	5.87	大兴安岭北段落叶针叶林区 I 1A	5.87	大兴安岭北端 I 1A（1）	3.04
				呼玛河流域山地 I 1A（2）	7.33
				大兴安岭北段西麓 I 1A（3）	2.59
				黑河–鄂伦春山地 I 1A（4）	9.58
大兴安岭南部温带半湿润地带 I 2	3.52	大兴安岭中段针阔混交林区 I 2A	0.79	根河–海拉尔河山地 I 2A（1）	0.00
				大兴安岭中段西麓 I 2A（2）	0.83
				大兴安岭中段东麓 I 2A（3）	1.17
		大兴安岭南段森林草原区 I 2B	8.03	苏克斜鲁山北段 I 2B（1）	1.26
				苏克斜鲁山南段 I 2B（2）	11.87
小兴安岭温带半湿润地带 I 3	6.07	小兴安岭北部针阔混交林区 I 3A	8.77	小兴安岭北段 I 3A（1）	2.46
				小兴安岭中段 I 3A（2）	14.61
		小兴安岭南部针阔混交林区 I 3B	3.57	青黑山 I 3B（1）	6.32
				大管山 I 3B（2）	1.04
				平顶山 I 3B（3）	0.00

（续）

自然保护地理地带	保护比例 （％）	自然保护地理区	保护比例 （％）	自然保护地理小区	保护比例 （％）
东北平原温带湿润 半湿润地带Ⅰ4	2.82	松嫩平原外围蒙古 栎、草原草甸区 Ⅰ4A	0.89	大兴安岭山前台地Ⅰ4A（1）	2.13
				小兴安岭山前台地Ⅰ4A（2）	0.00
				大黑山台地Ⅰ4A（3）	1.59
		松嫩平原栽培植被 与草原草甸区Ⅰ4B	6.02	松嫩平原北部Ⅰ4B（1）	5.26
				松嫩平原南部Ⅰ4B（2）	7.76
		辽河平原栽培植被 与草原草甸区Ⅰ4C	0.82	东辽河平原Ⅰ4C（1）	0.00
				辽河平原Ⅰ4C（2）	0.40
				辽河湾沿海平原Ⅰ4C（3）	5.85
长白山温带湿润半 湿润地带Ⅰ5	6.93	穆棱－三江平原湿 地、草甸区Ⅰ5A	12.49	三江平原Ⅰ5A（1）	10.30
				穆棱平原Ⅰ5A（2）	20.55
		张广才岭－完达山 针阔混交林区Ⅰ5B	4.76	分水岗－完达山Ⅰ5B（1）	11.20
				张广才岭北段Ⅰ5B（2）	0.00
				张广才岭南段Ⅰ5B（3）	6.17
				张广才岭山前丘陵Ⅰ5B（4）	0.00
				大青山丘陵Ⅰ5B（5）	0.00
		长白山阔叶红松林 区Ⅰ5C	8.73	老爷岭－太平岭Ⅰ5C（1）	3.60
				高岭－盘岭Ⅰ5C（2）	17.84
				大丽岭－哈尔巴岭Ⅰ5C（3）	0.58
				英额岭Ⅰ5C（4）	7.21
				威虎岭Ⅰ5C（5）	4.84
				龙岗山北段Ⅰ5C（6）	7.62
				长白山Ⅰ5C（7）	19.73
		吉林哈达岭次生落 叶阔叶林区Ⅰ5D	0.42	吉林哈达岭北段Ⅰ5D（1）	0.83
				吉林哈达岭中段Ⅰ5D（2）	0.00
				吉林哈达岭南段Ⅰ5D（3）	0.00
辽东半岛暖温带湿 润半湿润地带Ⅰ6	1.51	龙岗山针阔混交林 区Ⅰ6A	1.66	龙岗山中段Ⅰ6A（1）	0.00
				龙岗山南段Ⅰ6A（2）	0.15
				老岭Ⅰ6A（3）	4.30
				千山北段Ⅰ6A（4）	1.18
		辽东半岛落叶阔叶 林与湿地区Ⅰ6B	1.30	千山南段Ⅰ6B（1）	0.25
				辽东半岛Ⅰ6B（2）	1.26
				鸭绿江沿岸丘陵Ⅰ6B（3）	2.86

注：保护比例均至国家级自然保护区保护比例（下同）。

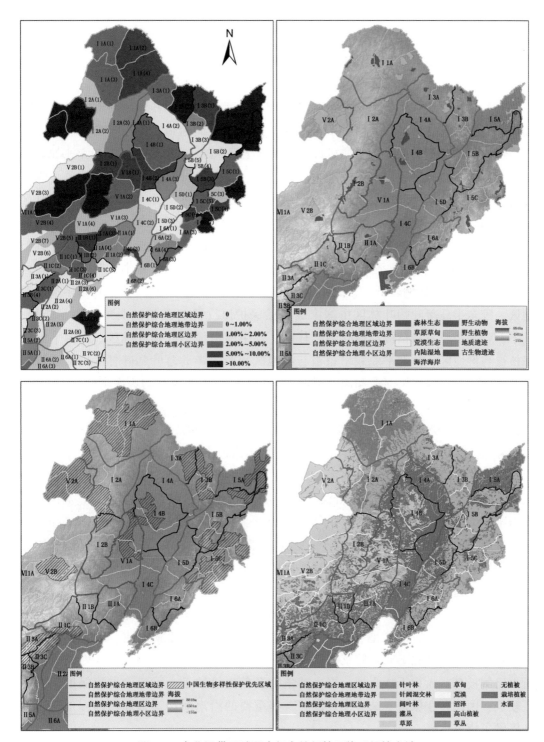

图 2-7　东北温带区域国家级自然保护区体系保护空缺

Fig. 2-7　The protection gaps of national nature reserves network in northeast China region

2.3.2　华北暖温带区域自然保护区体系保护空缺

该区域包括北京、天津和山东全部，以及辽宁、河北、山西、陕西、甘肃、河南、安徽、江苏、宁夏和内蒙古部分地区。区域内国家级自然保护区（除自然遗迹类外）在各个自然保护地理地带的保护比例均不高，均低于其陆域国土面积的3%。而山西高原暖温带半湿润地带、黄淮平原暖温带半湿润地带、山东半岛暖温带半湿润地带的保护比例更低，低于或接近其陆域国土面积的1%（表2-3）。胶莱平原栽培植被与落叶阔叶林区和鲁中南山地落叶阔叶林区尚未建设国家级自然保护区（除自然遗迹类外）。而燕山落叶阔叶林区（1.49%）、海河平原栽培植被与湿地区（1.55%）、晋北中山落叶阔叶林与草原区（0.85%）、晋中山地落叶阔叶林区（0.89%）、太行山东麓栽培植被与落叶阔叶林区（1.44%）、陇南山地落叶阔叶林与草甸区（0.45%）、黄淮平原栽培植被与湿地区（0.39%）、胶东半岛落叶阔叶林区（1.02%）的保护比例较低；晋北中山落叶阔叶林与草原区、黄淮平原栽培植被与湿地区、胶东半岛落叶阔叶林区中国家级自然保护区（除自然遗迹类外）不足3处。其中，胶莱平原栽培植被与落叶阔叶林区、鲁中南山地落叶阔叶林区、海河平原栽培植被与湿地区、黄淮平原栽培植被与湿地区和胶东半岛落叶阔叶林区内栽培植被遍及各地，平原仅残留河流和湖泊湿地等自然生境，山地森林均为次生林和人工林，因此保护比例较低。

而尚无国家级自然保护区（除自然遗迹类外）建设的自然保护地理小区有燕山东段沿海丘陵、北京平原、太行山山前平原、燕山山前平原、冀中平原、黄河平原、冀西北山地、大同盆地、晋西北高原、恒山、太行山中段西麓、寿阳山地、忻州盆地、太原盆地、云中山、太行山山前丘陵、白于山、长治盆地、临沂-运城盆地、嵩山、南四湖洼地、淮北平原东北部、沂沭平原、淮北平原、胶莱平原、鲁东南丘陵、泰山-鲁山、鲁南山地和抱犊崮丘陵共29个。无国家级自然保护区和保护比例低于2%的自然保护地理小区占所有自然保护地理小区的76%左右，只有努鲁儿虎山北段和梁山的保护比例超过其陆域国土面积的8%（图2-8）。其中北京平原、太行山山前平原、燕山山前平原、冀中平原、黄河平原、大同盆地、忻州盆地、太原盆地、太行山山前丘陵、白于山、长治盆地、临沂-运城盆地、嵩山、南四湖洼地、淮北平原东北部、沂沭平原、淮北平原、胶莱平原和鲁东南丘陵等自然保护地理小区内栽培植被所占比例极高，人为干扰强烈，野生动植物及其生境缺乏，可建设自然保护区的地点较少，因此存在保护空缺，仅残留有一些重要的沿海海岸湿地和内陆湿地，为候鸟提供了栖息生境。

表 2-3　华北暖温带各个自然保护地理单元的保护比例

Tab. 2-3　The protected ratio of different geographical units in north China region

自然保护地理地带	保护比例 （%）	自然保护地理区	保护比例 （%）	自然保护地理小区	保护比例 （%）
燕山暖温带半湿润 地带Ⅱ1	2.51	辽西冀北山地落叶 阔叶林区Ⅱ1A	3.47	医巫闾山Ⅱ1A（1）	1.77
				松岭山地Ⅱ1A（2）	2.23
				努鲁儿虎山北段Ⅱ1A（3）	10.49
				努鲁儿虎山南段Ⅱ1A（4）	1.36
		七老图山落叶阔叶 林与草原区Ⅱ1B	3.3	七老图山北段Ⅱ1B（1）	1.94
				七老图山南段Ⅱ1B（2）	6.28
		燕山落叶阔叶林区 Ⅱ1C	1.49	燕山西段Ⅱ1C（1）	2.45
				大马群山-军都山Ⅱ1C（2）	1.39
				雾灵山Ⅱ1C（3）	1.63
				都山Ⅱ1C（4）	1.28
				燕山东段沿海丘陵Ⅱ1C（5）	0.00
海河平原暖温带半 湿润地带Ⅱ2	1.55	海河平原栽培植被 与湿地区Ⅱ2A	1.55	北京平原Ⅱ2A（1）	0.00
				太行山山前平原Ⅱ2A（2）	0.00
				燕山山前平原Ⅱ2A（3）	0.00
				冀中平原Ⅱ2A（4）	0.00
				冀南平原Ⅱ2A（5）	0.80
				渤海西部滨海平原Ⅱ2A（6）	3.16
				黄河三角洲平原Ⅱ2A（7）	6.83
				黄河平原Ⅱ2A（8）	0.00
山西高原暖温带半 湿润地带Ⅱ3	1.01	晋北中山落叶阔叶 林与草原区Ⅱ3A	0.85	冀西北山地Ⅱ3A（1）	0.00
				大同盆地Ⅱ3A（2）	0.00
				晋西北高原Ⅱ3A（3）	0.00
				恒山Ⅱ3A（4）	0.00
				芦芽山Ⅱ3A（5）	3.32
		晋中山地落叶阔叶 林区Ⅱ3B	0.89	五台山Ⅱ3B（1）	2.13
				太行山中段西麓Ⅱ3B（2）	0.00
				寿阳山地Ⅱ3B（3）	0.00
				忻州盆地Ⅱ3B（4）	0.00
				太原盆地Ⅱ3B（5）	0.00
				太岳山Ⅱ3B（6）	1.19
				云中山Ⅱ3B（7）	0.00

（续）

自然保护地理地带	保护比例 （%）	自然保护地理区	保护比例 （%）	自然保护地理小区	保护比例 （%）
山西高原暖温带半湿润地带Ⅱ3	1.01	晋中山地落叶阔叶林区Ⅱ3B	0.89	关帝山Ⅱ3B（8）	1.02
				吕梁山南段Ⅱ3B（9）	1.26
		太行山东麓栽培植被与落叶阔叶林区Ⅱ3C	1.44	太行山北段Ⅱ3C（1）	2.37
				太行山山前丘陵Ⅱ3C（2）	0.00
				太行山中段东麓Ⅱ3C（3）	1.18
陕北和陇中高原暖温带半干旱地带Ⅱ4	1.94	陕北高原切割塬落叶阔叶林与草原区Ⅱ4A	1.97	白于山Ⅱ4A（1）	0.00
				梁山Ⅱ4A（2）	8.19
				子午岭Ⅱ4A（3）	1.40
				陇东黄土高原Ⅱ4A（4）	0.88
		陇中高原南部落叶阔叶林与草原区Ⅱ4B	1.87	六盘山Ⅱ4B（1）	2.30
				陇山Ⅱ4B（2）	0.57
				陇西高原Ⅱ4B（3）	1.96
太行山南段和秦岭北坡暖温带半湿润地带Ⅱ5	1.86	太行山南段山地落叶阔叶林与湿地区5A	2.01	太行山南段Ⅱ5A（1）	1.56
				长治盆地Ⅱ5A（2）	0.00
				沁河谷地Ⅱ5A（3）	1.07
				临沂-运城盆地Ⅱ5A（4）	0.00
				中条山Ⅱ5A（5）	7.07
				太行山南麓平原Ⅱ5A（6）	2.40
		陕南豫西栽培植被与山地落叶阔叶林区Ⅱ5B	2.24	嵩山Ⅱ5B（1）	0.00
				崤山Ⅱ5B（2）	3.57
				伏牛山Ⅱ5B（3）	3.25
				华山Ⅱ5B（4）	1.76
				关中盆地Ⅱ5B（5）	1.14
				陇东高原南部Ⅱ5B（6）	0.28
				秦岭北麓Ⅱ5B（7）	6.37
		陇南山地落叶阔叶林与草甸区Ⅱ5C	0.45	陇南山地西段Ⅱ5C（1）	0.68
				陇南山地东段Ⅱ5C（2）	0.14
黄淮平原暖温带半湿润地带Ⅱ6	0.39	黄淮平原栽培植被与湿地区Ⅱ6A	0.39	南四湖洼地Ⅱ6A（1）	0.00
				黄淮平原Ⅱ6A（2）	0.07
				黄淮沙区Ⅱ6A（3）	1.00
				淮北平原东北部Ⅱ6A（4）	0.00
				沂沭平原Ⅱ6A（5）	0.00
				淮北平原Ⅱ6A（6）	0.00
				苏北平原Ⅱ6A（7）	2.35

（续）

自然保护地理地带	保护比例（％）	自然保护地理区	保护比例（％）	自然保护地理小区	保护比例（％）
山东半岛暖温带半湿润地带Ⅱ7	0.23	胶东半岛落叶阔叶林区Ⅱ7A	1.02	艾山Ⅱ7A（1）	0.42
				昆嵛山Ⅱ7A（2）	1.53
		胶莱平原栽培植被与落叶阔叶林区Ⅱ7B	0.00	胶莱平原Ⅱ7B（1）	0.00
				鲁东南丘陵Ⅱ7B（2）	0.00
		鲁中南山地落叶阔叶林区Ⅱ7C	0.00	泰山-鲁山Ⅱ7C（1）	0.00
				鲁南山地Ⅱ7C（2）	0.00
				抱犊崮丘陵Ⅱ7C（3）	0.00

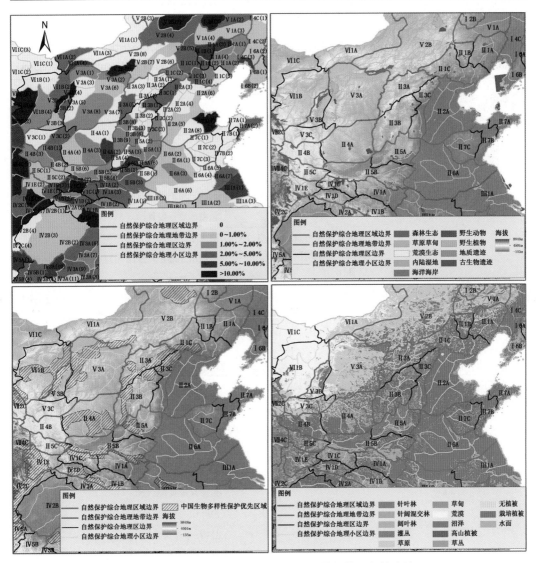

图 2-8　华北暖温带区域国家级自然保护区体系保护空缺

Fig. 2-8　The protection gaps of national nature reserves network in north China region

2.3.3　华东、华南热带亚热带区域自然保护区体系保护空缺

该区域包括浙江、福建、江西、广东、海南、上海全部，以及江苏、安徽、河南、湖北、湖南、贵州和广西部分地区。区域内国家级自然保护区（除自然遗迹类外）在各个自然保护地理地带的保护比例均不高，除海南岛热带湿润地带外，其他地带均低于其区域国土面积的3%；而且亚热带地区的保护比例低于热带地区（表2-4）。每个自然保护地理区均建有国家级自然保护区（除自然遗迹类外），但是大别山及周边栽培植被与常绿阔叶林区（1.19%）、浙皖山地常绿阔叶林与湿地区（1.25%）、赣南山地常绿阔叶林区（1.04%）、戴云山及周边山地常绿阔叶林区（1.12%）、南岭东段-杉岭山地常绿阔叶林区（1.18%）、粤桂丘陵山地常绿阔叶林与湿地区（0.20%）、闽粤沿海山地常绿阔叶林与湿地区（0.26%）、雷州半岛台地栽培植被与湿地区（1.38%）、海南岛北部平原栽培植被与湿地区（0.12%）的保护比例较低；粤桂丘陵山地常绿阔叶林与湿地区、闽粤沿海山地常绿阔叶林与湿地区、海南岛北部平原栽培植被与湿地区

表2-4　华东、华南热带亚热带区域各个自然保护地理单元保护比例

Tab. 2-4　The protected ratio of different geographical units in east China and south China region

自然保护地理地带	保护比例（%）	自然保护地理区	保护比例（%）	自然保护地理小区	保护比例（%）
长江中下游北亚热带湿润地带Ⅲ1	1.77	江淮平原栽培植被与湿地区Ⅲ1A	2.41	里下河低地平原Ⅲ1A（1）	7.32
				淮阳丘陵Ⅲ1A（2）	0.34
				长江三角洲平原北部Ⅲ1A（3）	5.29
				长江三角洲平原南部Ⅲ1A（4）	0.00
				巢湖平原丘陵Ⅲ1A（5）	0.75
		大别山及周边栽培植被与常绿阔叶林区Ⅲ1B	1.19	淮南平原Ⅲ1B（1）	0.34
				桐柏山北部丘陵Ⅲ1B（2）	0.00
				桐柏山Ⅲ1B（3）	0.00
				大别山西段Ⅲ1B（4）	4.92
				大别山东段Ⅲ1B（5）	2.77
				大洪山Ⅲ1B（6）	0.00
				江汉平原北部Ⅲ1B（7）	0.33
长江中下游中亚热带湿润地带Ⅲ2	2.14	浙皖山地常绿阔叶林与湿地区Ⅲ2A	1.25	宁镇丘陵Ⅲ2A（1）	1.33
				九华山Ⅲ2A（2）	5.22
				黄山Ⅲ2A（3）	0.96
				天目山Ⅲ2A（4）	0.82
				钱塘江三角洲平原Ⅲ2A（5）	0.00
				彭泽丘陵Ⅲ2A（6）	0.87
				白际山-清凉峰Ⅲ2A（7）	2.51
				昱岭-千里岗Ⅲ2A（8）	0.00
				龙门山-金衢盆地Ⅲ2A（9）	0.00
				怀玉山Ⅲ2A（10）	0.76

（续）

自然保护地理地带	保护比例（%）	自然保护地理区	保护比例（%）	自然保护地理小区	保护比例（%）
长江中下游中亚热带湿润地带Ⅲ2	2.14	鄱阳湖平原栽培植被与湿地区Ⅲ2B	3.38	鄱阳湖湿地平原Ⅲ2B（1）	8.73
				鄱阳湖南部平原Ⅲ2B（2）	0.00
		罗霄山脉北段山地常绿阔叶林区Ⅲ2C	2.40	江汉平原南部Ⅲ2C（1）	4.53
				长江中游河谷平原Ⅲ2C（2）	2.53
				幕阜山北支Ⅲ2C（3）	2.47
				幕阜山南支Ⅲ2C（4）	2.96
				连云山Ⅲ2C（5）	0.00
				九岭山Ⅲ2C（6）	3.06
				武功山北部Ⅲ2C（7）	0.00
		湘中平原丘陵栽培植被与常绿阔叶林区Ⅲ2D	3.05	洞庭湖平原Ⅲ2D（1）	8.36
				长沙盆地Ⅲ2D（2）	0.86
				湘西丘陵Ⅲ2D（3）	0.00
				衡阳盆地Ⅲ2D（4）	0.00
				九党荆山Ⅲ2D（5）	0.00
		浙闽山地常绿阔叶林与湿地区Ⅲ2E	2.18	会稽山Ⅲ2E（1）	0.00
				四明山Ⅲ2E（2）	0.00
				天台山Ⅲ2E（3）	0.08
				大盘山Ⅲ2E（4）	0.87
				括苍山Ⅲ2E（5）	0.00
				仙霞岭Ⅲ2E（6）	0.00
				武夷山北段Ⅲ2E（7）	0.64
				洞宫山Ⅲ2E（8）	4.93
				武夷山中段西麓Ⅲ2E（9）	4.91
				武夷山中段东麓Ⅲ2E（10）	5.42
				武夷山南段西侧Ⅲ2E（11）	2.08
		赣南山地常绿阔叶林区Ⅲ2F	1.04	赣中盆地Ⅲ2F（1）	0.00
				于山北段Ⅲ2F（2）	0.00
				于山南段Ⅲ2F（3）	0.00
				杉岭西北部山地Ⅲ2F（4）	0.00
				武功山Ⅲ2F（5）	0.00
				万洋山-八面山-诸广山Ⅲ2F（6）	3.62
		雪峰山常绿阔叶林区Ⅳ2G	3.03	雪峰山北段Ⅲ2G（1）	3.74
				雪峰山南段Ⅲ2G（2）	0.96
				八十里南山Ⅲ2G（3）	3.30
				越城岭Ⅲ2G（4）	5.91

（续）

自然保护地理地带	保护比例（%）	自然保护地理区	保护比例（%）	自然保护地理小区	保护比例（%）
东南南亚热带湿润地带Ⅲ3	1.38	戴云山及周边山地常绿阔叶林区Ⅲ3A	1.12	太姥山Ⅲ3A（1）	0.17
				鹫峰山Ⅲ3A（2）	0.23
				戴云山Ⅲ3A（3）	2.22
				戴云山沿海丘陵Ⅲ3A（4）	0.17
				玳瑁山北段Ⅲ3A（5）	1.69
				玳瑁山南段Ⅲ3A（6）	2.58
				武夷山南段东侧Ⅲ3A（7）	3.25
		南岭东段－杉岭山地常绿阔叶林区Ⅲ3B	1.18	杉岭北段Ⅲ3B（1）	3.58
				杉岭南段Ⅲ3B（2）	0.00
				杉岭西南部山地Ⅲ3B（3）	0.00
				九连山北段Ⅲ3B（4）	1.91
				九连山南段Ⅲ3B（5）	0.00
				滑石山Ⅲ3B（6）	0.70
		南岭西段山地常绿阔叶林区Ⅲ3C	2.35	阳明山Ⅲ3C（1）	1.41
				大庾岭Ⅲ3C（2）	0.16
				骑田岭Ⅲ3C（3）	0.00
				海洋山Ⅲ3C（4）	0.00
				都庞岭Ⅲ3C（5）	5.75
				九嶷山Ⅲ3C（6）	1.55
				萌渚岭Ⅲ3C（7）	0.00
				五指山Ⅲ3C（8）	12.76
				大桂山Ⅲ3C（9）	1.18
				瑶山北段Ⅲ3C（10）	0.14
		黔桂石灰岩丘陵山地常绿阔叶林区Ⅲ3D	2.15	九万山Ⅲ3D（1）	12.97
				架桥岭Ⅲ3D（2）	0.00
				大瑶山Ⅲ3D（3）	3.13
				大容山Ⅲ3D（4）	0.00
				六万大山－罗阳山Ⅲ3D（5）	0.00
				桂北丘陵Ⅲ3D（6）	0.00
				桂西岩溶丘陵Ⅲ3D（7）	0.29
				桂东南平原丘陵Ⅲ3D（8）	1.69
		粤桂丘陵山地常绿阔叶林与湿地区Ⅲ3E	0.20	瑶山南段Ⅲ3E（1）	0.14
				珠江三角洲平原Ⅲ3E（2）	0.00
				云雾山Ⅲ3E（3）	1.32
				云雾山沿海丘陵Ⅲ3E（4）	0.00
				云开大山Ⅲ3E（5）	0.00

（续）

自然保护地理地带	保护比例（%）	自然保护地理区	保护比例（%）	自然保护地理小区	保护比例（%）
东南南亚热带湿润地带Ⅲ3	1.38	闽粤沿海山地常绿阔叶林与湿地区Ⅲ3F	0.26	博平岭北段Ⅲ3F（1）	0.23
				博平岭南段Ⅲ3F（2）	0.00
				莲花山Ⅲ3F（3）	0.75
				莲花山沿海丘陵Ⅲ3F（4）	0.05
华南热带湿润地带Ⅲ5	2.68	雷州半岛台地栽培植被与湿地区Ⅲ5A	1.38	雷州半岛Ⅲ5A（1）	1.38
		十万大山热带雨林季雨林与湿地区Ⅲ5B	3.82	十万大山Ⅲ5B（1）	5.13
				北部湾平原Ⅲ5B（2）	0.00
海南岛热带湿润地带Ⅲ6	4.17	海南岛北部平原栽培植被与湿地区Ⅲ6A	0.12	海南岛北部Ⅲ6A（1）	0.12
		海南岛南部山地热带雨林季雨林与湿地区Ⅲ6B	7.17	黎母岭Ⅲ6B（1）	12.06
				五指山Ⅲ6B（2）	3.13

中国家级自然保护区（除自然遗迹类外）不足 3 处。其中这些自然保护地理区的平原地区和山地基部种植有大面积的栽培植被，对自然保护区布局建设造成一定影响，使其保护比例较低，但是很多山地仍有连片的森林植被。

而尚无国家级自然保护区（除自然遗迹类外）建设的自然保护地理小区有桐柏山、连云山、湘西丘陵、四明山、括苍山、仙霞岭、武功山、杉岭南段、骑田岭、海洋山、萌渚岭、架桥岭和博平岭南段等 37 个（表 2-4）。无国家级自然保护区和保护比例低于 2% 的自然保护地理小区占所有自然保护地理小区的 80% 左右，只有洞庭湖平原、鄱阳湖湿地平原、南岭五指山、九万山和黎母岭的保护比例超过其区域国土面积的 8%（图 2-9）。其中，淮阳丘陵、长江三角洲平原南部、巢湖平原丘陵、淮南平原、江汉平原北部、宁镇丘陵、钱塘江三角洲平原、鄱阳湖南部平原、长沙盆地、赣中盆地、桂北丘陵、桂东南平原丘陵、珠江三角洲平原、云雾山沿海丘陵、雷州半岛、北部湾平原和海南岛北部等自然保护地理小区内人为干扰较强烈，原生植被多被破坏殆尽，特别是在平原区域，难以保留连片的自然生境，因此存在保护空缺。

2.3.4　华中、西南热带亚热带区域自然保护区体系保护空缺

该区域包括重庆、云南全部，以及陕西、河南、甘肃、四川、湖北、湖南、贵州、广西和西藏部分地区。区域内国家级自然保护区（除自然遗迹类外）在秦巴山地北亚热带湿润地带、横断山脉北部亚热带湿润半湿润地带、喜马拉雅山东缘热带湿润地带的保护比例超过其陆域国土面积的 5%，其他地带均低于其陆域国土面积的 4%。其中，贵州高原及边缘山地亚热带湿润地带的保护比例最低，只有 2.19%（表 2-5）。只有滇西山原常绿阔叶林区尚无国家级自然保护区（除自然遗迹类外）分布。而秦岭东部栽培植被与常绿阔叶林区（1.18%）、四川盆地栽培植被与湿地区（0.17%）、贵州高原

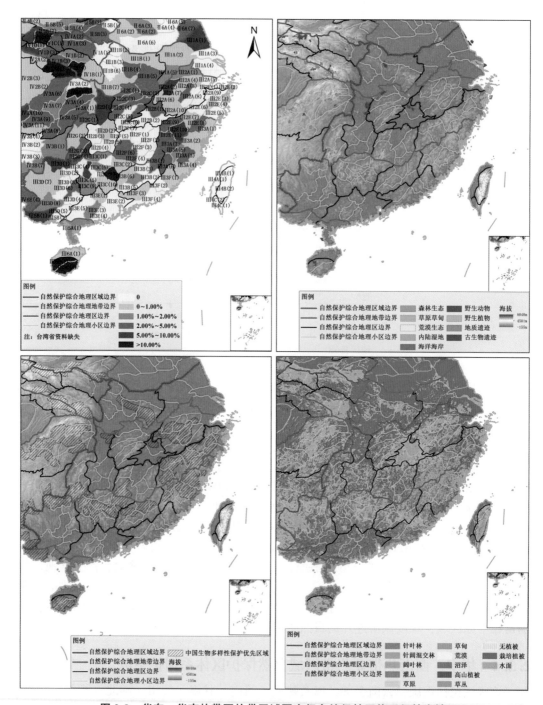

图 2-9　华东、华南热带亚热带区域国家级自然保护区体系保护空缺

Fig. 2-9　The protection gaps of national nature reserves network in east China and south China region

常绿阔叶林与石灰岩溶洞区（0.76%）、云南高原栽培植被与常绿阔叶林区（1.17%）、桂西南岩溶山原常绿阔叶林与山地季雨林区（1.54%）的保护比例较低；而且秦岭东部栽培植被与常绿阔叶林区、四川盆地栽培植被与湿地区中国家级自然保护区（除自然遗迹类外）数量不足 3 处。其中，秦岭东部栽培植被与常绿阔叶林区、四川盆地栽

表 2-5　华中、西南热带亚热带区域各个自然保护地理单元保护比例

Tab. 2-5　The protected ratio of different geographical units in central China and southwest China region

自然保护地理地带	保护比例（%）	自然保护地理区	保护比例（%）	自然保护地理小区	保护比例（%）
秦巴山地北亚热带湿润地带Ⅳ1	5.56	秦岭东部栽培植被与常绿阔叶林区Ⅳ1A	1.18	南阳盆地Ⅳ1A（1）	0.00
				流岭-蟒岭Ⅳ1A（2）	0.00
				秦岭东段Ⅳ1A（3）	2.11
		大巴山北部常绿阔叶林区Ⅳ1B	3.90	荆山Ⅳ1B（1）	0.76
				武当山Ⅳ1B（2）	1.69
				大巴山西段北麓Ⅳ1B（3）	5.27
				大巴山东段北麓Ⅳ1B（4）	12.59
		秦岭中段南坡常绿阔叶林区Ⅳ1C	13.53	平河梁Ⅳ1C（1）	2.34
				秦岭中段南麓Ⅳ1C（2）	28.04
				小陇山-紫柏山Ⅳ1C（3）	8.49
		米仓山北部常绿阔叶林区Ⅳ1D	3.45	汉中盆地Ⅳ1D（1）	1.84
				米仓山西段北麓Ⅳ1D（2）	5.67
				米仓山东段Ⅳ1D（3）	2.18
		岷山-西秦岭常绿阔叶林区Ⅳ1E	9.80	西秦岭东段Ⅳ1E（1）	4.17
				西秦岭西段Ⅳ1E（2）	0.16
				岷山Ⅳ1E（3）	27.26
四川盆地及边缘山地亚热带湿润地带Ⅳ2	3.36	大巴山脉南部常绿阔叶林与湿地区Ⅳ2A	9.31	大巴山南麓Ⅳ2A（1）	14.17
				米仓山南麓Ⅳ2A（2）	0.80
		四川盆地栽培植被与湿地区Ⅳ2B	0.17	川北丘陵Ⅳ2B（1）	0.05
				川东平行岭谷Ⅳ2B（2）	0.51
				川中丘陵平原Ⅳ2B（3）	0.02
				成都平原Ⅳ2B（4）	0.00
		川西山地常绿阔叶林与高山草甸区Ⅳ2C	7.09	龙门山Ⅳ2C（1）	9.11
				邛崃山北段Ⅳ2C（2）	2.47
				邛崃山南段Ⅳ2C（3）	12.62
				大相岭Ⅳ2C（4）	0.00
贵州高原及边缘山地亚热带湿润地带Ⅳ3	2.19	武陵山常绿阔叶林与湿地区Ⅳ3A	3.24	武陵山山前平原Ⅳ3A（1）	0.40
				巫山Ⅳ3A（2）	0.00
				壶瓶山Ⅳ3A（3）	11.39
				武陵山东北部Ⅳ3A（4）	3.53
				武陵山南段Ⅳ3A（5）	2.82
				齐岳山Ⅳ3A（6）	2.79
				武陵山西北部Ⅳ3A（7）	1.20
				梵净山Ⅳ3A（8）	3.74

（续）

自然保护地理地带	保护比例（%）	自然保护地理区	保护比例（%）	自然保护地理小区	保护比例（%）
贵州高原及边缘山地亚热带湿润地带IV3	2.19	武陵山常绿阔叶林与湿地区IV3A	3.24	大娄山东段IV3A（9）	3.06
				大娄山西段IV3A（10）	6.51
				大娄山南侧石灰岩山地IV3A（11）	0.03
		贵州高原常绿阔叶林与石灰岩溶洞区IV3B	0.76	苗岭东段IV3B（1）	1.60
				苗岭山原石灰岩IV3B（2）	0.00
				黔南石灰岩峰丛IV3B（3）	0.00
				黔西北高原IV3B（4）	0.09
				黔西高原IV3B（5）	0.00
				黔南高原IV3B（6）	1.64
				桂西北岩溶山地IV3B（7）	1.82
横断山脉北部亚热带湿润半湿润地带IV4	7.68	怒江澜沧江切割山地常绿阔叶林与高山植被区IV4A	6.43	念青唐古拉山东段IV4A（1）	6.38
				他念他翁山南段IV4A（2）	0.00
				伯舒拉岭IV4A（3）	13.35
		金沙江切割山地常绿阔叶林与高山植被区IV4B	8.30	芒康山IV4B（1）	2.64
				沙鲁里山北段IV4B（2）	6.07
				沙鲁里山西南部IV4B（3）	7.74
				沙鲁里山东南部IV4B（4）	15.01
				工卡拉山IV4B（5）	0.00
				大雪山北段IV4B（6）	0.00
				大雪山南段IV4B（7）	17.14
横断山脉南部中亚热带湿润地带IV5	3.42	川南山地常绿阔叶林区IV5A	2.02	大凉山北部IV5A（1）	6.78
				大凉山南部IV5A（2）	0.00
				小相岭IV5A（3）	5.25
				牦牛山IV5A（4）	0.00
				鲁南山-龙帚山IV5A（5）	0.00
				锦屏山IV5A（6）	0.00
				白林山IV5A（7）	0.22
				绵绵山IV5A（8）	0.00
		云南高原栽培植被与常绿阔叶林区IV5B	1.17	乌蒙山北段IV5B（1）	3.95
				乌蒙山南段IV5B（2）	1.52
				五莲峰IV5B（3）	2.45
				堂狼山IV5B（4）	3.75
				拱王山-三台山IV5B（5）	1.95
				白草岭IV5B（6）	0.00
				滇东北高原IV5B（7）	0.00

（续）

自然保护地理地带	保护比例 （%）	自然保护地理区	保护比例 （%）	自然保护地理小区	保护比例 （%）
横断山脉南部中亚热带湿润地带Ⅳ5	3.42	云南高原栽培植被与常绿阔叶林区Ⅳ5B	1.17	滇中高原西部Ⅳ5B（8）	0.00
				滇中高原东部Ⅳ5B（9）	0.00
		怒江澜沧江平行峡谷常绿阔叶林区Ⅳ5C	9.05	雪山Ⅳ5C（1）	0.00
				玉龙山Ⅳ5C（2）	0.00
				点苍山Ⅳ5C（3）	13.91
				云岭北段Ⅳ5C（4）	45.84
				云岭南段Ⅳ5C（5）	8.88
				雪盘山Ⅳ5C（6）	3.31
				清水郎山Ⅳ5C（7）	0.00
				怒山北段Ⅳ5C（8）	0.00
				怒山南段Ⅳ5C（9）	0.00
				高黎贡山Ⅳ5C（10）	19.37
西南热带亚热带湿润地带Ⅳ6	3.48	滇西山原常绿阔叶林区Ⅳ6A	0.00	滇西山原Ⅳ6A（1）	0.00
		滇中南亚高山常绿阔叶林区Ⅳ6B	4.06	老别山Ⅳ6B（1）	1.40
				邦马山Ⅳ6B（2）	3.29
				澜沧江中游河谷Ⅳ6B（3）	0.00
				无量山北段Ⅳ6B（4）	3.11
				无量山南段Ⅳ6B（5）	0.00
				哀牢山北段Ⅳ6B（6）	10.62
				哀牢山南段Ⅳ6B（7）	8.89
		滇南宽谷热带雨林季雨林区Ⅳ6C	7.82	澜沧江下游河谷Ⅳ6C（1）	12.58
				滇西南山地Ⅳ6C（2）	2.26
		滇东南常绿阔叶林与山地季雨林区Ⅳ6D	2.71	元江河谷北段Ⅳ6D（1）	0.99
				元江河谷南段Ⅳ6D（2）	4.38
		桂西南岩溶山原常绿阔叶林与山地季雨林区Ⅳ6E	1.54	六诏山北部Ⅳ6E（1）	0.00
				六诏山南部Ⅳ6E（2）	0.26
				桂西山原Ⅳ6E（3）	4.40
				桂西南山地Ⅳ6E（4）	2.54
喜马拉雅山东缘热带湿润地带Ⅳ7	8.66	喜马拉雅山南翼常绿阔叶林与山地季雨林区Ⅳ7A	4.51	喜马拉雅山南翼Ⅳ7A（1）	4.51
		喜马拉雅山东端高山常绿阔叶林与山地季雨林区Ⅳ7B	13.98	喜马拉雅山东端Ⅳ7B（1）	13.98

培植被与湿地区、贵州高原常绿阔叶林与石灰岩溶洞区、云南高原栽培植被与常绿阔叶林区内栽培植被分布广泛，特别是在四川盆地栽培植被与湿地区，大面积集中连片的栽培植被和人为干扰对自然生态系统的破坏，使这些地理区的保护比例较低，但对这些地理区残留自然生态系统的保护仍然需要得到重视。

而尚无国家级自然保护区（除自然遗迹类外）建设的自然保护地理小区有南阳盆地、大相岭、黔西高原、工卡拉山、牦牛山、绵绵山、白草岭、滇东北高原、清水郎山、怒山北段、滇西山原和无量山南段等29个（表2-5）。无国家级自然保护区和保护比例低于2%的自然保护地理小区约占所有自然保护地理小区的50%，只有大巴山东段北麓、秦岭中段南麓、岷山、大巴山南麓、邛崃山南段、壶瓶山、伯舒拉岭、沙鲁里山北段、沙鲁里山东南部、大雪山南段、点苍山、云岭北段、高黎贡山、哀牢山北段、澜沧江下游河谷、喜马拉雅山东端的保护比例超过其陆域国土面积的10%（图2-10）。

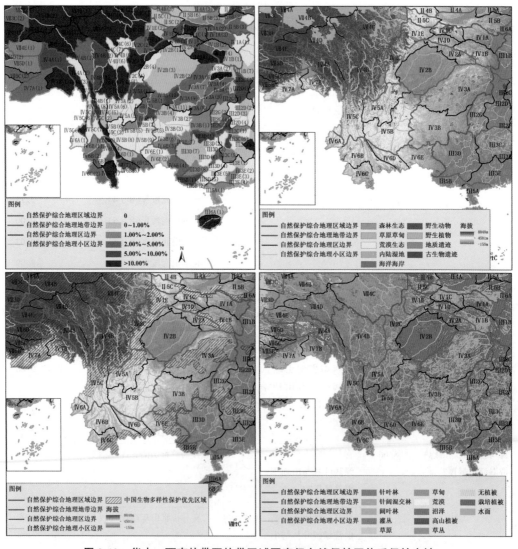

图 2-10　华中、西南热带亚热带区域国家级自然保护区体系保护空缺

Fig. 2-10　The protection gaps of national nature reserves network
in central China and southwest China region

其中南阳盆地、武当山、汉中盆地、米仓山南麓、川北丘陵、成都平原、苗岭山原石灰岩、黔西北高原、滇东北高原、滇中高原和六诏山等自然保护地理小区内栽培植被所占比例较高，平原地区人为干扰强烈，原生植被多被破坏，自然生境缺乏，因此存在保护空缺。

2.3.5　内蒙古温带区域自然保护区体系保护空缺

该区域包括内蒙古东部，以及吉林、河北、山西、陕西、甘肃和宁夏部分地区。该区域仅划分了 3 个自然保护地理地带，国家级自然保护区（除自然遗迹类外）在内蒙古东部温带半干旱地带的保护比例最高，达 7.33%，其他两个地带均占其陆域国土面积的 4% 左右（表 2-6）。每个自然保护地理区均有国家级自然保护区（除自然遗迹类外）分布，但是陇中高原北部草原与落叶阔叶林区（1.44%）和西辽河平原草原与针

表 2-6　内蒙古温带区域各个自然保护地理单元保护比例
Tab. 2-6　The protected ratio of different geographical units in Inner Mongolia region

自然保护地理地带	保护比例（%）	自然保护地理区	保护比例（%）	自然保护地理小区	保护比例（%）
西辽河温带半干旱地带 V1	3.22	西辽河平原草原与针阔混交林区 V1A	3.22	松嫩平原西部 V1A（1）	5.93
				西辽河平原 V1A（2）	4.77
				科尔沁沙地 V1A（3）	0.23
				赤峰黄土丘陵 V1A（4）	0.36
内蒙古东部温带半干旱地带 V2	7.33	呼伦贝尔高原草原与湿地区 V2A	18.77	东呼伦贝尔草原 V2A（1）	13.39
				西呼伦贝尔草原 V2A（2）	29.55
		内蒙古高原东部草原区 V2B	4.83	乌珠穆沁高原 V2B（1）	0.00
				锡林郭勒高原东部 V2B（2）	12.76
				锡林郭勒高原西部 V2B（3）	0.00
				浑善达克沙地东部 V2B（4）	4.38
				坝上高原 V2B（5）	2.95
				张北高原 V2B（6）	0.00
				乌兰察布高原东部 V2B（7）	0.20
				阴山北部丘陵平原 V2B（8）	0.00
				大青山 V2B（9）	25.18
鄂尔多斯高原及周边山地温带半干旱地带 V3	4.94	鄂尔多斯高原荒漠草原区 V3A	4.74	河套平原西部 V3A（1）	1.22
				河套平原东部 V3A（2）	1.28
				库布齐沙地西部 V3A（3）	0.00
				桌子山 V3A（4）	66.51
				西鄂尔多斯高原 V3A（5）	14.13
				鄂尔多斯高原北部 V3A（6）	0.81
				鄂尔多斯高原东部 V3A（7）	0.00
				毛乌素沙地 V3A（8）	1.31

（续）

自然保护地理地带	保护比例（%）	自然保护地理区	保护比例（%）	自然保护地理小区	保护比例（%）
鄂尔多斯高原及周边山地温带半干旱地带 V3	4.94	贺兰山及周边草原与山地落叶阔叶林区 V3B	11.02	贺兰山 V3B（1）	37.38
				宁夏平原 V3B（2）	3.78
				罗山–屈吴山 V3B（3）	0.83
		陇中高原北部草原与落叶阔叶林区 V3C	1.44	陇中高原北部 V3C（1）	0.00
				六盘山余脉 V3C（2）	3.20

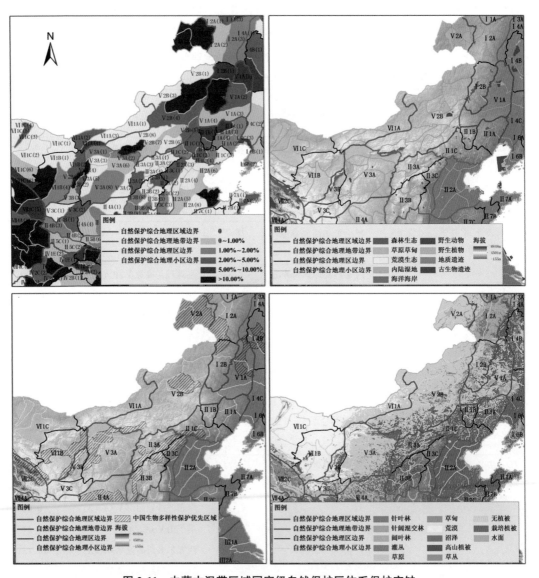

图 2-11　内蒙古温带区域国家级自然保护区体系保护空缺

Fig. 2-11　The protection gaps of national nature reserves network in Inner Mongolia region

阔混交林区（3.22%）的保护比例较低。这些自然保护地理区内的传统农牧业等人为干扰较大，自然植被多受到破坏，野生动植物及其生境较少，保护比例较低。

而尚无国家级自然保护区（除自然遗迹类外）建设的自然保护地理小区有乌珠穆沁高原、锡林郭勒高原西部、张北高原、阴山北部丘陵平原、库布奇沙地西部、鄂尔多斯高原东部和陇中高原北部共 7 个（表 2-6）。无国家级自然保护区和保护比例低于 2% 的自然保护地理小区占所有自然保护地理小区的 54% 左右，而东呼伦贝尔草原、西呼伦贝尔草原、锡林郭勒高原东部、大青山、桌子山、西鄂尔多斯高原和贺兰山的保护比例超过其陆域国土面积的 12%（图 2-11）。其中，张北高原、阴山北部丘陵平原、库布奇沙地西部、鄂尔多斯高原东部和陇中高原北部等自然保护地理小区内栽培植被、牧草地等所占比例较高，农牧业人工干扰强烈，因此存在保护空缺。

2.3.6　西北温带暖温带区域自然保护区体系保护空缺

该区域包括新疆大部分，以及内蒙古、宁夏和甘肃部分地区。该区域仅划分了 3 个自然保护地理地带，国家级自然保护区（除自然遗迹类外）在北疆温带干旱半干旱地带的保护比例最低，只有 1.40%，而其他两个地带占其陆域国土面积的 5% 以上（表 2-7）。只有准噶尔盆地东部荒漠与荒漠戈壁区、天山东段灌木半灌木荒漠区、西昆仑山地低地荒漠与高山植被区尚无国家级自然保护区（除自然遗迹类外）。但是乌兰察布高原草原与荒漠草原区（1.30%），阿拉善高原及河西走廊荒漠区（1.49%），准噶尔盆地西部荒漠、山地草原与针叶林区（1.93%），准噶尔盆地中部低地荒漠区（1.59%），天山西段北麓荒漠、草原与针叶林区（0.44%）的保护比例较低；而且乌兰察布高原草原与荒漠草原区、阿尔泰山山地草原与针叶林区、准噶尔盆地西部荒漠-山地草原与针叶林区、准噶尔盆地中部低地荒漠区、天山西段北麓荒漠-草原与针叶林区、天山西段南麓山地草原与针叶林区、吐鲁番-哈密盆地及周边荒漠与盆地绿洲区中国家级自然保护区（除自然遗迹类外）不足 3 处。该区域的这些自然保护地理区人口密度并不高，但是很多植被状况较好的地区被划定为牧民牧场，特别是一些地区林权证和草权证也有交叉，因此保护比例较低。

而尚无国家级自然保护区（除自然遗迹类外）建设的自然保护地理小区有雅布赖山、巴丹吉林沙漠、西阿拉善荒漠、北山北坡、阿尔泰山中部、萨吾尔山、阿尔泰山山前平原、赛里木湖-科尔古琴山、阿拉套山、巴里坤山、博格达山北坡、阿拉沟山、天山南脉、塔里木河西段荒漠河岸平原、塔什库尔干高原和喀喇昆仑山北麓等 59 个（表 2-7）。无国家级自然保护区和保护比例低于 2% 的自然保护地理小区约占所有自然保护地理小区的 79% 左右，只有腾格里沙漠西部、河西走廊西部、阿尔泰山西北部、艾比湖河谷、巴音布鲁克盆地、托木尔山地、哈顺戈壁、罗布泊和阿尔金山山前平原的保护比例超过其陆域国土面积的 10%（图 2-12）。其中，浑善达克沙地西部、巴丹吉林沙漠和西阿拉善沙漠等自然保护地理小区被广阔的荒漠植被等覆盖或无植被。

表 2-7 西北温带暖温带区域各个自然保护地理单元保护比例

Tab. 2-7 The protected ratio of different geographical units in northwest China region

自然保护地理地带	保护比例（%）	自然保护地理区	保护比例（%）	自然保护地理小区	保护比例（%）
内蒙古西部温带干旱地带Ⅵ1	5.00	乌兰察布高原草原与荒漠草原区Ⅵ1A	1.30	浑善达克沙地西部Ⅵ1A（1）	0.00
				巴彦淖尔高原西部Ⅵ1A（2）	3.52
				巴彦淖尔高原东部Ⅵ1A（3）	0.00
				狼山Ⅵ1A（4）	5.40
		阿拉善高原东部低地草原化荒漠与灌木化荒漠区Ⅵ1B	5.93	雅布赖山Ⅵ1B（1）	0.00
				乌兰布和沙漠Ⅵ1B（2）	3.56
				腾格里沙漠西部Ⅵ1B（3）	17.97
				腾格里沙漠东部Ⅵ1B（4）	1.17
		阿拉善高原及河西走廊荒漠区Ⅵ1C	1.49	察汗毛里脱沙窝Ⅵ1C（1）	0.00
				巴丹吉林沙漠Ⅵ1C（2）	0.00
				西阿拉善荒漠Ⅵ1C（3）	0.00
				额济纳绿洲Ⅵ1C（4）	3.03
				包尔乌拉山荒漠Ⅵ1C（5）	0.00
				龙首山山地Ⅵ1C（6）	1.46
				疏勒河流域荒漠Ⅵ1C（7）	6.23
				河西走廊东部Ⅵ1C（8）	6.85
		北山及周边荒漠戈壁与荒漠草原区Ⅵ1D	13.67	北山北坡Ⅵ1D（1）	0.00
				北山南坡Ⅵ1D（2）	9.18
				河西走廊西部Ⅵ1D（3）	31.76
北疆温带干旱半干旱地带Ⅵ2	1.40	阿尔泰山山地草原与针叶林区Ⅵ2A	8.56	阿尔泰山西北部Ⅵ2A（1）	16.84
				阿尔泰山中部Ⅵ2A（2）	0.00
		准噶尔盆地西部荒漠、山地草原与针叶林区Ⅵ2B	1.93	萨吾尔山Ⅵ2B（1）	0.00
				乌尔喀什尔山Ⅵ2B（2）	0.00
				巴尔鲁克山-玛依勒山Ⅵ2B（3）	4.85
				额敏河谷地Ⅵ2B（4）	0.00
		准噶尔盆地中部低地荒漠区Ⅵ2C	1.59	阿尔泰山山前平原Ⅵ2C（1）	0.00
				额尔齐斯河流域荒漠Ⅵ2C（2）	0.00
				阿尔泰山东南部Ⅵ2C（3）	0.43
				乌伦古河流域戈壁Ⅵ2C（4）	0.00
				古尔班通古特沙漠东部Ⅵ2C（5）	0.00
				古尔班通古特沙漠西部Ⅵ2C（6）	0.00
				北天山山前平原Ⅵ2C（7）	0.00
				北天山东段北麓Ⅵ2C（8）	0.00
				北天山西段北麓Ⅵ2C（9）	0.00

（续）

自然保护地理地带	保护比例 （%）	自然保护地理区	保护比例 （%）	自然保护地理小区	保护比例 （%）
北疆温带干旱半 干旱地带Ⅵ2	1.40	准噶尔盆地中部低 地荒漠区Ⅵ2C	1.59	艾比湖河谷Ⅵ2C（10）	18.36
				赛里木湖-科尔古琴山Ⅵ2C（11）	0.00
				阿拉套山Ⅵ2C（12）	0.00
		准噶尔盆地东部荒 漠与荒漠戈壁区 Ⅵ2D	0.00	北塔山Ⅵ2D（1）	0.00
				将军戈壁Ⅵ2D（2）	0.00
				霍景涅里辛沙漠Ⅵ2D（3）	0.00
				二百四戈壁Ⅵ2D（4）	0.00
				莫钦乌拉山Ⅵ2D（5）	0.00
		天山东段灌木、半 灌木荒漠区Ⅵ2E	0.00	巴里坤山Ⅵ2E（1）	0.00
				博格达山北坡Ⅵ2E（2）	0.00
				博格达山南坡Ⅵ2E（3）	0.00
		天山西段北麓荒漠、 草原与针叶林区 Ⅵ2F	0.44	科古琴山南麓Ⅵ2F（1）	0.00
				伊犁河谷Ⅵ2F（2）	0.00
				乌孙山-那拉提山Ⅵ2F（3）	0.25
				依连哈比尔尕山Ⅵ2F（4）	0.00
				阿吾拉勒山Ⅵ2F（5）	1.99
				天山中部山地Ⅵ2F（6）	0.00
南疆温带暖温带 干旱地带Ⅵ3	6.53	天山西段南麓山地 草原与针叶林区 Ⅵ3A	2.56	额尔宾山Ⅵ3A（1）	0.00
				阿拉沟山Ⅵ3A（2）	0.00
				巴音布鲁克盆地Ⅵ3A（3）	20.51
				霍拉山Ⅵ3A（4）	0.00
				哈尔克他乌山北坡Ⅵ3A（5）	0.00
				哈尔克他乌山南坡Ⅵ3A（6）	0.00
				托木尔山地Ⅵ3A（7）	37.49
				拜城谷地Ⅵ3A（8）	0.37
				天山南脉Ⅵ3A（9）	0.00
				柯坪盆地西部Ⅵ3A（10）	0.00
				柯坪盆地东部Ⅵ3A（11）	0.00
				喀拉铁热克山Ⅵ3A（12）	0.00
		吐鲁番-哈密盆地及 周边荒漠与盆地绿 洲区Ⅵ3B	12.15	吐鲁番盆地Ⅵ3B（1）	0.00
				哈密盆地Ⅵ3B（2）	0.00
				哈顺戈壁Ⅵ3B（3）	28.46
				库鲁克塔格东部Ⅵ3B（4）	1.68
				库鲁克塔格西部Ⅵ3B（5）	0.00
				焉耆盆地Ⅵ3B（6）	0.00

（续）

自然保护地理地带	保护比例（%）	自然保护地理区	保护比例（%）	自然保护地理小区	保护比例（%）
南疆温带暖温带干旱地带Ⅵ3	6.53	塔里木盆地低地荒漠区Ⅵ3C	6.93	罗布泊Ⅵ3C（1）	27.38
				阿尔金山山前平原Ⅵ3C（2）	56.55
				天山山前平原Ⅵ3C（3）	0.00
				塔里木河东段荒漠河岸平原Ⅵ3C（4）	8.99
				塔克拉玛干沙漠东部Ⅵ3C（5）	0.00
				塔里木河西段荒漠河岸平原Ⅵ3C（6）	0.00
				克里雅河流域荒漠Ⅵ3C（7）	0.00
				和田河流域荒漠Ⅵ3C（8）	0.00
				昆仑山山前地带Ⅵ3C（9）	0.00
				叶尔羌河流域荒漠Ⅵ3C（10）	0.00
				喀什冲积平原Ⅵ3C（11）	0.00
		西昆仑山地低地荒漠与高山植被区Ⅵ3D	0.00	乌卡沟高寒山地Ⅵ3D（1）	0.00
				卡尔隆高寒山地Ⅵ3D（2）	0.00
				塔什库尔干高原Ⅵ3D（3）	0.00
				喀喇昆仑山北麓Ⅵ3D（4）	0.00

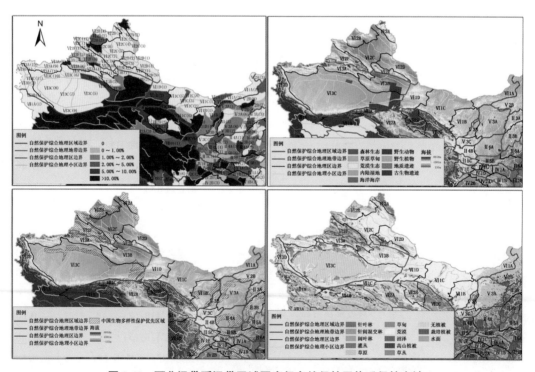

图 2-12　西北温带暖温带区域国家级自然保护区体系保护空缺

Fig. 2-12　The protection gaps of national nature reserves network in northwest China region

2.3.7　青藏高原高寒区域自然保护区体系保护空缺

该区域包括青海全部，以及西藏、四川、甘肃和新疆部分地区。本区域以青藏高原为主体，整体海拔普遍在 3000m 以上，地广人稀，拥有我国规模最大的自然保护区——西藏羌塘国家级自然保护区、青海三江源国家级自然保护区、青海可可西里国家级自然保护区。该区域国家级自然保护区（除自然遗迹类外）在各个自然保护地理地带的保护比例较高，均超过其陆域国土面积的 12%（表 2-8）。只有念青唐古拉山中段北麓灌丛草原与高山植被区和西南阿里山地高寒荒漠与荒漠草原区尚未建设国家级自然保护区。其他自然保护地理区的保护比例较高，普遍在 5% 以上，而有近 57.89% 的自然保护地理区保护比例超过 20%。但是由于该区域自然保护区建设规模较大而且数量不多，这些自然保护地理区中国家级自然保护区（除自然遗迹类外）的数量均不多，大部分只有一个自然保护区，甚至单个自然保护区的一部分。

表 2-8　青藏高原高寒区域各个自然保护地理单元保护比例

Tab. 2-8　The protected ratio of different geographical units in Qinghai−Tibet Plateau region

自然保护地理地带	保护比例（%）	自然保护地理区	保护比例（%）	自然保护地理小区	保护比例（%）
昆仑山高寒干旱地带Ⅶ1	38.33	昆仑山西段高山高寒荒漠区Ⅶ1A	27.24	喀喇昆仑山Ⅶ1A（1）	0.00
				喀拉塔什山Ⅶ1A（2）	15.82
				喀喇昆仑山东部高寒山地Ⅶ1A（3）	63.13
		昆仑山中东段高山高寒荒漠区Ⅶ1B	51.28	昆仑山中段Ⅶ1B（1）	10.41
				库木库勒盆地Ⅶ1B（2）	97.83
				博卡雷克塔格Ⅶ1B（3）	23.49
				可可西里山Ⅶ1B（4）	98.87
		阿尔金山高寒植被与荒漠植被区Ⅶ1C	11.39	阿尔金山Ⅶ1C（1）	11.39
柴达木、祁连山高寒干旱半干旱地带Ⅶ2	16.70	柴达木盆地荒漠区Ⅶ2A	6.91	祁连山西部低山Ⅶ2A（1）	8.04
				柴达木盆地西北部Ⅶ2A（2）	10.11
				柴达木盆地东南部Ⅶ2A（3）	1.21
				祁漫塔格山Ⅶ2A（4）	12.00
		祁连山西段高山盆地草原与针叶林区Ⅶ2B	19.55	祁连山西段山地Ⅶ2B（1）	37.05
				西祁连山荒漠Ⅶ2B（2）	0.00
				西祁连山山原Ⅶ2B（3）	2.26
		祁连山东段高山草原、湿地与针叶林区Ⅶ2C	29.72	祁连山中段山地Ⅶ2C（1）	38.35
				祁连山东段山地Ⅶ2C（2）	31.25
				祁连山南部Ⅶ2C（3）	0.00
				青海湖Ⅶ2C（4）	24.66
				祁连山东端Ⅶ2C（5）	6.68

（续）

自然保护地理地带	保护比例 （％）	自然保护地理区	保护比例 （％）	自然保护地理小区	保护比例 （％）
羌塘高原高寒干 旱地带Ⅶ3	38.95	中阿里地区高寒荒 漠与荒漠草原区 Ⅶ3A	20.86	中阿里地区Ⅶ3A（1）	20.86
		羌塘高原北部高寒 草原区Ⅶ3B	63.61	阿里高原Ⅶ3B（1）	0.00
				羌塘高原西北部Ⅶ3B（2）	90.79
				羌塘高原东北部Ⅶ3B（3）	95.62
		羌塘高原中部高寒 草原区Ⅶ3C	56.14	长江源西部Ⅶ3C（1）	68.19
				唐古拉山西段Ⅶ3C（2）	34.05
				羌塘高原中北部Ⅶ3C（3）	69.11
		羌塘高原南部高寒 草原与高寒湿地区 Ⅶ3D	8.62	羌塘高原西南部Ⅶ3D（1）	0.00
				羌塘高原中南部Ⅶ3D（2）	18.68
				羌塘高原东南部Ⅶ3D（3）	15.25
				冈底斯山脉中段Ⅶ3D（4）	0.00
				冈底斯山脉东段Ⅶ3D（5）	5.82
藏东、青南高寒 半湿润半干旱地 带Ⅶ4	29.40	江河源高寒草原区 Ⅶ4A	30.21	鄂拉山Ⅶ4A（1）	4.11
				长江源北部Ⅶ4A（2）	47.48
		青南高原宽谷高寒 草原草甸区Ⅶ4B	52.07	巴颜喀拉山北段Ⅶ4B（1）	48.42
				长江源南部Ⅶ4B（2）	63.53
				唐古拉山东南部Ⅶ4B（3）	28.54
		川西藏东高寒灌丛 与草甸区Ⅶ4C	19.94	甘南高原Ⅶ4C（1）	33.76
				黄南山–西倾山Ⅶ4C（2）	19.29
				松潘高原Ⅶ4C（3）	13.95
				阿尼玛卿山Ⅶ4C（4）	36.52
				巴颜喀拉山中段Ⅶ4C（5）	19.29
				巴颜喀拉山东南部Ⅶ4C（6）	0.00
				巴颜喀拉山西南部Ⅶ4C（7）	0.00
		澜沧江、金沙江上 游切割山地高寒草 原区Ⅶ4D	24.67	澜沧江–金沙江上游谷地Ⅶ4D（1）	41.14
				他念他翁山北段Ⅶ4D（2）	11.17
		念青唐古拉山中段 北麓灌丛草原与高 山植被区Ⅶ4E	0.00	念青唐古拉山中段北麓Ⅶ4E（1）	0.00
藏南高寒半湿润 半干旱地带Ⅶ5	12.96	西南阿里山地高寒 荒漠与荒漠草原区 Ⅶ5A	0.00	西南阿里地区Ⅶ5A（1）	0.00

（续）

自然保护地理地带	保护比例（%）	自然保护地理区	保护比例（%）	自然保护地理小区	保护比例（%）
藏南高寒半湿润半干旱地带Ⅶ5	12.96	喜马拉雅山脉中部山地森林与高山植被区Ⅶ5B	31.81	藏南谷地西部Ⅶ5B（1）	0.00
				喜马拉雅山中段Ⅶ5B（2）	59.77
				喜马拉雅山东段Ⅶ5B（3）	1.37
		雅鲁藏布江谷地灌丛与草原区Ⅶ5C	5.37	藏南谷地中部Ⅶ5C（1）	5.82
				藏南谷地东部Ⅶ5C（2）	4.78
		念青唐古拉山南麓草原草甸与高山植被区Ⅶ5D	3.07	念青唐古拉山中段南麓Ⅶ5D（1）	1.05
				念青唐古拉山西段Ⅶ5D（2）	5.88

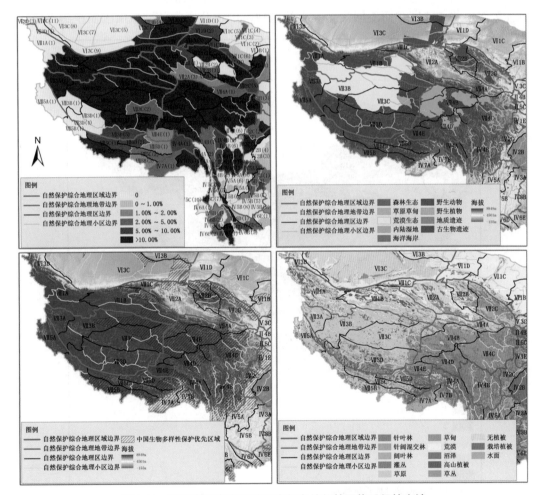

图 2-13　青藏高原高寒区域国家级自然保护区体系保护空缺

Fig. 2-13　The protection gaps of national nature reserves network in Qinghai-Tibetan Plateau region

　　而尚无国家级自然保护区（除自然遗迹类外）的自然保护地理小区有喀喇昆仑山、西祁连山荒漠、祁连山南部、阿里高原、冈底斯山脉中段、巴颜喀拉山东南部、念青唐古拉山中段北麓和西南阿里地区等 11 个（表2-8）。无国家级自然保护区和保护比例低于 2% 的自然保护地理小区占所有自然保护地理小区的四分之一左右，其他大部分自然保护地理小区的保护比例超过其区域国土面积的 10%，甚至更高，达到 30% 以上（图2-13）。该区域的气候恶劣，人口密度极低，在羌塘和可可西里等地区已经建立了大面积的国家级自然保护区，但其北部和南部个别山地仍然存在保护空缺。

2.4　我国自然保护区建设关键区域

　　已有研究成果确定的重要生态功能区、生物多样性保护优先区域、生物多样性关键地区和物种多样性中心等地是我国自然保护区建设的优先区域。结合我国的植被分布图，通过对以上这些方案的叠加整合，确定了我国不同地理单元自然保护区建设的优先等级（图 2-14）。而不同优先等级的地理范围占我国大陆陆域国土面积的百分比

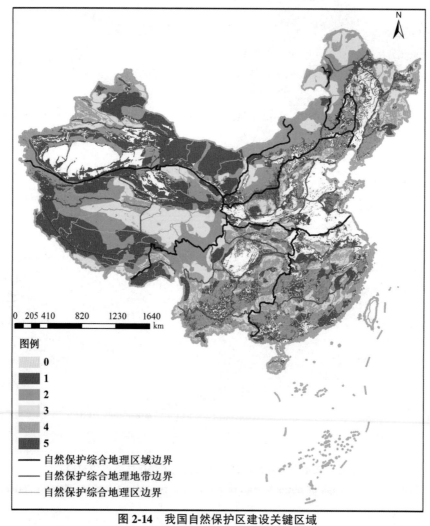

图 2-14　我国自然保护区建设关键区域

Fig. 2-14　Key regions of nature reserve construction in mainland China

如图 2-15 所示。其中，得分≥4 的地区为我国自然保护区建设关键区域，其占到我国大陆陆域国土面积的 8.86% 左右，这些区域多位于我国的主要山地，包括长白山、武夷山、南岭、桂西南、海南南部、秦岭中段、大巴山东段、岷山-西秦岭、武陵山、川西山地、横断山脉西部、西双版纳地区、祁连山东段和阿尔泰山等地（图 2-14）。自然保护区建设关键区域所覆盖面积占比较高（超过 50%）的主要地理单元见附录 B。

　　已有方案中很少涉及沿海区域和重要湿地，这与我国沿海和重要湿地周边人口众多和人为干扰强烈等有很大关系，同样这也导致了沿海地区缺少保存完整的自然生态系统，但是其局部残余生境对迁徙鸟类等的保护具有重要意义和关键作用。

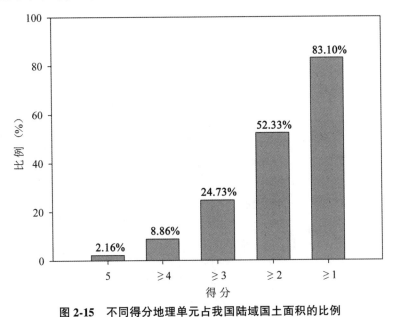

图 2-15　不同得分地理单元占我国陆域国土面积的比例
Fig. 2-15　The proportion of geographical units with different scores accounted for the land area in mainland China

2.5　国家级自然保护区体系优化布局建议

2.5.1　东北温带区域

　　本区域森林面积广阔，以针叶林和针阔混交林为主，山区仍保留有大面积的原始森林；而且三江平原、松嫩平原是我国湿地集中分布区，这些天然湿地是迁徙性鸟类重要的繁殖地。该区域的生物多样性保护优先区域包括大兴安岭区、小兴安岭区、三江平原区、长白山区和松嫩平原区。推荐晋级国家级的自然保护区分布情况见图 2-16。晋级后，国家级自然保护区占各个自然保护地理单元陆域国土面积比例见附录 C。本区域建议优化布局晋级国家级的自然保护区 30 处，并在 7 个自然保护地理小区新建或晋级省级自然保护区。

2.5.1.1　大兴安岭北部寒温带半湿润地带

　　该地带只有大兴安岭北段落叶针叶林区 1 个自然保护地理区，其国土面积的 50% 以上属于我国的生物多样性保护优先区域——大兴安岭区。区内森林、湿地和草甸等自然植被占其国土面积的 90% 以上，其中以针叶林为主的森林植被占 50% 以上，而且发育有大面积森林和湿地共存的典型森林湿地生态系统。该地带是我国最大的原始森林分布区之一，主要保护对象为寒温带针叶林生态系统和森林湿地生态系统，以及其独特的动植物类群，如驯鹿、美洲驼鹿和冷水性鱼类等。国家级自然保护区的建设侧重于对完整山地森林生态系统和低海拔森林湿地生态系统的保护。

图 2-16　东北温带区域推荐晋级国家级的自然保护区分布图

Fig. 2-16　The distribution of nature reserves recommended to national level in northeast China region

2.5.1.2　大兴安岭南部温带半湿润地带

该地带包括大兴安岭中段针阔混交林区和大兴安岭南段森林草原区，其西部大兴安岭中段西麓部分位于我国的生物多样性保护优先区域——呼伦贝尔区。地带内森林、草原草甸和湿地等自然植被占其国土面积的 90% 以上，其中森林、草原草甸和沼泽生态系统分别占其国土面积的 46.16%、37.72% 和 11.94% 左右。属于典型的森林草原过渡地带，大兴安岭东西两侧和南北方向植被类型差异明显，主要保护对象为山地针叶林、针阔混交林和阔叶林，以及低地草原草甸和沼泽等生态系统，该地带的保护对维持周边地区的生态平衡和安全具有重要意义。而国家级自然保护区的建设在个别地区比较集中，且具有明显保护空缺，其建设应以保护森林生态系统为主。

2.5.1.3　小兴安岭温带半湿润地带

该地带包括小兴安岭北部针阔混交林区和小兴安岭南部针阔混交林区，其中南部大部分位于我国的生物多样性保护优先区域——小兴安岭区。地带内森林、灌木和湿地等自然植被占其国土面积的 80% 以上，其中森林生态系统分别约占其国土面积的 70%。该地带植被类型比较一致，在其边缘的山体基部和河流两岸栽培植被普遍。国家级自然保护区的建设在个别地区比较集中，但一些小区保护比例仍较低，其建设应以保护森林和湿地生态系统为主。

2.5.1.4　东北平原温带湿润半湿润地带

该地带包括松嫩平原外围蒙古栎草原草甸区、松嫩平原栽培植被与草原草甸区和辽河平原栽培植被与草原草甸区，我国的生物多样性保护优先区域——松嫩平原区位于其中部。地带内草原、草甸和湿地等自然植被仅占其国土面积 30% 左右，其他均已被开发为农田等，中部残存有大面积湿地和草甸。国家级自然保护区的建设应以保护湿地生态系统和迁徙性鸟类为主。

2.5.1.5　长白山温带湿润半湿润地带

该地带包括穆棱–三江平原湿地草甸区、张广才岭–完达山针阔混交林区、长白山阔叶红松林区和吉林哈达岭次生落叶阔叶林区，我国的生物多样性保护优先区域——三江平原区和长白山区位于其中。其山势地貌复杂，植被类型多样，地带内森林、草甸和湿地等自然植被占其国土面积的 60% 以上，其中森林面积超过其国土面积的 50%。国家级自然保护区的建设应以保护针阔混交林、天然湿地和珍稀濒危野生动植物为主。

2.5.1.6　辽东半岛暖温带湿润半湿润地带

该地带包括龙岗山针阔混交林区和辽东半岛落叶阔叶林与湿地区。地带内森林、灌木和湿地等自然植被占其国土面积的 60% 以上，其中森林面积占其国土面积 50% 左右，以落叶阔叶林为主。国家级自然保护区的建设应以保护山地森林植被、沿海湿地和珍稀野生动植物为主。

2.5.2　华北暖温带区域

本区域是我国文明的发源地、开发最早的地区之一，原生植被受到大面积破坏，平原和低山丘陵形成大范围集中连片的栽培植被，天然林等植被很少，集中于深山区；环渤海等沿海湿地和内陆湿地是全球迁徙鸟类的重要停歇地。本区生物多样性保护优先区域包括太行山区、秦岭区北部和六盘山–子午岭区。推荐晋级国家级的自然保护区分布情况见图 2-17。晋级后，国家级自然保护区占各个自然保护地理单元陆域国土面积比例见附录 C。本区域建议优化布局晋级国家级的自然保护区 41 处，并在 6 个自然保护地理小区新建或晋级省级自然保护区。

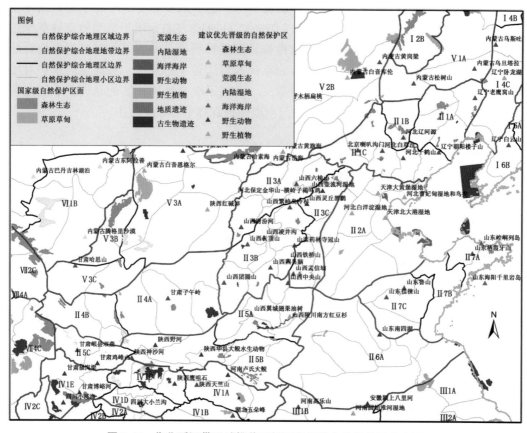

图 2-17　华北暖温带区域推荐晋级国家级的自然保护区分布图

Fig. 2-17　The distribution of nature reserves recommended to national level in north China region

2.5.2.1　燕山暖温带半湿润地带

该地带包括辽西冀北山地落叶阔叶林区、七老图山落叶阔叶林与草原区和燕山落叶阔叶林区，其西南部的雾灵山和海坨山等处于我国生物多样性保护优先区域。地带内无集中连片的大面积森林和湿地，森林、灌木和草原草甸等自然植被占其国土面积的 50% 左右，其中灌木面积最高占其国土面积四分之一左右。国家级自然保护区的建设应以保护山地森林植被为主。

2.5.2.2　海河平原暖温带半湿润地带

该地带仅有海河平原栽培植被与湿地区 1 个区，属于我国传统农耕地区，开发时间长、人口密度大。地带内自然植被开发殆尽，人为干扰严重，仅残留少量内陆湿地和沿海湿地，栽培植被和居住用地占其国土面积的 90% 以上。国家级自然保护区的建设应以保护残存湿地生态系统以及其内生存的迁徙鸟类为主。

2.5.2.3　山西高原暖温带半湿润地带

该地带包括晋北中山落叶阔叶林与草原区、晋中山地落叶阔叶林区和太行山东麓栽培植被与落叶阔叶林区，接近三分之一属于我国生物多样性保护优先区域——太行山地区。地带内人类活动较多，多为次生植被，森林植被多残存于山地，森林仅占其国土面积比例的12%左右，栽培植被和居住用地占其国土面积的55%以上。国家级自然保护区的建设应以保护残存的天然次生森林和湿地生态系统，以及珍稀野生动植物为主。

2.5.2.4　陕北和陇中高原暖温带半干旱地带

该地带包括陕北高原切割塬落叶阔叶林与草原区和陇中高原南部落叶阔叶林与草原区，近30%的范围属于我国生物多样性保护优先区域——六盘山-子午岭地区。地带内属于典型黄土地貌，是我国人类文明的起源地之一，人类活动较多，栽培植被和居住用地占其国土面积的65%左右；高原北部多草原草甸，森林植被多残存于东南山地，森林仅占其国土面积比例的11%左右。国家级自然保护区的建设应以保护残存的天然次生森林和湿地生态系统，以及珍稀野生动植物为主。

2.5.2.5　太行山南段和秦岭北坡暖温带半湿润地带

该地带包括太行山南段山地落叶阔叶林与湿地区、陕南豫西栽培植被与山地落叶阔叶林区和陇南山地落叶阔叶林与草甸区，其南部山地属于我国生物多样性保护优先区域——秦岭区。地带内人口密度较大，栽培植被和居住用地占其国土面积的65%左右，自然植被以森林和湿地为主。国家级自然保护区的建设应以保护山地森林和湿地生态系统，以及珍稀野生动植物为主。

2.5.2.6　黄淮平原暖温带半湿润地带

该地带仅有黄淮平原栽培植被与湿地区1个区，属于我国传统农耕地区，地势平坦，人口密度高，人为干扰严重。地带内栽培植被广布，自然植被开发殆尽，仅残留少量内陆湿地和沿海湿地，栽培植被和居住用地占其国土面积的95%左右。国家级自然保护区的建设应以保护湿地生态系统以及其内栖息的迁徙鸟类为主。

2.5.2.7　山东半岛暖温带半湿润地带

该地带包括胶东半岛落叶阔叶林区、胶莱平原栽培植被与落叶阔叶林区和鲁中南山地落叶阔叶林区。地带内人口密度较高，栽培植被和居住用地占其国土面积近75%左右，自然植被缺乏，海岸线长。国家级自然保护区的建设应以保护山地森林、沿海湿地和岛屿生态系统为主。

2.5.3　华东、华南热带亚热带区域

本区域是亚洲东部亚热带植物区系的中心，生存有大量的孑遗和特有植物，也是全球亚热带常绿阔叶林分布最集中的地区。区域内分布有大面积的亚热带常绿阔叶林和位于热带北部边缘的热带雨林和季雨林，但很多地区由于人口密度较高，低海拔植被受到大面积破坏，特别是在平原盆地普遍为栽培植被。长江中下游湿地和沿海湿地是全球迁徙鸟类的重要越冬地和停歇地，但由于生存条件加好，利于开发，许多天然湿地受人口压力和人类活动较大。本区生物多样性保护优先区域包括大别山区、黄山-怀玉山区、鄱阳湖区、洞庭湖区、武夷山区、南岭区、桂西南山地区和海南岛中南部

区。推荐晋级国家级的自然保护区分布情况见图 2-18。晋级后，国家级自然保护区占各个自然保护地理单元陆域国土面积比例见附录 C。本区域建议优化布局晋级国家级的自然保护区 69 处，并在 19 个自然保护地理小区新建或晋级省级自然保护区。

图 2-18　华东、华南热带亚热带区域推荐晋级国家级的自然保护区分布图

Fig. 2-18　The distribution of nature reserves recommended to national level in east China and south China region

2.5.3.1 长江中下游北亚热带湿润地带

该地带包括江淮平原栽培植被与湿地区和大别山及周边栽培植被与常绿阔叶林区，我国生物多样性保护优先区域——大别山区位于其中。地带内人口密度较高，平原地区多农田耕地，西部大别山仍保留有大面积森林植被，但基带植被多已受破坏；目前栽培植被占其国土面积的近 80%，森林只占其国土面积的 15% 左右。国家级自然保护区的建设应以保护山地森林、内陆和沿海湿地等为主。

2.5.3.2 长江中下游中亚热带湿润地带

该地带包括浙皖山地常绿阔叶林与湿地区、鄱阳湖平原栽培植被与湿地区、罗霄山脉北段山地常绿阔叶林区、湘中平原丘陵栽培植被与常绿阔叶林区、浙闽山地常绿阔叶林与湿地区、赣南山地常绿阔叶林区和雪峰山常绿阔叶林区，涉及我国生物多样性保护优先区域——黄山-怀玉山区、武夷山区、鄱阳湖区、洞庭湖区和南岭地区。地带内人口密度较高，平原多被开发为农田耕地，常绿阔叶林为地带性植被。栽培植被占其国土面积的 30% 以上，森林多为次生林和人工林，湖泊湿地面积较大，是候鸟重要的越冬地。国家级自然保护区的建设应以保护典型地带性森林、内陆湖泊湿地和沿海湿地，以及其珍稀濒危野生动植物为主。

2.5.3.3 东南南亚热带湿润地带

该地带包括戴云山及周边山地常绿阔叶林区、南岭东段-杉岭山地常绿阔叶林区、南岭西段山地常绿阔叶林区、黔桂石灰岩丘陵山地常绿阔叶林区、粤桂丘陵山地常绿阔叶林与湿地区和闽粤沿海山地常绿阔叶林与湿地区，涉及我国生物多样性保护优先区域——南岭区、武夷山区和桂西南山地区。海岸线较长，沿海湿地众多，陆域原生植被为常绿阔叶林和雨林季雨林，北部山地森林较多、南部沿海人为干扰较大，栽植植被比重较大。地带内栽培植被占其国土面积的四分之一左右，森林占其国土面积的 50% 左右。国家级自然保护区的建设应以保护山地森林和沿海湿地生态系统，及珍稀濒危野生动植物为主。

2.5.3.4 华南热带湿润地带

该地带包括雷州半岛台地栽培植被与湿地区和十万大山热带雨林季雨林与湿地区，涉及我国生物多样性保护优先区域——桂西南山地区。位于热带北缘，由于长期开发沿海平原多为栽培植被，占其国土面积的 50% 以上，原生植被残存于西南部山地，而海岸线较长，沿海仍保留一定数量的红树林。国家级自然保护区的建设应以保护典型热带雨林季雨林生态系统、沿海红树林，及其珍稀濒危野生动植物为主。

2.5.3.5 海南岛热带湿润地带

该地带包括海南岛北部平原栽培植被与湿地区和海南岛南部山地热带雨林季雨林与湿地区，涉及我国生物多样性保护优先区域——海南岛中南部区。属于热带岛屿，其生态系统类型及其野生动植物组成与内陆有较大的差异，具有大量的珍稀濒危特有动植物，但北部平原多被开发为栽培植被，占其国土面积的 47% 左右，南部山地仍保留有大量原始森林及珍稀特有动植物，沿海多分布有红树林和珊瑚。国家级自然保护区的建设应以保护典型热带雨林季雨林生态系统、沿海红树林，及其珍稀濒危特有野生动植物为主。

2.5.4　华中、西南热带亚热带区域

本区域高原和山地集中，地形地貌错综复杂，向南一直延伸到热带北部边缘，植被类型多样；是全球野生动植物多样性最丰富的区域之一，受地形影响，曾是冰川期许多野生动植物的避难所，孑遗植物众多，物种区系垂直变化明显，形成了多样的自然生态系统，以森林为主。平原已经被大面积开垦农田，但是受开发条件限制，目前许多山地仍保留有大面积天然林或天然次生林，以及天然湿地。本区域生物多样性保护优先区域包括秦岭区南部、大巴山区、武陵山区、桂西黔南石灰岩区、桂西南山地区、西双版纳区、岷山-横断山北段区、横断山南段区和喜马拉雅山东南区。推荐晋级国家级的自然保护区分布情况见图 2-19。晋级后，国家级自然保护区占各个自然保护地理单元陆域国土面积比例见附录 C。本区域建议优化布局晋级国家级的自然保护区 55 处，并在 19 个自然保护地理小区新建或晋级省级自然保护区。

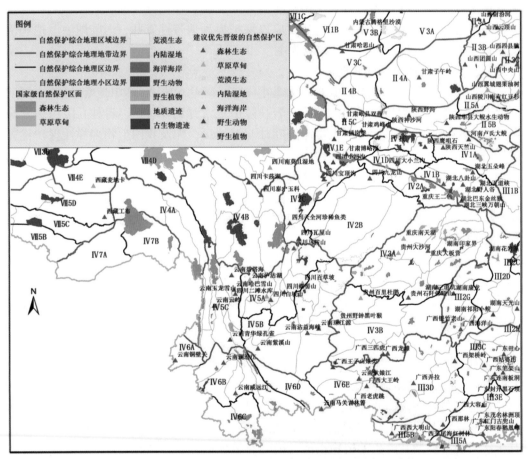

图 2-19　华中、西南热带亚热带区域推荐晋级国家级的省级自然保护区分布图
**Fig. 2-19　The distribution of nature reserves recommended to national level
in central China and southwest China region**

2.5.4.1　秦巴山地北亚热带湿润地带

该地带包括秦岭东部栽培植被与常绿阔叶林区、大巴山北部常绿阔叶林区、秦岭

中段南坡常绿阔叶林区、米仓山北部常绿阔叶林区和岷山-西秦岭常绿阔叶林区，涉及我国生物多样性保护优先区域——秦岭区、大巴山区和岷山-横断山北段区。该地带位于我国地理中心区域，也是温带和亚热带过渡区域，山地森林生态系统为其主要原生植被，垂直带谱明显。森林占其国土面积的 43% 左右，但平原和低山丘陵受人为干扰较大，农田耕地普遍，栽培植被占其国土面积的 30% 左右。国家级自然保护区的建设应以保护典型山地森林生态系统、地带性植被，以及大熊猫、金丝猴和朱鹮等珍稀濒危特有野生动植物为主。

2.5.4.2　四川盆地及边缘山地亚热带湿润地带

该地带包括大巴山脉南部常绿阔叶林与湿地区、四川盆地栽培植被与湿地区和川西山地常绿阔叶林与高山草甸区，涉及我国生物多样性保护优先区域——岷山-横断山北段区。由盆地平原和西北部山地组成，平原地区人口密度高，栽培植被密布，西部山区高差大，植被类型多样，以山地森林为主。森林仅占其国土面积的 27% 左右，而栽培植被占其国土面积的近一半。国家级自然保护区的建设应以保护其西部典型山地森林生态系统，以及珍稀濒危特有野生动物为主。

2.5.4.3　贵州高原及边缘山地亚热带湿润地带

该地带包括武陵山常绿阔叶林与湿地区和贵州高原常绿阔叶林与石灰岩溶洞区，涉及我国生物多样性保护优先区域——武陵山区和桂西黔南石灰岩地区。地带性植被以亚热带常绿阔叶林为主，但受高原和山地地形影响，植被和物种组成与东南区域有一定差别，以森林植被为主。森林占其国土面积的 50% 左右，但低山丘陵受人为干扰较大，农田耕地较多，栽培植被占其国土面积的 30% 左右。国家级自然保护区的建设应以保护典型亚热带森林生态系统，以及银杉、水杉、黔金丝猴和黑叶猴等珍稀濒危特有野生动植物为主。

2.5.4.4　横断山脉北部亚热带湿润半湿润地带

该地带包括怒江澜沧江切割山地常绿阔叶林与高山植被区和金沙江切割山地常绿阔叶林与高山植被区，涉及我国生物多样性保护优先区域——横断山南段区和喜马拉雅山东南区。位于青藏高原边缘地带，但海拔较高，逐渐向低海拔过渡，各类植被交错分布，高山灌丛和草甸所占比例较高，栽培植被较少。森林占其国土面积的 30% 左右，而灌丛占其国土面积的近 40%，草甸占其国土面积的 15% 左右，栽培植被不到其国土面积的 1%。国家级自然保护区的建设应以保护典型高原草甸和峡谷森林生态系统，及其珍稀濒危特有野生动植物为主。

2.5.4.5　横断山脉南部中亚热带湿润地带

该地带包括川南山地常绿阔叶林区、云南高原栽培植被与常绿阔叶林区和怒江澜沧江平行峡谷常绿阔叶林区，涉及我国生物多样性保护优先区域——横断山南段区。地带内山脉多呈南北平行走向，沟谷纵横、山高谷深，植被分布垂直变化明显，类型多样，其中以山地森林和灌丛为主，但云南高原栽培植被较多。森林占其国土面积的 35% 左右，灌丛占其国土面积的 18% 左右，而栽培植被占其国土面积的 23% 左右。国家级自然保护区的建设应以保护山地森林生态系统及其珍稀濒危野生动植物为主。

2.5.4.6　西南热带亚热带湿润地带

该地带包括滇西山原常绿阔叶林区、滇中南亚高山常绿阔叶林区、滇南宽谷热带雨林季雨林区、滇东南常绿阔叶林与山地季雨林区和桂西南岩溶山原常绿阔叶林与山地季雨林区，涉及我国生物多样性保护优先区域——西双版纳区、桂西黔南石灰岩区和桂西南山地区。位于热带我国西南热带北部边缘，一直延伸到南亚热带，气候适宜，以常绿阔叶林和雨林季雨林为主，生存有大量珍稀濒危野生动植物，是我国生物多样性最丰富的地区，我国大量的动植物仅在这一地带分布。灌丛和草丛次生植被面积较大，占其国土面积的43%左右，而森林占其国土面积的31%左右，栽培植被占其国土面积的五分之一左右。国家级自然保护区的建设应以保护典型热带雨林季雨林、山地森林生态系统，以及其珍稀濒危野生动植物为主。

2.5.5 内蒙古温带区域

本区域位于亚洲东部典型草原分布区，历史上曾有面积广阔的天然草原草甸分布，并形成了亚洲独特的草原生态系统，北部与蒙古国相连，自然生态系统比较脆弱。但是由于历史开发、放牧和耕种等人为干扰，许多地区的草原已经出现退化，甚至出现局部沙化，出现大面积沙地。局部仍保留有一定面积天然草原草甸和湖泊湿地，这些湿地是全球迁徙鸟类的停歇地和繁殖地，东南侧山地零星分布有森林植被。本区生物多样性保护优先区域包括呼伦贝尔区、锡林郭勒草原区和西鄂尔多斯-贺兰山-阴山区东部。推荐晋级国家级的自然保护区分布情况见图2-20。晋级后，国家级自然保护区占各个自然保护地理单元陆域国土面积比例见附录C。本区域建议优化布局晋级国家级的自然保护区11处，并在19个自然保护地理小区新建或晋级省级自然保护区。

2.5.5.1 西辽河温带半干旱地带

该地带仅有西辽河平原草原与针阔混交林区1个区，属于我国农牧交错带，地势平坦，原多为草原草甸植被，但人类活动严重。现地带内栽培植被广布，栽培植被和居住用地占其国土面积近40%左右，草原草甸占其国土面积不足一半，应加强对百里香丛生禾草草原、针茅草原和苔草杂类草草甸等自然植被的保护。国家级自然保护区的建设应以保护森林、灌丛、草原草甸和湿地等复合生态系统为主。

2.5.5.2 内蒙古东部温带半干旱地带

该地带包括呼伦贝尔高原草原与湿地区和内蒙古高原东部草原区，其中许多地区属于我国生物多样性保护优先区域——呼伦贝尔区、锡林郭勒草原区和西鄂尔多斯-贺兰山-阴山区。属典型高原地貌，地势平坦，草原草甸为其典型地带性植被，局部山地出现森林生态系统，但近代以来人为干扰大，放牧仍是区域生态安全最大威胁因素。现地带内除草原草甸外，出现了较多的栽培植被，栽培植被和居住用地占其国土面积近14%左右。国家级自然保护区的建设应以保护典型草原草甸、湿地生态系统，以及代表性草原野生动物为主。

2.5.5.3 鄂尔多斯高原及周边山地温带半干旱地带

该地带包括鄂尔多斯高原荒漠草原区、贺兰山及周边草原与山地落叶阔叶林区和陇中高原北部草原与落叶阔叶林区，其中西北部多属于我国生物多样性保护优先区域——西鄂尔多斯-贺兰山-阴山区。属典型高原地貌，地势平坦，灌丛、草原草甸为其典型地带性植被，西北部山地有森林植被分布，但近代以来人为干扰大，放牧仍是区域生态安全最大威胁因素。地带内栽培植被和居住用地占其国土面积20%以上，草

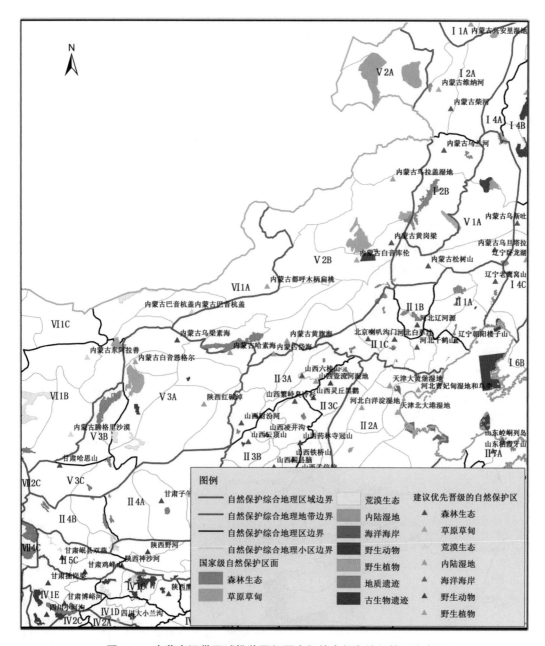

图 2-20　内蒙古温带区域推荐晋级国家级的省级自然保护区分布图

Fig. 2-20　The distribution of nature reserves recommended to national level in Inner Mongolia region

原草甸超过其国土面积的 50%。国家级自然保护区的建设应以保护典型草原草甸、湿地生态系统，以及珍稀濒危野生动物为主。

2.5.6　西北温带暖温带区域

本区域是深入亚洲内陆，降水量少，形成了我国面积最大的荒漠生态系统，但在阿尔泰山、天山等山区形成了以温带高山针叶林为主的森林生态系统和山地草原草甸。

特有的生存环境造就了该区域特殊的野生动植物，由于放牧等人为干扰，其生境适宜性不断下降。该区域是我国西部大开发和陆地丝绸之路的核心地区，但由于水资源条件有限，人口增加，工农业需水量增加，许多天然湿地受人为干扰严重。本区生物多样性保护优先区域包括阿尔泰山区、天山-准噶尔盆地西南缘区、塔里木河流域区、库姆塔格区和西鄂尔多斯-贺兰山-阴山区西部。推荐晋级国家级的自然保护区分布情况见图2-21。晋级后，国家级自然保护区占各个自然保护地理单元陆域国土面积比例见附录C。本区域建议优化布局晋级国家级的自然保护区17处，并在37个自然保护地理小区新建或晋级省级自然保护区。

2.5.6.1 内蒙古西部温带干旱地带

该地带包括乌兰察布高原草原与荒漠草原区、阿拉善高原东部低地草原化荒漠与灌木化荒漠区、阿拉善高原及河西走廊荒漠区和北山及周边荒漠戈壁与荒漠草原区，其中东南边缘属我国生物多样性保护优先区域——西鄂尔多斯-贺兰山-阴山区。属典型荒漠生态系统，东部草原成分多，局部有绿洲出现。地带内荒漠植被占其国土面积的80%以上，栽培植被所占比例很小。国家级自然保护区的建设应以保护典型荒漠生态系统、重要水源地，以及珍稀濒危野生动物为主。

2.5.6.2 北疆温带干旱半干旱地带

该地带包括阿尔泰山山地草原与针叶林区、准噶尔盆地西部荒漠山地草原与针叶林区、准噶尔盆地中部低地荒漠区、准噶尔盆地东部荒漠与荒漠戈壁区、天山东段灌木半灌木荒漠区和天山西段北麓荒漠草原与针叶林区。其北部有我国生物多样性保护优先区域——阿尔泰山区，西南部有我国生物多样性保护优先区域——天山-准噶尔盆

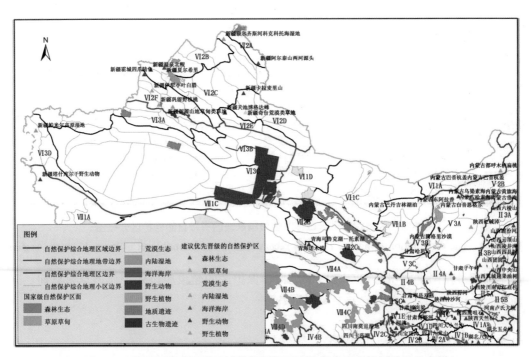

图2-21 西北温带暖温带区域推荐晋级国家级的省级自然保护区分布图

Fig. 2-21 The distribution of nature reserves recommended to national level in northwest China region

地西南缘区。以准噶尔盆地为中心，四面环山，西、北、南山地均有森林植被分布，基部多山地草原草甸，盆地中央多荒漠，荒漠占其国土面积的 50% 以上，栽培植被其国土面积的 5% 左右。国家级自然保护区的建设应以保护山地森林和草原草甸、湿地和荒漠生态系统，以及珍稀濒危野生动物为主。

2.5.6.3　南疆温带暖温带干旱地带

该地带包括天山西段南麓山地草原与针叶林区、吐鲁番-哈密盆地及周边荒漠与盆地绿洲区、塔里木盆地低地荒漠区和西昆仑山地低地荒漠与高山植被区，涉及我国生物多样性保护优先区域——天山-准噶尔盆地西南缘区、塔里木河流域区和库姆塔格区。南北两侧山地高耸，多高山植被、森林和草原草甸等，接近山体基部开始出现荒漠植被，盆地内是我国最大的沙漠塔克拉玛干沙漠，内部有少量绿洲。地带内以荒漠为主，占其国土面积的近 80%，人口密度低，栽培植被和居住用地较少，仅占其国土面积的 3% 左右。国家级自然保护区的建设应以保护典型山地森林草甸生态系统、荒漠生态系统，以及珍稀濒危野生动植物为主。

2.5.7　青藏高原高寒区域

在高原面上发育有典型的高原湖泊、沼泽湿地、草甸、荒漠和冻原等，并形成了广阔的雪山和冰川，是我国以及南亚和东南亚主要河流的分水岭和发源地，也是这些区域重要的淡水来源。该区域高原景观完整，但由于海拔较高，常年严寒，环境恶劣，人口密度极低，拥有我国最大的无人区，是我国自然生态系统保存最完好的区域。区内生存有大量的高原特有野生动植物；也是为数不多全球能够见到大型哺乳动物野外大规模迁徙的区域之一。本区生物多样性保护优先区域包括祁连山区、三江源-羌塘区和喜马拉雅东南区。推荐晋级国家级的自然保护区分布情况见图 2-22。晋级后，国家级自然保护区占各个自然保护地理单元陆域国土面积比例见附录 B。本区域建议优化布局晋级国家级的自然保护区 9 处，并在 9 个自然保护地理小区新建或晋级省级自然保护区。

2.5.7.1　昆仑山高寒干旱地带

该地带包括昆仑山西段高山高寒荒漠区、昆仑山中东段高山高寒荒漠区和阿尔金山高寒植被与荒漠植被区。东西走向，多高山和极高山，形成永久性冰川和积雪，植被以高山垫状植被、草原草甸和高山荒漠等为主，接近山体基部多荒漠植被。高山植被占其国土面积的近四分之一，草原草甸占其国土面积的 40% 左右，而几乎没有栽培植被分布。国家级自然保护区的建设应以保护典型山地高寒草原草甸生态系统以及珍稀濒危野生动物为主。

2.5.7.2　柴达木、祁连山高寒干旱半干旱地带

该地带包括柴达木盆地荒漠区、祁连山西段高山盆地草原与针叶林区和祁连山东段高山草原湿地与针叶林区，涉及我国生物多样性保护优先区域——祁连山区。盆地和高山差异明显，地形地貌差异形成了迥异的植被类型，山地以森林、草原草甸为主，盆地平原以荒漠和无植被区为主。森林和栽培植被面积较小，均占其国土面积的 1.3% 左右，而草原草甸和高山植被占其国土面积近一半，荒漠和无植被区占其国土面积的 37.1% 左右。国家级自然保护区的建设应以保护典型山地森林草甸生态系统、荒漠生态系统，以及珍稀濒危野生动植物为主。

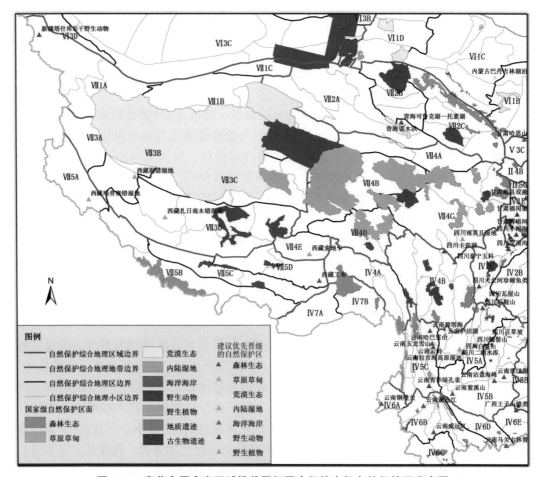

图 2-22　青藏高原高寒区域推荐晋级国家级的省级自然保护区分布图
Fig. 2-22　The distribution of nature reserves recommended to national level in Qinghai-Tibet Plateau region

2.5.7.3　羌塘高原高寒干旱地带

该地带包括中阿里地区高寒荒漠与荒漠草原区、羌塘高原北部高寒草原区、羌塘高原中部高寒草原区和羌塘高原南部高寒草原与高寒湿地区，涉及我国生物多样性保护优先区域——羌塘、三江源区。处于青藏高原核心地带，高寒缺氧，珍稀特有野生动物数量众多，种群规模大，植被类型较为单一。草原草甸就占其国土面积的 80% 以上，栽培植被极少占其国土面积的 0.05% 左右。国家级自然保护区的建设应以保护典型高寒草原草甸生态系统，以及其珍稀濒危野生动物为主。建议将该地带作为自然保护区域进行规划建设。

2.5.7.4　藏东、青南高寒半湿润半干旱地带

该地带包括江河源高寒草原区、青南高原宽谷高寒草原草甸区、川西藏东高寒灌丛与草甸区、澜沧江金沙江上游切割山地高寒草原区和念青唐古拉山中段北麓灌丛草原与高山植被区，涉及我国生物多样性保护优先区域——羌塘、三江源区。处于青藏高原边缘，海拔落差大，植被类型多样，主要为草原草甸生态系统，东部逐渐出现森

林。其中草原草甸占其国土面积的 70% 左右，森林占其国土面积的 7.5% 左右，而栽培植被极少，仅占其国土面积的 0.6% 左右。国家级自然保护区的建设应以保护典型森林、湿地和草原草甸生态系统，以及珍稀濒危野生动植物为主。该地带涉及多个国家级自然保护区，且自然保护区片区较多，建议规划建设自然保护区群。

2.5.7.5　藏南高寒半湿润半干旱地带

该地带包括西南阿里山地高寒荒漠与荒漠草原区、喜马拉雅山脉中部山地森林与高山植被区、雅鲁藏布江谷地灌丛与草原区和念青唐古拉山南麓草原草甸与高山植被区，涉及我国生物多样性保护优先区域——喜马拉雅东南。处于青藏高原南缘，山地沟谷交错，植被类型较多，南缘低地多天然森林植被。其中草原草甸和高山植被占其国土面积的四分之三左右，森林占其国土面积的 7% 左右，而栽培植被较少，仅占其国土面积的 1% 左右。国家级自然保护区的建设应以保护典型森林、湿地和草原草甸生态系统，以及珍稀濒危野生动植物为主。

2.5.8　总体布局

综上所述，以我国的自然保护综合地理区划、保护空缺分析结果、自然保护区建设关键区域等为依据，根据国家级自然保护区的优化布局原则，对我国各个自然保护综合地理区域存在保护空缺和保护有效性较低的自然保护地理小区进行了国家级自然保护区优化布局（图 2-23）。

其中，国家级自然保护区的优化布局将填补 83 个自然保护地理小区的保护空白，这些地理小区占我国陆域国土面积的 15% 左右，包括晋级 91 处省级自然保护区为国家级。并在 69 个保护比例较低（低于 2%）的自然保护区地理小区，建议新晋级国家级自然保护区 78 处，提高其保护有效性。建议晋级国家级的自然保护区包括位于 202 个自然保护地理小区的 232 处省级自然保护区，如附录 C。这些自然保护区主要为森林生态类型和野生动物类型自然保护区，其分别占总数的 57% 和 18% 左右，具体见表 2-9。而这些自然保护区分布在不同省区，其中内蒙古、广东、黑龙江和云南等地较多，我国大陆各省区建议晋级国家级的自然保护区数量如图 2-24。并建议在 62 个存在保护空缺的自然保护地理小区，以及 40 个保护比例较低、有效性较差的自然保护地理小区新建或晋级省级自然保护区，这些自然保护地理小区主要位于我国的西北温带暖温带区域。

对我国国家级自然保护区体系进行优化布局调整后，国家级自然保护区的数量将由原来的 428 处升至 660 处。陆域国家级自然保护区（除自然遗迹类外）面积由原来的约 96 万 km² 增长到约 111.5 万 km²，各区域国家级自然保护区保护比例的变化见图 2-25。其中东北温带区域和西北温带暖温带区域的保护比例增加最为明显。

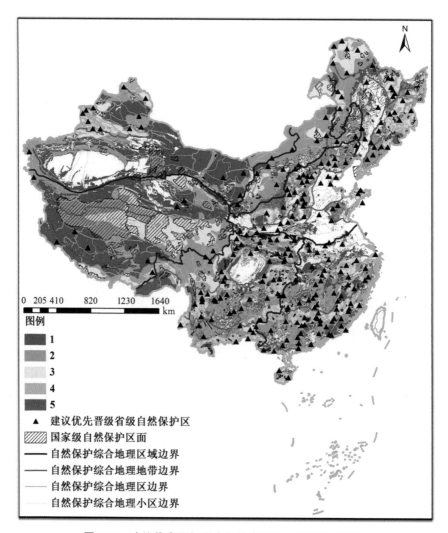

图 2-23 建议优先晋级国家级的省级自然保护区分布图

Fig. 2-23 The distribution of nature reserves recommended to national level in China

表 2-9 推荐晋级国家级的自然保护区类型组成

Tab. 2-9 The composition of types of nature reserves recommended to national level in China

自然保护区类型	数量	数量比例（%）
森林生态	132	56.90
草原草甸	4	1.72
荒漠生态	6	2.59
内陆湿地	34	14.66
海洋海岸	5	2.16
野生植物	10	4.31
野生动物	41	17.67

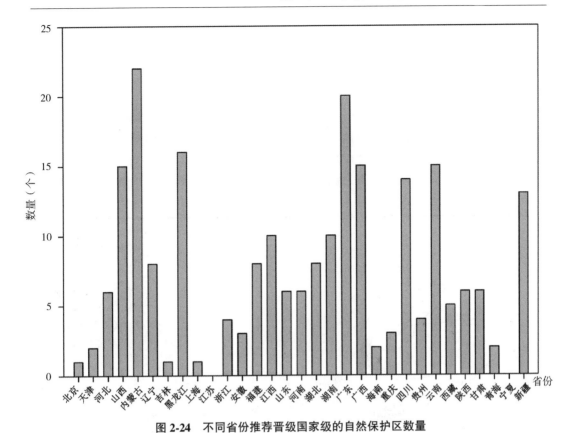

图 2-24　不同省份推荐晋级国家级的自然保护区数量

Fig. 2-24　Number of nature reserves recommended to national level in different provinces

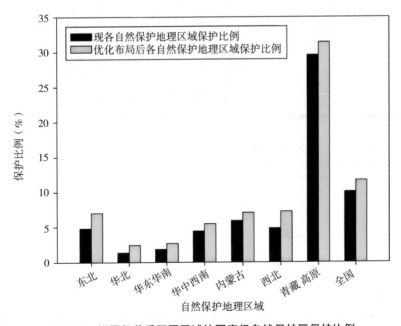

图 2-25　拟晋级前后不同区域的国家级自然保护区保护比例

Fig. 2-25　Protected ratio of NNRs in different regions before and after nature reserves recommended to national level

2.6　自然保护区域和自然保护区群布局建议

2.6.1　自然保护区域建设

　　自然保护区域指人口密度较低、具有相同或相似生态系统类型和保护对象的相邻自然保护区、森林公园和公益性林场等及其周边地域。通过对我国国家级自然保护区进行优化布局后，建议规划建设 6 处自然保护区域（图 2-26）。其中大兴安岭北端等地具有大面积的原始天然林，应作为优先建设区域。其覆盖面积占我国陆域国土面积的 2.45% 左右，具体如下：

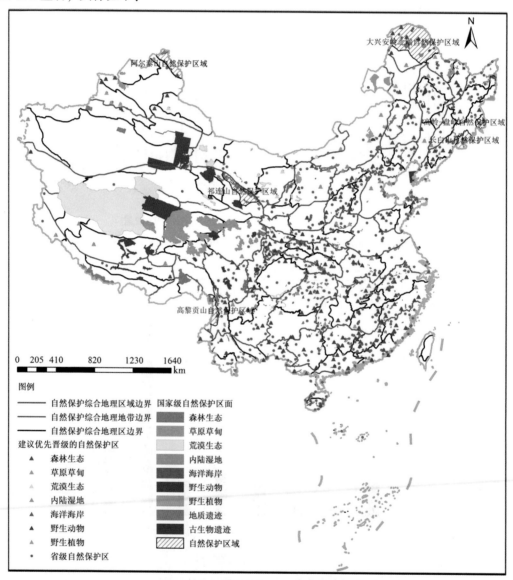

图 2-26　推荐规划建设的自然保护区域

Fig. 2-26　Nature conservation regions recommended to planning and construction

（1）大兴安岭北端自然保护区域，以寒温带针叶林生态系统，以及原麝、貂熊、驯鹿、美洲驼鹿、东北马鹿和黑嘴松鸡等为主要保护目标。涉及黑龙江呼中、黑龙江南瓮河、内蒙古额尔古纳和内蒙古汗马等国家级自然保护区 8 处，黑龙江北极村、黑龙江峰岭和内蒙古乌玛等省级自然保护区 9 处。

（2）高岭–盘岭自然保护区域，以温带针阔混交林，及东北虎和远东豹等为主要保护目标。涉及黑龙江老爷岭东北虎、吉林珲春东北虎和吉林汪清等国家级自然保护区 3 处，无省级自然保护区。

（3）长白山自然保护区域，以温带针阔混交林，以及东北虎、远东豹、黑熊和中华秋沙鸭等为主要保护目标。涉及吉林长白山、吉林松花江三湖和吉林鸭绿江上游等国家级自然保护区 3 处，吉林抚松野山参和吉林圆池湿地等省级自然保护区 3 处。

（4）高黎贡山自然保护区域，以西南典型山地森林生态系统，以及长臂猿、熊猴、懒猴、羚牛、黑麝、云豹和白尾梢虹雉等珍稀濒危物种为主要保护目标。涉及云南高黎贡山、云南云龙天池和云南白马雪山等国家级自然保护区 3 处，云南云岭省级自然保护区 1 处。

（5）阿尔泰山自然保护区域，以阿尔泰山独特的森林、草原和湿地生态系统，以及雪豹、盘羊、黑熊和黑琴鸡等珍稀濒危物种为主要保护目标。涉及新疆喀纳斯国家级自然保护区 1 处，新疆阿尔泰山两河源等省级自然保护区 2 处。

（6）祁连山自然保护区域，以典型山地森林草原草甸生态系统，以及云豹、普氏原羚、棕熊、雉鹑、黑颈鹤、蓑羽鹤、卷羽鹈鹕、白鹈鹕和灰鹤等珍稀濒危物种为主要保护目标。涉及甘肃祁连山、青海大通北川河源区和青海青海湖等国家级自然保护区 3 处，青海祁连山省级自然保护区 1 处。

2.6.2　自然保护区群建设

自然保护区群是指在一定的地理单元内由保护对象相同的多个自然保护区组成的集群，一般由自然保护区和生境廊道构成。通过对我国国家级自然保护区进行优化布局后，建议规划建设 14 处自然保护区群（图 2-27）。其中太行山北段作为环北京重要生态功能区，以及华北温带暖温带区域最关键的保护地段，应作为优先建设区域。其覆盖面积占我国陆域国土面积的 4.96% 左右，具体如下：

（1）小兴安岭中南段自然保护区群，以东北马鹿、驼鹿、紫貂、原麝和棕熊等为主要保护目标。涉及黑龙江大沾河、黑龙江红星湿地、黑龙江友好等国家级自然保护区 6 处，黑龙江都尔滨河、黑龙江库尔宾河和黑龙江翠北湿地等省级自然保护区 11 处。

（2）张广才岭南段–长白山自然保护区群，以中华秋沙鸭、东北虎、远东豹、紫貂、原麝、东北梅花鹿和黑熊等为主要保护目标。涉及黑龙江大峡谷、黑龙江小北湖和吉林黄泥河等国家级自然保护区 7 处，黑龙江鹰嘴峰、黑龙江镜泊湖、吉林威虎岭等省级自然保护区 6 处。

（3）太行山北段自然保护区群，以暖温带常绿阔叶林，及黑鹳、大鸨、褐马鸡、华北豹、原麝和狼等珍稀濒危物种为主要保护目标。涉及河北小五台山、北京百花山和河北驼梁等国家级自然保护区 3 处，北京蒲洼、河北保定金华山–横岭和河北摩天岭等省级自然保护区 8 处。

（4）武夷山北段自然保护区群，以中亚热带常绿阔叶林生态系统，以及珍稀濒危物种为主要保护目标。涉及江西马头山、江西武夷山和江西阳际峰等国家级自然保护区11处，江西上饶五府山、福建泰宁峨嵋峰和福建白马山等省级自然保护区10处。

（5）雪峰山南部自然保护群，以热带常绿阔叶林生态系统，以及珍稀濒危物种为主要保护目标。涉及湖南黄桑、湖南金童山和湖南新宁舜皇山等国家级自然保护区5处，湖南武冈云山、广西银竹老山和广西海洋山等省级自然保护区7处。

（6）南岭中部自然保护区群，以南亚热带常绿阔叶林生态系统及鳄蜥、云豹等珍稀濒危物种为主要保护目标。涉及广东南岭、广东英德石门台和湖南莽山等国家级自

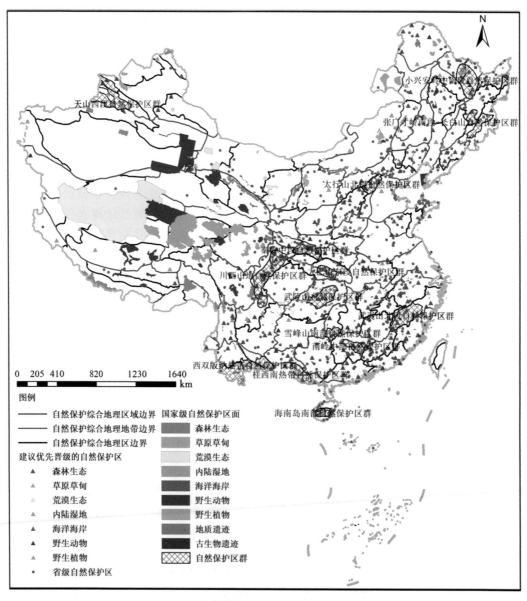

图 2-27　推荐规划建设的自然保护区群

Fig. 2-27　Nature reserve networks recommended to planning and construction

然保护区 5 处，广东龙牙峡、广东青溪洞和广东乳源大峡谷等省级自然保护区 5 处。

（7）桂西南热带自然保护区群，以热带雨林季雨林生态系统及缅甸陆龟、百色闭壳龟、蜂猴、白头叶猴和东黑冠长臂猿等珍稀濒危物种为主要保护目标。涉及广西邦亮长臂猿、广西崇左白头叶猴和广西恩城等国家级自然保护区 6 处，广西大王岭、广西黄连山-兴旺、广西靖西底定和广西下雷等省级自然保护区 7 处。

（8）海南岛南部自然保护区群，以热带雨林季雨林生态系统及海南长臂猿、海南睑虎、霸王岭睑虎和海南山鹧鸪等珍稀濒危物种为主要保护目标。涉及海南霸王岭、海南尖峰岭和和海南五指山等国家级自然保护区 6 处，海南保梅岭、海南佳西和海南黎母山等省级自然保护区 6 处。

（9）秦岭中段自然保护区群，以大熊猫、川金丝猴、林麝、朱鹮等珍稀濒危物种为主要保护目标。涉及陕西佛坪、陕西观音山、陕西黄柏塬和陕西桑园等国家级自然保护区 16 处，陕西皇冠山、陕西周至黑河湿地和陕西黑河珍稀水生生物等省级自然保护区 7 处。

（10）大巴山东段自然保护区群，以北亚热带混交林及珙桐、银杏、豹、川金丝猴、林麝等珍稀濒危物种为主要保护目标。涉及湖北堵河源、湖北神农架和湖北十八里长峡等国家级自然保护区 8 处，湖北大九湖湿地、湖北八卦山和湖北三峡万朝山等省级自然保护区 6 处。

（11）川西山地自然保护区群，以大熊猫、小熊猫、金丝猴、羚牛、林麝、云豹和绿尾虹雉等珍稀濒危物种为主要保护目标。涉及甘肃白水江、四川九寨沟、四川唐家河和四川王朗等国家级自然保护区 17 处，四川白河金丝猴、四川勿角、四川黄龙寺和四川小河沟等省级自然保护区约 28 处。

（12）武陵山自然保护区群，以中亚热带常绿阔叶林生态系统及珙桐、红豆杉、云豹、林麝等珍稀濒危物种为主要保护目标。涉及湖北木林子、湖北七姊妹山、湖北五峰后河和湖南八大公山等国家级自然保护区 10 处，湖南索溪峪、湖南天子山和湖南印家界等省级自然保护区 12 处。

（13）西双版纳热带自然保护区群，以热带雨林季雨林生态系统及亚洲象、菲氏叶猴、白颊长臂猿、西黑冠长臂猿、熊狸和小齿狸等珍稀濒危物种为主要保护目标。涉及云南西双版纳、云南版纳河和云南绿春黄连山等国家级自然保护区 6 处，云南菜阳河、云南糯扎渡和云南竜山自然保护区等省级自然保护区 7 处。

（14）天山西段自然保护区群，以山地草原草甸和森林生态系统及雪豹、北山羊、马鹿、盘羊、四爪陆龟、黑鹳、白肩雕、大天鹅、野核桃和野苹果等珍稀濒危物种为主要保护目标。涉及新疆西天山和新疆巴音布鲁克等国家级自然保护区 2 处，新疆温泉北鲵、新疆霍城四爪陆龟和新疆巩留野核桃等省级自然保护区 5 处。

2.6.3　跨境自然保护区建设

我国边境地区分布有许多关键的生态系统和野生动植物，而且具有较高的生物多样性。而且我国与邻国均在这些地区建立了一些保护区对其进行保护管理。参考目前保护区建设布局情况，建议优先在我国边境的 10 个地区重点规划建设跨境自然保护区或自然保护区网络，其位置见图 2-28。具体情况如下：

（1）大兴安岭北段（中俄边境）（Ⅰ）。该地区保存有我国最原始的寒温带针叶林生态系统，并有原麝、貂熊、驯鹿、东北马鹿和黑嘴松鸡等为主要保护野生动物。我国的黑龙江双河国家级自然保护区，黑龙江北极村、内蒙古乌玛省级自然保护区等与俄罗斯的托尔布津斯基（Tolbuzinskiy）、乌鲁沙山（Urushinskiy）、西蒙诺夫斯基（Simonovskiy）等保护区临近或相接。

（2）三江平原（中俄边境）（Ⅱ）。该地区保存有我国最典型的内陆湿地生态系统，并且是丹顶鹤、白鹤、大天鹅和东方白鹳等珍稀濒危候鸟的繁殖地，大马哈鱼等鱼类资源也特别丰富。我国的黑龙江三江、挠力河、八岔岛、东方红湿地和珍宝岛等国家级自然保护区与俄罗斯的巴尔斯基（Birskiy）、Bolshekhekhtsirsky、Khekhstsirsky、Bobrovy、Churki 等保护区临近或相接。

（3）高岭-盘岭（中俄边境）（Ⅲ）。该地区保存有我国比较典型的针阔混交林生态系统，并且是东北虎和东北豹等珍稀濒危物种的栖息地。我国的吉林珲春东北虎和汪清、黑龙江凤凰山等国家级自然保护区与俄罗斯的波尔塔夫斯基（Poltavskiy）、克德罗瓦亚（Kedrovaya Pad）、Borisovskoe plato、Barsovy 等保护区临近或相接。

（4）高黎贡山（中缅边境）（Ⅳ）。该地区保存有我国典型的西南山地生态系统，是许多物种的分化中心，并且是西黑冠长臂猿、懒猴、菲氏叶猴、云豹、云猫、黑颈

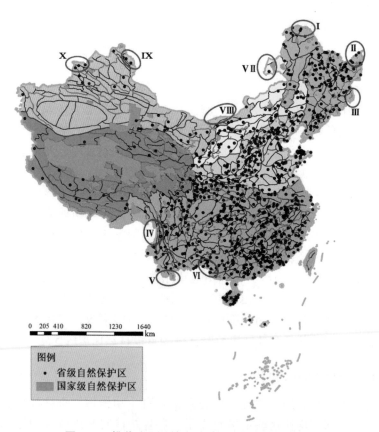

图 2-28　推荐建设跨境自然保护区（网）的位置

Fig. 2-28　Trans-boundary protected areas（networks）recommended to planning and construction

长尾雉和绿孔雀等珍稀濒危物种的栖息地。我国的云南高黎贡山国家级自然保护区与缅甸的卡卡波亚希（Khakaborazi）、彭干亚希（Hponkanrazi）等保护区临近或相接。

（5）云南西双版纳（中老缅越边境）（Ⅴ）。该地区保存有我国典型的热带雨林季雨林生态系统，并且是亚洲象、蜂猴、印度支那虎、熊狸、马来熊和灰孔雀雉等珍稀濒危物种的栖息地。我国的云南西双版纳国家级自然保护区与老挝的南哈河（Nam Ha）、南坎（Nam Khan）、Phou Dene Din，以及越南的蒙他（Muong Nhe）等保护区临近或相接。

（6）桂西南山地（中越边境）（Ⅵ）。该地区处于热带雨林季雨林北缘，保存有我国较典型的热带雨林季雨林生态系统，并且是东黑冠长臂猿、云豹、熊狸、巨蜥和黑颈长尾雉等珍稀濒危物种的栖息地。我国的广西邦亮黑冠长臂猿和弄岗等国家级自然保护区与越南的 Bat Dai Son、Du Gia、Tay Con Linh、Nui Pia Oac 和 Trung Khanh 等保护区临近或相接。

（7）呼伦贝尔高原（中蒙俄边境）（Ⅶ）。该地区保存有我国典型的草原草甸生态系统，并且是大鸨、遗鸥、白尾海雕、黄羊、兔狲和狼等珍稀濒危物种的栖息地。我国的内蒙古达赉湖国家级自然保护区、巴尔虎草原黄羊省级自然保护区与蒙古的达乌尔（Daursky）、亚希湖（Yahil Lake）、那姆鲁格（Numrug）、东蒙古高原草甸（Eastern Mongolia Steppe），以及俄罗斯的达乌尔斯基（Daursky）等保护区临近或相接。

（8）巴彦淖尔和乌兰察布高原（中蒙边境）（Ⅷ）。该地区保存有我国较典型的草原荒漠过渡生态系统，并且是蒙古野驴、大鸨、波斑鸨、戈壁盘羊、漠猫和狼等珍稀濒危物种的栖息地。我国的内蒙古乌拉特梭梭林蒙古野驴国家级自然保护区与蒙古的 Gobiin baga 等保护区临近或相接。

（9）阿尔泰山（中蒙俄哈边境）（Ⅸ）。该地区保存有我国典型的西北山地森林草原复合生态系统，并且是河狸、貂熊、北山羊、雪豹、天山盘羊、棕熊和狼等珍稀濒危物种的栖息地。我国的新疆喀纳斯、布尔根河狸国家级自然保护区，新疆阿尔泰山两河源头省级自然保护区与蒙古的 Altai tavan range，俄罗斯的阿尔泰山金山（Golden Mountain of Altai）、Rakhmanovskie Kluchi，以及哈萨克斯坦的 Markakol´skiy 等保护区临近或相接。

（10）阿拉套山（中哈边境）（Ⅹ）。该地区保存有我国较典型的西北山地森林草原生态系统，并且是白鹳、白肩雕、波斑鸨和北山羊等珍稀濒危物种的栖息地，也是赛加羚羊的历史分布区。我国的新疆艾比湖国家级自然保护区，新疆夏尔希里、北鲵和霍城四爪陆龟等省级自然保护区与哈萨克斯坦的 Toktinskiy、Lepsinskiy 和 Verkhnekoksyiskiy 等保护区临近或相接。

2.6.4　自然保护区合并

我国东部地区已经建设了大量的中小型自然保护区，而且很多自然保护区位置相邻、边界相连。但是在建设管理过程中，自然保护区之间却缺少必要的协调。所以如何自然保护区之间的整合是特别重要的，特别是同一行政区内的自然保护区。而且从管理角度，相邻自然保护区之间需要定桩确界，人为地将其分割开，各自管理，对于其保护功能的发挥是不利的。同时，增加基层管理机构的数量，进一步增加了地方政府的经济负担。处于多方面考虑，建议对全国自然保护区进行整合，在条件允许情况下，将同一辖区内两个相连或相邻的自然保护区进行合并。

建议优先对18个地区相邻的自然保护区进行合并试点，进行统一管理。这些自然保护区包括：（1）内蒙古额尔古纳国家级自然保护区、内蒙古额尔古纳湿地省级自然保护区；（2）黑龙江碧水秋沙鸭省级自然保护区、黑龙江凉水国家级自然保护区；（3）黑龙江大佳河省级自然保护区、黑龙江挠力河国家级自然保护区；（4）吉林黄泥河国家级自然保护区、吉林威虎岭省级自然保护区；（5）河北辽河源省级自然保护区、河北北大山省级自然保护区；（6）河北宽城都山省级自然保护区、河北千鹤山省级自然保护区；（7）河北驼梁国家级自然保护区、河北灵寿漫山省级自然保护区；（8）河南伏牛山国家级自然保护区、河南西峡大鲵省级自然保护区；（9）河南连康山国家级自然保护区、河南黄缘闭壳龟省级自然保护区；（10）安徽鹞落坪国家级自然保护区、安徽岳西县枯井园省级自然保护区；（11）浙江天目山国家级自然保护区、浙江安吉龙王山省级自然保护区；（12）浙江乌岩岭国家级自然保护区、浙江望东洋高山湿地省级自然保护区；（13）江西井冈山国家级自然保护区、江西井冈山大鲵省级自然保护区；（14）广西大瑶山国家级自然保护区、广西金秀老山省级自然保护区；（15）广西凌云泗水河省级自然保护区、广西凌云洞穴省级自然保护区；（16）广东云开山国家级自然保护区、广东茂名林洲顶鳄蜥省级自然保护区；（17）海南尖峰岭国家级自然保护区、海南佳西省级自然保护区；（18）内蒙古白音敖包国家级自然保护区、内蒙古潢源省级自然保护区。

2.7 小结

（1）我国部分自然保护地理单元仍存在保护空缺或保护有效性差的问题，这与全球保护区分析结果相似（Jenkins & Joppa，2009）。除南海诸岛热带区域外，每个自然保护地理地带均布局建设了国家级自然保护区。有8个自然保护地理区尚未建设国家级自然保护区，占总数的7.27%；而自然保护地理小区的数量则达到了188个，超过其总数量的三分之一。很多自然保护地理单元虽然建有国家级自然保护区，但保护比例极低，保护有效性较差，保护比例在0~2%的自然保护地理小区则达到了110个，占其总数量的22.49%左右。但这些空缺存在的原因是有差异的，其中许多自然保护地理单元由于栽培植被和建筑用地等人为干扰强烈，自然生境稀少，可开展自然保护区建设的地点较少。但仍有一些森林、湿地等保存较好的自然保护地理单元存在国家级自然保护区的保护空缺。

（2）本研究识别了我国不同地段的自然保护区建设优先等级，并提出了我国自然保护区建设关键区域。这些区域主要包括了长白山、武夷山、南岭、桂西南、海南南部、秦岭中段和大巴山东段等地，其占到了我国陆域国土面积的8.86%左右。

（3）建议晋级国家级的自然保护区包括位于202个自然保护地理小区的232处省级自然保护区；并建议在102个自然保护地理小区新建或晋级省级自然保护。调整布局后，建议优先规划建设大兴安岭北端、长白山和高岭-盘岭等6处自然保护区域；以及小兴安岭中南段、张广才岭南段-长白山、太行山和武夷山北段等14处自然保护区群，其覆盖面积占我国陆域国土面积的 7.41% 左右。对珙桐、东北红豆杉、南方红豆杉、水杉、驯鹿、马鹿、梅花鹿、麝属 *Moschus*、长臂猿属 *Hylobates*、叶猴属 *Presbytis*、金丝猴属 *Rhinopithecus*、豹属 *Panthera*、亚洲象、褐马鸡、白鹤、丹顶鹤和中华秋沙鸭等珍稀濒危物种及其生境进行重点保护。建议对 18 个地区的自然保护区优先开展合并整合，进行统一管理。并加强国际合作，建议在 10 个地区优先进行跨国自然保护区（网络）的规划布局和建设。

（4）我国并未实现《生物多样性公约》提出的 2010 年生物多样性保护目标和《中国植物保护战略》的目标 4（United Nations，2011；《中国植物保护战略》编辑部，2008）。为了更好的监督这些保护行动计划的实施过程，我们建议进行更多与本研究或其他研究相似的持续性评估工作（MacKinnon & Xie，2008；Jenkins & Joppa，2009；李霄宇，2011；Wu et al.，2011）。现有自然保护区体系中消极的保护行动并不能充分发挥其生物多样性保护的功能（Groves et al.，2012）。虽然在某些区域对更多的国土进行强制性保护，划建自然保护区并不一定是最好的保护策略（Jenkins & Joppa，2009），但是现有保护区网络的建设能促进保护能力的发挥和提高，有助于提高生物多样性保护效果。

（5）在国家级自然保护区建议名单中，东北温带区域的吉林通化石湖、黑龙江北极村、黑龙江公别拉河、黑龙江碧水中华秋沙鸭和黑龙江翠北湿地，华北暖温带区域的辽宁楼子山，华东华南热带亚热带区域的安徽古井园、福建峨嵋峰、河南高乐山和广西银竹老山资源冷杉，华中西南热带亚热带区域的湖北巴东金丝猴、贵州佛顶山，西北温带暖温带区域的新疆霍城四爪陆龟、新疆伊犁小叶白蜡，青藏高原高寒区域的西藏麦地卡湿地等自然保护区已经在 2016 年 5 月国务院公布的国家级自然保护区晋级名单中，率先晋级国家级自然保护区。

参考文献

陈灵芝. 1993. 中国的生物多样性现状及其保护对策［M］. 北京：科学出版社.

陈雅涵，唐志尧，方精云. 2009. 中国自然保护区分布现状及合理布局的探讨［J］. 生物多样性，17（6）：664-674.

郭子良，崔国发. 2014. 中国自然保护综合地理区划［J］. 生态学报，34（5）：1284-1294.

环境保护部和中国科学院. 2015. 全国生态功能区划（修编版）［R］.

李迪强，宋延龄，欧阳志云. 2003. 全国林业系统自然保护区体系规划研究［M］. 北京：中国大地出版社.

李霄宇. 2011. 国家级森林类型自然保护区保护价值评价及合理布局研究［D］. 北京：北京林业大学.

马建章，戎可，程鲲. 2012. 中国生物多样性就地保护的研究与实践［J］. 生物多样性，20（5）：551-558.

徐卫华. 2002. 中国陆地生态系统自然保护区体系规划［D］. 长沙：湖南农业大学.

苑虎，张殷波，谭海宁，等. 2009. 中国国家重点保护野生植物的就地保护现状［J］. 生物多样性，17（3）：280-287.

张新时. 2007. 中国植被及其地理格局［M］. 北京：科学出版社.

《中国生物多样性保护战略与行动计划（2011—2030）》编写组. 2011. 中国生物多样性保护战略与行动计划（2011—2030）［M］. 北京：中国环境科学出版社.

《中国植物保护战略》编辑部. 2008. 中国植物保护战略 [M]. 广州: 广东科学技术出版社.

Bailey R G, Hogg H C. 1986. A world ecoregions map for resource reporting [J]. Environmental Conservation, 13 (3): 195-202.

Brooks T M, Mittermeier R A, Da Fonseca G A, et al. 2006. Global biodiversity conservation priorities [J]. Science, 313 (5783): 58-61.

Cabeza M, Arponen A, Jäättelä L, et al. 2010. Conservation planning with insects at three different spatial scales [J]. Ecography, 33 (1): 54-63.

Catullo G, Masi M, Falcucci A, et al. 2008. A gap analysis of southeast Asian mammals based on habitat suitability models [J]. Biological Conservation, 141 (11): 2730-2744.

Chen S B, Jiang G M, Ouyang Z Y, et al. 2011. Relative importance of water, energy, and heterogeneity in determining regional pteridophyte and seed plant richness in China [J]. Journal of Systematics and Evolution, 49 (2): 95-107.

Cumming G S, Allen C R, Ban N C, et al. 2015. Understanding protected area resilience: a multi-scale, social-ecological approach [J]. Ecological Applications, 25 (2): 299-319.

Gaston K J, Blackburn T M, Goldewijk K K. 2003. Habitat conversion and global avian biodiversity loss [J]. Proceedings of the Royal Society of London Series B: Biological Sciences, 270 (1521): 1293-1300.

Greve M, Chown S L, Van Rensburg B J, et al. 2011. The ecological effectiveness of protected areas: A case study for South African birds [J]. Animal Conservation, 14 (3): 295-305.

Groves C R, Game E T, Anderson M G, et al. 2012. Incorporating climate change into systematic conservation planning [J]. Biodiversity and Conservation, 21 (7): 1651-1671.

Hodgson J A, Moilanen A, Wintle B A, et al. 2011. Habitat area, quality and connectivity: striking the balance for efficient conservation [J]. Journal of Applied Ecology, 48 (1): 148-152.

Hoffmann M, Cox N A, Molur S, et al. 2010. The impact of conservation on the status of the world's vertebrates [J]. Science, 330 (6010): 1503-1509.

Hopton M E, Mayer A L. 2006. Using self-organizing maps to explore patterns in species richness and protection [J]. Biodiversity and Conservation, 15 (14): 4477-4494.

Huang J H, Chen B, Liu C, et al. 2012. Identifying hotspots of endemic woody seed plant diversity in China [J]. Diversity and Distributions, 18 (7): 673-688.

IUCN. 2001. IUCN red list categories and criteria version 3.1 [M]. Gland: IUCN.

James E M W, Madhu R. 2012. Climate change adaptation planning for biodiversity conservation: A review [J]. Advances in Climate Change Research, 3 (1): 1-11.

Jantke K, Schleupner C, Schneider U A. 2011. Gap analysis of European wetland species: priority regions for expanding the Natura 2000 network [J]. Biodiversity and Conservation, 20 (3): 581-605.

Jenkins C N, Joppa L. 2009. Expansion of the global terrestrial protected area system [J]. Biological Conservation, 142 (10): 2166-2174.

Jennings M D. 2000. GAP analysis: Concepts, methods and recent results [J]. Landscape Ecology, 15 (1): 5-20.

Kreft H, Jetz W. 2010. A framework for delineating biogeographical regions based on species distributions [J]. Journalof Biogeography, 37 (11): 2029-2053.

MacKinnon J, Xie Y. 2008. Regional action plan for the protected areas of East Asia (2006—2010) [M]. IUCN: Gland, Switzerland.

Margules C R, Pressey R L. 2000. Systematic conservation planning [J]. Nature, 405 (6783): 243-253.

Myers N, Mittermeier R A, Mittermeier C G, et al. 2000. Biodiversity hotspots for conservation priorities

［J］. Nature，403（6772）：853-858.

Noss R F，Harris L D. 1986. Nodes，network and MUMs：Preserving diversity at all scales ［J］. Environmental Management，10（10）：299-309.

Rodrigues A S L，Akcakaya H R，Andelman S J，et al. 2004. Global gap analysis：Priority regions for expanding the global protected-area network ［J］. Bioscience，54（12）：1092-1100.

Rouget M，Cowling R M，Lombard A T，et al. 2006. Designing large-scale conservation corridors for pattern and process ［J］. Conservation Biology，20（2）：549-561.

Tang Z Y，Fang J Y，Sun J Y，et al. 2011. Effectiveness of protected areas in maintaining plant production ［J］. Plos one，6（4）：e19116.

United Nations. The millennium development goals report 2011 ［EB/OL］.（2011-06-15）［2014-06-24］. http：//www. un. org/ millenniumgoals /reports. shtml.

Wu R D，Zhang S，Yu D W，et al. 2011. Effectiveness of China's nature reserves in representing ecological diversity ［J］. Frontiers in Ecology and the Environment，9（7）：383-389.

第 3 章
生物多样性保护价值评估技术

　　虽然各类保护措施已经在全球范围实施开展，但生物多样性丧失的问题仍然没有被有效遏制，生物多样性保护已成为人类共同面临的全球性问题（Nelson et al.，2009；Rands et al.，2010）。生物多样性是自然生态系统健康和重要性的主要表现形式（Primack 等，2014）。保护生物多样性也是自然保护区建设最主要的目标之一（Butchart et al.，2010；马建章等，2012）。全球已经建立了大量的自然保护区，而且正在布局建设更多的自然保护区，以期遏制区域生物多样性的丧失（Jenkins & Joppa，2009）。

　　如何评价这些自然保护区的生物多样性保护价值和保护优先性呢？人们最早提出了基于样方的物种多样性指数来评估群落生物多样性程度，其一定程度上反映了其保护价值，如 Simpson 指数、Shannon-Wiener 指数等（Mcintosh，1967；Whittaker，1972）；但是这些指数在较大尺度的研究中却难以应用。而且多样性并不能作为评价区域生物多样性保护价值的唯一标准，保护区（一定范围内）的野生动植物及其生境在典型性、稀有性和濒危性等方面体现的保护价值受到越来越多的关注（Veríssimo et al.，1998；Primack 等，2014）。"国际重要湿地"（International Important Wetland）、"世界生物圈保护区"（World Biosphere Reserve）、欧盟的生境保护指令（European Commission Habitats Directive）和我国的国家级自然保护区晋级等均就区域保护优先性和保护价值的评价指标和要求等进行了描述（Pullin，2004）。

　　围绕这些评级标准，科研人员对其评价内容和等级划分等进行了很多探讨和实践，但许多仍停留在物种数量和定性描述阶段（Duelli & Obrist，2003；Timonen et al.，2011；魏永久等，2014）。而在大尺度的保护优先区和生物多样性热点的确定过程中，也特别关注物种及其生境的典型性和不可替代性等（Brooks et al.，2006）。近些年，有关研究提出了相应的定量评价指标和模型等，并对其进行了应用验证（Freitag et al.，1997；李霄宇，2011；孙锐等，2013）。统一的定量评估模型使评估结果具有更好的重复性和可参考性，能够更加客观地反映生物多样性保护价值，且可比性较强，但目前定量化提取生物多样性保护价值评价指标和模型的研究仍然较少。

生物多样性具有其复杂性，在遗传、物种和生态系统等各层次呈现出不同的表现特征（张恒庆和张文辉，2009；Primack 等，2014；Primack 和马克平，2009）。自然保护区在管理分类时，也参考了保护区在自然生态系统、物种多样性和主要保护对象组成上的差异。但目前对生物多样性保护价值评估时，并未将自然生态系统、野生植物和野生动物多样性等不同层次的保护价值进行区分，仅将保护区作为整体进行评估。本研究通过对已有评价指标和评价方法的对比，综合可靠性、可获得性等因素，提出了分别从生态系统、物种多样性和遗传种质资源三方面综合量化评估自然保护区生物多样性保护价值的模型和方法，并进行了案例分析。

3.1 生物多样性保护价值评估方法

3.1.1 陆地生态系统保护价值评估

3.1.1.1 评价指标的选择

自然保护区内的生态系统为野生动植物提供了多种多样的生境，为其种群的繁衍提供了基础资源和保障，也是形成各类景观的基础。生态系统多样性也是生物多样性重要的层次和组成部分。因此，生态系统保护价值是自然保护区生物多样性保护价值的重要体现，我们将其作为重要的评价内容之一。我国相关研究和应用中，自然保护区保护价值评估涉及生态系统部分的主要评价指标和评估内容见表 3-1。目前其评价指标选择比较一致，均涉及生态系统的多样性、代表性和稀有性等方面。而稀有性和脆弱性的评估要素具有很大的相似性；评价要素中考虑了自然保护区面积适宜性，但并未考虑自然保护区景观破碎化和边缘效应对其影响。

表 3-1 涉及生态系统保护价值的主要评价指标
Tab. 3-1 The evaluation index of conservation value in ecosystem

序号	指标	评价要素	评价方式
1	多样性	生境类型多样性；生态系统的组成成分、结构和类型	人为判断
2	代表性	自然特征代表性；典型性	人为判断
3	稀有性	生境稀有性；珍稀或濒危、残遗类型	人为判断
4	自然性	自然特征	人为判断
5	面积适宜性	生态系统结构和功能的维持	人为判断
6	脆弱性	地理分布特征	人为判断

本研究在经过多次讨论和咨询了 12 位野生动植物和自然保护区管理方面的专家后，选择了典型性、稀有性、自然性、多样性（通过植被类型数量变化反映）和自然保护区完整性系数综合评估自然保护区陆地生态系统保护价值。自然保护区陆地生态系统保护价值从植被斑块的保护重要值、各个植被斑块面积和自然保护区完整性计算得到。而植被斑块是指群系（包括亚群系）的斑块，其保护重要性应用典型性、稀有性和自然性 3 个指标进行评价，具体评价指标见表 3-2。自然保护区完整性计算见本章 3.1.1.3。

表 3-2　植被斑块的保护重要性评价指标
Tab. 3-2　The evaluation index of conservation importance of vegetation patch

序号	评价指标	符号	指标含义
1	典型性	T_V	自然保护区内植被的演替阶段，以及对植被区的代表程度
2	稀有性	R_V	自然保护区内植被在全国范围内的稀有程度
3	自然性	N_V	自然保护区内植被的自然度

3.1.1.2　评价指标分级赋值

采用等比数列法进行赋值，即后一项与前一项的比数为常数，设定最高赋值为 8，常数为 2，数列为 "8、4、2、1"；具体分级赋值标准见表 3-3。

表 3-3　植被斑块的保护重要性评价指标分级赋值标准
Tab. 3-3　Assignment for evaluation index of conservation importance of vegetation patch

评价指标		分级赋值			
		8	4	2	1
森林	典型性	地带性顶级植被类型	地形顶级植被类型	亚顶级植被类型	其他植被类型
	稀有性	仅分布于 1~2 个自然保护区	仅分布于一个植被区	仅分布于一个植被地带	分布于多个植被地带
	自然性	原始天然林	天然次生林	近自然林	人工林
荒漠草原草甸	典型性	地带性顶级植被类型	地形顶级植被类型	亚顶级植被类型	其他植被类型
	稀有性	仅分布于 1~2 个自然保护区	仅分布于一个植被区	仅分布于一个植被地带	分布于多个植被地带
	自然性	未退化的天然植被	轻度退化的天然植被	近自然人工植被	其他植被

注：在自然性方面，寒温带落叶针叶林区域、温带针叶-落叶阔叶混交林区域、暖温带落叶阔叶林区域、亚热带常绿阔叶林区域和热带季风雨林-雨林区域的次生灌丛植被可均赋值为 1。其他植被不包括农田植被。

3.1.1.3　自然保护区完整性系数计算

建立自然保护区景观分类体系，依据《自然保护区保护成效评估技术导则　第 3 部分：景观保护》（LY/T 2244.3—2014），根据所评价的自然保护区类型，划分具体景观类型，并制作景观类型空间分布图。其中保护性景观是指自然生态系统及野生动植物的生境；人工干扰性景观指对自然生态系统和野生动植物的生境造成干扰的人工景观类型。

在景观类型空间分布图中取消相邻保护性景观斑块之间的分界线，合并为一个保护性景观镶嵌体，如果相邻保护性景观之间存在人工永久性隔离因子，将此类型的相邻保护性景观作为彼此隔离的斑块，不参与合并。但如果由于交通运输用地导致了保护性景观彼此不相连，根据实际情况做进一步处理，将处理后的保护性景观斑块作为保护性景观镶嵌体并制作保护性景观镶嵌体空间分布图。由于四级公路、林区公路、农村道路等人工干扰性景观类型对保护性景观不形成实质性的隔离，所以进行合并处理。

统计各保护性景观镶嵌体的面积（A_i）和周长（P_i）。基于保护性景观镶嵌体空间分布图，计算保护性景观破碎化指数，公式如下：

$$I_F = 1 - \sum_{i=1}^{n} \left(\frac{A_i}{A} \right)^2 \quad \cdots\cdots\cdots\cdots\cdots\cdots\cdots\cdots\cdots\cdots (3.1)$$

式中，I_F 为保护性景观破碎化指数，其值介于 0～1 之间，I_F 值越大，保护性景观总体上越趋于破碎化，其完整性越差；

A_i 为第 i 个保护性景观镶嵌体的面积；

A 为保护性景观的总面积；

n 为保护性景观镶嵌体的个数。

基于保护性景观镶嵌体空间分布图，计算保护性景观边缘效应指数，公式如下：

$$I_{FD} = \sum_{i=1}^{n} \left(\frac{A_i}{A} \times \frac{2 \lg 0.25 P_i}{\lg A_i} \right) \quad \cdots\cdots\cdots\cdots\cdots\cdots\cdots\cdots (3.2)$$

式中，I_{FD} 为保护性景观边缘效应指数，其值介于 1～2 之间，I_{FD} 值越接近 1，保护性景观形状越趋于规则、简单，I_{FD} 值越大，保护性景观总体形状越复杂，边缘效应越强，其完整性越差；

A_i 为第 i 个保护性景观镶嵌体的面积；

A 为自然保护区内保护性景观镶嵌体的总面积；

P_i 为第 i 个保护性景观镶嵌体的周长；

n 为保护性景观镶嵌体的个数。

基于保护性景观镶嵌体空间分布图，计算保护性景观面积有效性指数，公式如下：

$$I_U = \frac{\sum_{i=1}^{m} A_{Ei}}{S} \quad \cdots\cdots\cdots\cdots\cdots\cdots\cdots\cdots\cdots\cdots (3.3)$$

式中，I_U 为保护性景观面积有效性指数，其值介于 0～1 之间，I_U 值越大，保护性景观面积有效性越高，其完整性越好；

A_{Ei} 为维持主要保护目标物种最小种群长期生存发挥有效作用的保护性景观镶嵌体的面积，是指斑块面积大于等于主要保护目标物种最小可存活种群面积的保护性景观镶嵌体；

S 为自然保护区的总面积；

m 为维持主要保护目标物种最小种群长期生存发挥有效作用保护性景观镶嵌体的个数。

基于保护性景观破碎化指数、边缘效应指数和面积有效性指数，计算自然保护区完整性系数，公式如下：

$$F = \frac{(1 - I_F) + (2 - I_{FD}) + I_U}{3} \quad \cdots\cdots\cdots\cdots\cdots\cdots\cdots\cdots (3.4)$$

式中，F 为自然保护区完整性系数，其值介于 0～1 之间，F 值越大，生境完整性越高，越有利于生物多样性保护；

I_F 为保护性景观破碎化指数；

I_{FD} 为保护性景观边缘效应指数；

I_U 为保护性面积有效性指数。

3.1.1.4　自然保护区陆地生态系统保护价值指数计算

首先计算植被斑块的保护重要值，公式如下：

$$V_{Vij} = T_{Vij} \times R_{Vij} \times N_{Vij} \quad \cdots\cdots\cdots\cdots\cdots\cdots\cdots\cdots\cdots\cdots\cdots\cdots\cdots\cdots \text{（3.5）}$$

式中，V_{Vij} 为植被类型 i 中植被斑块 j 的保护重要值，其取值数列为"1、2、4、8、16、32、64、128、256、512"，数值越大表明植被类型 i 中植被斑块 j 的典型程度、稀有程度和自然度越高，其保护价值越高，应予以优先保护；

T_{Vij} 为植被类型 i 中植被斑块 j 的典型性赋值；

R_{Vij} 为植被类型 i 中植被斑块 j 的稀有性赋值；

N_{Vij} 为植被类型 i 中植被斑块 j 的自然性赋值。

在植被斑块的保护重要值基础上，计算植被类型 i 的保护价值指数，公式如下：

$$V_{Vi} = \sqrt{\sum_{j=1}^{m} V_{Vij} \times A_{Vij}} \quad \cdots\cdots\cdots\cdots\cdots\cdots\cdots\cdots\cdots\cdots\cdots\cdots\cdots \text{（3.6）}$$

式中，V_{Vi} 为自然保护区内植被类型 i 的保护价值指数；

V_{Vij} 为植被类型 i 中植被斑块 j 的保护重要值；

A_{Vij} 为植被类型 i 中植被斑块 j 的面积（km^2）；

m 为植被类型 i 的斑块数。

在植被类型 i 的保护价值指数基础上，计算自然保护区陆地生态系统保护价值指数，公式如下：

$$V_E = F \times \sum_{i=1}^{n} V_{Vi} \quad \cdots\cdots\cdots\cdots\cdots\cdots\cdots\cdots\cdots\cdots\cdots\cdots\cdots\cdots\cdots \text{（3.7）}$$

式中，V_E 为自然保护区陆地生态系统保护价值指数；

F 为自然保护区完整性系数；

V_{Vi} 为自然保护区内植被类型 i 的保护价值指数；

n 为自然保护区内植被类型的数量。

3.1.2　物种多样性保护价值评估

3.1.2.1　评价指标的选择

相关研究和应用中，自然保护区保护价值评估涉及物种多样性部分的主要评价指标和评估内容见表3-4。目前对自然保护区物种多样性保护价值的评价指标选择并不一致，侧重点各有不同，但均很关注物种的珍稀濒危特征、保护等级和地理分布特征等。而稀有性和濒危性的评估要素有重叠，且评估要素有时不属于同一层次；评价要素中考虑了其在区系和分类学上代表性，但本方法将其作为遗传种质资源的评价指标。种群结构和生境重要性较适合对单一保护对象（自然保护区内旗舰种）的评估，不适用于全部物种，应作为对单一物种种群评估的重要内容。

本研究在经过多次讨论和咨询了 12 位野生动植物和自然保护区管理方面的专家后，选择了濒危性、特有性、多样性（通过物种种类数量变化反映）和保护等级等来评估自然保护区野生动植物多样性保护价值。自然保护区野生物种多样性保护价值从每种野生动植物的保护重要值和野生物种丰富度计算得到。

表 3-4　涉及物种多样性保护价值的主要评价指标

Tab. 3-4　The evaluation index of conservation value in species

序号	指标	评价要素	评价方式
1	多样性	物种多样性（物种多度和物种相对丰度）	依据物种数
2	稀有性	物种濒危程度；物种地区分布	依据濒危物种名录；依据物种分布
3	濒危性	主要保护物种珍稀濒危保护特征	依据濒危物种名录
4	代表性	区系和分类学上的意义	人为判断
5	种群结构	主要保护对象在保护区内的种群数量和结构特征	人为判断
6	生境重要性	生境重要程度	人为判断

每种野生物种的保护重要性应用濒危性、特有性和保护等级 3 个指标进行评价，具体评价指标见表 3-5。

表 3-5　物种的保护重要性评价指标

Tab. 3-5　The evaluation index of conservation importance of species

序号	评价指标	符号	指标含义
1	濒危性	$T_P \backslash T_A$	物种生存的受威胁程度，即濒临灭绝风险等级
2	特有性	$E_P \backslash E_A$	物种在地理分布上的特有程度，即特有等级
3	保护等级	$P_P \backslash P_A$	物种在我国受法律保护的等级

注：T_P、E_P、P_P 为野生植物物种的濒危性、特有性和保护等级，T_A、E_A、P_A 为野生动物物种的濒危性、特有性和保护等级。

3.1.2.2　野生植物多样性保护价值评估

（1）评价指标分级赋值。采用等比数列法进行赋值，即后一项与前一项的比数为常数，设定最高赋值为 8，常数为 2，数列为 "8、4、2、1"；具体分级赋值标准见表 3-6。

表 3-6　野生植物的保护重要性评价指标分级赋值标准

Tab. 3-6　Assignment for evaluation index of conservation importance of wild plant

评价指标	分级赋值			
	8	4	2	1
濒危性	极危 CR	濒危 EN	易危 VN	近危 NT 和无危 LC
特有性	植物地区特有	植物亚区特有	中国特有	非中国特有
保护等级	国家一级保护或特殊保护	国家二级保护	地方重点保护	其他

注：野生植物的濒危性可以根据国际和中国最新和最权威的物种红色名录中不同等级予以分级并赋值，如《中国生物多样性红色名录——高等植物卷》等；未评估和数据缺乏等按照无危 LC 赋分。植物地区和植被亚区的划分依据中国植物区系分区。特殊保护野生植物是指国家开展的特殊保护工程中包括的野生植物，比如极小种群野生植物拯救保护工程。评价内容仅包括本土物种。

（2）野生植物多样性保护价值指数计算。计算每种野生植物的保护重要值，公式如下：

$$V_{Pi} = T_{Pi} \times E_{Pi} \times P_{Pi} \quad\cdots\cdots\cdots\cdots\cdots\cdots\cdots\cdots\cdots\cdots\cdots\cdots \text{（3.8）}$$

式中，V_{Pi} 为野生植物 i 的保护重要值，其取值数列为 "1、2、4、8、16、32、64、

128、256、512",数值越大表明物种的受威胁程度、地理分布特有程度和重点保护级别越高,其保护价值越高,应予以优先保护;

T_{Pi} 为野生植物 i 的濒危性赋值;

E_{Pi} 为野生植物 i 的特有性赋值;

P_{Pi} 为野生植物 i 的保护等级赋值。

在野生植物的保护重要值基础上,计算自然保护区野生植物多样性保护价值指数,公式如下:

$$V_P = \sqrt{\sum_{i=1}^n V_{Pi}} \quad\cdots\cdots\cdots\cdots\cdots\cdots\cdots\cdots\cdots\cdots\cdots\cdots (3.9)$$

式中,V_P 为自然保护区野生植物多样性保护价值指数;

V_{Pi} 为野生植物 i 的保护重要值;

n 为自然保护区内野生植物种数,根据自然保护区本底调查情况,可选择维管束植物或高等植物作为评价对象。

3.1.2.3 野生动物多样性保护价值评估

(1)评价指标分级赋值。同样采用等比数列法进行赋值,即后一项与前一项的比数为常数,设定最高赋值为 8,常数为 2,数列为"8、4、2、1";具体分级赋值标准见表 3-7。

表 3-7 野生动物的保护重要性评价指标分级赋值标准

Tab. 3-7 Assignment for evaluation index of conservation importance of wild animal

评价指标	分级赋值			
	8	4	2	1
濒危性	极危 CR	濒危 EN	易危 VN	近危 NT 和无危 LC
特有性 *	动物地理地区特有	中国特有	中国主要分布	中国次要或边缘分布
保护等级	国家一级保护或特殊保护	国家二级保护	地方重点保护	其他

注:野生动物的濒危性可以根据国际和中国最新和最权威的物种红色名录中不同等级予以分级并赋值,如《中国生物多样性红色名录——脊椎动物卷》等;未评估和数据缺乏等按照无危 LC 赋分。动物地理地区的划分依据中国动物地理区划。特殊保护野生动物是指国家开展的特殊保护工程中包括的野生动物。

＊水鸟的特有性分级可分为中国特有分布、中国主要分布、中国次要分布、中国边缘分布。

(2)野生动物多样性保护价值指数计算。计算每种野生动物的保护重要值,公式如下:

$$V_{Ai} = T_{Ai} \times E_{Ai} \times P_{Ai} \quad\cdots\cdots\cdots\cdots\cdots\cdots\cdots\cdots\cdots\cdots\cdots (3.10)$$

式中,V_{Ai} 为野生动物 i 的保护重要值,其取值数列为"1、2、4、8、16、32、64、128、256、512",数值越大表明物种的受威胁程度、地理分布特有程度和重点保护级别越高,其保护价值越高,应予以优先保护;

T_{Ai} 为野生动物 i 的濒危性赋值;

E_{Ai} 为野生动物 i 的特有性赋值;

P_{Ai} 为野生动物 i 的保护等级赋值。

在野生动物的保护重要值基础上,计算自然保护区野生动物多样性保护价值指数,公式如下:

$$V_A = \sqrt{\sum_{i=1}^{n} V_{Ai}} \quad \cdots\cdots\cdots\cdots\cdots\cdots\cdots\cdots\cdots\cdots\cdots\cdots （3.11）$$

式中，V_A 为自然保护区野生动物多样性保护价值指数；

　　　V_{Ai} 为野生动物 i 的保护重要值；

　　　n 为自然保护区内野生动物种数，根据自然保护区本底调查情况，选择陆生脊椎动物或脊椎动物作为评价对象。

3.1.2.4　珍稀濒危物种多样性保护价值评估

计算珍稀濒危野生植物多样性保护价值指数，公式如下：

$$V_{PT} = \sqrt{\sum_{i=1}^{m} V_{Pi} \times Q_{Pi}} \quad \cdots\cdots\cdots\cdots\cdots\cdots\cdots\cdots\cdots （3.12）$$

式中，V_{PT} 为自然保护区珍稀濒危野生植物多样性保护价值指数；

　　　V_{Pi} 为珍稀濒危野生植物 i 的保护重要值，计算公式（3.8）；

　　　Q_{Pi} 为珍稀濒危野生植物 i 的种群个体数量；

　　　m 为自然保护区内珍稀濒危野生植物的种类，包括《中国生物多样性红色名录——高等植物卷》中极危、濒危植物，国家重点保护野生植物以及极小种群植物。

计算珍稀濒危野生动物多样性保护价值指数，公式如下：

$$V_{AT} = \sqrt{\sum_{i=1}^{m} V_{Ai} \times Q_{Ai}} \quad \cdots\cdots\cdots\cdots\cdots\cdots\cdots\cdots\cdots （3.13）$$

式中，V_{AT} 为自然保护区珍稀濒危野生动物多样性保护价值指数；

　　　V_{Ai} 为珍稀濒危野生动物 i 的保护重要值，计算公式（3.10）；

　　　Q_{Ai} 为珍稀濒危野生动物 i 的种群个体数量；

　　　m 为自然保护区内珍稀濒危野生动物的种类，包括《中国生物多样性红色名录——脊椎动物卷》中极危、濒危动物，国家重点保护野生动物。

3.1.3　遗传种质资源保护价值评估

3.1.3.1　评价指标的选择

目前对自然保护区遗传种质资源保护价值的评价几乎没有，评价指标选择也较少，大部分并未涉及此内容。但此项评估应关注物种在分类上的特殊性、种质可用性和受威胁程度，即分类独特性、近缘程度和濒危性等。本研究在经过多次讨论和咨询 12 位野生动植物和自然保护区管理方面专家后，选择了分类独特性、近缘程度和濒危性等来评估自然保护区遗传种质资源保护价值。自然保护区遗传种质资源保护价值从每个物种遗传种质资源的保护重要值和物种丰富度计算得到。

遗传种质资源的保护重要性应用分类独特性、濒危性和近缘程度 3 个指标进行评价，具体评价指标见表 3-8。

表 3-8　遗传种质资源的保护重要性评价指标

Tab. 3-8　The evaluation index of conservation importance of genetic germplasm

序号	评价指标	符号	指标含义
1	分类独特性	D_G	物种在分类学上的独特性和代表性
2	濒危性	T_G	物种生存的受威胁程度，即濒临灭绝风险等级
3	近缘程度	R_G	与家禽家畜或农作物的亲缘关系

3.1.3.2 评价指标分级赋值

采用等比数列法进行赋值，即后一项与前一项的比数为常数，设定最高赋值为8，常数为2，数列为"8、4、2、1"；具体分级赋值标准见表3-9。

表3-9 遗传种质资源的保护重要性评价指标分级赋值

Tab. 3-9 Assignment for evaluation index of conservation importance of genetic germplasm

评价指标	分级赋值			
	8	4	2	1
分类独特性	单种科	单种属	寡种属	其他
濒危性	极危 CR	濒危 EN	易危 VN	近危 NT 和无危 LC
近缘程度	家禽家畜或农作物同种	家禽家畜或农作物原种	家禽家畜或农作物同属	其他

注：物种濒危性可以根据中国最新和最权威的物种红色名录中不同等级予以分级并赋值，如《中国生物多样性红色名录——高等植物卷》和《中国生物多样性红色名录——脊椎动物卷》等；未评估和数据缺乏等按照无危 LC 赋分。

3.1.3.3 遗传种质资源保护价值指数计算

计算每个物种作为遗传种质资源的保护重要值，公式如下：

$$V_{Gi} = D_{Gi} \times T_{Gi} \times R_{Gi} \quad \cdots\cdots\cdots\cdots\cdots\cdots\cdots\cdots (3.14)$$

式中，V_{Gi} 为物种 i 作为遗传种质资源的保护重要值，其取值数列为"1、2、4、8、16、32、64、128、256、512"，数值越大表明物种的分类独特性、受威胁程度和种质资源重要性越高，其保护价值越高，应予以优先保护；

D_{Gi} 为物种 i 的分类独特性赋值；

T_{Gi} 为物种 i 的濒危性赋值；

R_{Gi} 为物种 i 的近缘程度赋值。

在遗传种质资源的保护重要值基础上，计算自然保护区遗传种质资源保护价值指数，公式如下：

$$V_G = \sqrt{\sum_{i=1}^{n} V_{Gi}} \quad \cdots\cdots\cdots\cdots\cdots\cdots\cdots\cdots (3.15)$$

式中，V_G 为自然保护区遗传种质资源保护价值指数；

V_{Gi} 为物种 i 作为遗传种质资源的保护重要值；

n 为自然保护区内物种种数。

3.2 案例研究

3.2.1 自然保护区生物多样性保护价值评估

3.2.1.1 数据来源及处理

选择吉林长白山和内蒙古青山国家级自然保护区作为研究案例。收集了这两个自然保护区的科学考察报告和总体规划，以及遥感影像数据、森林小班图和森林小班属性数据（2004年）等。并对其野生动植物名录进行了数字化整理，仅包括维管束植物和陆生脊椎动物。

　　依据遥感影像数据、森林小班图和森林小班属性数据（2004 年）制作内蒙古青山和吉林长白山国家级自然保护区内的植被分布和土地利用图，并调查收集自然保护区内公路、村屯和农田等人为干扰资料，如图 3-1 和图 3-2 所示。并依据森林小班主要树种组成和"3.1.1 陆域生态系统保护价值评估"，划分植被类型，整理获得每个保护性植被斑块在典型性、稀有性和自然性等三方面的特征和分类。对内蒙古青山和吉林长白山国家级自然保护区内不同植被斑块评价指标进行分级赋值，如表 3-10 和表 3-11 所示。

　　参考《国家重点保护野生植物名录》（1998）、《国家重点保护野生动物名录》（1989）、《中国生物多样性红色名录——高等植物卷》（环境保护部和中国科学院，2013）、《中国生物多样性红色名录——脊椎动物卷》（环境保护部和中国科学院，2015）、各省区的省重点保护野生动植物名录，以及动植物志和野生动植物分类专业网站信息，对每个物种不同属性进行分级赋值，计算其保护重要值以及作为遗传种质资源的保护重要值。其中农作物名单依据中国作物种质资源信息网（http：//www.cgris.net/query/ croplist. php）公布的作物列表。

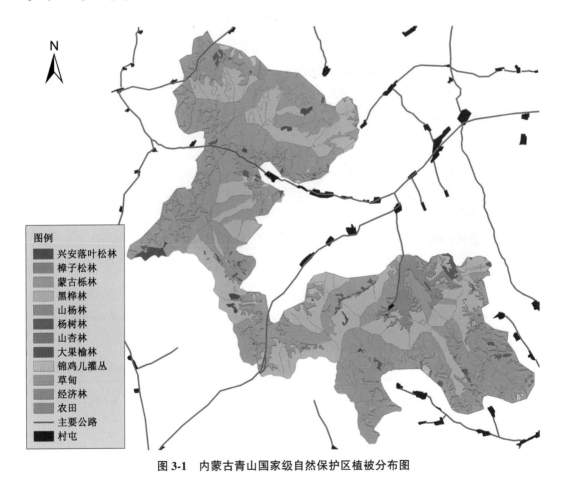

图 3-1　内蒙古青山国家级自然保护区植被分布图

Fig. 3-1　Vegetation distribution of Inner Mongolia Qingshan national nature reserve

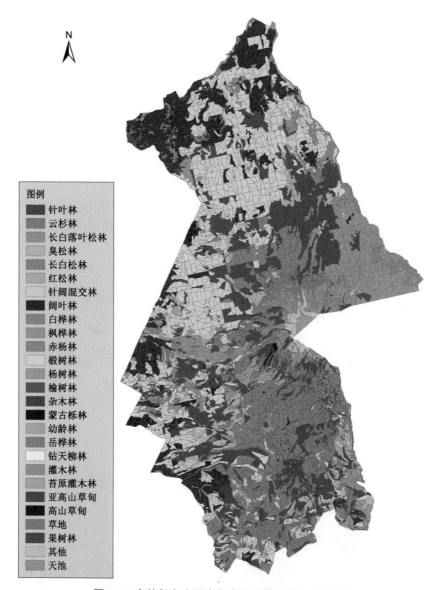

图例
针叶林
云杉林
长白落叶松林
臭松林
长白松林
红松林
针阔混交林
阔叶林
白桦林
枫桦林
赤杨林
椴树林
杨树林
榆树林
杂木林
蒙古栎林
幼龄林
岳桦林
钻天柳林
灌木林
苔原灌木林
亚高山草甸
高山草甸
草地
果树林
其他
天池

图 3-2　吉林长白山国家级自然保护区森林小班图

Fig. 3-2　Vegetation distribution of Jilin Changbai mountain national nature reserve

表 3-10　内蒙古青山自然保护区主要保护性植被及其分级赋值

Tab. 3-10　Assignment of main protective vegetation in Inner Mongolia Qingshan nature reserve

植被类型	面积 （km²）	涉及小 班数量	典型性	稀有性	自然性
兴安落叶松林 Form. *Larix gmelinii*	2.265	16	4	1	8
樟子松林 Form. *Pinus sylvestris* var. *mongolica*	0.288	3	1	1	4
蒙古栎林 Form. *Quercus mongolica*	118.834	221	1	1	4
黑桦林 Form. *Betula dahurica*	77.276	71	1	1	1

（续）

植被类型	面积（km²）	涉及小班数量	典型性	稀有性	自然性
山杨林 Form. *Populus davidiana*	0.211	9	8	1	4
杨树林 Form. *Populus*	3.924	83	4	1	4
山杏林 Form. *Prunus sibirica*	0.224	8	1	1	4
大果榆林 Form. *Ulmus macrocarpa*	0.107	2	1	1	1
锦鸡儿灌丛 Form. *Caragana sinica*	1.918	18	4	1	2
草甸 Meadow	56.041	32	4	1	2

注：以森林小班数据为基础，优势树种决定群系类型。

表 3-11　吉林长白山自然保护区主要保护性植被及其分级赋值

Tab. 3-11　Assignment of main protective vegetation in Jilin Changbai mountain nature reserve

植被类型	面积（km²）	涉及小班数量	典型性	稀有性	自然性
针叶林 Coniferous forest	304.67	712	4	1	8
云杉林 Form. *Picea asperata*	256.70	817	4	1	8
长白落叶松林 Form. *Larix olgensis*	149.01	353	2	2	4
臭松林 Form. *Abies nephrolepis*	46.12	111	2	1	8
长白松林 Form. *Pinus syluestriformis*	3.32	6	8	8	8
红松林 Form. *Pinus koraiensis*	9.74	20	8	1	8
针阔混交林 Mixed broadleaf-conifer forest	512.62	1183	8	1	8
阔叶林 Broadleaf forest	240.62	680	1	1	4
白桦林 Form. *Betula platyphylla*	57.93	235	1	1	4
枫桦林 Form. *Betula costata*	10.83	33	1	1	4
赤杨林 Form. *Alnus japonica*	0.32	8	1	1	4
椴树林 Form. *Tilia*	0.71	7	1	1	4
杨树林 Form. *Populus*	18.03	166	1	1	4
榆树林 Form. *Ulmus pumila*	0.44	3	1	1	4
杂木林 Weed tree forest	2.48	9	1	1	4
蒙古栎林 Form. *Quercus mongolica*	5.97	16	1	1	4
幼龄林 Young forest	26.98	71	1	1	4
岳桦林 Form. *Betula ermanii*	133.99	436	4	2	8
钻天柳林 Form. *Chosenia arbutifolia*	0.41	2	4	1	4
灌木林 Shrubwood	48.92	135	1	1	4
苔原灌木林 Tundra shrubwood	0.16	1	1	1	4
亚高山草甸 Subalpine meadow	79.12	456	4	8	8
高山草甸 Alpine meadow	2.19	6	4	8	8
草地 Grassland	0.98	28	1	1	1
长白落叶松林（人工林）Form. *Larix olgensis*（Plantation）	20.83	35	2	2	2

注：以森林小班数据为基础，优势树种决定群系类型。

3.2.1.2　陆地生态系统保护价值

（1）自然保护区完整性系数计算。按照"本章3.1.1.3"内容计算自然保护区完整性系数。将相邻保护性景观类型进行合并，得到自然保护区内主要保护性斑块镶嵌体。内蒙古青山国家级自然保护区主要被三条公路分割为4个主要部分，而内部农田等还分割除了一些面积狭小的保护性景观镶嵌体；吉林长白山国家级自然保护区被主要旅游公路和省级公路分割为4个主要部分，而且还包括一些面积狭小的保护性景观镶嵌体，如图3-1和图3-2所示。计算自然保护区完整性系数，这些保护性景观镶嵌体基本情况，及其保护性景观破碎化指数、边缘效应指数和面积有效性指数见表3-12和表3-13。最后计算得到内蒙古青山和吉林长白山国家级自然保护区完整性系数，分别为0.6744和0.75。

表 3-12　内蒙古青山自然保护区内主要保护性景观镶嵌体属性特征

Tab. 3-12　Characteristics of main protective landscape mosaic in Inner Mongolia Qingshan nature reserve

编号	面积（km²）	周长（km）	保护性景观 破碎化指数 I_F	保护性景观 边缘效应指数 I_{FD}	保护性景观 面积有效性指数 I_U
1	2.95	8.92			
2	72.99	37.91			
3	63.41	54.02			
4	0.03	1.01			
5	0.01	0.46	0.6469	1.3168	0.9870
6	0.03	0.69			
7	0.09	1.99			
8	0.03	0.87			
9	0.02	0.83			
10	0.22	0.61			

注：此表只列出了面积排名前10的保护性景观镶嵌体斑块。

表 3-13　吉林长白山自然保护区内主要保护性景观镶嵌体属性特征

Tab. 3-13　Characteristics of main protective landscape mosaic in Jilin Changbai mountain nature reserve

编号	面积（km²）	周长（km）	保护性景观 破碎化指数 I_F	保护性景观 边缘效应指数 I_{FD}	保护性景观 面积有效性指数 I_U
1	931.75	217.83			
2	619.55	208.81			
3	184.22	81.66			
4	173.95	77.29			
5	9.86	19.19	0.66	1.06	0.97
6	9.75	26.53			
7	7.83	11.94			
8	4.18	10.25			
9	1.79	6.15			
10	0.65	18.36			

注：此表只列出了面积排名前10的保护性景观镶嵌体斑块。

（2）陆地生态系统保护价值指数计算。按照"本章 3.1.1.4"的计算步骤和公式，分别计算自然保护区内每个植被斑块的保护重要值，以及每种植被类型的保护价值指数（表 3-14，表 3-15）。内蒙古青山国家级自然保护区各植被类型的保护价值指数合计为 134.83，吉林长白山国家级自然保护区各植被类型的保护价值指数合计为 875.19。而后计算得到自然保护区陆地生态系统保护价值指数，其中，内蒙古青山国家级自然保护区为 90.93，吉林长白山国家级自然保护区为 656.39。

表 3-14　内蒙古青山自然保护区各个植被类型的保护价值指数

Tab. 3-14　Conservation value index of each vegetation type in Inner Mongolia Qingshan nature reserve

序号	植被类型	保护价值指数	序号	植被类型	保护价值指数
1	兴安落叶松林 Form. *Larix gmelinii*	4.26	6	杨树林 Form. *Populus*	1.98
2	樟子松林 Form. *Pinus sylvestris* var. *mongolica*	2.15	7	山杏林 Form. *Prunus sibirica*	1.89
3	蒙古栎林 Form. *Quercus mongolica*	61.67	8	大果榆林 Form. *Ulmus macrocarpa*	0.66
4	黑桦林 Form. *Betula dahurica*	17.58	9	锦鸡儿灌丛 Form. *Caragana sinica*	1.38
5	山杨林 Form. *Populus davidiana*	0.92	10	草甸 Meadow	42.35
				合计	134.83

表 3-15　吉林长白山自然保护区各个植被类型的保护价值指数

Tab. 3-15　Conservation value index of each vegetation type in Jilin Changbai mountain nature reserve

序号	植被类型	保护价值指数	序号	植被类型	保护价值指数
1	针叶林 Coniferous forest	98.74	13	杨树林 Form. *Populus*	8.49
2	云杉林 Form. *Picea asperata*	90.63	14	榆树林 Form. *Ulmus pumila*	1.33
3	长白落叶松林 Form. *Larix olgensis*	50.51	15	杂木林 Weed tree forest	3.15
4	臭松林 Form. *Abies nephrolepis*	27.16	16	蒙古栎林 Form. *Quercus mongolica*	4.89
5	长白松林 Form. *Pinus syluestriformis*	41.23	17	幼龄林 Young forest	10.39
6	红松林 Form. *Pinus koraiensis*	24.97	18	岳桦林 Form. *Betula ermanii*	92.6
7	针阔混交林 Mixed broadleaf-conifer forest	181.13	19	钻天柳林 Form. *Chosenia arbutifolia*	2.56
8	阔叶林 Broadleaf forest	31.02	20	灌木林 Shrubwood	13.99
9	白桦林 Form. *Betula platyphylla*	15.22	21	苔原灌木林 Tundra shrubwood	0.80
10	枫桦林 Form. *Betula costata*	6.58	22	亚高山草甸 Subalpine meadow	142.31
11	赤杨林 Form. *Alnus japonica*	1.13	23	高山草甸 Alpine meadow	23.68
12	椴树林 Form. *Tilia*	1.69	24	草地 Grassland	0.99
				合计	875.19

3.2.1.3　物种多样性保护价值

（1）野生植物多样性保护价值。选择内蒙古青山和吉林长白山国家级自然保护区内的维管束植物作为评估对象；其野生植物多样性保护价值指数（表3-16）。内蒙古青山国家级自然保护区内珍稀濒危野生植物缺乏，但拥有一定数量的中国特有植物，符合大兴安岭地区野生植物区系组成特征；而国家重点保护野生植物较少。综合各个野生维管束植物的属性特征，得到其保护重要值，而后根据"本章3.1.2.2"计算其保护价值指数。内蒙古青山国家级自然保护区野生植物多样性保护价值指数为25.57。而该自然保护区内发现的《中国生物多样性红色名录——高等植物卷》中极危和濒危植物，以及国家重点保护野生植物仅有2种，均为国家二级重点保护野生植物，其珍稀濒危野生植物多样性保护价值指数约为3.46。由于目前自然保护区内珍稀濒危野生植物的种群数量尚不清楚，珍稀濒危陆生野生植物多样性保护价值指数计算并未考虑其种群个体数量（下同）。

吉林长白山国家级自然保护区内珍稀濒危野生植物众多，但因处于边境地区，中国特有植物所占比例并不高；分布有一定数量的国家重点保护野生植物，符合长白山地区野生植物区系组成特征。该自然保护区野生植物多样性保护价值指数为45.19。而该自然保护区内发现的《中国生物多样性红色名录——高等植物卷》中极危和濒危植物，以及国家重点保护野生植物合计26种，其珍稀濒危野生植物多样性保护价值指数为19.49。

表3-16　内蒙古青山和吉林长白山自然保护区维管束植物多样性及其保护价值

Tab. 3-16　Conservation value of vascular plant diversity in Inner Mongolia Qingshan and Jilin Changbai mountain nature reserves

| 自然保护区 | 维管束植物种数 | | | | | | | | | | 植物多样性保护价值指数 |
	总数	极危	濒危	易危	植物地区特有	植物亚区特有	中国特有	国家一级保护	国家二级保护	地方重点保护	
内蒙古青山	528	0	0	4	0	2	38	0	2	59	25.57
吉林长白山	1312	4	16	33	5	12	40	3	6	199	45.19

（2）陆生野生动物多样性保护价值。选择内蒙古青山和吉林长白山国家级自然保护区内陆生脊椎动物作为评估对象；评估其野生动物多样性保护价值指数（表3-17）。内蒙古青山国家级自然保护区内珍稀濒危野生动物数量较少，且中国特有物种较少，符合大兴安岭地区野生动物组成特征；而国家和地方重点保护野生动物所占比例较高，其中鸟类最多。综合各个陆生脊椎动物的属性特征，得到其保护重要值，而后根据"本章3.1.2.3"计算其保护价值指数。内蒙古青山国家级自然保护区野生动物多样性保护价值指数为41.30。而该自然保护区内发现的《中国生物多样性红色名录——脊椎动物卷》中极危和濒危动物，以及国家重点保护野生动物合计41种，包括国家重点保护野生动物39种，其珍稀濒危野生动物多样性保护价值指数为29.93。由于目前这些自然保护区内珍稀濒危野生动物的种群数量尚不清楚，珍稀濒危野生动物多样性保护价值指数计算并未考虑其种群个体数量（下同）。

表 3-17　内蒙古青山和吉林长白山自然保护区陆生脊椎动物多样性及其保护价值

Tab. 3-17　Conservation value of terrestrial vertebrate diversity in Inner Mongolia Qingshan and Jilin Changbai mountain nature reserves

自然保护区	陆生脊椎动物种数										动物多样性保护价值指数
	总数	极危	濒危	易危	动物地理地区特有	中国特有	中国主要分布	国家一级保护	国家二级保护	地方重点保护	
内蒙古青山	221	1	9	9	0	2	195	5	34	162	41.30
吉林长白山	309	4	12	19	1	6	258	7	41	225	48.86

　　吉林长白山国家级自然保护区内珍稀濒危野生动物数量较少,且中国特有物种较少;而国家和地方重点保护野生动物所占比例较高,其中鸟类最多。该自然保护区野生动物多样性保护价值指数为 48.86。该自然保护区内发现的《中国生物多样性红色名录——脊椎动物卷》中极危和濒危动物,以及国家重点保护野生动物种类较多,合计 52 种,包括国家重点保护野生动物 48 种,其珍稀濒危野生动物多样性保护价值指数约为 35.10。

3.2.1.4　遗传种质资源保护价值

　　根据"本章 3.1.3"内容对内蒙古青山和吉林长白山国家级自然保护区的遗传种质资源现状进行评估(表 3-18,表 3-19)。研究发现,内蒙古青山国家级自然保护区内并无单种科维管束植物,单种属和寡种属植物也不多见,农作物原种和同属也较少,其植物遗传种质资源保护价值指数为 27.24。而区内陆生脊椎动物单种科较少,但单种属和寡种属所占比例较高,其中以鸟类和哺乳动物为主;而家禽家畜原种和同属野生动物并不多,其动物遗传种质资源保护价值指数为 23.43。

表 3-18　内蒙古青山自然保护区遗传种质资源保护价值

Tab. 3-18　Conservation value of genetic germplasm in Inner Mongolia Qingshan nature reserve

类群	物种数										保护价值指数
	总数	单种科	单种属	寡种属	极危	濒危	易危	同种	原种	同属	
维管束植物	528	0	21	64	0	0	4	3	7	34	27.24
脊椎动物	221	3	34	67	1	9	9	0	4	6	23.43

表 3-19　吉林长白山自然保护区遗传种质资源保护价值

Tab. 3-19　Conservation value of genetic germplasm in Jilin Changbai mountain nature reserve

类群	物种数										保护价值指数
	总数	单种科	单种属	寡种属	极危	濒危	易危	同种	原种	同属	
维管束植物	1312	2	54	156	4	16	33	2	6	64	43.60
脊椎动物	309	4	45	102	4	12	19	0	4	7	28.16

　　而吉林长白山国家级自然保护区内维管束植物存在 2 个单种科,均为蕨类植物,

单种属和寡种属植物较多，农作物原种和同属较多，其植物遗传种质资源保护价值指数为 43.60。而保护区内陆生脊椎动物单种科物种有 4 种，但单种属和寡种属物种所占比例较高，也以鸟类和哺乳动物为主，家禽家畜原种和同属野生动物较少，其动物遗传种质资源保护价值指数为 28.16。

3.2.2 自然保护区物种多样性保护价值评估

3.2.2.1 数据来源及处理

选择了华北暖温带区域和东北温带区域两个区域的自然保护区作为研究案例。收集了 106 个自然保护区的科学考察报告和总体规划，其中华北暖温带区域 39 个自然保护区、东北温带区域 67 个自然保护区，并对其野生动植物名录进行了数字化整理，仅包括维管束植物和陆生脊椎动物。按照每个自然保护区所保护的主要自然地理景观差异，可以将其划分为森林、湿地和草原草甸等，并进行分组。其中，自然保护区数据截至 2015 年底。

根据 "3.1.2 物种多样性保护价值评估" 内容，参考《国家重点保护野生植物名录》（1998）、《国家重点保护野生动物名录》（1989）、《中国生物多样性红色名录——高等植物卷》（环境保护部和中国科学院，2013）、《中国生物多样性红色名录——脊椎动物卷》（环境保护部和中国科学院，2015）、各省区的省重点保护野生动植物名录，以及动植物志和野生动植物分类专业网站信息，对每个物种不同属性进行分级赋值，计算其保护重要值。

然后根据已经整理得到的各个自然保护区野生动植物名录和每个物种的保护重要值，计算得到各个自然保护区野生植物多样性保护价值指数、野生动物多样性保护价值指数等。各自然保护区所在自然保护地理单元参照了中国自然保护综合地理区划方案（郭子良和崔国发，2014）。

3.2.2.2 华北暖温带区域物种多样性保护价值

对华北暖温带区域的自然保护区物种多样性保护价值进行评估，不同自然保护区的野生植物和野生动物多样性保护价值指数如表 3-20 和表 3-21 所示。以保护森林为主的自然保护区野生植物多样性保护价值指数普遍较高，其中河北小五台山国家级自然保护区最高，为 46.70，而且其维管束植物种数高达 1305 种。以保护湿地为主的自然保护区野生植物多样性保护价值指数较低，均低于 20，排在最后；但是其野生动物多样性保护价值指数均较高，普遍高于 50，其中河北曹妃甸湿地和鸟类省级自然保护区最高，为 52.89。而以草原草甸为主的自然保护区野生植物多样性和野生动物多样性保护价值指数多处于中等水平。珍稀濒危野生植物种类在各个自然保护区均很少，特别是以湿地为主的自然保护区，均不超过 1 种。而珍稀濒危野生动物种类在不同自然保护区均有一定数量，但以保护湿地为主的自然保护区普遍高于其他类型，且其珍稀濒危野生动物多样性保护价值指数也较高；河北南大港湿地自然保护区最高，V_{AT} 为 40.25。

不同自然保护地理区的自然保护区物种多样性保护价值存在巨大差异。其中野生植物多样性保护价值指数较高的自然保护区主要集中在太行山东麓栽培植被与落叶阔叶林区和太行山南段山地落叶阔叶林与湿地区等太行山山地。但野生动物多样性保护价值指数较高的自然保护区多分布于海河平原栽培植被与湿地区，该地理区的自然保护区均以保护湿地为主。此外，辽西冀北山地落叶阔叶林区的辽宁大黑山和辽宁努鲁儿虎山国家级自然保护区、晋北中山落叶阔叶林与草原区的河北驼梁和山西芦芽山国家级自然保护区野生动物多样性保护价值指数也较高，均超过了 40。

此外，在不同自然保护地理区，自然地理景观一致的某些省级自然保护区野生植物多样性保护价值指数或野生动物多样性保护价值指数高于部分已建国家级自然保护区，如燕山落叶阔叶林区的北京雾灵山省级自然保护区和河北宽城千鹤山省级自然保护区等。评估结果表明，河北辽河源、北京雾灵山、河北摩天岭和河北白草洼等省级自然保护区的野生植物多样性保护价值指数较高，分别为 34.64、33.33、34.31 和 35.01，河北宽城千鹤山、河北曹妃甸湿地和鸟类、河北南大港湿地和河北白洋淀等省级自然保护区的野生动物多样性保护价值指数较高，分别为 41.80、52.89、52.57 和 42.93，超过了很多国家级自然保护区，应予以优先保护。

表 3-20 华北暖温带区域自然保护区野生植物和野生动物多样性保护价值指数

Tab. 3-20 The conservation value index of wild plant and animal diversity of different nature reserves in north China region

自然地理景观类型	自然保护地理区	自然保护区名称	类型	N_P	V_P	N_{PT}	V_{PT}	N_A	V_A	N_{AT}	V_{AT}
森林	辽西冀北山地落叶阔叶林区	辽宁努鲁儿虎山*	森林生态	866	33.91	5	5.66	323	43.55	37	23.58
		辽宁大黑山*	森林生态	792	33.48	4	4.90	352	47.91	50	29.87
		辽宁白狼山*	森林生态	799	33.02	5	5.66	198	31.76	19	13.71
		辽宁虹螺山*	森林生态	783	32.83	8	7.21	197	31.89	18	14.00
		辽宁海棠山*	森林生态	729	31.64	7	7.21	226	37.20	36	24.25
	七老图山落叶阔叶林与草原区	河北辽河源	森林生态	831	34.64	5	6.00	241	39.18	37	24.49
		河北北大山	森林生态	715	32.30	5	6.00	213	36.78	33	23.75
	燕山落叶阔叶林区	北京松山*	森林生态	740	34.07	7	10.39	167	29.10	19	15.10
		北京雾灵山	森林生态	680	33.33	7	10.20	165	30.02	21	16.97
		河北青龙都山	森林生态	691	32.30	6	6.63	203	33.27	28	20.49
		辽宁青龙河*	森林生态	730	32.08	4	5.29	193	34.73	27	20.88
		北京喇叭沟门	森林生态	622	29.97	4	5.29	152	30.35	24	19.08
		河北六里坪猕猴	森林生态	604	29.78	4	5.29	206	36.46	28	22.09
		河北宽城都山	森林生态	545	28.37	5	6.00	205	36.73	28	22.63
		河北宽城千鹤山	野生动物	572	28.32	4	5.29	221	41.80	33	28.28
		天津八仙山*	森林生态	510	26.85	2	4.00	189	30.38	23	16.00
	晋北中山落叶阔叶林与草原区	河北驼梁*	森林生态	843	36.77	6	6.63	283	48.15	44	33.41
		山西灵空山*	森林生态	811	34.60	6	7.75	215	39.01	33	25.61
		山西芦芽山*	野生动物	651	30.97	3	4.90	299	44.38	40	28.21
		河北银河山	森林生态	613	30.40	2	4.00	175	32.37	23	19.18
		河北漫山	森林生态	480	27.18	5	8.00	168	31.72	22	19.18

（续）

自然地理景观类型	自然保护地理区	自然保护区名称	类型	N_P	V_P	N_{PT}	V_{PT}	N_A	V_A	N_{AT}	V_{AT}
森林	太行山东麓栽培植被与落叶阔叶林区	河北小五台山*	森林生态	1305	46.70	9	14.56	150	33.78	23	25.30
		河北青崖寨*	森林生态	847	42.68	5	23.24	187	32.45	27	19.70
		北京百花山*	森林生态	821	37.84	11	14.97	172	31.80	14	19.80
		河北摩天岭	森林生态	775	34.31	6	6.63	177	33.78	23	22.09
		河北金华山-横岭子褐马鸡	野生动物	672	31.95	6	6.63	150	32.95	22	24.00
		河北三峰山	森林生态	676	31.84	4	5.29	161	29.36	19	16.73
		北京云蒙山	森林生态	514	27.29	2	4.00	123	26.80	13	16.49
		河北大茂山	森林生态	413	24.49	2	3.46	118	23.09	14	11.31
	太行山南段山地落叶阔叶林与湿地区	山西蟒河猕猴*	野生动物	773	35.10	6	8.49	280	41.70	33	25.14
草原草甸	燕山落叶阔叶林区	河北白草洼	草原草甸	7083	35.01	6	10.00	207	32.74	29	18.97
		河北滦河源草原与草甸生态系统	草原草甸	682	31.35	6	8.25	101	24.06	16	14.97
		河北红松洼*	草原草甸	517	27.89	3	8.94	267	43.31	42	28.57
		河北御道口	草原草甸	495	27.33	3	6.93	196	39.32	36	28.35
湿地	海河平原栽培植被与湿地区	河北曹妃甸湿地和鸟类	内陆湿地	217	16.09	0	0.00	297	52.89	55	39.24
		河北衡水湖*	内陆湿地	285	18.63	1	2.00	339	52.86	58	36.93
		河北南大港湿地	内陆湿地	216	16.03	1	2.00	276	52.57	53	40.25
		天津古海岸与湿地*	海洋海岸	194	15.30	1	2.00	271	50.57	45	36.82
		河北白洋淀	内陆湿地	324	19.95	0	0.00	220	42.93	33	29.73

注：N_P 为被评估维管束植物种数，V_P 为野生植物多样性保护价值指数，N_{PT} 为被评估珍稀濒危维管束植物种数，V_{PT} 为珍稀濒危野生植物多样性保护价值指数；N_A 为被评估陆生脊椎动物种数，V_A 为野生动物多样性保护价值指数，N_{AT} 为珍稀濒危陆生脊椎动物种数，V_{AT} 为被评估珍稀濒危野生动物多样性保护价值指数（下同）。

* 国家级自然保护区（下同）。

表 3-21 华北暖温带区域自然保护区陆生脊椎动物各类群保护价值指数
Tab. 3-21 The conservation value index of various groups of terrestrial vertebrate of each nature reserve in north China region

自然保护区名称	两栖动物		爬行动物		鸟类		哺乳动物		陆生脊椎动物	
	物种数	保护价值指数	物种数	保护价值指数	物种数	保护价值指数	物种数	保护价值指数	物种数	保护价值指数
河北曹妃甸湿地和鸟类	2	2.83	5	6.00	273	51.92	17	7.55	297	52.89
河北衡水湖*	6	4.69	11	9.80	302	51.09	20	8.12	339	52.86

（续）

自然保护区名称	两栖动物		爬行动物		鸟类		哺乳动物		陆生脊椎动物	
	物种数	保护价值指数	物种数	保护价值指数	物种数	保护价值指数	物种数	保护价值指数	物种数	保护价值指数
河北南大港湿地	2	2.83	4	4.47	258	51.98	12	5.83	276	52.57
天津古海岸与湿地*	5	4.47	9	7.87	242	49.34	15	6.40	271	50.57
河北驼梁*	5	4.69	15	10.30	234	44.51	29	14.46	283	48.15
辽宁大黑山*	5	4.47	14	8.49	295	45.27	38	12.41	352	47.91
山西芦芽山*	4	4.24	10	7.21	247	40.40	38	16.37	299	44.38
辽宁努鲁儿虎山*	5	4.47	14	8.49	267	41.02	37	11.05	323	43.55
河北红松洼*	5	4.90	15	9.06	220	40.87	27	10.00	267	43.31
河北白洋淀	3	3.16	11	9.17	192	41.32	14	6.48	220	42.93
河北宽城千鹤山	3	4.00	11	7.87	177	38.63	30	13.30	221	41.80
山西蟒河猕猴*	11	13.34	16	10.58	211	34.44	42	16.22	280	41.70
河北御道口	4	4.00	10	6.48	154	34.47	28	17.32	196	39.32
河北辽河源	4	4.24	15	10.30	192	34.94	30	13.78	241	39.18
山西灵空山*	5	4.69	12	8.94	164	33.96	34	16.34	215	39.01
辽宁海棠山*	6	4.69	15	8.83	171	34.32	34	10.30	226	37.20
河北北大山	4	4.24	11	8.37	165	32.74	33	13.89	213	36.78
河北宽城都山	3	3.74	13	9.06	157	32.33	32	14.42	205	36.73
河北省六里坪猕猴	3	3.74	13	9.06	158	32.39	32	13.56	206	36.46
辽宁青龙河*	3	4.00	12	9.90	156	31.91	22	8.60	193	34.73
河北小五台山*	4	4.00	12	8.60	98	27.80	36	16.67	150	33.78
河北摩天岭	3	4.00	13	9.06	134	29.09	27	14.04	177	33.78
河北青龙都山	4	4.00	12	8.12	153	28.50	34	14.59	203	33.27
河北金华山-横岭子褐马鸡	4	4.24	11	8.00	102	27.09	33	16.43	150	32.95
河北白草洼	4	4.24	15	10.10	154	27.40	34	14.18	207	32.74
河北青崖寨*	4	4.24	13	9.70	146	28.25	24	11.96	187	32.45
河北银河山	4	4.24	15	9.70	130	27.28	26	13.86	175	32.37
辽宁虹螺山*	5	4.47	10	6.63	152	28.67	30	11.45	197	31.89
北京百花山*	6	5.10	7	6.32	133	27.60	26	13.53	172	31.80
辽宁白狼山*	5	4.47	12	8.00	152	28.74	29	9.95	198	31.76
河北漫山	3	4.00	14	9.59	129	26.87	22	13.27	168	31.72
天津八仙山*	7	5.48	17	12.00	138	25.18	27	10.72	189	30.38
北京喇叭沟门	3	4.00	13	9.80	106	25.85	30	11.87	152	30.35
北京雾灵山	2	3.46	13	9.38	118	24.12	32	14.80	165	30.02
河北三峰山	4	4.00	14	9.27	115	23.69	28	14.11	161	29.36
北京松山*	2	3.46	15	9.59	120	24.86	30	11.18	167	29.10
北京云蒙山	2	3.46	12	8.49	87	21.73	22	12.73	123	26.80
河北滦河源草原与草甸生态系统	3	3.74	2	2.45	79	22.61	17	6.93	101	24.06
河北大茂山	4	4.24	10	7.62	79	19.05	25	9.70	118	23.09

3.2.2.3 东北温带区域物种多样性保护价值

东北温带区域的自然保护区野生植物和野生动物多样性保护价值指数评估结果如表 3-22 和表 3-23 所示。野生植物多样性保护价值指数较高的自然保护区多以保护森林为主，部分以保护湿地为主。其中，除吉林长白山和吉林松花江三湖国家级自然保护区外，其他自然保护区野生植物多样性保护价值指数均低于 40。以保护湿地和草原草甸为主的自然保护区野生植物多样性保护价值指数相对较低，但其野生动物多样性保护价值指数较高。吉林松花江三湖国家级自然保护区野生动物多样性保护价值指数最高，为 57.11；而其野生动物种数低于吉林莫莫格国家级自然保护区。此外，该区域不同自然保护区珍稀濒危野生动植物多样性，及其保护价值的变化也较明显。其中，吉林长白山和吉林松花江三湖国家级自然保护区的珍稀濒危野生植物种类均超过 19 种，其保护价值也较高；但许多以保护湿地为主的自然保护区珍稀濒危野生植物种类很少。而该区域自然保护区内珍稀濒危野生动物种类普遍超过 30 种，不同类型自然保护区之间差别不明显。在野生动物多样性保护价值指数较高的自然保护区，其珍稀濒危野生动物多样性保护价值指数同样较高，如吉林松花江三湖国家级自然保护区，其指数分别为 57.11 和 44.54。

表 3-22 东北温带区域自然保护区野生植物和野生动物多样性保护价值指数

Tab. 3-22 The conservation value index of wild plant and animal diversity of different nature reserves in northeast China region

自然地理景观类型	自然保护地理区	自然保护区名称	类型	N_P	V_P	N_{PT}	V_{PT}	N_A	V_A	N_{AT}	V_{AT}
森林	大兴安岭北段落叶针叶林区	黑龙江岭峰	森林生态	612	28.20	7	7.48	250	38.92	41	24.41
		黑龙江中央站黑嘴松鸡*	野生动物	588	27.69	11	8.72	324	49.26	61	35.33
		内蒙古汗马*	森林生态	526	26.34	6	6.63	265	42.98	49	29.87
		黑龙江盘中	森林生态	414	23.11	5	6.32	238	39.34	43	26.38
		黑龙江北极村	森林生态	414	22.87	4	5.29	226	41.63	51	31.56
	大兴安岭南段森林草原区	内蒙古乌兰坝*	森林生态	824	32.57	5	6.32	296	47.30	50	32.80
		内蒙古青山*	森林生态	528	25.57	2	3.46	221	41.30	41	29.93
	小兴安岭北部针阔混交林区	黑龙江胜山*	森林生态	726	30.63	12	9.17	282	44.65	51	31.56
		黑龙江友好*	内陆湿地	634	28.91	11	8.94	285	46.68	45	33.47
	小兴安岭南部针阔混交林区	黑龙江平顶山	森林生态	724	31.26	12	9.17	253	40.36	39	27.13
		黑龙江太平沟*	森林生态	654	29.17	10	8.72	249	41.22	43	28.07
		黑龙江茅兰沟*	森林生态	626	28.69	11	8.94	268	47.02	48	35.94
		黑龙江朗乡	森林生态	502	25.87	10	8.72	261	44.33	44	32.06
		黑龙江乌马河紫貂	野生动物	482	25.50	10	8.49	281	45.65	51	32.68
		黑龙江丰林*	森林生态	501	25.00	6	6.32	283	46.94	48	35.04
		黑龙江凉水*	森林生态	447	24.56	9	8.49	306	50.16	58	37.31
		黑龙江碧水中华秋沙鸭	野生动物	439	24.31	9	8.49	266	44.63	40	31.69

（续）

自然地理景观类型	自然保护地理区	自然保护区名称	类型	N_P	V_P	N_{PT}	V_{PT}	N_A	V_A	N_{AT}	V_{AT}
森林	辽河平原栽培植被与草原草甸区	辽宁章古台*	森林生态	492	25.57	5	6.00	237	37.78	30	20.59
	张广才岭-完达山针阔混交林区	黑龙江大峡谷*	森林生态	861	35.26	15	14.00	284	45.71	43	32.43
		吉林黄泥河*	森林生态	711	32.17	12	12.17	208	37.09	32	24.98
		黑龙江小北湖*	森林生态	592	30.92	7	10.77	327	51.43	57	37.68
		黑龙江七星砬子东北虎	野生动物	679	29.75	11	8.94	306	47.69	53	34.53
		黑龙江曙光	野生动物	543	29.09	13	13.42	237	38.73	34	25.14
	长白山阔叶红松林区	吉林长白山*	森林生态	1312	45.19	26	19.49	309	48.86	52	35.10
		吉林松花江三湖*	森林生态	1236	42.81	20	18.55	331	57.11	62	44.54
		黑龙江穆棱东北红豆杉*	野生植物	805	33.12	13	10.95	203	36.19	33	24.17
		吉林珲春东北虎*	野生动物	663	32.28	12	15.10	279	44.81	44	31.11
		黑龙江凤凰山*	森林生态	607	30.46	13	13.27	310	50.18	53	36.99
		吉林汪清*	森林生态	538	29.98	14	14.56	233	39.55	35	25.85
		黑龙江牡丹峰*	森林生态	627	29.85	10	11.31	241	39.89	38	28.00
		黑龙江老爷岭东北虎*	野生动物	550	27.75	12	10.77	238	40.34	38	28.07
	龙岗山针阔混交林区	辽宁老秃顶子*	森林生态	972	38.65	17	16.37	221	37.12	33	24.49
		吉林哈尼*	森林生态	689	32.11	13	13.42	257	40.72	38	26.23
		吉林通化石湖	森林生态	593	31.80	15	17.55	219	34.99	35	20.98
	辽东半岛落叶阔叶林与湿地区	辽宁白石砬子*	森林生态	971	37.54	14	13.42	171	30.59	23	17.66
		辽宁仙人洞*	森林生态	729	33.05	9	12.49	331	42.63	41	22.00
草原草甸	大兴安岭南段森林草原区	内蒙古阿鲁科尔沁草原*	草原草甸	261	17.66	1	2.00	184	40.55	37	29.73
湿地	大兴安岭北段落叶针叶林区	黑龙江绰纳河*	内陆湿地	443	24.74	10	8.49	301	49.98	57	38.37
		黑龙江多布库尔湿地*	内陆湿地	406	22.69	6	6.93	297	49.40	54	37.63
		黑龙江双河*	内陆湿地	394	22.38	5	6.00	221	39.24	45	27.78
	小兴安岭北部针阔混交林区	黑龙江库尔滨河	内陆湿地	424	23.92	7	7.48	271	46.90	50	34.64
		黑龙江大沾河湿地*	内陆湿地	713	30.35	11	8.94	265	46.50	51	34.87
		黑龙江公别拉河	内陆湿地	631	28.64	9	8.25	253	46.11	46	34.53
		黑龙江红星湿地*	内陆湿地	342	21.35	5	6.32	259	44.87	45	33.17
		黑龙江翠北湿地	内陆湿地	850	32.95	13	9.59	217	41.95	41	31.05
		黑龙江山口	内陆湿地	421	22.96	5	6.00	207	39.27	37	28.07

（续）

自然地理景观类型	自然保护地理区	自然保护区名称	类型	N_P	V_P	N_{PT}	V_{PT}	N_A	V_A	N_{AT}	V_{AT}
湿地	小兴安岭北部针阔混交林区	黑龙江乌伊岭湿地*	内陆湿地	707	30.32	12	8.94	311	48.11	54	34.93
		黑龙江细鳞河	内陆湿地	511	26.12	7	7.48	285	46.31	51	33.41
		黑龙江新青白头鹤*	野生动物	730	30.40	10	8.49	291	46.18	51	32.86
	松嫩平原外围蒙古栎、草原草甸区	吉林波罗湖湿地*	内陆湿地	187	14.73	1	2.00	169	40.51	29	30.46
	松嫩平原栽培植被与草原草甸区	吉林莫莫格*	内陆湿地	332	20.07	2	3.46	334	52.88	53	38.11
		黑龙江扎龙*	野生动物	436	23.07	4	4.90	314	52.32	50	38.83
		黑龙江乌裕尔河*	内陆湿地	431	22.56	1	2.00	314	52.28	50	38.83
		吉林查干湖*	内陆湿地	402	22.20	2	3.46	273	51.32	46	39.09
		黑龙江明水*	内陆湿地	452	23.19	3	4.47	271	45.61	37	31.43
	辽河平原栽培植被与草原草甸区	辽宁辽河口*	野生动物	124	12.45	1	2.00	302	52.37	47	38.26
	穆棱-三江平原湿地、草甸区	黑龙江兴凯湖*	内陆湿地	670	29.50	10	8.25	283	50.05	57	38.11
		黑龙江黑瞎子岛	内陆湿地	453	24.06	8	7.21	274	48.15	48	35.38
		黑龙江东方红湿地*	内陆湿地	683	30.00	11	8.72	274	46.11	47	33.29
		黑龙江三环泡*	内陆湿地	402	22.34	5	5.29	258	45.78	36	31.75
		黑龙江三江*	内陆湿地	470	24.52	6	6.32	215	44.34	44	34.70
		黑龙江珍宝岛*	内陆湿地	385	22.65	7	7.21	228	42.10	37	30.79
	张广才岭-完达山针阔混交林区	黑龙江大佳河	内陆湿地	486	25.08	6	6.63	322	55.49	63	43.77
		吉林雁鸣湖*	内陆湿地	819	34.83	14	14.70	324	50.40	53	35.72
		黑龙江镜泊湖	内陆湿地	754	32.77	14	13.56	289	49.96	52	38.47
	长白山阔叶红松林区	吉林龙湾*	内陆湿地	412	25.55	9	12.17	235	39.65	36	26.31
	辽东半岛落叶阔叶林与湿地区	辽宁蛇岛老铁山*	野生动物	560	28.34	4	7.75	331	51.27	59	36.33

表 3-23　东北温带区域自然保护区陆生脊椎动物各类群保护价值指数

Tab. 3-23　The conservation value index of various groups of terrestrial vertebrate of each nature reserve in northeast China region

自然保护区名称	两栖动物		爬行动物		鸟类		哺乳动物		陆生脊椎动物	
	物种数	保护价值指数	物种数	保护价值指数	物种数	保护价值指数	物种数	保护价值指数	物种数	保护价值指数
吉林松花江三湖 *	13	8.25	11	8.00	255	48.76	52	27.40	331	57.11
黑龙江大佳河	8	5.66	9	7.07	251	49.75	54	22.85	322	55.49
吉林莫莫格 *	5	4.69	7	6.32	297	51.69	25	7.87	334	52.88
辽宁辽河口 *	4	3.74	10	7.62	266	50.81	22	9.43	302	52.37
黑龙江扎龙 *	6	4.24	6	6.00	265	50.77	37	10.25	314	52.32
黑龙江乌裕尔河 *	6	3.74	6	5.83	265	50.79	37	10.25	314	52.28
黑龙江小北湖 *	11	6.78	12	8.00	255	43.98	49	24.52	327	51.43
吉林查干湖 *	4	3.74	5	5.66	239	50.23	25	8.06	273	51.32
辽宁蛇岛老铁山 *	4	3.46	10	10.58	301	49.64	16	6.40	331	51.27
吉林雁鸣湖 *	12	6.63	13	8.12	251	44.35	48	21.52	324	50.40
黑龙江凤凰山 *	7	4.24	9	6.93	246	43.21	48	24.19	310	50.18
黑龙江凉水 *	5	4.24	7	5.29	251	45.84	43	19.21	306	50.16
黑龙江兴凯湖 *	7	5.10	7	6.63	231	47.56	38	13.15	283	50.05
黑龙江绰纳河 *	7	5.10	7	4.90	234	45.76	53	18.81	301	49.98
黑龙江镜泊湖	11	6.93	14	8.00	216	41.06	48	26.42	289	49.96
黑龙江多布库尔湿地 *	6	4.24	6	4.69	232	45.14	53	19.03	297	49.40
黑龙江中央站黑嘴松鸡 *	7	4.00	9	6.63	255	45.39	53	17.52	324	49.26
吉林长白山 *	9	7.07	12	6.93	232	39.08	56	27.60	309	48.86
黑龙江黑瞎子岛	6	4.00	8	6.63	224	43.84	36	18.33	274	48.15
黑龙江乌伊岭湿地 *	9	6.00	12	6.78	240	43.66	50	18.08	311	48.11
黑龙江七星砬子东北虎	9	5.29	11	7.87	234	42.33	52	19.80	306	47.69
内蒙古乌兰坝 *	4	4.00	10	6.48	238	43.99	44	15.62	296	47.30
黑龙江茅兰沟 *	7	4.24	10	7.21	198	41.76	53	19.92	268	47.02
黑龙江丰林 *	9	6.16	10	7.21	205	38.90	59	24.49	283	46.94
黑龙江库尔滨河	8	5.66	9	6.93	210	42.36	44	18.06	271	46.90
黑龙江友好 *	8	5.66	11	7.35	220	42.13	46	17.83	285	46.68
黑龙江大沾河湿地 *	6	4.69	8	6.78	202	40.56	49	21.19	265	46.50
黑龙江细鳞河	9	6.00	11	6.63	219	41.06	46	19.47	285	46.31
黑龙江新青白头鹤 *	8	5.10	10	6.32	223	41.45	50	18.68	291	46.18
黑龙江东方红湿地 *	7	4.69	7	6.32	216	41.09	44	19.39	274	46.11
黑龙江公别拉河	7	4.24	9	6.93	191	41.74	46	17.83	253	46.11
黑龙江三环泡 *	6	3.74	5	4.00	217	44.25	30	10.39	258	45.78

（续）

自然保护区名称	两栖动物		爬行动物		鸟类		哺乳动物		陆生脊椎动物	
	物种数	保护价值指数	物种数	保护价值指数	物种数	保护价值指数	物种数	保护价值指数	物种数	保护价值指数
黑龙江大峡谷*	10	5.66	13	7.07	210	38.70	51	22.56	284	45.71
黑龙江乌马河紫貂	9	5.48	10	6.32	216	40.44	46	19.47	281	45.65
黑龙江明水*	6	3.74	6	6.00	227	44.01	32	9.64	271	45.61
黑龙江红星湿地*	9	6.16	11	7.48	194	39.99	45	17.89	259	44.87
吉林珲春东北虎*	12	7.21	13	8.25	205	35.44	49	25.14	279	44.81
黑龙江胜山*	9	6.16	11	7.48	214	39.32	48	18.81	282	44.65
黑龙江碧水中华秋沙鸭	8	5.48	7	5.29	210	41.74	41	13.86	266	44.63
黑龙江三江*	5	3.46	5	6.00	168	37.83	37	22.07	215	44.34
黑龙江朗乡	8	5.66	11	7.48	197	38.82	45	19.24	261	44.33
内蒙古汗马*	6	4.69	4	3.46	204	38.14	51	18.92	265	42.98
辽宁仙人洞*	11	7.07	16	9.06	267	39.00	37	12.81	331	42.63
黑龙江珍宝岛*	8	4.90	8	6.63	171	36.37	41	19.52	228	42.10
黑龙江翠北湿地	8	5.29	9	7.07	163	37.12	37	17.44	217	41.95
黑龙江北极村	5	3.46	5	4.24	181	37.23	35	17.80	226	41.63
内蒙古青山*	5	4.47	6	4.69	177	38.42	33	13.71	221	41.30
黑龙江太平沟*	7	4.00	10	7.21	186	36.19	46	17.92	249	41.22
吉林哈尼*	11	6.63	10	6.32	193	35.38	43	17.94	257	40.72
内蒙古阿鲁科尔沁草原*	2	2.00	2	2.83	150	37.93	30	13.89	184	40.55
吉林波罗湖湿地*	7	5.10	7	4.90	137	39.34	18	6.56	169	40.51
黑龙江平顶山	7	4.00	8	5.66	193	34.77	45	19.29	253	40.36
黑龙江老爷岭东北虎*	9	5.83	10	7.07	176	31.76	43	23.11	238	40.34
黑龙江牡丹峰*	11	6.48	11	7.07	171	30.51	48	23.83	241	39.89
吉林龙湾*	12	7.21	11	7.48	170	33.85	42	17.83	235	39.65
吉林汪清*	6	5.66	8	5.83	190	32.74	29	20.64	233	39.55
黑龙江盘中	5	3.46	3	3.46	195	34.80	35	17.69	238	39.34
黑龙江山口	7	4.90	5	5.48	159	35.40	36	15.33	207	39.27
黑龙江双河*	6	4.24	7	5.10	180	34.91	28	16.64	221	39.24
黑龙江岭峰	4	2.83	3	2.83	202	34.44	41	17.69	250	38.92
黑龙江曙光	9	6.00	10	6.32	176	34.74	42	14.73	237	38.73
辽宁章古台*	5	4.47	5	4.24	189	35.54	38	11.22	237	37.78
辽宁老秃顶子*	8	6.00	11	6.93	158	31.70	44	17.00	221	37.12
吉林黄泥河*	10	6.32	8	5.66	148	29.63	42	20.64	208	37.09
黑龙江穆棱东北红豆杉*	10	6.32	11	7.48	141	30.69	41	16.49	203	36.19
吉林通化石湖	10	6.93	9	6.16	158	29.36	42	16.61	219	34.99
辽宁白石砬子*	10	7.07	9	5.83	126	24.92	26	15.20	171	30.59

东北温带区域不同自然保护地理区内自然保护区的物种多样性保护价值也存在较大差异。其中野生植物多样性保护价值指数较高的自然保护区主要集中在纬度较低的龙岗山针阔混交林区和辽东半岛落叶阔叶林与湿地区等地。但野生动物多样性保护价值指数较高的自然保护区多分布于张广才岭-完达山针阔混交林区、松嫩平原栽培植被与草原草甸区和穆棱-三江平原湿地草甸区等地，其指数多高于45。而长白山阔叶红松林区内自然保护区野生植物多样性和野生动物多样性保护价值指数均很高，其珍稀濒危物种多样性保护价值也较高。

在很多自然保护地理区内，某些省级自然保护区野生植物多样性保护价值指数或野生动物多样性保护价值指数也高于已建国家级自然保护区，如大兴安岭北段落叶针叶林区的黑龙江峰岭省级自然保护区和张广才岭-完达山针阔混交林区的黑龙江大佳河省级自然保护区等。评估结果表明，该区域黑龙江镜泊湖（V_P 为 32.77，V_A 为 49.96）和黑龙江七星砬子东北虎（V_P 为 29.75，V_A 为 47.69）省级自然保护区的野生植物和野生动物多样性保护价值指数均较高，黑龙江岭峰、黑龙江平顶山和黑龙江翠北湿地等省级自然保护区的野生植物多样性保护价值指数较高，分别为 28.20、31.26 和 32.95，黑龙江库尔滨河、黑龙江公别拉河、黑龙江黑瞎子岛、黑龙江大佳河和黑龙江乌马河紫貂等省级自然保护区的野生动物多样性保护价值指数较高，分别为 46.90、46.11、48.15、55.49 和 45.65，超过了很多国家级自然保护区，应予以优先保护。

3.3 小结

（1）通过对已有自然保护区保护价值和保护优先性的评价指标和评估方法的对比，以及案例分析，本研究提出了从自然保护区的生态系统、物种多样性和遗传种质资源三方面量化评估自然保护区生物多样性保护价值的数学模型和方法。该方法主要选择了典型性、稀有性和自然性 3 项指标来量化评价植被斑块的保护重要值，然后依据自然保护区的植被分布数据和完整性，评估自然保护区生态系统保护价值；选择了濒危性、特有性和保护等级 3 项指标来量化评价野生动植物的保护重要值，再依据自然保护区物种名录，评估自然保护区物种多样性保护价值；选择了分类独特性、近缘程度和濒危性 3 项指标来量化评价野生动植物遗传种质资源的保护重要值，再依据自然保护区物种名录，评估自然保护区遗传种质资源保护价值。

（2）通过对内蒙古青山和吉林长白山国家级自然保护区的案例研究发现，吉林长白山自然保护区在各个方面的保护价值均要显著高于内蒙古青山自然保护区，特别是在生态系统保护价值和珍稀濒危植物多样性保护价值方面。吉林长白山自然保护区生态系统保护价值指数和珍稀濒危野生植物多样性保护价值指数分别为 656.39 和 19.49，但内蒙古青山自然保护区其指数分别仅有 90.93 和 3.46。通过案例研究表明，此方法的评估结果能够很好地反映自然保护区生物多样性及其各个层次和类群的保护价值，识别其生态系统和物种多样性等的保护优先性，确定其保护优先序列，为保护区布局和管理决策等提供科学依据。

（3）自然保护区物种多样性保护价值评估的案例研究表明，许多省级自然保护区的物种多样性保护价值要明显高于相同自然保护地理区内已建国家级自然保护区。我国现有国家级自然保护区体系应开展"自上而下"的优化布局，提高其保护有效性。华北暖温带区域自然保护区物种多样性保护价值的评估结果表明，河北曹妃甸湿地和鸟类、河北南大港湿地、河北辽河源、河北宽城千鹤山和北京雾灵山等省级自然保护区的物种多样性保护价值较高，可推荐优先晋级国家级。东北温带区域自然保护区物种多样性保护价值的评估结果表明，黑龙江镜泊湖、黑龙江大佳河、黑龙江翠北湿地、黑龙江黑瞎子岛、黑龙江平顶山和黑龙江岭峰等省级自然保护区的物种多样性保护价值较高，可推荐优先晋级国家级。

（4）本研究提出了一种定量评估自然保护区生物多样性保护价值的数学模型和方法。但受数据来源等影响，在珍稀濒危物种多样性保护价值指数计算过程中目前无法确定自然保护区内珍稀濒危物种的种群数量，而其种群数量的差异将直接影响自然保护区保护价值的高低，在未来条件允许情况下评估时应考虑自然保护区内珍稀濒危物种种群数量的变化。而保护对象相对独特的自然保护区，其生境的不可替代性较高，这些保护对象成为了该自然保护区内生境保护的旗舰种。应从其旗舰种的保护重要值、种群个体数量和生境重要性等方面评估自然保护区旗舰种保护价值，计算公式为 $V_F = V \times H_R \times Q_R$，$V_F$ 为自然保护区内旗舰种保护价值指数，V 为自然保护区内旗舰种的保护重要值，H_R 为自然保护区内旗舰种的生境重要性，Q_R 为自然保护区内旗舰种的种群个体相对数量；其评估结果可与具有相同保护对象的保护区进行比较，确定其保护优先性。

（5）本研究中所用野生动植物分布数据以各个自然保护区公开的野生动植物名录为依据，主要来自于自然保护区科学考察报告和总体规划。而且在物种名录整理过程中，未考虑各项资料之间的出版年代差异，可能未包括进一步调查所发现的新物种。但是这些数据误差对分析结果的影响可能是有限的，而且目前许多评估也仅以已知调查数据或公开数据资料为依据，这是通用的方法。而在珍稀濒危物种多样性保护价值指数计算过程中无法确定自然保护区内珍稀濒危物种的种群数量，所以很多国家级自然保护区珍稀濒危野生动物多样性保护价值指数差别不大。此外，被评估自然保护区的主要保护目标物种种类对自然保护区完整性系数计算过程中面积有效性指数有很大影响。

（6）通过数学模型能够避免人为因素对评估结果的影响，体现了评估的科学性和合理性。此外，依据得到的自然保护区生物多样性不同方面保护价值的高低，可以确定不同自然保护区的管理目标和类型等，如珍稀濒危野生植物多样性保护价值较高，但其他保护价值较低的保护区适宜作为野生植物类型自然保护区和物种管理保护区等。如果参与生物多样性保护价值指数排序的自然保护区较多，可以以最高值为标准值对其保护价值进行标准化处理，然后进行排序，得到保护优先性序列。而需要注意的是参与排序和比较的保护区应处于相同的自然保护地理单元，以便于保护价值的对比分析。

参考文献

Primack R B, 马克平, 蒋志刚. 2014. 保护生物学 [M]. 北京: 科学出版社.

Primack R B, 马克平. 2009. 保护生物学简明教程 [M]. 北京: 高等教育出版社.

郭子良, 崔国发. 2014. 中国自然保护综合地理区划 [J]. 生态学报, 34 (5): 1284-1294.

环境保护部和中国科学院. 2013. 中国生物多样性红色名录——高等植物卷 [R].

环境保护部和中国科学院. 2015. 中国生物多样性红色名录——脊椎动物卷 [R].

李霄宇. 2011. 国家级森林类型自然保护区保护价值评价及合理布局研究 [D]. 北京: 北京林业大学.

马建章, 戎可, 程鲲. 2012. 中国生物多样性就地保护的研究与实践 [J]. 生物多样性, 20 (5): 551-558.

孙锐, 崔国发, 雷霆, 等. 2013. 湿地自然保护区保护价值评价方法 [J]. 生态学报, 33 (6): 1952-1963.

魏永久, 郭子良, 崔国发. 2014. 国内外保护区生物多样性保护价值评价方法研究进展 [J]. 世界林业研究, 27 (5): 37-42.

张恒庆, 张文辉. 2009. 保护生物学 [M]. 北京: 科学出版社.

Brooks T M, Mittermeier R A, Da Fonseca G A, et al. 2006. Global biodiversity conservation priorities [J]. Science, 313 (5783): 58-61.

Butchart S H M, Walpole M, Collen B, et al. 2010. Global biodiversity: Indicators of recent declines [J]. Science, 328 (5982): 1164-1168.

Duelli P, Obrist M K. 2003. Biodiversity indicators: the choice of values and measures [J]. Agriculture, Ecosystems and Environment, 98 (S1-3): 87-98.

Freitag S, Jaarsveld A S V, Biggs H C. 1997. Ranking priority biodiversity areas an iterative conservation value-based approach [J]. Biological Conservation, 82 (3): 263-272.

Jenkins C N, Joppa L. 2009. Expansion of the global terrestrial protected area system [J]. Biological Conservation, 142 (10): 2166-2174.

Mcintosh R P. 1967. An index of diversity and the relation of certain concepts to diversity [J]. Ecology, 48 (3): 392-404.

Nelson E, Mendoza G, Regetz J, et al. 2009. Modeling multiple ecosystem services, biodiversity conservation, commodity production, and tradeoffs at landscape scales [J]. Frontiers in Ecology and the Environment, 7 (1): 4-11.

Pullin A S. 2004. Conservation biology [M]. 贾竞波, 译. 北京: 高等教育出版社.

Rands M R, Adams W M, Bennun L, et al. 2010. Biodiversity conservation: Challenges beyond 2010 [J]. Science, 329 (5997): 1298-1303.

Timonen J, Gustafsson L, Kotiaho J S, et al. 2011. Hotspots in cold climate: Conservation value of woodland key habitats in boreal forests [J]. Biological Conservation, 144 (8): 2061-2067.

Veríssimo A, Júnior C S, Stone S, et al. 1998. Zoning of timber extraction in the Brazilian Amazon [J]. Conservation Biology, 12 (1): 128-136.

Whittaker R H. 1972. Evolution and measurement of species diversity [J]. Taxon, 21 (2/3): 213-251.

第 **4** 章

自然保护区适宜规模确定和功能区划技术

　　19 世纪以来，自然资源短缺、生境破碎化和野生生物灭绝等危机不断加剧（Brooks et al.，2006；Rouget et al.，2006；Jenkins & Joppa，2009）。建立自然保护区已经成为保护自然生态系统、维持生物多样性、维护生态平衡的重要手段和主要方式（Brooks et al.，2006；陈雅涵等，2009；马建章等，2012）。人们正在逐渐认识到自然资源和生物多样性保护管理的重要性（Pimm & Lawton，1998；Balmford et al.，2003；Fabos，2004）。自然保护区作为动植物生境保护的重要措施，无论其大小往往处于强烈影响物种长期生存的景观镶嵌体中，自然保护区的景观组成及其空间格局对于动物种群的动态、植物种子的传播、捕食者与猎物的相互作用、植物群落演替等生态过程产生了重要影响（Stephens et al.，2001；Andam et al.，2013）。

　　目前，还没有办法能够定量地、客观地衡量一个陆地自然保护区范围适宜性的方法。我国自然保护区的面积很少是经过科学计算确定的，普遍认为自然保护区面积越大越好（徐基良等，2006；曾娅杰等，2010）。面积越大的自然保护区能更好地保护物种及其生境，大型草食动物保护区面积一般需大于 $100km^2$ 才能有效保护其种群，大型肉食动物对生存领域需求更大（Balser et al.，1981）。但同时考虑局域种群所需的生境面积、种群生存力和周边斑块的隔离程度等，能更好地解决自然保护区面积大小问题（徐基良等，2006；关博，2013）。目前，自然保护区的面积确定是一个复杂的问题，其受到当地自然和社会经济等多种因素，以及周边斑块质量的影响，尚无明确的标准和依据（Ovaskainen，2002）。自然保护区面积大小的确定主要基于对主要保护对象种群的分析，如种群生存力分析和物种分布模型（SDMs）等（许仲林等，2015）。种群生存力分析主要软件有 GAPPS、INMAT 和 RMETA 等，具有较高的准确性，可将其应用于濒危物种的管理（Brook et al.，2004）。物种分布模型是基于生态位概念，通过物种分布与其对应环境变量之间的相关性，评估目标物种潜在分布区的方法（Xu et al.，2012）。然而，我国人口众多，处于经济快速发展时期，如果自然保护区面积过大会引发自然保护与社区之间的矛盾，因此科学确定自然保护区面积，不仅是有效保护野生动植物和自然生态系统、实现自然保护区科学规划、建设和有效管理的前提，同时关系到社会经济的承受能力（蒋志刚，2005；Xu et al.，2012）。

合理的功能区划是实现自然保护区可持续发展的关键（Liu & Li，2008）。目前我国自然保护区功能区的划分主要参考了世界生物圈保护区（World Biosphere Reserves）的"三区模式"，即核心区（Core area），缓冲区（Buffer zone）和外围过渡区（Transition area），并对不同功能区实行针对性的管理策略，以实现生物多样性的有效保护和社区的可持续发展（王献溥等，1989；Hull，2011）。而我国 1994 年颁布的《中华人民共和国自然保护区条例》中也对以上"三区"的内涵和管理要求进行了规定，成为我国自然保护区功能区划分和管理的重要依据（呼延佼奇等，2014）。此后，研究人员逐渐将物种分布模型（许仲林等，2015；李国庆等，2013；Xu et al.，2012）、景观适宜性分析（Hodgson et al.，2011；陈利顶等，2000）、栖息地分布模型（Li et al.，1999a）、最小费用距离模型（李纪宏和刘雪华，2006）和模糊分类（周崇军，2006；史军义等，1998）等量化计算方法和模型应用到自然保护区功能区划分的实践过程中，对不同类型的自然保护区功能区划分进行了理论探讨（陶晶等，2012；唐博雅和刘晓东，2011；曲艺等，2011；张林艳等，2006；Li et al.，1999b）。但是，目前我国很多自然保护区的功能分区仍然不尽合理，缺少对其管理目标、连通性、最小面积，以及相邻保护区之间协调等重视（郭子良等，2016）。

4.1　自然生态系统类自然保护区范围适宜性评价

4.1.1　自然保护区范围适宜性评价方法

当前，自然保护区适宜面积确定问题正处于困境：一方面迫切需要解决用于指导管理实践；另一方面又由于其复杂性，目前尚未形成一个比较公认的方法。本书基于自然保护区的保护性景观分布和伞护种生境需求等提出了自然保护区范围适宜性评价的方法，实现了自然保护区范围适宜性的定量化判断，可以对相同类型自然保护区范围适宜性指数进行排序，增强自然保护区范围适宜性的可比性。具体步骤如下：

（1）景观类型划分。按照《自然保护区保护成效评估技术导则 第 3 部分：景观保护》（LY/T 2244.3—2014）建立自然保护区景观分类体系，共分 8 个一级类，33 个二级类和 85 个三级类，根据所评估的陆地自然保护区类型，参照上述分类体系划分具体景观类型。

（2）保护性景观和人工干扰性景观类型的确定。根据自然保护区的性质和类型，确定具体的保护性景观和人工干扰性景观类型，保护性景观是指陆地自然保护区主要保护的景观类型，包括自然生态系统和珍稀濒危野生动植物的生境，人工干扰性景观是指对自然生态系统和野生动植物生境造成干扰和破坏的人工景观类型。

（3）制作景观类型空间分布图。利用地理信息系统软件制作自然保护区景观类型空间分布图。

（4）合并相邻保护性景观斑块。在景观类型空间分布图中取消相邻保护性景观图斑之间的分界线，把相邻保护性景观合并形成一个斑块，如果相邻保护性景观类型之间存在铁丝网人工永久性隔离因子，将此类型的相邻保护性景观作为彼此隔离的斑块对待不参与合并。人工干扰性景观的隔离度及处理方式见表4-1。

表4-1　不同类型人工干扰性景观的隔离度及对不相连保护性景观斑块的处理方式

Tab. 4-1　The isolation degree of different types of artificial interferential landscape and the treatment of unconnected protective landscape patches

人工干扰性景观类型	隔离度	处理方式
交通运输用地类型	/	/
铁路用地	隔离	不合并
高速公路	隔离	不合并
一级公路	隔离	不合并
二级公路	隔离	不合并
三级公路	隔离	不合并
四级公路	不隔离	合并
林区公路	不隔离	合并
街巷用地	隔离	不合并
农村道路	不隔离	合并
人工干扰景观类型	隔离	不合并

注：表中公路用地的分级参照公路工程技术标准（JTG B01—2003）。

（5）制作保护性景观镶嵌体空间分布图。对于合并后的保护性景观斑块，如果是由于交通运输用地导致彼此不相连，对不相连的保护性景观斑块做进一步合并处理，将进一步处理后的保护性景观斑块作为保护性景观镶嵌体并制作保护性景观镶嵌体空间分布图，统计各保护性景观镶嵌体的面积及周长，进一步合并处理，主要是考虑到四级公路、林区公路、农村道路等人工干扰性景观类型对保护性景观不形成实质性的隔离，因此，在空间处理上将不相连的保护性景观斑块合并形成以多部分要素形式存在的斑块。

（6）计算保护性景观总体破碎化程度。采用破碎化指数计量保护性景观总体破碎化程度，基于陆地自然保护区保护性景观镶嵌体空间分布图，计算保护性景观总体破碎化指数即 I_F，计算公式如下。

$$I_F = 1 - \sum_{j=1}^{n} (\frac{S_j}{S})^2 \quad \cdots\cdots\cdots\cdots\cdots\cdots\cdots\cdots\cdots\cdots\cdots\cdots (4.1)$$

式中，I_F 为保护性景观总体破碎化指数，介于 0～1 之间，其值越大，保护性景观总体上越趋于破碎，其完整性越差；

S_j 为第 j 个保护性景观镶嵌体的面积；

S 为保护性景观的总面积；

n 为保护性景观镶嵌体的个数。

（7）计算保护性景观边缘效应强度。采用面积加权分形维数即 I_{FD}，计量保护性景观边缘效应强度，计算如下。

$$I_{FD} = \sum_{j=1}^{n} \left(\frac{S_j}{S} \cdot I_{FDj} \right) \quad \cdots\cdots\cdots\cdots\cdots\cdots\cdots\cdots \quad (4.2)$$

$$I_{FDj} = \frac{2\lg (0.25P_j)}{\lg S_j} \quad \cdots\cdots\cdots\cdots\cdots\cdots\cdots\cdots \quad (4.3)$$

式中，I_{FD} 为保护性景观面积加权分形维数，理论值介于 1~2 之间，I_{FD} 值接近 1，表明保护性景观总体形状趋于规则、简单；I_{FD} 值越大，保护性景观总体形状越复杂，表明边缘效应越强，相应地人类活动通过保护性景观镶嵌体边界对自然保护区保护对象的干扰影响程度就越大；

I_{FDj} 为第 j 个保护性景观镶嵌体的分形维数；

S_j 为第 j 个保护性景观镶嵌体的面积；

S 为保护性景观的总面积；

P_j 为第 j 个保护性景观镶嵌体的周长；

n 为保护性景观镶嵌体的个数；

lg 是以 10 为底的对数。

（8）计算保护性景观镶嵌体面积有效性与关键景观类型空间连接程度。

①对于森林生态系统类型自然保护区，计算保护性景观镶嵌体面积有效性，包括伞护种保护面积有效性和典型植被保护面积有效性，通过面积有效性指数计量面积有效性大小，计算如下。

$$I_{AE} = \frac{1}{2} (I_{UE} + I_{VE}) \quad \cdots\cdots\cdots\cdots\cdots\cdots\cdots\cdots \quad (4.4)$$

其中，

$$I_{UE} = \frac{\sum_{j=1}^{m} S_{ej}}{S_T} \quad \cdots\cdots\cdots\cdots\cdots\cdots\cdots\cdots \quad (4.5)$$

$$I_{VE} = \frac{\sum_{j=1}^{m} S'_{ej}}{S_T} \quad \cdots\cdots\cdots\cdots\cdots\cdots\cdots\cdots \quad (4.6)$$

式中，I_{AE} 为保护性景观镶嵌体面积有效性指数，其值介于 0~1 之间，是伞护种保护面积有效性和典型植被保护面积有效性的综合反映；

I_{UE} 为伞护种保护面积有效性指数，反映对维持伞护种最小种群长期生存发挥有效作用的保护性景观镶嵌体的总面积大小；

I_{VE} 为典型植被保护面积有效性指数，反映对抵抗严重火灾、风灾干扰发挥有效作用的保护性景观镶嵌体的总面积大小；

S'_{ej} 为第 j 个对维持伞护种最小种群长期生存发挥有效作用的保护性景观镶嵌体的面积，对维持伞护种最小种群长期生存发挥有效作用的保护性景观镶嵌体是指面积大于等于伞护种最小可存活面积的保护性景观镶嵌体；

S_{ej} 为第 j 个对抵抗严重干扰发挥有效作用的保护性景观镶嵌体的面积，对抵抗严重干扰发挥有效作用的保护性景观镶嵌体是指面积大于等于典型植被受严重干扰后的平均一次性毁林面积；

S_T 为自然保护区的总面积；

m 为发挥有效作用的保护性景观镶嵌体的个数。

②对于草原与草甸、荒漠生态系统类型自然保护区，计算关键景观类型空间连接程度，关键景观类型是指自然保护区中水源等作为关键生境因子的景观类型。采用空间连通性指数即 I_C，计量关键景观类型的空间连接程度，空间连通性指数的计算如下。

$$I_C = \frac{\sum\limits_{j \neq k}^{n} C_{jk}}{n\ (n-1)\ /2} \quad \cdots\cdots\cdots\cdots\cdots\cdots\cdots\cdots\cdots\cdots (4.7)$$

式中，I_C 为关键景观类型连通性指数，计算时需根据自然保护区主要保护的野生动物种类的日活动范围，特别是自然保护区中处于食物链顶端的食肉动物等伞护种，设定日扩散距离 r 作为连通性指数计算的空间尺度，I_C 介于 0~1 之间，其值越大，表明关键景观类型在空间尺度 r 范围内的连通性越强，相应地伞护种在自然保护区中活动扩散的阻力也就越小；I_C 可借助软件 FRAGSTATS 计算，FRAGSTATS 是由美国麻省大学阿默斯特分校开发的、专门用于分析景观空间格局的计算机程序软件，现行版本为 FRAGSTATS v4，软件可通过麻省大学官网免费下载使用。

C_{jk} 为空间尺度 r 范围内，关键景观类型斑块 j 和 k 的连接状态，当 $C_{jk} = 1$，斑块 j 和 k 相连接，当 $C_{jk} = 0$，斑块 j 和 k 不连接；

n 为关键景观类型的斑块个数。

（9）计算自然生态系统类自然保护区范围适宜性指数。

①森林生态系统类型自然保护区范围适宜性指数，采用几何平均法构建，计算方法如下。

$$I_{PV} = \sqrt[3]{(1-I_F)\ (2-I_{FD})\ I_{AE}} \times 100 \quad \cdots\cdots\cdots\cdots\cdots\cdots (4.8)$$

式中，I_{PV} 为自然保护区范围适宜性指数，是景观水平上，自然保护区对伞护种和典型植被保护价值的综合反映，其值介于 0~100 之间，值越大，自然保护区范围适宜性越高；

I_F 为保护性景观总体破碎化指数；

I_{FD} 为保护性景观面积加权分形维数；

I_{AE} 为保护性景观镶嵌体面积有效性指数；

100 为转换常数，乘 100 将 I_{PV} 的值域范围扩增到 0~100 之间。

②草原与草甸、荒漠生态系统类型自然保护区范围适宜性指数，采用几何平均法构建自然保护区范围适宜性指数即 I_{PV} 的计算公式。

$$I_{PV} = \sqrt[3]{\frac{S}{S_T} \cdot \frac{(1-I_F)\ + \ (2-I_{FD})}{2} I_C} \times 100 \quad \cdots\cdots\cdots\cdots (4.9)$$

式中，I_{PV} 为自然保护区范围适宜性指数，介于 0~100 之间，其值越大，自然保护区范围适宜性指数越高；

S 为保护性景观的总面积；

S_T 为自然保护区的总面积；

I_F 为保护性景观总体破碎化指数；

I_{FD} 为保护性景观面积加权分形维数；

I_C 为关键景观类型连通性指数；

100 为转换常数，乘 100 将 I_{PV} 的值域范围扩增到 0~100 之间。

4.1.2　案例分析

以森林生态系统类型自然保护区吉林长白山国家级自然保护区为例，开展自然保护区范围适宜性的评价。

4.1.2.1　自然保护区的景观分类

首先基于自然保护区景观分类体系，结合长白山国家级自然保护区的景观特征，确定长白山国家级自然保护区具体的景观类型：0111 天然林、0112 人工林、0121 天然疏林地、0131 天然灌木林、0142 人工造林未成林、0211 天然草地、0331 永久性淡水湖、0511 裸土地、0531 裸岩石砾地、0631 旱地、0711 果园、0811 商服用地、0823 仓储用地、0842 风景名胜设施用地、0843 公共设施用地、0844 公共用地、0853 特殊用地、0862 公路用地、0863 林区公路、0871 沟渠、0872 水工建筑用地和 0881 设施农用地等 22 种三级景观。

并根据长白山国家级自然保护区的主要保护对象确定保护性景观和人工干扰性景观类型。其中，保护性景观包括：0111 天然林、0112 人工林、0121 天然疏林地、0131 天然灌木林、0142 人工造林未成林地、0211 天然草地和 0331 永久性淡水湖 7 种类型。

4.1.2.2　景观空间分布图制作

基于 2012 年的 ZY-02C 遥感影像数据结合地面调查数据，解译长白山国家级自然保护区景观类型，利用地理信息系统软件 ArcMap 制作景观空间分布图（图 4-1）。

4.1.2.3　保护性景观镶嵌体确定

利用 ArcMap 软件，在景观类型空间分布图中取消相邻保护性景观图斑之间的分界线，把相邻保护性景观合并形成一个斑块。对由林区公路造成不相连的保护性景观斑块做进一步合并处理，生成以多部分要素形式存在的斑块。将进一步处理后的保护性景观斑块作为保护性景观镶嵌体并制作自然

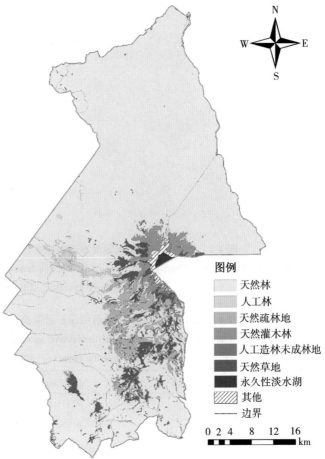

图例
- 天然林
- 人工林
- 天然疏林地
- 天然灌木林
- 人工造林未成林地
- 天然草地
- 永久性淡水湖
- 其他
- 边界

0　2　4　8　12　16
km

图 4-1　吉林长白山国家级自然保护区景观类型空间分布图

Fig. 4-1　The spatial distribution map of landscape types in Changbai mountain national nature reserve, Jilin province

保护区保护性景观镶嵌体空间分布图（图4-2）；统计各保护性景观镶嵌体面积及周长（表4-2）。

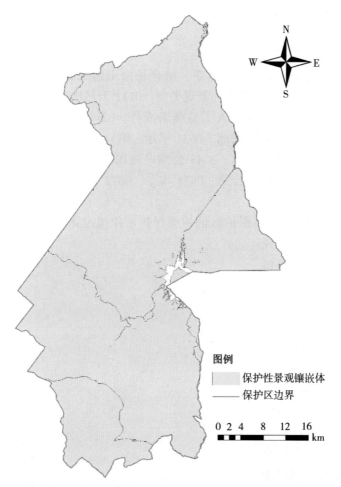

图 4-2 吉林长白山国家级自然保护区保护性景观镶嵌体空间分布图

Fig. 4-2 The spatial distribution map of protective landscape mosaic in Changbai mountain national nature reserve, Jilin province

表 4-2 吉林长白山国家级自然保护区保护性景观镶嵌体面积及周长

Tab. 4-2 The area and perimeter of protective landscape mosaic in Changbai mountain national nature reserve, Jilin province

斑块	面积（hm²）	周长（km）
1	93175.08	217.83
2	61954.70	208.81
3	18421.80	81.66
4	17395.00	77.29
5	986.21	19.19

（续）

斑块	面积（hm²）	周长（km）
6	974. 86	26. 53
7	783. 14	11. 94
8	418. 24	10. 25
9	179. 39	6. 15
10	65. 20	18. 36
11	61. 12	13. 05
12	44. 55	9. 32
13	39. 71	5. 93
14	15. 92	3. 04
15	12. 92	1. 70
16	12. 77	2. 88
17	6. 91	2. 29
18	4. 90	0. 99
19	4. 43	2. 84
20	3. 33	0. 77
21	2. 92	1. 18
22	2. 37	0. 95
23	1. 25	1. 35
24	0. 31	0. 40
25	0. 23	0. 37
26	0. 03	0. 07
汇总	194567. 29	725. 14

4.1.2.4　相关指数计算

计算吉林长白山国家级自然保护区的保护性景观总体破碎化指数、面积加权分形维数和伞护种保护面积有效性指数。

（1）根据公式（4.1），计算保护性景观总体破碎化指数 I_F。

$$I_F = 1 - \sum_{j=1}^{n} \left(\frac{S_j}{S} \right)^2 = 0.66$$

（2）根据公式（4.3），计算保护性景观镶嵌体各斑块的分形维数，再由公式（4.2）计算保护性景观面积加权分形维数 I_{FD}。

$$I_{FD} = \sum_{j=1}^{n} \left(\frac{S_j}{S} \cdot I_{FDj} \right) = 1.06$$

（3）计算吉林长白山国家级自然保护区的保护性景观镶嵌体面积有效性。选取顶级食肉动物东北虎作为长白山国家级自然保护区的伞护种。1 只雄虎、3~4 只雌虎是一个基本繁殖单元，即东北虎最小种群。参考雌虎领域范围 488±166km² 和雄虎领域范围 1205±431km²，维持 3 只雌虎生存的最小面积为 966~1962km²，1 只雄虎的领域覆盖此面积。因此，东北虎的最小可存活面积至少为 966km²。长白山国家级自然保护区中完整的保护性景观镶嵌体的最大面积仅为 931.75km², 根据公式 (4.5), 计算伞护种保护面积有效性指数 I_{UE}。

$$I_{UE} = \frac{\sum_{j=1}^{m} S_{ej}}{S_T} = \frac{0}{196465.00} = 0$$

红松针阔混交林和云冷杉针叶林为长白山国家级自然保护区的典型植被类型，风灾是植被的主要干扰方式，根据以往严重风灾的平均一次性毁林面积，确定 1 万 hm² 为能够抵抗风灾而发挥有效作用的保护性景观镶嵌体面积。根据公式 (4.6)，计算典型植被保护面积有效性指数 I_{VE}。

$$I_{VE} = \frac{\sum_{j=1}^{m} S'_{ej}}{S_T} = \frac{93175.08+61954.70+18421.80+17395.00}{196465.00} = 0.97$$

然后根据公式 (4.4)，计算保护性景观镶嵌体面积有效性指数 I_{AE}。

$$I_{AE} = \frac{1}{2}(I_{UE}+I_{VE}) = \frac{1}{2}(0+0.97) = 0.49$$

4.1.2.5 自然保护区范围有效性指数计算

根据公式 (4.8)，计算吉林长白山国家级自然保护区的范围有效性指数 I_{PV}。

$$I_{PV} = \sqrt[3]{(1-0.66)(2-1.06)\,0.49} \times 100 = 53.90$$

计算结果表明：由于完整的保护性景观镶嵌体的面积不能满足东北虎最小可存活面积的要求，即东北虎保护面积有效性为 0，长白山国家级自然保护区不具备保护伞护种东北虎的范围有效性。自然保护区范围有效性指数仅反映对典型植被保护的范围有效性。

4.2 森林生态系统类型自然保护区最小面积确定技术

4.2.1 自然保护区最小面积确定方法

针对现有方法中的不足，充分考虑植被类型多样性，提出了一种定量化确定森林生态系统类型自然保护区适宜面积的推算方法，特别是从植被类型的角度，在群系及亚群系的尺度上充分考虑了物种生境的多样性。具体步骤如下。

(1) 步骤 1：制作自然保护区设立区域的群系及亚群系空间分布图。通过调查或收集数据，确定自然保护区设立区域的群系及亚群系空间分布，制作群系及亚群系的空间分布图。

(2) 步骤 2：确定自然保护区的中心点或中心区。根据地形特征，结合植被分布规律，确定自然保护区的中心点或中心区。

(3) 步骤 3：自然保护区面积递增方式的构建。采用"巢式取样"法构建面积递增方式。"巢式递增方式"是按一定规则不断扩大取样面积、大样方一定包含小样方的一种递增方式，包括四周递增（如圆式或蛛网式）或单向递增（如矩形式），具体见图 4-3。

(4) 步骤 4：制作群系及亚群系数量与自然保护区面积的散点图。根据步骤 3 中确定的面积递增方式，统计每一面积所对应的群系及亚群系数量，制作面积–群系（或亚群系）数量散点图。

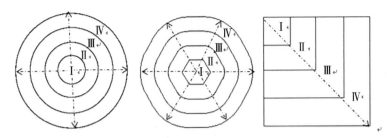

图 4-3 自然保护区面积巢式递增方式示意图

Fig. 4-3 A schematic diagram of increasing area nest in nature reserve

（5）步骤 5：分析群系及亚群系数量随自然保护区面积的变化规律。基于步骤 4 确定散点图，利用最小二乘法分段拟合群系及亚群系数量随面积变化的直线函数 $y=ax+b$（显著性检验 $p<0.05$）。直线方程斜率 a、截距 b 的计算公式如下：

$$a=\frac{n\sum_{i=1}^{n}x_iy_i-\sum_{i=1}^{n}x_i\sum_{i=1}^{n}y_i}{n\sum_{i=1}^{n}X^2-(\sum^{n}X)^2}\ \cdots\cdots\cdots\cdots\cdots\cdots\ (4.10)$$

$$b=\frac{1}{n}\ (\sum_{i=1}^{n}y_i-a\sum_{i=1}^{n}x_i)$$

式中，x_i 为按照一定递增方式的自然保护区的第 i 个取样面积；

y_i 为自然保护区第 i 个取样面积所对应的群系及亚群系数量；

n 为取样总数。通过分析分段拟合的直线函数的斜率 b，判断群系及亚群系数量的变化规律。若斜率 $b>0$，则群系及亚群系数量随面积的增大而增大；若 $b<0$，则群系及亚群系数量随面积的增大而减小；若 $b=0$，群系及亚群系数量不随面积的变化（增大或减小）而变化，即一定面积时，群系及亚群系的数量趋于稳定。

（6）步骤 6：确定分段直线函数斜率趋于 0 时所对应的面积。根据步骤 5 计算的线性函数斜率，找出分段线性函数斜率趋于 0 时所对应的面积，即群系及亚群系数量趋于稳定时的面积。此面积是能够维持植被类型多样性的最小面积——植被保护最小面积（S_{Vmin}）。

（7）步骤 7：确定自然保护区适宜面积。结合自然保护区伞护种或旗舰种生境类型及其最小可存活面积（S_{Smin}），判断确定自然保护区适宜面积。若步骤 6 确定的植被保护最小面积（S_{Vmin}）中可作为伞护种或旗舰种生境的群系或亚群系面积（S_H）不小于最小可存活面积（即 $S_H \geqslant S_{Smin}$），则植被保护最小面积（S_{Vmin}）即是自然保护区的适宜面积；反之，自然保护区适宜面积应在植被保护最小面积（S_{Vmin}）的基础上，继续扩大至 S_H 不小于 S_{Smin} 为止。

4.2.2 案例分析

4.2.2.1 群系空间分布图制作

制作长白山国家级自然保护区群系及亚群系空间分布图。根据长白山国家级自然保护区"森林资源规划设计调查数据"，以小班为单位，确定每个小班的群系及亚群系类型（表 4-3）；制作群系及亚群系空间分布图（图 4-4）。

表 4-3　吉林长白山国家级自然保护区群系及亚群系类型

Tab. 4-3　The formation and subformation in Changbai mountain national nature reserve，Jilin province

植被型组	植被型	编号	群系及亚群系
针叶林	寒温性针叶林	1	鱼鳞云杉林
		2	臭冷杉鱼鳞云杉林
		3	红松臭冷杉鱼鳞云杉林
		4	长白落叶松臭冷杉鱼鳞云杉林
		5	长白落叶松林
		6	云冷杉长白落叶松林
		7	鱼鳞云杉长白落叶松林
		8	长白落叶松臭冷杉鱼鳞云杉林红松林
		9	长白落叶松长白松林
		10	臭冷杉鱼鳞云杉林长白松林
	温性针阔混交林	11	柞树椴树红松林
		12	枫桦椴树红松林
		13	长白落叶松椴树红松林
		14	椴树云冷杉红松林
		15	白桦长白落叶松林
		16	杨桦长白落叶松林
		17	岳桦长白落叶松林
		18	落叶树长白落叶松林
		19	落叶树臭冷杉鱼鳞云杉林
		20	岳桦臭冷杉鱼鳞云杉林
		21	云冷杉岳桦林
		22	长白落叶松岳桦林
		23	长白落叶松白桦林
阔叶林	落叶阔叶林	24	大青杨林
		25	山杨林
		26	赤杨白桦林
		27	青杨白桦林
		28	山杨白桦林
		29	水冬瓜赤杨林
		30	钻天柳林
		31	柞树阔叶林

（续）

植被型组	植被型	编号	群系及亚群系
阔叶林	落叶阔叶林	32	榆树水曲柳阔叶林
		33	枫桦阔叶林
		34	枫桦椴树阔叶林
		35	柞树椴树阔叶林
		36	色木枫桦阔叶林
		37	臭冷杉鱼鳞云杉阔叶林
		38	岳桦林
		39	岳桦疏林
灌丛和灌草丛	灌草丛	40	蓝果忍冬灌丛
		41	辽东丁香灌丛
		42	辽东丁香蓝果忍冬灌丛
		43	辽东丁香长白忍冬灌丛
		44	茶藨子灌丛
		45	长白忍冬灌丛
		46	长白忍冬悬钩子灌丛
草甸	草甸	47	杂类草苔草沼泽化草甸
		48	杂类草小叶章草甸
		49	蹄叶橐吾草甸
		50	大叶章草甸
冻原	高山冻原	51	牛皮杜鹃冻原
		52	越橘牛皮杜鹃冻原
		53	高山笃斯牛皮杜鹃冻原
		54	牛皮杜鹃高山桧冻原
		55	牛皮杜鹃宽叶杜香冻原
		56	牛皮杜鹃宽叶仙女木冻原
		57	宽叶仙女木高山笃斯冻原
其他	其他	58	岩石裸露地
		59	农田等其他类型

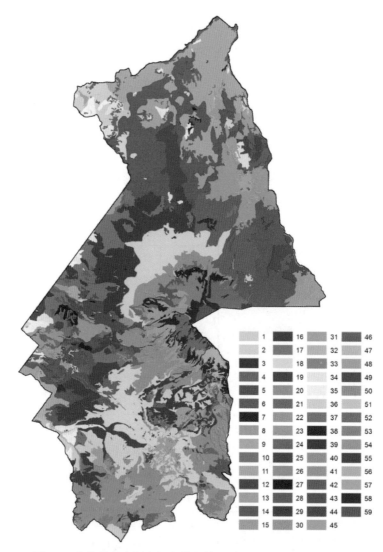

图 4-4 吉林长白山国家级自然保护区群系及亚群系空间分布图

Fig. 4-4 The spatial distribution map of formation and subformation in Changbai mountain national nature reserve, Jilin province

4.2.2.2 中心区确定

根据地形地貌等确定长白山国家级自然保护区的中心区。长白山国家级自然保护区垂直高差近 2000m，海拔介于 720~2691m，自上而下依次形成火山锥体、熔岩高原和熔岩台地三大地貌（图 4-5）。由于地形因素的影响，植被呈现出明显的垂直分布规律，自上而下依次形成高山苔原带（2000m 以上）、高山岳桦林带（1700~2000m）、针叶林带（1100~1700m）及针阔混交林带（720~1100m）。根据长白山地形特征、植被分布及其递变规律，确定长白山天池区域 1km 半径的圆为递增中心区。

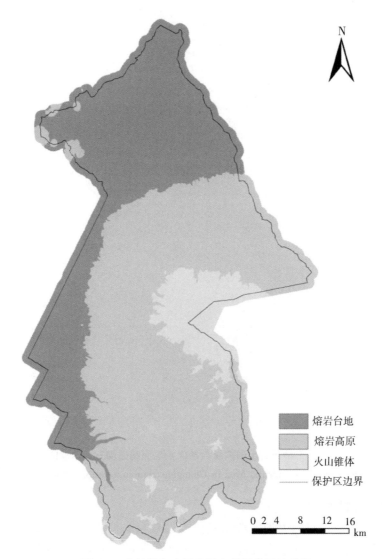

图 4-5　吉林长白山国家级自然保护区地貌图

Fig. 4-5　The geomorphologic map in Changbai mountain national nature reserve, Jilin province

4. 2. 2. 3　递增方式的确定

根据步骤 2 确定的递增中心区，结合长白山国家级自然保护边界特征，选择圆式递增方式，即以长白山天池 1km 半径的圆为递增中心区，以每 1km 的距离（圆环形式）向外扩散构建面积递增方式（图 4-6）。如图 4-6，天池 1km 半径的圆为第 1 递增区；在第 1 递增区的基础上，向外扩散 1km 圆环为第 2 递增区，即第 2 递增区的面积为第 1 递增区的面积与扩算 1km 的圆环面积之和；第 3 递增区是在第 2 递增区的基础上向外扩散 1km 圆环，依次类推。

图4-6 吉林长白山国家级自然保护区面积递增方式示意图

Fig. 4-6 A schematic diagram of incremental area in Changbai mountain national nature reserve, Jilin province

4. 2. 2. 4 散点图制作

制作长白山国家级自然保护区群系及亚群系数量与面积的散点图。根据步骤 3 建立的递增方式，统计每一个递增区内群系及亚群系数量（表 4-4）；制作群系及亚群系数量与面积散点图（图 4-7）。

表 4-4 递增区段对应的自然保护区面积与群系及亚群数量

Tab. 4-4 The number of formation and subformation and area of nature reserve corresponding to incrementing the segment

递增区段	面积（km²）	群系及亚群系数（个）
1	6. 22	3
2	15. 29	7
3	30. 76	10
4	51. 95	12
5	78. 69	18
6	110. 54	20
7	147. 72	21
8	189. 99	22

（续）

递增区段	面积（km²）	群系及亚群系数（个）
9	236.86	23
10	288.28	24
11	344.54	24
12	405.74	25
13	472.09	32
14	542.88	35
15	618.23	38
16	697.43	41
17	777.29	41
18	853.32	43
19	930.17	46
20	1009.82	47
21	1090.17	50
22	1162.64	50
23	1231.75	52
24	1299.57	53
25	1368.39	54
26	1438.14	54
27	1502.69	54
28	1562.11	57
29	1615.95	57
30	1661.96	59
31	1703.11	59
32	1741.59	59
33	1776.39	59
34	1809.44	59
35	1842.14	59
36	1870.94	59
37	1897.70	59
38	1920.88	59
39	1935.11	59
40	1942.89	59
41	1949.65	59
42	1956.05	59
43	1961.73	59
44	1965.03	59
45	1965.73	59

4.2.2.5　最小面积确定

确定长白山国家级自然保护区群系及亚群系数量随面积的变化规律。根据建立的散点图（图4-7），分段拟合群系及亚群系数量随面积变化的直线函数。在1~8递增区，分段直线函数斜率为2.8，群系及亚群系数量增加最快；在9~12递增区，斜率为0.7，群系及亚群系数量增加变缓；在13~27递增区，群系及亚群系数量增加又变快，斜率为1.5；在28~45递增区，斜率为0，群系及亚群系数量不再随面积增加而增加，保持稳定。

在自然保护区面积增加至第30个圆环时，群系及亚群系数量保持稳定，对应面积1615.94km^2，此面积即可确定为长白山国家级自然保护区植被保护最小面积。

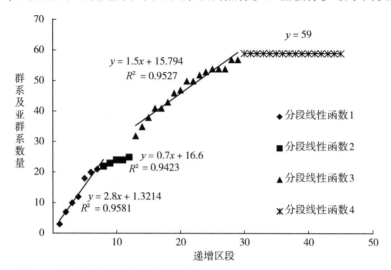

图4-7　吉林长白山国家级自然保护区群系及亚群系数量与面积关系图

Fig. 4-7　The relationship between the number of groups and subgroupand and area in Changbai mountain national nature reserve, Jilin province

4.2.2.6　适宜面积确定

鉴于吉林长白山国家级自然保护区是旗舰种远东豹和东北虎历史分布区，也是其潜在的栖息地，选择东北虎和远东豹两个物种作为长白山国家级自然保护区的伞护种，分析自然保护区面积适宜性。

远东豹主要栖息地为落叶阔叶林以及针阔混交林，最小可存活面积为90km^2。步骤6所确定的植被保护最小面积1615.94km^{2}中，落叶阔叶林（编号38、39不适宜生境除外，38为岳桦林，39为岳桦疏林）及针阔混交林（编号为17、20~22不适宜生境除外，17为岳桦长白落叶松林，20~22分别为岳桦臭冷杉鱼鳞云杉林、云冷杉岳桦林和长白落叶松岳桦林）的群系及亚群系总面积为692.17km^2，该面积远超过远东豹的最小可存活面积。因此，1615.94km^{2}不仅满足远东豹最小可存活面积，而且保障了植被类型多样性，能够为其他物种提供多样的生境类型。就旗舰种远东豹而言，植被保护最小面积1615.94km^{2}是长白山国家级自然保护区的适宜面积（图4-8）。

东北虎的主要栖息地也为落叶阔叶林以及针阔混交林，最小可存活面积为966km^2。步骤6所确定的最小面积1615.94km^{2}中，可作为东北虎生境的落叶阔叶林和针阔混交林（编号 17、20~22、38、39 不适宜生境除外）为 692.17km²，该面积小于东北虎最小可存活面积 966km²。因此，1615.94km² 对于旗舰种东北虎而言，并不是适宜面积。在植被保护最小面积 1615.94km² 基础上，继续扩大至现有自然保护区范围时（1965.73km²），统计能够作为东北虎生境的群系及亚群系的总面积为 941.42km²，该面积小于东北虎最小可存活面积 966km²。因此，目前长白山国家级自然保护区对于保护旗舰种东北虎而言，面积并不适宜。

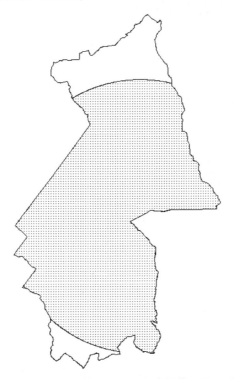

图 4-8　吉林长白山国家级自然保护区适宜面积边界范围图（以远东豹为旗舰种）

Fig. 4-8　The range map of Changbai mountain national nature reserve，

Jilin province with appropriate area（Taking *Panthera pardus orientalis* as the flagship species）

4.3　野生动物类型自然保护区最小面积确定技术

4.3.1　自然保护区最小面积确定的依据

（1）受保护动物生物学信息。结合以往研究或同类研究的科研成果，明确主要保护对象的生物学、生态学、最小有效种群数量、遗传结构、栖息地选择、食物构成、地理分布等与物种相关的基础信息。如果该物种属于信息较为缺乏的珍稀物种，需要首先对其基本生物学和生态学特征开展资源调查或专项调查。

（2）自然环境与自然资源资料。主要包括自然保护区所在地及其周边地区地质地貌、土壤、植被、气候、水文、社会经济等方面的资料，以及天敌种类、能够为动物提供的食物、饮水条件、隐蔽场所类型、受到人为干扰程度等，重点是具有实际或潜在利用价值的生物资源信息及动态变化数据，并制定相应的图片资料。

（3）社会经济资料。主要包括自然保护区所在地及其临近地区的历史与文化古迹分布、人口分布、社会经济状况、土地利用、基础设施分布、规划中可能建设的重点工程情况等方面的资料。

（4）测绘资料。主要包括自然保护区所在地及其临近地区的地形图、植被类型图、经济发展规划图、遥感影像或航空照片等。

4.3.2 自然保护区最小面积确定的方法

4.3.2.1 基于最小可存活种群分析

（1）适用对象。积累有长期及丰富的动物种群生物学和遗传学资料，能够通过数学模型开展最小可存活种群分析，并得出最小可存活种群的各类野生动物，如长期定居在一定区域的有蹄类动物、两栖爬行类动物、朱鹮、大熊猫等。

（2）基本过程。

①确定最小可存活种群。基于已有研究成果，或按照从事相关研究经验丰富的专家评估，获得或给出主要保护对象的评估信息，包括种群遗传多样性指标、生物学和生态学信息等，利用种群生存力分析软件 Vortex，确定最小可存活种群数量。野生动物的最小可存活种群也可利用经验数字。

②确定主要保护动物的密度。利用样方法、样带法、样圆法等具有固定面积的调查方法，根据以往信息，分别在常见和少见区域设置样方，以实地调查平均值确定种群密度。

$$D = N/S \quad \cdots\cdots\cdots\cdots\cdots\cdots\cdots\cdots\cdots\cdots\cdots\cdots\cdots \text{（4.11）}$$

式中，D 为主要保护动物种群密度；

$\quad$ N 为野外实地调查动物数量平均值；

$\quad$ S 为调查样地面积。

③确定自然保护区最小面积。根据软件预测的 1000 年后该物种依然繁盛的最小可存活种群数量，以及现有野生动物种群密度，确定能够长期保存主要保护对象的自然保护区最小面积 A_{min}，公式如下。

$$A_{min} = N_{mvp}/D \quad \cdots\cdots\cdots\cdots\cdots\cdots\cdots\cdots\cdots\cdots\cdots \text{（4.12）}$$

式中，A_{min} 为自然保护区最小面积（km^2）；

$\quad$ N_{mvp} 为最小可存活种群数量（只）；

$\quad$ D 为现有动物种群密度（只/km^2）。

4.3.2.2 基于环境容纳量分析

（1）适用对象。积累有长期及丰富的生态环境基础资料，或者能够从其他研究获得有关信息，了解主要保护对象各生长发育时期的食物与空间需求、自然保护区内食物、水源和隐蔽物资源分布等情况的各类野生动物。

（2）基本过程。

①环境容纳量分析。对于主要保护对象为食草类动物，借助于植物生态学样地调查法，直接测定单位样方内现有植物资源的生物量；对于主要保护对象为食肉类动物，借助于动物种群数量调查法，调查猎物资源的数量，按照平均体重换算为单位样方内的生物量。

根据主要保护野生动物个体生长、繁殖、育幼时期对食物、水源和隐蔽所的需求量，以及领域性行为、个体家域对空间资源的要求，计算自然保护区在食物资源和空间资源上能够维持主要保护对象的环境容纳量。

$$K = K_{max} \left[K_f, K_s \right] \quad\cdots\cdots\cdots\cdots\cdots\cdots \quad (4.13)$$

式中，K 为环境容纳量（只）；

选取二者最大值 K_{max}；

K_f 为食物资源环境容纳量（只）；

K_s 为空间资源环境容纳量（只）。

$$K_f = E_f / R_f \quad\cdots\cdots\cdots\cdots\cdots\cdots\cdots\cdots \quad (4.14)$$

式中，E_f 为现有食物生物量（kg/km^2）；

R_f 为动物生长发育期最大食物需要量（$kg/$只）。

$$K_s = A / R_s \quad\cdots\cdots\cdots\cdots\cdots\cdots\cdots\cdots\cdots \quad (4.15)$$

式中，A 为现有自然保护地面积（km^2）；

R_s 为动物生长发育期最大空间需要量（只$/km^2$）。

动物生长发育期最大食物和最大空间需要量，指在动物生长发育过程中某一阶段所需要的最大食物或最大空间需求，具体数据可由以往研究得知，或者参考分类地位相近的物种。部分野生动物活动区面积见表 4-5。

表 4-5　部分野生动物环境容纳量参考值

Tab. 4-5　Reference value of environmental tolerance of some wild animals

类别	动物名称	食物容纳量（只）	研究区面积（km^2）	生境类型	研究地点	备注
大型食草类	马鹿	4768~6922	5392.65	森林	黑龙江	越冬期
杂食哺乳类	野猪	978~1034	3.786*	森林	黑龙江	越冬期
大型食草类	野牛	6200	3175	森林	美国黄石公园	
鸟类	小天鹅	120	0.436	湖泊	日本本州	越冬期
鸟类	鸻形目	15万~25万	64.97	湿地	上海	迁徙期
鸟类	白头鹤	302	5.17	湿地	安徽	越冬期
爬行类	蝮蛇	23500	0.73	岛屿	辽宁	

注：＊为种群密度（只$/km^2$）。

②确定主要保护动物的密度。参考 4.3.2.1 介绍的方法获得主要保护动物的种群密度。

③确定自然保护区最小面积。利用自然保护区内主要保护野生动物的环境容纳量和现有种群密度，确定自然保护区最小面积的数值。

$$A_{min} = K / D \quad\cdots\cdots\cdots\cdots\cdots\cdots\cdots\cdots \quad (4.16)$$

式中，A_{min} 为自然保护区最小面积（km^2）；

K 为环境容纳量（只）；

D 为现有动物种群密度（只$/km^2$）。

4.3.2.3　基于活动区分析

（1）适用对象。适合易于捕捉并能够进行标记跟踪的野生动物，也适用于个体及种群资料积累不足，暂时还不足以进行种群生存力分析和环境容纳量分析，但是，能够容易获得动物活动痕迹或影像资料的各类野生动物，如捕食性动物、大型兽类和鸟类等。

（2）基本过程。

①活动区或领域分析。

（a）获得基础信息。通过文献检索，或者通过无线电遥测跟踪、卫星追踪、自动照相和录像等手段，确定自然保护区主要保护野生动物的个体或家族活动范围，如果发现在活动范围内存在密集分布位置点，或自动照相和录像资料显示具有领域行为，则认为该范围是动物的核心领域。

（b）确定活动区或领域面积。活动区以最小凸边形法（Minimum Convex Polygon，MCP）划定，即通过以上手段确定动物活动位置和领域范围后，在 GIS 软件中输入定位点坐标，连接最外侧位置点，构成一个不规则图形的封闭区域，通过软件计算确定活动区或领域面积。

（c）计算活动区面积重叠率。利用 GIS 叠加图层计算个体或家族的活动区或领域重叠区域的面积，获得面积重叠率。

$$F_o = A_o / A_h \quad\cdots\cdots\cdots\cdots\cdots\cdots\cdots\cdots\cdots\cdots \text{（4.17）}$$

式中，F_o 为面积重叠率（%）；

A_o 为重叠区域面积（km^2）；

A_h 为不同个体活动区或领域总面积（km^2）。

如存在多处重叠，仅计算最大重叠率，不能重复计算。

②调查野外种群数量。利用动物种群数量调查法，实地调查自然保护区内主要保护野生动物种群的个体或家族数量。具体调查方法和计算公式参考 4.3.2.1。

③确定自然保护区最小面积。对于具有明显领域的野生动物，则以其个体或家族的平均核心领域面积为基础，以所获得动物种群数量为依据，按照以下公式确定自然保护区的最小面积。对于领域范围存在季节变化的野生动物，应当以最大核心领域范围为标准计算最小保护面积。

$$A_{\min} = A_t \cdot N_p \quad\cdots\cdots\cdots\cdots\cdots\cdots\cdots\cdots \text{（4.18）}$$

式中，$A_{\min}$ 为自然保护区最小面积（km^2）；

A_t 为个体或家族的平均核心领域面积（km^2）；

N_p 为动物种群个体或家族数量（只-家族/km^2）。

对于不具有明显领域的野生动物，先以其个体或家族最大活动区面积为基础，结合面积重叠率，获得实际活动区域面积。然后，以所获得动物种群数量为依据，计算该自然保护区的最小面积值。

$$A_a = A_m (1 - F_o) \quad\cdots\cdots\cdots\cdots\cdots\cdots\cdots \text{（4.19）}$$

式中，A_a 为个体或家族的实际活动面积（km^2）；

A_m 为个体或家族最大活动区面积（km^2）；

F_o 为面积重叠率（%）。

$$A_{\min} = A_a \cdot N_p \quad\cdots\cdots\cdots\cdots\cdots\cdots\cdots\cdots \text{（4.20）}$$

式中，$A_{\min}$ 为自然保护区最小面积（km^2）；

A_a 为个体或家族的实际活动面积（km^2）；

N_p 为动物种群个体或家族数量（只-家族/km^2）。

4.3.3 案例分析——鹿类自然保护区最小面积确定的方法

4.3.3.1 海南坡鹿种群的家域

对赤好地区 15 头带项圈坡鹿（8 雌/7 雄）连续 13~16 个月的无线电跟踪监测，共获得 1950 个坡鹿活动的位点（图 4-9）。利用 kernel 方法计算了研究期间每个坡鹿包含 95%位点数的活动范围（家域），海南坡鹿的平均家域为 730.2±258.2hm² （$n=15$；表 4-6）。分析表明，虽然雌性坡鹿的家域（860.2hm²）大于雄性的家域（581.7hm²），但它们之间不存在显著的性别差异（$p>0.05$）。然而，坡鹿的年家域大小为 725.2 ± 436.3hm²（$n=15$），存在显著的性别差异（$p<0.05$）。坡鹿的家域在旱季（697.5 ± 624.1hm²，$n=11$）与雨季（386.8±214.6hm²，$n=23$）之间也表现出显著性差异（$p=0.038$），旱季的活动范围显著地大于雨季（图 4-10）。

图 4-9 戴项圈坡鹿活动的家域

Fig. 4-9 The home range of *Cervus eldii* with collar

表 4-6 带项圈坡鹿的家域范围

Tab. 4-6 The home range domain of *Cervus eldii* with collar

	95%核心家域范围（hm²）			95%一年的核心家域范围（hm²）		
	$\bar{x}\pm$SD（n）	Min.	Max.	$\bar{x}\pm$SD（n）	Min.	Max.
雌性	860.2±381.3（8）	333.1	1268.2	999.7±410.2（6）	281.4	1384.1
雄性	581.7±285.6（7）	208.8	978.3	450.7±264.0（6）	136.7	766.4
全部	730.2±258.2（15）	208.8	1268.2	725.2±436.3（12）	136.7	1384.1

注：整个监测过程为 2005/07/23—2006/12/10。

坡鹿在活动扩散过程中，其家域的形成过程表现出明显的性别差异，但雌雄个体的家域范围均随时间逐渐稳定（图 4-11）。

此外，采用最小凸多边形（MCP）法，计算了包含所有带项圈个体活动点的最小活动范围（100%MCP）及 90%~99%不同百分比 MCP 的范围，其面积在 3421.2 ~ 11604.3hm² 之间（表 4-7）。99%MCP 包含了 15 只带项圈坡鹿个体的 99%活动范围（图 4-12）。由于坡鹿集群活动，99%MCP 基本上涵盖了野放坡鹿种群（130 只）绝大部分的活动范围，即野放坡鹿基本上活动在面积为 7663.5hm² 的区域内。由此得坡鹿活动区域内每头坡鹿的平均活动空间为 7663.5/130 = 58.95hm²，种群密度为 130/76.635 = 1.6964 头/km²。

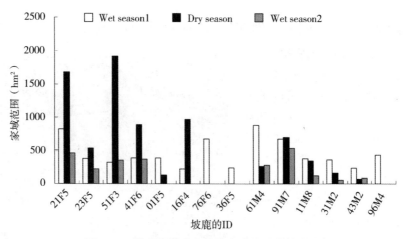

图 4-10 带项圈坡鹿个体的家域的季节性变化

Fig. 4-10 Seasonal changes in the family domain of individuals of *Cervus eldii* with collar

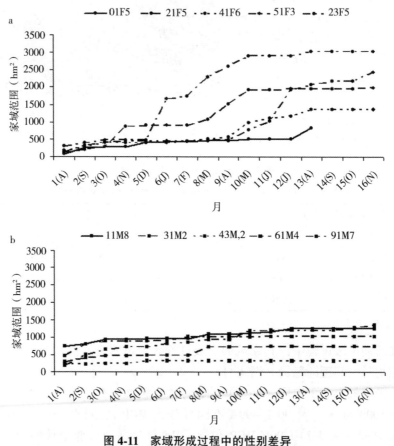

图 4-11 家域形成过程中的性别差异

Fig. 4-11 Gender differences in family formation

表 4-7　戴项圈坡鹿个体所有活动点的最小凸多边形（MCP）面积

Tab. 4-7　The minimum convex polygonal（MCP）area of all active points of *Cervus eldii* with collar

不同比例的 MCP	面积（hm²）
100%MCP	11604.3
99%MCP	7663.5
98%MCP	6226.8
97%MCP	5035.7
96%MCP	4708.8
95%MCP	4177.7
94%MCP	3894.0
93%MCP	3822.3
92%MCP	3558.0
91%MCP	3462.8
90%MCP	3421.2

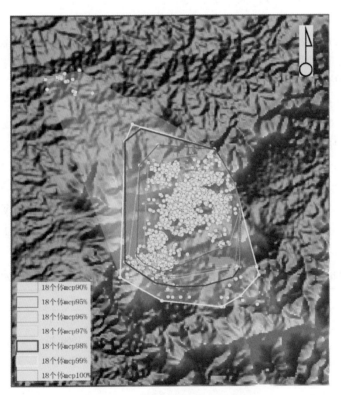

图 4-12　戴项圈坡鹿活动的家域

Fig. 4-12　The home range of *Cervus eldii* with collar

4.3.3.2　海南赤好地区坡鹿种群的环境容纳量大小

结合前述的坡鹿的食性、家域大小、生境选择等特征，分析了赤好地区海南坡鹿在不同活动范围内的容纳量。容纳量定义：在不危害生境资源和动物体况仍保持良好的前提下，一定生境内在一年中环境最恶劣时所能维持的动物数量。

动物的食物需求量测定：考虑不同性别和年龄的动物的食物需求量，综合分析出动物的日食量。如对海南坡鹿，选取了 2 只成年雌鹿、1 只成年雄鹿、2 只五月龄仔鹿测定日采食量（表 4-8）。按当前坡鹿种群性比和年龄比加权平均，得每只坡鹿每日需采食 6.34 ~ 7.38kg。按旱季持续的 50 天里每只坡鹿平均消耗食物资源量约为 317.00 ~ 369.00kg。

表 4-8 坡鹿日均采食量
Tab. 4-8 Daily intake of Cervus eldii

坡鹿类型	年龄	日均采食量（kg/天）
雌鹿	6	5.01 ~ 5.96
雄鹿	6	10.90 ~ 11.90
幼仔	5mon	2.75 ~ 3.60

容纳量测定时间：动物食物最贫乏的时候，如坡鹿容纳量的测定选定在旱季末期的 3 月中旬。海南位于热带，大田赤好地区一年中分为旱季和雨季，总趋势是旱季开始于 12 月份，结束于次年 5 月。3 月中旬应该是"一年中环境最恶劣"的时候。

动物食物资源储量的测定：采用遥感影像解释法或 GPS 斑块测定法获得研究地区各植被类型或土地利用类型的面积与比例；同时采用布设样方法获取各植被类型或土地利用类型中单位面积上的食物资源量。

对研究地区的海南坡鹿，采用 GPS 斑块测定法获得了各土地利用类型的面积与比例（表 4-9，图 4-13），同时采用布设样方法获得了热带干旱林、灌木林、草地 3 类具有坡鹿食物资源的植被类型的食物资源储量。其中假定可食性灌木当年生长量的 30% 被采食、现存草本植物地上部分完全被采食后，不会给植物的生存带来危害。旱季持续的时间以 50 天计算。考虑到同域分布的食物竞争物种如野猪、海南兔，以及家畜如牛、羊的存在，假定坡鹿可使用的食物资源仅为可食资源量的 60% 计算坡鹿使用的食物资源。据此分析得出坡鹿的在不同家域内的容纳量（表 4-10，表 4-11）。

表 4-9 赤好地区不同坡鹿家域内的各斑块面积（hm²）
Tab. 4-9 The areas of various patches in home ranges of different Cervus eldii of Chihao

家域范围	热带干旱林	灌木林	草地	其他*	总计
100% MCP	4025.7	3321.63	6.3	4250.7	11604.3
99% MCP	2869.29	2827.71	6.3	1960.20	7663.5
98% MCP	2049.93	2402.28	6.3	1768.32	6226.83
97% MCP	1567.08	2171.79	6.3	1290.51	5035.68
96% MCP	1401.57	2070.18	6.3	1230.75	4708.8
95% MCP	1337.4	1973.7	6.3	860.31	4177.71
94% MCP	1277.1	1789.02	6.3	821.61	3894.03
93% MCP	1269.63	1753.56	6.3	792.81	3822.3
92% MCP	1117.8	1674.45	6.3	759.42	3557.97
91% MCP	1081.98	1630.89	6.3	743.67	3462.84
90% MCP	1067.85	1615.41	6.3	731.62	3421.18

注：*包括农地、居住地、水域，以及橡胶、杧果、桉树等经济林。

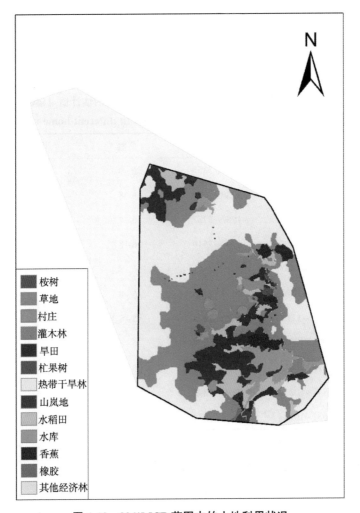

图 4-13　99%MCP 范围内的土地利用状况

Fig. 4-13　The land use status in the range of 99% MCP

表 4-10　赤好地区坡鹿容纳量的估计值（idv.）

Tab. 4-10　The estimated value of the capacity of *Cervus eldii* in Chihao

	生境类型	斑块面积 （hm²）	斑块比例 （%）	食物资源* （kg/hm²）	坡鹿使用的食物资源** （kg/hm²）	坡鹿容纳量 （idv.）
	热带干旱林	2869.29	37.44	413.95~583.79	248.37~350.27	2248~2724
99%MCP	灌木林	2827.71	36.90	437.05~713.39	262.23~428.03	2339~3280
的家域	草地	6.3	0.08	529.20~829.65	317.52~497.79	6~8
范围	其他#	1960.20	25.58	/	/	/
	总计	7663.5	100	/	/	4593~6012

注：　* 参照使用文献宋延龄和李善元（1995）所发布的大田保护区围栏外植被的食物资源数据；

　　** 考虑到同域分布的食物竞争物种如野猪、海南兔，及家畜如牛、羊的存在，假定坡鹿可使用的食物
　　　资源仅为可食资源量的60%计算坡鹿使用的食物资源；

　　# 包括农地、居住地、水域，以及橡胶、杧果、桉树等经济林。

理论上，赤好地区坡鹿集中分布范围（99%MCP 家域范围）内 7663.5hm² 土地上最多可容纳 4593~6012 只。在这一密度下，坡鹿的出生率与死亡率相等，种群增长率等于 0。其余类同，如 100%MCP 家域范围中最多可容纳 5908~7683 只，95%MCP 家域范围中最多可容纳 2687~3567 只（表 4-11）。

表 4-11 赤好地区坡鹿在不同家域内的容纳量的估计值（idv.）

Tab. 4-11 The estimated value of the capacity of *Cervus eldii* in different home ranges of Chihao（idv.）

家域范围	热带干旱林	灌木林	草地	其他	总计
100%MCP	3154~3821	2748~3853	6~9	/	5908~7683
99%MCP	2248~2724	2339~3280	6~8	/	4593~6012
98%MCP	1606~1946	1987~2787	6~8	/	3599~4741
97%MCP	1228~1488	1797~2519	6~8	/	3031~4015
96%MCP	1098~1330	1713~2401	6~8	/	2817~3739
95%MCP	1048~1270	1633~2289	6~8	/	2687~3567
94%MCP	1001~1212	1480~2075	6~8	/	2487~3296
93%MCP	995~1205	1451~2034	6~8	/	2452~3248
92%MCP	876~1061	1385~1942	6~8	/	2267~3012
91%MCP	848~1027	1349~1892	6~8	/	2203~2927
90%MCP	837~1014	1336~1874	6~8	/	2179~2896

注：其他包括农地、居住地、水域，以及橡胶、杧果、桉树等经济林。

4.3.3.3 坡鹿种群生存力分析结果

根据坡鹿种群参数，用 Vortex 模型估算出赤好当前的坡鹿种群在相对理想状态下（无交配限制、无近交衰退、无捕获、无补充，但受密度制约）的内禀增长率 r=0.149，周限增长率 λ=1.161，净生殖 R0=1.903。显示坡鹿种群 1000 年内处于持续增长态势中，种群的基因杂合度（种群基因杂合率）略有下降。坡鹿雌性的世代长度 T=4.31 年，雄性的世代长度 T=5.60 年，说明坡鹿平均 5 年左右种群基因更替一次（表 4-12）。

1000 次的模拟结果显示，对 100%MCP_ 11604.3hm² 范围，在目前实际环境条件下，不采取任何保护措施，坡鹿种群达到 K 之前的种群平均增长率（r）：r=0.0035（SD=0.1878）；种群灭绝概率为 0。

1000 次的模拟结果显示，对 95%MCP_ 4177.7hm² 范围，在目前实际环境条件下，不采取任何保护措施，坡鹿种群达到 K 之前的种群平均增长率（r）：r=0.1098（SD=0.2078）；种群灭绝概率为 0。

坡鹿野放种群是一个具有很强的潜在繁殖力的种群，如果没有偷猎，该种群在 1000 年之内不会灭绝，并且能迅速达到环境容纳量。

表 4-12　VORTEX9. 42——赤好地区种群动态模拟；初始种群模拟＝130

Tab. 4-12　VORTEX 9. 42——simulation of Chihao population dynamics；Initial population size＝130

	Carrying capacity±SD	det-r	λ	R0	stoc-r	PE	200 年 N-all	200 年 GeneDiv	1000 年 N-all	1000 年 GeneDiv
100%MCP_ 11604. 3hm²	6796±1255	0. 149	1. 161	1. 903	0.0035	0. 000	3887. 78	0. 9609	3813. 9	0. 9016
99%MCP_ 7663. 5hm²	5032±1003	0. 149	1. 161	1. 903	0. 007	0. 000	3951. 21	0. 9611	3913. 64	0. 8947
98%MCP_ 6226. 8hm²	4170±808	0. 149	1. 161	1. 903	0.0190	0. 000	4026. 5	0. 9592	3947. 9	0. 8938
97%MCP_ 5035. 7hm²	3523±696	0. 149	1. 161	1. 903	0.0591	0. 000	3822. 51	0. 9561	3694. 99	0. 8740
96%MCP_ 4708. 8hm²	3278±652	0. 149	1. 161	1. 903	0. 088	0. 000	3653. 49	0. 9541	3621. 5	0. 8597
95%MCP_ 4177. 7hm²	3127±622	0. 149	1. 161	1. 903	0. 1098	0. 000	3502. 35	0. 9501	3475. 07	0. 8428
94%MCP_ 3894. 0hm²	2892±572	0. 149	1. 161	1. 903	0. 141	0. 000	3357. 43	0. 9441	3245. 23	0. 8195
93%MCP_ 3822. 3hm²	2850±563	0. 149	1. 161	1. 903	0. 1443	0. 000	3300. 28	0. 9432	3159. 84	0. 8266
92%MCP_ 3558. 0hm²	2640±527	0. 149	1. 161	1. 903	0. 1542	0. 000	3027. 21	0. 9371	2967. 57	0. 7954
91%MCP_ 3462. 8hm²	2565±512	0. 149	1. 161	1. 903	0. 1549	0. 000	2935. 68	0. 9371	2864. 58	0. 7989

注：平均增长率（r）＝0. 149；lambda＝1. 161；R0＝1. 903；世代时间：雌性＝4. 31，雄性＝5. 60。

4. 3. 3. 4　基于家域范围分析了坡鹿自然保护区的最小面积

研究结果表明，当前赤好地区的坡鹿种群在 90%～100%MCP 范围内均能长期存活，但遗传杂合度会随着活动范围的增大而增大（表 4-12）。杂合度大于 95%的最小范围为 95%MCP（图 4-14）。可见，满足条件的中期存活 200 年的最小保护区面积为 4178hm²（表 4-13）。而 100%MCP 范围内坡鹿种群长期存活 1000 年后的遗传杂合度刚好大于 90%（图 4-15）。此时需要的保护区面积达 11604hm²（表 4-13）。

表 4-13　赤好地区坡鹿在不同家域内容纳量的均值与方差

Tab. 4-13　The mean and variance of the capacity of *Cervus eldii* in different home ranges of Chihao

家域范围	面积（hm²）	容纳量（idv.）	容纳量平均值（idv.）	容纳量的方差值
100%MCP	11604	5908～7683	6796	1255
99%MCP	7664	4593～6012	5302	1003
98%MCP	6227	3599～4741	4170	808
97%MCP	5036	3031～4015	3523	696
96%MCP	4709	2817～3739	3278	652
95%MCP	4178	2687～3567	3127	622
94%MCP	3894	2487～3296	2892	572
93%MCP	3822	2452～3248	2850	563
92%MCP	3558	2267～3012	2640	527
91%MCP	3463	2203～2927	2565	512
90%MCP	3421	2179～2896	2538	507

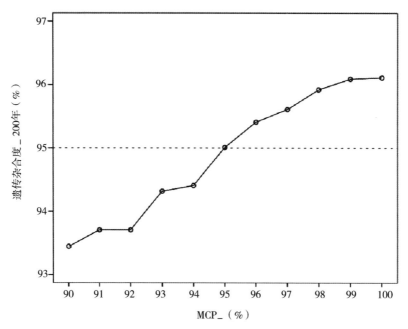

图 4-14　在不同家域范围（90%~100%MCP 大小）内的相应容纳量中，野放坡鹿种群
（130 只）存活 200 年时的遗传杂合度变化

Fig. 4-14　The change of genetic heterozygosity in the popultion of *Cervus eldii*（130）that survived for
200 years within the corresponding capacity in different family ranges（the size of 90%~100%MCP）

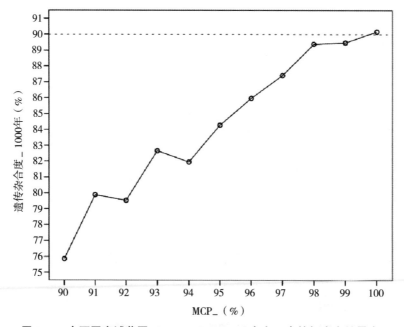

图 4-15　在不同家域范围（90%~100%MCP 大小）内的相应容纳量中，
野放坡鹿种群（130 只）存活 1000 年时的遗传杂合度变化

Fig. 4-15　The change of genetic heterozygosity in the popultion of *Cervus eldii*（130）that survived for
1000 years within the corresponding capacity in different family ranges（the size of 90%~100%MCP）

由上两图可知，200 年内满足中期存活条件（PE<0.01；GeneDiv>0.95）的构建坡鹿自然保护区的最小面积是 95%MCP 的范围，即 4178hm²；而 1000 年内满足长期存活条件（PE<0.05；GeneDiv>0.90）的构建坡鹿自然保护区的最小面积是 100%MCP 的范围即 11604.3hm²。坡鹿种群相应的动态趋势如图 4-16 所示。

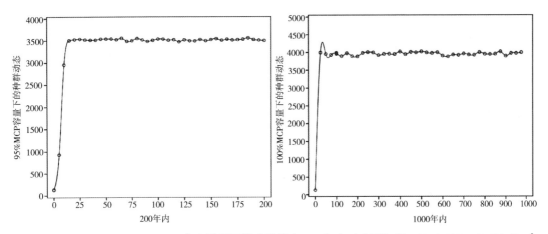

图 4-16　在 95%MCP_ 4177.7hm² 容纳量下坡鹿种群在 200 年内（左图）及 100%MCP_ 11604.3hm²
容纳量下坡鹿种群在 1000 年内（右图）的消长动态趋势

Fig. 4-16　The growth and decline trend of the population of _Cervus eldii_ under the capacity
of 95%MCP_ 4177.7hm² in 200 years（on the left）and under the capacity
of 100%MCP_ 11604.3hm² in 1000 years（on the right）

4.3.3.5　基于最小可存活种群分析的坡鹿自然保护区最小面积

通过种群生存力分析确定自然保护区主要保护野生动物中长期存活的最小可存活种群，然后根据野外实地调查获得的主要保护野生动物的密度，确定自然保护区最小面积的数值。构建的自然保护区基本上是开放的。因此，可假定动物（坡鹿）种群在开放条件下容纳量不受限，在进行坡鹿种群的生存力分析时，给予一个较大的容纳量 50000±5000（SD）idv。

通过设定不同的初始种群大小进行种群生存力分析，筛选出满足条件的坡鹿种群可长时间（中期 200 年；长期 1000 年）存活的最小有效种群。进行坡鹿种群生存力分析时，除容纳量和初始种群大小不同外，其余参数的设定如表 4-14。

表 4-14　输入 VORTEX 9.42 的坡鹿自然种群参数
Tab. 4-14　Input the parameters of the natural population of _Cervus eldii_ in VORTEX9.42

模拟次数（次）Number of Iterations	1000
摸拟时间长度（年）Number of Years	200/1000
灭绝的定义 Extinction definition	Only 1 sex remains / no animals of one or both sexes
模拟的种群数（个）Populations simulated	1
是否近交衰退 inbreeding depreesion（Y/N）	Y
致死当量 Lethal equivalents per individual	3.14

（续）

隐性致死比例（%）recessive lethal alleles	50
繁殖率标准差与存活率标准差是否相关 Ev correlation（Y/N） EV in reproduction and mortality will be concordant	Y_ 0.5
灾害种类数 Types of catastrophes	2
分类和（可选）状态变量 Labels and（optional）state variable	0
繁殖制度（H）Monogamous, Polygynous or Hermaphroditic	P / （Polygynous mating）
雌性成熟年龄 First age of reproduction for females	2
雄性成熟年龄 First age of reproduction for males	4
最大繁殖年龄 Maximum breeding age	11
每胎最多产仔数 Maximum litter size	1
出生时性比（雄性所占比例%）Sex ratio at birth（percent males）	50
是否繁殖密度制约 Density dependent Reproduction（Y/N）	Y
%低密度繁殖% Breeding at low density, P（o）	80
%在容纳量下繁殖% Breeding at Carrying Capacity, P（k）	40
阿利参数，A Allee Parameter, A	1
倾斜度参数，B Steepness Parameter, B	2
%成年雌性繁殖体 % adult females breeding	$(80-(80-40)*((N/K)^2)))*(N/(1+N))$
成年雌性繁殖体标准差 EV in % adult females breeding	3.52
每年雌性后代数的分布 Mean number of progeny per breeding female per year ±SD in number of progeny	4±3
每胎 1 仔的百分率 Percent fitter site 1	100
各年龄组死亡率 Moralities in different ages	见表 4-15
灾害及影响 Catastrophes and their affecting	见表 4-16
成熟雄性参加繁殖比例（%）of adult males in the breeding pool	25.3
初始种群大小 Initial size of Population	见表 4-17
模拟是否开始于稳定的年龄分布阶段 Start at stable age distribution（Y/N）	N
容纳量及方差	见表 4-13
K 值的未来变化 Future change in K（Y/N）	Y
影响时间 Over how many years?	5**
每年增减比例 % annual increase or decrease	5
是否捕获 Harvest（Y/N）	N
是否补充 supplement（Y/N）	N

注："阿利效应"是指当种群密度下降时交配的机会下降。

**按递减（或递增）5%计算，5 年后容纳量降为原来的 77.4%（或比原来增加 27.6%）。

表 4-15　坡鹿种群各年龄组的死亡率

Tab. 4-15　The mortality of the population of *Cervus eldii* in all age groups

	年龄组（年）	Mean	SD
%雌性死亡率 % mortality of females	0~1	10.96	5.73
	1~2	16.47	4.77
	>2	11.62	5.03
%雄性死亡率 % mortality of males	0~1	18.72	2.56
	1~2	12.27	4.49
	>2	21.87	6.43

表 4-16　灾害发生率及其影响

Tab. 4-16　Disaster incidence and impact

灾害 1 Catastrophe type 1	
发生概率（%）Frequency（as a percent）	10
增加的对繁殖率的影响 Multiplicative effect on reproduction	0.6
增加的对存生的影响 Multiplicative effect on survival	0.7
灾害 2 Catastrophe type 2	
发生概率（%）Frequency（as a percent）	50
增加的对繁殖率的影响 Multiplicative effect on reproduction	0.90
增加的对存生的影响 Multiplicative effect on survival	0.85

表 4-17　坡鹿初始种群大小及年龄分布

Tab. 4-17　Initial population size and age distributvon of *Cervus eldii*

年龄 Age	1	2	3	4	5	6	7	8	总计
雌性个体数量 Females	15	14	19	14	11	5	0	0	78
雄性个体数量 Males	13	16	11	9	1	0	0	2	52
初始种群大小 Initial size of Population									130

　　本研究分析了不同初始种群数量条件下，坡鹿种群在未来 200 年或 1000 年后的数量动态、绝灭率与遗传多样性保存状况。初始种群大小变化对坡鹿种群生存力影响见图 4-17。初始种群太少会威胁动物的最终存亡，一方面会导致种群遗传多样性损失加剧，从而威胁动物的存亡。

　　从上图可知，满足中期存活条件（绝灭率 PE<0.01；遗传杂合度 GeneDiv>0.95）的最小初始种群大小为 90 只，此即为坡鹿种群至少保存 200 年的最小可存活种群数量。满足长期存活条件（绝灭率 PE<0.05；遗传杂合度 GeneDiv>0.90）的最小初始种群大小为 145 只，此即为坡鹿种群至少保存 1000 年的最小可存活种群数量。

　　经对带项圈坡鹿的无线电追踪观察发现，130 只野放坡鹿（包括带项圈个体）基

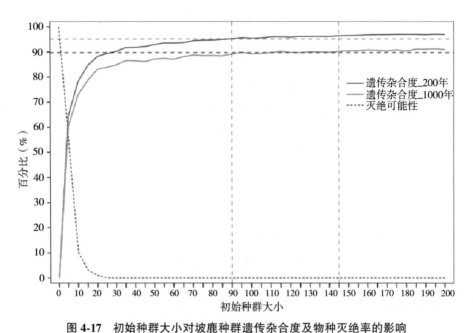

图 4-17　初始种群大小对坡鹿种群遗传杂合度及物种灭绝率的影响

Fig. 4-17　Effects of initial population size of *Cervus eldii* on genediv and PE

本上活动在面积为 7663.5hm² 的区域内。由此得坡鹿活动区域内每头坡鹿的平均活动空间为 58.95hm²。

那么，构建坡鹿种群至少保存 200 年的自然保护区最小面积应为：90×58.95＝5305.5hm²。在这一范围内，相应的坡鹿容纳量应为 3671±694 只。基于此容纳量再分析得到最小可存活种群在相应的最小自然保护区面积下的可存活情况（表 4-18）。发现到 200 年时，坡鹿种群的遗传杂合度有所下降，*GeneDiv*<0.95。如果初始种群大小提高 10%，即由 90 只变为 99 只，那么，构建的最小保护区面积为 99×58.95＝5836hm²。（基于 99 只个体构建的）最小自然保护区面积 5836hm² 内的坡鹿容纳量应为 4038±540 只。基于此容纳量再次分析得到最小可存活种群在相应的最小自然保护区面积下的可存活情况（表 4-19），在 200 年时坡鹿种群的遗传杂合度 *GeneDiv*>0.95。

类似地，构建坡鹿种群至少保存 1000 年的自然保护区最小面积应为：145×58.95＝8547.75hm²。在这一范围内，相应的坡鹿容纳量应为 5914±1119 只。基于此容纳量再分析得到最小可存活种群在相应的最小自然保护区面积下的可存活情况（表 4-20）。发现到 1000 年时，坡鹿种群的遗传杂合度有所下降，*GeneDiv* 在 0.90 附近，有时低于0.90。如果初始种群大小提高 10%，即由 145 只变为 160 只，那么，构建的最小保护区面积为 160×58.95＝9432hm²。（基于 160 只个体构建的）最小自然保护区面积 9432hm² 内的坡鹿容纳量应为 6526±1235 只。基于此容纳量再次分析得到最小可存活种群在相应的最小自然保护区面积下的可存活情况（表 4-21），在 1000 年时坡鹿种群的遗传杂合度 *GeneDiv*>0.90。

综上所述，基于最小可存活种群确定的坡鹿自然保护区最小面积建议为 5836hm²（保存 200 年时）或 9432hm²（保存 1000 年时）。

表 4-18 初始种群大小为 90 只容纳量为 3671±694 只时的结果

Tab. 4-18 The results at initial population size of 90 with the capacity of 3671±694

初始种群大小	det-r	λ	R0	stoc-平均增长率（r）	灭绝概率(%)PE	200 年内 N-all 种群数量（头）	200 年内 GeneDiv 遗传多样性
90	0.149	1.161	1.903	0.0435	0.000	3838.40	0.9482
90	0.149	1.161	1.903	0.0440	0.000	3830.59	0.9472
90	0.149	1.161	1.903	0.0434	0.000	3820.13	0.9471
90	0.149	1.161	1.903	0.0442	0.000	3833.08	0.9501
90	0.149	1.161	1.903	0.0437	0.000	3760.38	0.9461
90	0.149	1.161	1.903	0.0433	0.000	3811.46	0.9491
90	0.149	1.161	1.903	0.0439	0.000	3844.78	0.9491
90	0.149	1.161	1.903	0.0439	0.000	3827.16	0.9481
90	0.149	1.161	1.903	0.0437	0.000	3860.06	0.9472
90	0.149	1.161	1.903	0.0438	0.000	3791.38	0.9472
Mean±SD					0.000	3821.74±28.5	0.9479±0.0012

注：r=0.149；lambda=1.161；R0=1.903；世代时间：雌性=4.31，雄性=5.60。

表 4-19 初始种群大小为 99 只容纳量为 4038±540 只时的结果

Tab. 4-19 The results at initial population size of 99 with the capacity of 4038±540

初始种群大小	det-r	λ	R0	stoc-平均增长率（r）	灭绝概率(%)PE	200 年内 N-all 种群数量（头）	200 年内 GeneDiv 遗传多样性
99	0.149	1.161	1.903	0.0123	0.000	3924.20	0.9521
99	0.149	1.161	1.903	0.0124	0.000	3903.26	0.9521
99	0.149	1.161	1.903	0.0123	0.000	3898.55	0.9541
99	0.149	1.161	1.903	0.0123	0.000	3898.48	0.9541
99	0.149	1.161	1.903	0.0122	0.000	3922.80	0.9531
99	0.149	1.161	1.903	0.0122	0.000	3944.53	0.9551
99	0.149	1.161	1.903	0.0120	0.000	3908.55	0.9542
99	0.149	1.161	1.903	0.0122	0.000	3932.00	0.9522
99	0.149	1.161	1.903	0.0123	0.000	3894.01	0.9541
99	0.149	1.161	1.903	0.0123	0.000	3924.53	0.9531
Mean±SD					0.000	3915.09±16.87	0.9534±0.0011

注：r=0.149；lambda=1.161；R0=1.903；世代时间：雌性=4.31，雄性=5.60。

表 4-20 初始种群大小为 145 只容纳量为 5914±1119 只时的结果

Tab. 4-20 The results at initial population size of 145 with the capacity of 5914±1119

初始种群大小	det-r	λ	R0	stoc-平均增长率（r）	灭绝概率(%)PE	200 年内 N-all 种群数量（头）	200 年内 GeneDiv 遗传多样性
145	0.149	1.161	1.903	0.0039	0.000	3965.02	0.9027
145	0.149	1.161	1.903	0.0039	0.000	4011.31	0.9058
145	0.149	1.161	1.903	0.0039	0.000	3988.81	0.8988
145	0.149	1.161	1.903	0.0039	0.000	4011.58	0.8981

（续）

初始种群大小	det-r	λ	R0	stoc-平均增长率（r）	灭绝概率(%)PE	200年内 N-all 种群数量（头）	200年内 GeneDiv 遗传多样性
145	0.149	1.161	1.903	0.0039	0.000	3935.11	0.8987
145	0.149	1.161	1.903	0.0038	0.000	3870.61	0.9017
145	0.149	1.161	1.903	0.0038	0.000	3923.65	0.9048
145	0.149	1.161	1.903	0.0040	0.000	3956.78	0.9024
145	0.149	1.161	1.903	0.0039	0.000	3980.69	0.9020
145	0.149	1.161	1.903	0.0038	0.000	3977.57	0.9021
Mean±SD					0.000	3962.11±43.18	0.9017±0.0026

注：r=0.149；lambda=1.161；R0=1.903；世代时间：雌性=4.31，雄性=5.60。

表 4-21　初始种群大小为 160 只容纳量为 6526±1235 只时的结果
Tab. 4-21　The results at initial population size of 160 with the capacity of 6526±1235

初始种群大小	det-r	λ	R0	stoc-平均增长率（r）	灭绝概率(%)PE	200年内 N-all 种群数量（头）	200年内 GeneDiv 遗传多样性
160	0.149	1.161	1.903	0.0034	0.000	3924.50	0.9032
160	0.149	1.161	1.903	0.0034	0.000	3847.11	0.9020
160	0.149	1.161	1.903	0.0034	0.000	3968.52	0.9065
160	0.149	1.161	1.903	0.0034	0.000	3991.33	0.9061
160	0.149	1.161	1.903	0.0034	0.000	3948.79	0.9090
160	0.149	1.161	1.903	0.0034	0.000	3983.58	0.9010
160	0.149	1.161	1.903	0.0034	0.000	3962.50	0.9045
160	0.149	1.161	1.903	0.0034	0.000	4044.80	0.9050
160	0.149	1.161	1.903	0.0034	0.000	3964.29	0.9048
160	0.149	1.161	1.903	0.0034	0.000	3968.84	0.9036
Mean±SD					0.000	3960.43±50.59	0.9045±0.0023

注：r=0.149；lambda=1.161；R0=1.903；世代时间：雌性=4.31，雄性=5.60。

4.3.3.6　基于环境容纳量分析确定了坡鹿自然保护区的最小面积

当一个物种的最小可存活种群确定以后，环境容纳量对种群动态变化及遗传多样性损失具有重要的影响。在没有猎杀的情况下，种群的长期存活往往需要一个较大的环境容纳量。因此，在给定最小可存活种群大小后，可通过变动表 4-14 中环境容纳量参数，来寻找满足条件的相应最小的环境容纳量，进而确定构建自然保护区所需的最小面积。

种群生存力分析结果显示了种群大小及种群的遗传杂合度均随环境容纳量而变化（表 4-22，表 4-23）。相应地得到种群保存 200 年需要的最小环境容纳量为 4300 只，保存 1000 年需要的最小环境容纳量为 6000 只。

表 4-22 初始种群大小为 90 只时不同容纳量情况下种群的生存力状况

Tab. 4-22 The population viabolity of initial population size of 90 at different capacities

承载能力 ±SD	det-r	λ	R0	stoc-r	PE	200 年 N-all	200 年 GeneDiv
3700±370	0. 149	1. 161	1. 903	0. 0323	0. 000	3863. 77	0. 9476
3800±380	0. 149	1. 161	1. 903	0. 0280	0. 000	3814. 40	0. 9467
3900±390	0. 149	1. 161	1. 903	0. 0259	0. 000	3863. 40	0. 9487
4000±400	0. 149	1. 161	1. 903	0. 0235	0. 000	3948. 32	0. 9500
4100±410	0. 149	1. 161	1. 903	0. 0221	0. 000	4068. 10	0. 9524
4200±420	0. 149	1. 161	1. 903	0. 0208	0. 000	3900. 11	0. 9496
4300±430	0. 149	1. 161	1. 903	0. 0201	0. 000	3815. 77	0. 9508
4400±440	0. 149	1. 161	1. 903	0. 0198	0. 000	3920. 79	0. 9514
4500±450	0. 149	1. 161	1. 903	0. 0195	0. 000	4008. 07	0. 9501
4600±460	0. 149	1. 161	1. 903	0. 0197	0. 000	3919. 94	0. 9513
4700±470	0. 149	1. 161	1. 903	0. 0191	0. 000	3985. 18	0. 9532
4800±480	0. 149	1. 161	1. 903	0. 0193	0. 000	3971. 12	0. 9521
4900±490	0. 149	1. 161	1. 903	0. 0189	0. 000	3940. 03	0. 9522

表 4-23 初始种群大小为 145 只时不同容纳量情况下种群的生存力状况

Tab. 4-23 The population viability of initial population size of 145 at different capacities

承载能力 ±SD	det-r	λ	R0	stoc-r	PE	1000 年 N-all	1000 年 GeneDiv
5200±520	0. 149	1. 161	1. 903	0. 0033	0. 000	4019. 12	0. 8968
5400±540	0. 149	1. 161	1. 903	0. 0033	0. 000	3997. 61	0. 8994
5600±560	0. 149	1. 161	1. 903	0. 0033	0. 000	4022. 38	0. 8990
5800±580	0. 149	1. 161	1. 903	0. 0033	0. 000	3890. 68	0. 8991
5900±590	0. 149	1. 161	1. 903	0. 0033	0. 000	3971. 42	0. 8998
6000±600	0. 149	1. 161	1. 903	0. 0033	0. 000	4062. 13	0. 9011
6400±640	0. 149	1. 161	1. 903	0. 0033	0. 000	3994. 18	0. 9046
7000±700	0. 149	1. 161	1. 903	0. 0033	0. 000	3976. 20	0. 9068
7800±780	0. 149	1. 161	1. 903	0. 0033	0. 000	4044. 83	0. 9027
7900±790	0. 149	1. 161	1. 903	0. 0033	0. 000	3955. 90	0. 9031
8000±800	0. 149	1. 161	1. 903	0. 0033	0. 000	4031. 52	0. 9034

前述研究表明，赤好集中分布区内 7663.5hm² 土地最多可容纳 4593~6012 只，平均 5302.5 只，每只个体的空间将为 1.4453hm²/只。因此，按最小有效种群所需要的最小环境容纳量 4300 只或 6000 只计算，坡鹿自然保护区的最小面积为 6215hm²（保存 200 年时）或 8672hm²（保存 1000 年时）。

4.4　自然保护区功能区划技术

4.4.1　区划原则

（1）针对性。针对自然保护区主要保护对象的类型、数量、分布和面临的影响因素，选择科学的区划方法，因地制宜地划定自然保护区的各功能区。

（2）完整性。为保证主要保护对象的长期安全和稳定，核心区应集中连片；在确定各功能区的界线时，尽量保持地貌单元的完整性。

（3）协调性。在主要保护对象能够得到有效保护的前提下，统筹考虑当地社区生产生活的基本需要和社会经济的发展需求。

（4）稳定性。自然保护区各功能区确定后应保持长期稳定，在主要保护对象和自然环境未发生显著变化时一般不宜调整。

4.4.2　功能分区

自然保护区一般划分为核心区、缓冲区和实验区，必要时可划建季节性核心区、生物廊道和外围保护地带。但是在一定条件下可以简化分区，这些情况包括自然保护区的面积较小，自然保护区呈线型或带状分布，自然保护区的主要保护对象分布均匀，自然保护区的人为干扰很少等。

（1）核心区。自然保护区内保存完好的自然生态系统、珍稀濒危野生动植物和自然遗迹的集中分布区域。

（2）缓冲区。在核心区外围划定的用于减缓外界对核心区干扰的区域。

（3）实验区。自然保护区内自然保护与资源可持续利用有效结合的区域，可开展传统生产、科学实验、宣传教育、生态旅游、管理服务和自然恢复。

（4）季节性核心区。在缓冲区和实验区内，根据野生动物的迁徙或洄游规律确定的核心区，在野生动物集中分布的时段按核心区管理。

（5）生物廊道。在缓冲区和实验区内，连接隔离的生境斑块并适宜生物生存、扩散与基因交流等活动的生态走廊。

（6）外围保护地带。在自然保护区外划定的、主要对自然保护区的建设与管理起增强、协调、补充作用的保护地带。

4.4.3　分区依据

4.4.3.1　核心区

（1）划为核心区的区域。

——代表性的自然生态系统、珍稀濒危物种、有特殊意义的自然遗迹等主要保护对象天然集中分布的区域；

——典型地带性植被和完整的垂直植被带分布的区域；

——主要保护野生动物的繁殖区、水源地、取食地和食盐地等关键区域；

——其他具有重要生态服务功能的区域。

（2）核心区的要求。

——自然保护区内可以有一个或几个核心区；

——自然生态系统类自然保护区的核心区面积应能维持生态系统的完整性和稳定性；

——野生生物类自然保护区的核心区面积应根据主要保护对象的生物生态学特性和生境要求确定，至少一片核心区的面积应满足其最小可存活种群的生存空间需要；

——自然遗迹类自然保护区的核心区应能反映地质过程的系统性和完整性；

——核心区面积占自然保护区总面积的比例一般不低于30%。

4.4.3.2 缓冲区

（1）划为缓冲区的区域。缓冲区的空间位置和范围应根据外界干扰源的类型和强度确定。缓冲区的宽度应足以消除外界主要干扰因素对核心区的影响。

（2）可不划定缓冲区的情况。

——核心区边界有悬崖、峭壁、河流等较好自然隔离；

——核心区外围是另一个自然保护区的核心区或缓冲区；

——核心区外围是其他类型自然保护地的重要保护区域；

——核心区边界存在永久性人工隔离带。

4.4.3.3 实验区

（1）划为实验区的区域。根据自然保护区有效管理和当地社区发展需求，应把下列区域划为实验区。

——自然保护区社区居民的基本生产、生活所占用的区域；

——具有较好的科学研究条件，便于开展科学实验的区域；

——适宜开展自然教育和生态文化宣传等活动的区域；

——具有较好的区位条件，能满足自然保护区管护人员办公、管理及生活等方面需要的区域。

（2）实验区要求。实验区面积占自然保护区总面积的比例不应高于50%。

4.4.3.4 季节性核心区

以迁徙性或洄游性野生动物为主要保护对象的自然保护区，可以在核心区以外保护对象相对集中分布的区域划建季节性核心区，一般包括下列区域：

——自然保护区内迁徙鸟类的繁殖、越冬、停歇的关键栖息地；

——自然保护区内迁徙或迁移兽类、爬行类、两栖类的关键栖息地；

——自然保护区内洄游性水生动物的关键栖息地和洄游通道。

4.4.3.5 生物廊道

根据主要保护对象的种类、数量、分布、迁徙或洄游规律，以及生境适宜性和阻隔因子等情况，可以划建生物廊道，并明确其空间位置、数量、长度和宽度。陆生野生动物的生物廊道划定参照 LY/T 2016 的要求。淡水鱼类的生物廊道划定参照 SL 609 的要求。

4.4.3.6 外围保护地带

下列情况可划定外围保护地带：

——自然保护区面积较小，难以维持自然生态系统的稳定性以及野生动植物生境的安全性；

　　——自然保护区缓冲区宽度不足以消除外界干扰因素对主要保护对象的影响；

　　——自然保护区外围有主要保护对象的分布。

4.4.4　区划程序

4.4.4.1　基础资料收集

　　全面收集自然保护区的主要保护对象、自然环境与自然资源、社会经济、土地与水域利用等方面的最新资料。必要时，应在科学考察等基础上开展补充调查。

4.4.4.2　主要保护对象资料

　　（1）景观。根据土地利用现状，明确主要保护土地景观类型的分布状况。

　　（2）植被。根据自然保护区面积大小，植被分类单位应细化到群系组、群系或群丛组；明确植被分布状况，并绘制植被图。

　　（3）野生动植物。包括野生动植物的名录、重点保护物种和特有种的种群及其生境状况，以及国家重点保护野生动植物分布示意图。

　　（4）自然遗迹。包括自然遗迹类型、数量和分布示意图等内容。

4.4.4.3　自然环境与自然资源资料

　　（1）地质地貌。包括地质、地貌等资料。

　　（2）土壤。包括土类及其特征，以及土壤分布图。

　　（3）气候。包括气候要素资料以及气候资源分布等资料。

　　（4）水文。包括水系、水体类型、流量、水域面积、水深、利用状况及其动态变化等资料，以及水文图。

　　（5）自然灾害。包括多发性自然灾害的类型、影响程度、分布和发生频率等资料。

　　（6）环境质量。包括大气、水体、土壤、固体废弃物、噪声等污染源的类型、分布和污染程度等。

　　（7）周边保护区情况。包括周边自然保护区、森林公园、湿地公园、地质公园、风景名胜区、天然林保护工程区、国家级公益林和海洋特别保护区等的分布情况。

4.4.4.4　社会经济资料

　　（1）历史与文化古迹。包括自然保护区内的古迹类型及分布资料。

　　（2）人口。包括自然保护区及周边社区常住人口的数量、分布、民族组成、年龄结构、教育水平、生活习俗等。

　　（3）行政区划。包括行政建制及行政区划图，居民点及其分布，村界、乡界及相关地界等资料。

　　（4）国民经济基础设施。包括交通、能源、水利、通讯、供电等基础设施资料。

　　（5）社区生活配套设施。包括给排水、生活能源、卫生等配套基础设施状况。

　　（6）经济状况。包括产业结构、地方财政收入、居民经济收入和社会经济发展规划等资料。

　　（7）自然保护区基础设施。包括自然保护区内道路、桥梁、办公场所及保护站点等现有基础设施的规模和布局。

　　（8）自然保护区土地海域利用状况与土地海域权属。包括自然保护区内土地海域利用现状及其变更资料，土地海域使用权和管理权资料，以及土地海域利用现状图、土地海域权属图等。

（9）自然资源开发与利用。包括自然资源的开发利用价值及利用规划方面的资料。

4.4.4.5　测绘资料

测绘资料包括地形图和专业图，其中专业图主要指遥感影像（航片、卫片）、地下溶洞与河流测图、地下工程与管网等专业测图。

4.4.4.6　图件准备

根据主要保护对象的类型和当地社会经济情况，收集或绘制自然保护区的遥感影像图、地形图、水文图、植被图、国家重点保护野生动植物分布示意图、土地和海域利用现状图、自然遗迹分布图、行政区划图和干扰因素分布系列图等基础图件。所有图件应缩放成相同的比例尺。

4.4.4.7　图层叠加与分析

根据区划原则和相关资料分析，通过不同图层叠加，标示主要保护对象及其适宜生境的分布区域、干扰因素的时空格局，确定自然保护区内不同区域的优先保护等级，在此基础上拟定各功能区的范围。

4.4.4.8　实地勘查定界

根据拟定的各功能区范围，结合实地勘查，确定各功能区的界线。尽量利用河流、沟谷、山脊和海岸线等自然界线或道路、居民区等永久性人工构筑物作为各功能区的界线。

4.4.5　区划结果

4.4.5.1　功能区范围说明

说明各功能区的地理位置、面积大小、四至边界、主要拐点坐标，以及边界的明显地标物等。

4.4.5.2　功能区划图标识

绘制"自然保护区功能区划图"，并使用对比鲜明的颜色在图面上标明各功能区范围，具体参见《自然保护区总体规划技术规程》（GB/T 20399—2006）。

4.4.6　区划调整

4.4.6.1　调整要求

自然保护区功能区调整，应满足以下要求：

——不应对主要保护对象造成损害；

——不应缩小核心区面积或使核心区碎片化。

4.4.6.2　调整条件

（1）国家级自然保护区。国家级自然保护区功能区调整按《国务院关于印发国家级自然保护区调整管理规定的通知（国函〔2013〕129号）》执行。

（2）地方级自然保护区。以下情况可启动对地方级自然保护区的功能区调整程序：

——自然条件变化导致主要保护对象生存环境发生重大变化；

——在批准建立之前已存在人口密集区，且不具备保护价值；

——国家或地方重大工程建设需要；

——依据本行政区颁布的法规文化可进行功能区调整的其他条件。

参考文献

Primack R B，马克平，蒋志刚. 2014. 保护生物学 ［M］. 北京：科学出版社.

陈利顶，傅伯杰，刘雪华. 2000. 自然保护区景观结构设计与物种保护——以卧龙自然保护区为例 ［J］. 自然资源学报，15（2）：164-169.

陈雅涵，唐志尧，方精云. 2009. 中国自然保护区分布现状及合理布局的探讨 ［J］. 生物多样性，17（6）：664-674.

关博. 2013. 吉林长白山国家级自然保护区野生动物保护成效成适宜规模研究 ［D］. 北京：北京林业大学.

郭子良，王清春，崔国发. 2016. 我国自然保护区功能区划现状与展望 ［J］. 世界林业研究，29（5）：59-64.

呼延佼奇，肖静，于博威，等. 2014. 我国自然保护区功能分区研究进展 ［J］. 生态学报，34（22）：6391-6396.

蒋志刚. 2005. 论中国自然保护区的面积上限 ［J］. 生态学报，25（5）：1205-1212.

李国庆，刘长成，刘玉国，等. 2013. 物种分布模型理论研究进展 ［J］. 生态学报，33（16）：4827-4835.

李纪宏，刘雪华. 2006. 基于最小费用距离模型的自然保护区功能分区 ［J］. 自然资源学报，21（2）：217-224.

马建章，戎可，程鲲. 2012. 中国生物多样性就地保护的研究与实践 ［J］. 生物多样性，20（5）：551-558.

曲艺，王秀磊，栾晓峰，等. 2011. 基于不可替代性的青海省三江源地区保护区功能区划研究 ［J］. 生态学报，31（13）：3609-3620.

史军义，马丽莎，杨克珞，等. 1998. 卧龙自然保护区功能区的模糊划分 ［J］. 四川林业科技，（1）：8-18.

唐博雅，刘晓东. 2011. 保护行动计划软件在湿地自然保护区功能区划分中的应用概述 ［J］. 湿地科学与管理，7（1）：44-47.

陶晶，臧润国，华朝朗，等. 2012. 森林生态系统类型自然保护区功能区划探讨 ［J］. 林业资源管理，（6）：47-50，58.

王献溥，金鉴明，王礼嫱. 1989. 自然保护区的理论与实践 ［M］. 北京：中国环境科学出版社.

王晓辉，张之源，蒋宗豪，等. 2004. 小型湖泊湿地自然保护区功能区划探讨 ［J］. 合肥工业大学学报（自然科学版），27（7）：751-755.

徐基良，崔国发，李忠. 2006. 自然保护区面积确定方法探讨 ［J］. 北京林业大学学报，28（5）：129-132.

许仲林，彭焕华，彭守璋. 2015. 物种分布模型的发展及评价方法 ［J］. 生态学报，35（2）：557-567.

曾娅杰，徐基良，李艳春. 2010. 自然保护区面积与野生动物空间需求研究进展 ［J］. 世界林业研究，23（4）：46-50.

翟惟东，马乃喜. 2000. 自然保护区功能区划的指导思想和基本原则 ［J］. 中国环境科学，20（4）：337-340.

张林艳，叶万辉，黄忠良. 2006. 应用景观生态学原理评价鼎湖山自然保护区功能区划的实施与调整 ［J］. 生物多样性，14（2）：98-106.

周崇军. 2006. 赤水桫椤国家级自然保护区功能区划分方法研究 ［D］. 贵阳：贵州师范大学.

Andam K S, Ferraro P J, Hanauer M M. 2013. The effects of protected area systems on ecosystem restoration: a quasi-experimental design to estimate the impact of Costa Rica's protected area system on forest regrowth ［J］. Conservation Letters, 6 (5): 317-323.

Balmford A, Green RE, Jenkins M. 2003. Measuring the changing state of nature [J]. Trends in Ecology & Evolution, 18 (7): 326-330.

Balser D, Bielak A, Boer G D, et al. 1981. Nature reserve designation in a cultural landscape, incorporating island biogeography theory [J]. Landscape & Planning, 8 (4): 329-347.

Brook B W, Ballou J D, Frankham R, et al. 2004. Large estimates of minimum viable population sizes [J]. Conservation Biology, 18 (5): 1178-1179.

Brooks TM, Mittermeier RA, Da Fonseca GA, et al. 2006. Global biodiversity conservation priorities [J]. Science, 313 (5783): 58-61.

Fabos JG. 2004. Greenway planning in the United States: its origins and recent case studies [J]. Landscape and Urban Planning, 68 (2): 321-342.

Hodgson JA, Moilanen A, Wintle BA, et al. 2011. Habitat area, quality and connectivity: striking the balance for efficient conservation [J]. Journal of Applied Ecology, 48 (1): 148-152.

Hull V, Xu W, Liu W, et al. 2011. Evaluating the efficacy of zoning designations for protected area management [J]. Biological Conservation, 144 (12): 3028-3037.

Jenkins CN, Joppa L. 2009. Expansion of the global terrestrial protected area system [J]. Biological Conservation, 142 (10): 2166-2174.

Li WJ, Wang ZJ, Ma ZJ, et al. 1999a. Designing the core zone in a biosphere reserve based on suitable habitats: Yancheng Biosphere Reserve and the red crowned crane (*Grus japonensis*), China [J]. Biological Conservation, 90 (3): 167-173.

Li WJ, Wang ZJ, Tang HX. 1999. Designing the buffer zone of a nature reserve: a case study in Yancheng Biosphere Reserve, China [J]. Biological Conservation, 90 (3): 159-165.

Liu XH, Li JH. 2008. Scientific solutions for the functional zoning of nature reserves in China [J]. Ecological Modelling, 215 (1): 237-246.

Ovaskainen O. 2002. Long-term persistence of species and the SLOSS problem [J]. Journal of theoretical biology, 218 (4): 419-433.

Pimm SL, Lawton JH. 1998. Planning for biodiversity [J]. Science, 279 (5359): 2068-2069.

Rouget M, Cowling RM, Lombard AT, et al. 2006. Designing Large – Scale Conservation Corridors for Pattern and Process [J]. Conservation Biology, 20 (2): 549-561.

Stephens P A, D'Sa C A, Sillero-Zubiri C, et al. 2001. Impact of livestock and settlement on the large mammalian wildlife of Bale Mountains National Park, southern Ethiopia [J]. Biological Conservation, 100 (3): 307-322.

Xu J L, Zhang Z W, Liu W J, et al. A review and assessment of nature reserve policy in China: advances, challenges and opportunities. [J]. Oryx, 2012, 46 (4): 554-562.

Xu Z, Zhao C, Feng Z. 2012. Species distribution models to estimate the deforestated area of Picea crassifolia in arid region recently protected: Qilian Mts. national nature [J]. Polish Journal of Ecology, 60 (3): 515-524.

Zhang ZM, Sherman R, Yang ZJ, et al. 2013. Integrating a participatory process with a GIS-based multi-criteria decision analysis for protected area zoning in China [J]. Journal for Nature Conservation, 21 (4): 225-240.

第5章
野生动物通道和生物廊道设计技术

目前我国已经初步形成了布局较合理、类型较齐全的自然保护区网络（唐小平，2005；王智等，2011）。但"生态孤岛"式的自然保护区建设模式无法避免区域的生境破碎化的影响，而生境的破碎化逐渐阻断了生物种群之间的有效交流。因此，生物廊道逐渐成为自然保护区体系的重要建设内容（Jongman & Pungetti，2004；郭子良等，2013）。Noss 等（1986）首先提出了保护区网络设计的"节点—网络—模块—走廊"（node-network-modules-corridors）模式，并在区域保护区网络规划布局中进行应用。近些年，对于生物廊道的理论研究、构建方法和应用实践等开展了大量的研究探索，特别是在跨国自然保护区网络建设方面（Opermanis et al.，2012；Geldmann et al.，2013；Roever et al.，2013；喻本德等，2013；穆少杰等，2014；王伟，2014）。生物廊道和动物通道作为适应于区域间物质流、能量流和生物流的通道，将保护区之间、保护区与其他自然生境彼此相连，能够把被人类社会隔离的"生态孤岛"连接成自然保护网络，实现生物多样性保护的目标（邬建国，2007；Driezen et al.，2007；Opermanis et al.，2012）。

20 世纪中叶，美国开始尝试将各州的绿地空间进行连通，并在 70 年代提出了"绿道"（greenways）概念，美国现在每年规划和建设的绿道有几百条（刘滨谊和余畅，2001）。近年来北美洲也开启了洲际尺度的绿色廊道网络的构建计划，增加生态系统的连通性（Bowers & McKnight，2012）。20 世纪 70 年代后，生物廊道在欧洲也得到快速发展，并在 1993 年提出了建立欧洲生态网络的建议，指导欧洲自然保护战略的实施（Jongman & Pungetti，2004）。欧美发达国家的学者在生境廊道规划设计方面研究十分活跃，并提出了许多不同的设计方法和区域生境廊道建设方案（Rouget et al.，2006；Chettri et al.，2007；Jonson，2010；Ferretti & Pomarico，2013）。而这些研究普遍采用最新的地理信息系统技术和数学模型对地理空间数据进行量化分析，提出相应方案（Jongman & Pungetti，2004）。

　　同时，铁路、公路的迅速发展也带来了生境破碎化、野生动物死亡等问题（章家恩和徐琪，1995；Forman et al.，2002）。道路的修建会对很多陆生野生动物的活动区域、迁徙路径、觅食范围等产生一定的阻隔，导致野生动物生境破碎化，进而可能使原本稳定持续的野生动物种群彻底消失（夏霖等，2005；Thomas et al.，2013）。在过去的 30 年中，汽车与野生动物的碰撞造成的动物伤亡，逐渐超过了捕猎，已对一些濒危动物的种群维持构成了严重威胁（李月辉等，2003；Neumann et al.，2012）。交通设施建设和运营过程造成的动物"避让"现象，导致在铁路和公路两旁一定距离内动物数量明显降低（胡忠军等，2005；王硕和贾海峰，2007）。以上问题对穿越野生动物生境或自然保护区的铁路和公路提出了更高的设计要求（项卫东等，2003）。20 世纪 50 年代以后，欧洲和北美开始关注公路和铁路对野生动物种群的影响，并将野生动物通道设计纳入常规的高速公路和道路建设中（Shelley & Nigel，2000；Sandra et al.，2004）。进入 21 世纪，我国道路建设和环保部门也开始关注野生动物通道建设，并开始为亚洲象、藏羚羊、两爬类动物等野生动物预留和设计野生动物通道（杨奇森等，2005；王成玉和陈飞，2007；李斌，2012）。

5.1　野生动物通道设计

5.1.1　定义和适用目标

5.1.1.1　定义

　　野生动物通道（wildlife path）是为保证野生动物能够穿越铁路、公路等建筑物而建造或保留的通道（殷宝法等，2006），适用于在野生动物重要生境和迁移扩散路线上新建铁路、公路等，也适用于对野生动物重要生境和迁移扩散路线上已经建好的铁路、公路等进行改造。

5.1.1.2　适用目标

　　野生动物通道设计前需要明确适用的目标物种。目标物种指拟设置野生动物通道的主要物种及其伴生物种（国家林业局，2012），尤其适用于区域内的保护动物和关键动物。其中保护动物是指国家重点保护、地方重点保护的野生动物，世界自然保护联盟《物种红色名录》（The IUCN Red List）中列为极危（Critically Endangered）、濒危（Endangered）和易危（Vulnerable）的野生动物，以及《濒危野生动植物物种国际贸易公约》（CITES）附录一（Appendix I）和附录二（Appendix II）中的野生动物；关键动物则是指生态系统中，对维护生态平衡和生物多样性起着关键作用的野生动物（国家林业局，2012）。

5.1.2　设计原则

　　（1）可行性。应针对目标物种特性设计专门类型的野生动物通道。在确保通道的长期安全性和持久稳定性的前提下，应充分考虑经济上和技术上的可行性。

　　（2）科学性。应按照目标物种的生物学、生态学和行为学特性以及生境特征等因素，通过野外调查或模拟试验等方法，确定野生动物通道的位置及各项参数。在评估通道使用效率时，必须考虑构筑物对种群和生物多样性的累计影响和时滞影响。

（3）协调性。野生动物通道的形式、体量和颜色等应保持与自然景观的协调。基于总体景观格局和能够创造有效的景观连接的通道位置才是能发挥长期效应的最佳选择。

5.1.3 设计依据

在进行野生动物通道设计前，需要收集尽可能全面的基础数据作为设计依据，主要包括拟建通道区域的基础资料和目标物种资料。

5.1.3.1 基础资料

基础资料有助于了解拟建野生动物通道区域及周边地区的本底情况。主要包括①自然环境资料：主要包括地质地貌资料、土壤、气候、水系及水文、地质灾害等。②社会经济资料：主要包括人口、产业和经济状况、土地利用状况与土地权属、矿产资源开发与利用、基础设施、社区生活配套设施等。③植被和野生动植物资料：植被资料指拟建野生动物通道区域及周边地区的植被类型、面积、分布等；野生动植物资料则指拟建野生动物通道区域及周边地区的野生动植物种类，珍稀濒危野生动植物种类、数量、分布等。

5.1.3.2 目标物种资料

目标物种资料是设计一个连通、高效的野生动物通道的关键依据，决定着通道的形式，设计规格以及建设规模，主要包括调查范围，目标物种的活动规律、生境状况、野生动物伤亡情况以及对已有桥涵的利用情况等。

（1）调查范围。设置野生动物通道时应调查铁路、公路等建筑物的直接影响区。调查范围一般不小于构筑物两侧各 1km（于祥坤，2008）。当项目的建设区域附近有高陡山坡、峭壁、湍急河流、湖泊等天然隔离地貌时，调查范围宜取这些隔离地貌为界；省级及以上自然保护区边界距建筑物和构筑物中心线不足 5km 时，应将调查范围扩大至自然保护区边界；对于受工程建设直接影响的天然植被，应以其植物群落的完整性为基准确定调查范围。

（2）活动规律。应调查不同季节野生动物在拟建野生动物通道区域及其附近区域出现的地点和频度，结合现有的目标物种研究成果，分析野生动物的迁移规律，明确迁移路线以及潜在的可利用路线并按目标物种的出现频度将活动路线分为以下三级：一级，主要活动路线，目标物种活动频繁，活动痕迹密度大，遇见率高；二级，一般活动路线，有目标物种活动，活动痕迹较少，遇见率低；三级，非活动路线，没有或很少有目标物种活动，活动痕迹零星，遇见率很低。

（3）生境分布状况。调查评价拟建野生动物通道区域的生境质量，以及目标物种对不同类型生境的利用方式、利用的时间和季节等，并对生境适宜性按利用状况和停留时间分为以下三级：一级，适宜生境，目标物种经常利用、长时间停留的生境，也包括暂时没有被利用的典型生境，即潜在生境；二级，较适宜生境，目标物种偶尔利用、短暂停留的生境；三级，不适宜生境，不适宜目标物种生存和生活的生境。

（4）食物分布状况。根据植被图和主要食物的分布，分析食物的丰富程度和分布特征，并对食物的分布状况按丰富程度分为以下三级：一级，食物丰富，目标物种的主要取食物密集分布，容易采食；二级，食物较丰富，目标物种的主要取食物分布密度较低，采食较困难；三级，食物贫乏，目标物种的主要取食物零星分布，不易采食。

（5）伤亡情况。在已建铁路、公路等建筑物上修建野生动物通道时，应采用样线法调查建筑物和构筑物造成的野生动物伤亡情况，对每个伤亡个体记录其种名、伤亡状况、发现时间、位置、附近生境、个体间距等信息，并按调查中目标物种伤亡个体的数量分为以下三级：一级，伤亡严重，目标物种伤亡个体多，个体间距近；二级，伤亡较严重，目标物种伤亡个体较多，个体间距较近；三级，伤亡不严重，目标物种伤亡个体很少。

（6）对已有桥涵的利用情况。对已建成的铁路、公路等建筑物，还应调查野生动物对已有桥涵的利用状况。被野生动物利用的已有桥涵应划入野生动物通道，其他未予利用的桥涵应进行相应的改造，以满足野生动物通行的需要。

5.1.4　野生动物通道的设计

Clevenger 等认为通道的结构、通道周围的环境特征以及人类的活动都会影响到野生动物对通道的利用程度（Clevenger et al.，2001；Clevenger & Nigel，2005）。夏霖等（2005）对青海可可西里国家级自然保护区内野生动物通道使用情况做了初步评价，发现人类活动是影响一些通道使用的主要原因。藏羚羊多在平坦开阔地带活动，黑暗窄小的通道会对其造成压力和恐惧感，不适合大群动物通过，因此一些小桥和涵洞的使用率比较低（殷宝法等，2006）。一般而言，人工建设的动物通道需几年后才能被野生动物适应（陈爱侠，2003）。因此，野生动物通道设计时需要考虑通道的位置、数量、形式、宽度、高度、地面基质及开口处的环境等因素（张晏和费世江，2009）。

5.1.4.1　通道的位置

根据野生动物活动路线、生境适宜性、食物丰富程度及野生动物伤亡情况，应在满足下列条件之一的地段设置野生动物通道：①处于野生动物一级活动路线的地段；②生境适宜性等级为一级、二级的地段；③食物丰富程度为一级的地段；④野生动物伤亡情况为一级、二级的地段。

5.1.4.2　通道的数量

通道的数量应根据目标物种的数量和迁移能力，以及建筑物的隔断性等因素确定。在经济和社会条件允许的状况下，应尽可能在符合设置野生动物通道条件的地段都建设通道。如果已有桥涵处于应设置野生动物通道的地段，且目标物种利用率较高，应予以利用。

5.1.4.3　通道的形式

通道的形式应根据目标物种的种类以及建筑物类型确定，可采取以下形式：

（1）天桥。在铁路、公路等建筑物的上方修建跨越式的桥，作为野生动物的通道（图 5-1，图 5-2）。一般适用于山地动物和喜开阔环境的动物。

应根据目标物种的行为学特点确定天桥的坡度，桥面应模仿附近同质植被覆土种植，边缘应密植与天桥两侧同质的植被，必要时边缘还应设置栏杆、防护网。

（2）高架桥下通道。在草原、草甸、湿地以及深山区修建铁路、公路等建筑物时，可设置高架桥，其桥洞作为野生动物穿越的通道（图 5-3）。一般适用于平地及河滩等

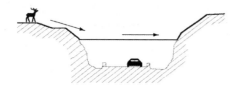

图 5-1 天桥示意图一

Fig. 5-1 Type I of overpass

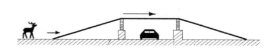

图 5-2 天桥示意图二

Fig. 5-2 Type II of overpass

平缓环境活动的动物。

桥梁的结构应保证野生动物视觉贯通；对于易受惊扰的野生动物，必要时在临近野生动物通道的道路和桥梁两侧应采取隔音措施。

图 5-3 高架桥下通道示意图

Fig. 5-3 Underpass

（3）涵洞。分无水涵洞和排水涵洞两种，多采取金属涵管或混凝土箱涵形式，一般适用于夜行性动物以及两栖类和爬行类动物（图 5-4，图 5-5）。

无水涵洞是在铁路、公路等建筑物下方修建的供野生动物穿越使用的桥洞或干燥管道；排水涵洞适用于铁路和公路穿越湿地，或雨季用于排水的区域。

如果目标物种主要是两栖类动物，应保障通道内有常流水；如果目标物种主要是爬行类动物，应在通道中架设悬空的可供攀爬的结构。

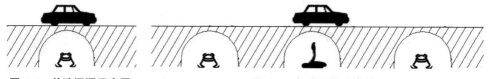

图 5-4 单孔涵洞示意图

Fig. 5-4 Single culvert

图 5-5 多孔涵洞示意图

Fig. 5-5 Porous culvert

（4）其他辅助设施。在通道入口附近，设置围栏、围墙、挡板或单向门等辅助设施，也可采用食物或其他引诱物吸引动物熟悉和接近通道，使动物习惯人工通道。在临近野生动物通道的路段，应设置限速、禁止鸣笛、灯光控制等方面的标志牌。

5.1.4.4 通道的宽度

根据目标物种的种群数量和行为特征，以及道路等级、设计车速等因素，或者通过野外实验的方法确定通道的宽度。

5.1.4.5 通道的高度

根据目标物种的生态生物学和行为学特性，以及穿越的建筑物的宽度和深度确定通道的高度。若在有草原围栏的地段，应根据目标物种的跳跃能力确定围栏的高度，确保目标物种的幼年个体也能跃过。

5.1.4.6　通道的地面基质

　　构建通道地面的材料宜就地取材，使通道铺面基质与建筑物两侧生境的基质基本一致。一些研究表明，许多动物喜欢自然地面内的环境，但也有一些动物会喜欢由混凝土制造的地下通道或者金属通道。对于高架桥下通道和排水涵洞，在洪水来临之前通道内部应有不被水淹的部分作为通道的联系（陈爱侠，2003）。

5.1.4.7　通道周围的环境

　　通道开口处的植被应与周围生境的天然植被一致，尽可能地采用当地物种模拟自然植被的绿化方式，使通道两侧连接自然顺畅，动物就会不自觉地走进通道。若动物依然横穿铁路和公路，不按预设通道活动时，应在铁路和公路两边设立护栏，以防野生动物上路发生交通死亡事故。同时设置能使从边坡等高处跌落下来的小动物逃脱的水、旱小路和供鸟类及其他小动物栖息的侧沟等。通道设施的尺度、噪声、温度、光线和湿度等要素可能对某些动物非常重要而又可能与某些动物完全不相干，具体设计中必须根据目标物种的生态生物学和行为学特性确定通道周围的环境营造形式。

5.1.5　野生动物通道案例分析

5.1.5.1　云南思小高速公路的设计

　　思小高速公路于 2006 年 4 月 6 日建成通车试运行，纵穿西双版纳国家级自然保护区勐养子保护区将保护区分为东西两个片区，整个勐养子保护区内分布着大约 100~120 头亚洲象。设计之初本着“将思小高速公路的修建控制在对保护区影响程度最小”的原则，将公路在保护区内的走向最大程度地与老 213 国道重合；为了不妨碍亚洲象等野生动物的活动，将原方案中的 100 余座桥梁增加到 352 座，尽可能包含了亚洲象活动路线，建成后整个桥隧比率达到路线长度的 26.7%。

5.1.5.2　思小高速公路亚洲象通道利用情况

　　从 2005 年 9 月到 2008 年 5 月，西双版纳国家级自然保护区科研所分三个阶段（施工期 2005.9—2006.4、试运营期 2006.5—2007.4、正式运营初期 2007.5—2008.5）对亚洲象利用通道的情况进行了监测，全面评估了思小高速公路修建前后对亚洲象活动的影响。

　　从表 5-1 可以看出，思小高速公路修建前亚洲象经常利用的跨公路迁移通道共 30 条，高速公路修建后原有的 30 条通道中有 6 条在公路开工以来就未见有亚洲象再利用；同期，亚洲象新开了 1 条跨公路通道；高速公路建成通车后，原有的 25 条通道仍旧被亚洲象频繁利用。

表 5-1　思小高速公路建设前后亚洲象对国道 213 通道的利用情况

Tab. 5-1　The utilization of the wildlife path on State Road 213 before and after the Sixiao Highway's construction

调查时间	亚洲象利用的通道数量	未利用数量	新增数量
高速公路建设前	30	0	0
高速公路建设后	25	6	1

　　而从表5-2可以看出，思小高速公路穿越保护区段共设计建设野生动物通道25个，其中天桥2座，高架桥下通道23个；试运营期间的监测中有8个野生动物通道被利用，累计利用76次，通道利用率为32%，其中2座天桥全被利用，"野象谷隧道天桥"被利用多达36次，同期亚洲象上高速公路活动73次；在正式运营初期的监测中，有10个野生动物通道被利用，累计利用86次，通道利用率上升到40%，但只有1座天桥被利用，利用最高的依然是"野象谷隧道天桥"，达31次，亚洲象上高速公路活动次数则下降到43次。

表 5-2　亚洲象对思小高速野生动物通道的利用情况

Tab. 5-2　The utilization of wildlife path on Sixiao Highway

调查时间	通道数量	天桥数量	利用数量	利用的天桥数量	利用总次数	单个通道利用的最大次数	通道利用率（%）	上高速次数
试运行期	25	2	8	2	76	36	32%	73
正式运行初期	25	2	10	1	86	31	40%	43

5.1.5.3　结果分析和存在问题

　　从调查结果可以看出思小高速公路的施工对亚洲象的活动有一定的影响，导致6条跨公路通道被弃用；高速公路建成后，亚洲象对野生动物通道的利用率还不高，还存在亚洲象上高速公路的情况。分析发现亚洲象对野生动物通道的利用率虽不高，但利用率却在逐步增加，从高速公路跨越的次数也随着时间在逐步减少；所有亚洲象利用的通道位置均与高速公路建设前亚洲象的活动路线一致；通过对10个可能影响亚洲象迁移的因子进行相关分析，"通道位置是否与活动路线重合"是亚洲象对通道选择的决定性因素（$r=0.8372$，$P=0.038$），可见野生动物的活动路线对通道设计的重要性。另外，如何设置施工营地、砂石料场、取土场，约束施工人员在施工期间的行为，才能有效避免施工期间野生动物对原本通道的弃用还有待进一步的研究（陈雪珍，2007）。

　　调查中发现的亚洲象频繁穿越高速公路的路段共有5处，分别是野象谷隧道南侧观象台、K81+600路段、野象谷隧道北出口服务区、野象谷隧道北出口立交区和农场五队路段。分析发现野象谷隧道南侧观象台和K81+600路段这两处在高速修建前是亚洲象跨公路通道的位置，但是并未设计建造相应野生动物通道，亚洲象主要以跨公路迁移为目的；而野象谷隧道北出口服务区和野象谷隧道北出口立交区主要是亚洲象为了获取食物，这两个路段的绿化树种正好是亚洲象喜食的大王棕、竹子和一些榕树植物；农场五队路段则是获取食物和跨越公路迁移两个因素共同作用的结果，此处在公路修建前有一条跨公路通道，但高速的修建未设置相应的通道，道路一旁居民种植的玉米也是亚洲象的主要采食对象。以上情况进一步证明，野生动物通道的设计应该尽可能囊括野生动物的所有活动路线，以及亚洲象的取食对象集中分布的地方，对亚洲象频繁利用的通道也应继续加以利用。

5.1.6　野生动物通道的监测

野生动物通道不只是设计让动物穿过的通道，还要切实做到建成后野生动物能够有效利用；不是修完即可宣告结束的工程，还要对野生动物利用通道的情况进行长期监测，并采取对应的措施对通道进行维护改造。

国内外成功案例都表明，严谨的前期调查研究和后期的持续监测对设计一个有效的野生动物通道至关重要。前期调查研究方面最典型的例子就是美国 I-75 州际公路，设计者们投注了 10 余年的时间、千万美元的财力耗资，进行了 23 项的长期观测研究后，才提出了相关的规划设计方案，同时为了避免与现场的实际情形产生落差，部分施工期与细部设计重叠，以边施工边按实际情况调整细部设计的方式同步进行；道路建成之后，有关黑熊等野生动物的监测仍在持续进行（Rob 等，2011）。通道建成后的监测方面案例比较多，如 Dussault 等（2007）对加拿大驼鹿 *Alces alces* 不同季节穿越高速公路通道的情况进行了监测，提出了通道的改进措施；Erling 等（2013）对挪威的红鹿 *Cervus elaphus* 开展了监测，分析了通道建设后对其生境选择和活动的影响；青藏铁路在建成后于 2005—2007 年对 33 处藏羚羊通道的利用情况也开展了持续监测（李耀增等，2008；孔飞，2009；付鹏等，2011），结果表明通道的利用率逐年上升，铁路对藏羚羊的迁徙没有阻隔；李斌（2012）还在 2009—2010 年首次就韶赣高速野生动物通道对两栖动物保护的有效性进行了研究，并提出了两栖动物保护的改进措施。

以上数据说明，要确保野生动物通道的有效性，通道建成前必须要掌握野生动物的准确活动路线，建成后也要进行不少于一年的调查监测，主要调查野生动物能否顺利通过通道，使用率如何，是否仍然存在野生动物跨越道路和野生动物伤亡情况等。根据对野生动物通道监测结果，有针对性地提出野生动物通道的改造设计方案，并进行相应改造，直到野生动物通道效果良好，确保通道的作用得到最大的发挥，减少建设无效动物通道造成的浪费。

随着经济和社会的不断发展，会有越来越多的人工建筑物出现，不可避免地要挤占野生动物的生存空间。铁路、公路等工程建设单位和科研单位应充分重视野生动物通道的设计与建设，尽可能详细地了解目标物种的活动范围和运动路线，科学构建野生动物通道，给野生动物留出一条生存之路。

5.2　野生动物生境廊道设计

5.2.1　设计原则

（1）针对性。应针对目标物种设计专门的生境廊道。

（2）科学性。应按照目标物种的生物学、生态学和行为学特性以及栖息地特征等因素，通过野外调查或模拟试验等科学方法，确定生物廊道的位置及各项参数。

（3）自然性。应充分利用天然的植被、地貌和水系等自然环境；对已经退化的天然植被，应进行恢复和重建，禁止使用外来物种；对于人工植被，应仿照天然植被进行改造。

（4）可行性。在确保生物廊道的长期安全性和持久稳定性的前提下，应充分考虑经济上和技术上的可行性。

5.2.2 设计依据

5.2.2.1 基础资料

（1）自然环境资料。

①地质地貌。拟建野生动物廊道区域及周边地区的地质、地貌、地形等资料。

②土壤。拟建野生动物廊道区域及周边地区的土类、各土类特征及其分布状况。

③气候。拟建野生动物廊道区域及周边地区的气候要素资料，特别是大气降水和灾害天气等资料。

④水系及水文。拟建野生动物廊道区域及周边地区的水系概况，水体类型、径流量、不同季节流速、水面积、水位、水质和结冰期，以及水灾害等资料。

⑤地质灾害。拟建野生动物廊道区域及周边地区已发生或潜在发生的多发性地质灾害类型、发生频率、分布和影响程度等资料。

（2）社会经济资料。

①行政区划。拟建野生动物廊道区域及周边地区的行政建制及区划、居民点的分布、村界、乡界及相关地界等资料。

②人口与社会生活状况。拟建野生动物廊道区域及周边社区常住人口的数量、分布、民族、宗教、年龄结构、性别结构、教育水平、生活习俗、生产方式等，以及当地居民对野生动物保护和利用的态度。

③产业和经济状况。拟建野生动物廊道区域及周边地区的产业结构、产业规模、地方财政收入、居民经济收入和经济发展规划等资料。

④土地利用状况与土地权属。拟建野生动物廊道区域内土地利用现状图及其变更资料；土地所有权、使用权和管理权资料，其中林权应具体到林地权属和林木权属。

⑤矿产资源开发与利用。拟建野生动物廊道区域及周边地区的矿产资源的开发利用价值、利用量、利用程度及利用规划方面的资料。

⑥基础设施。拟建野生动物廊道区域及周边地区的交通、能源、水利、通信、供电等基础设施资料。

⑦社区生活配套设施。拟建野生动物廊道区域及周边地区的给排水、生活能源、医疗卫生等配套基础设施状况。

⑧历史与文化景观。拟建野生动物廊道区域及周边地区的历史文化景观及其分布资料。

（3）遥感资料。拟建野生动物廊道区域及周边地区的卫星图片和航空像片等遥感影像。

（4）植被和野生动植物资料。

①植被。拟建野生动物廊道区域及周边地区的植被类型、面积、分布等资料，植被分类单位应细化到群系。

②野生植物。拟建野生动物廊道区域及周边地区的植物种类，珍稀濒危植物种类、

数量、分布等资料。

③野生动物。拟建野生动物廊道区域及周边地区的野生动物种类、数量、分布等资料。

5.2.2.2　活动规律调查分析

应调查不同季节野生动物在拟建生物廊道区域及其附近区域出现的地点和频度，结合现有的目标物种研究成果，分析野生动物的迁移规律，明确迁移路线以及潜在的可利用路线，制作"野生动物活动路线图"，制图要求见 5.2.6.1。

野生动物活动路线可按目标物种的出现频度分为以下三级：

一级，主要活动路线：目标物种活动频繁，活动痕迹密度大，遇见率高。

二级，一般活动路线：有目标物种活动，活动痕迹较少，遇见率低。

三级，非活动路线：没有或很少有目标物种活动，活动痕迹零星，遇见率很低。

5.2.2.3　栖息地调查分析

（1）栖息地分布状况。调查评价拟建生物廊道区域的栖息地质量，以及目标物种对不同类型栖息地的利用方式、利用的时间和季节等，制作"野生动物栖息地适宜性等级分布图"，制图要求见 5.2.6.2。

野生动物栖息地适宜性等级可按利用状况和停留时间分为以下三级：

一级，适宜栖息地：目标物种经常利用、长时间停留的栖息地；也包括暂时没有被利用的典型栖息地，即潜在栖息地。

二级，较适宜栖息地：目标物种偶尔利用、短暂停留的栖息地。

三级，不适宜栖息地：不适宜目标物种生存和生活的栖息地。

（2）食物分布状况。根据植被图和主要食物的分布，分析食物的丰富程度和分布特征，制作"野生动物食物丰富程度分布图"，制图要求见 5.2.6.3。

野生动物食物分布状况可按丰富程度分为以下三级：

一级，食物丰富：目标物种的主要取食物种密集分布，容易采食。

二级，食物较丰富：目标物种的主要取食物种分布密度较低，采食较困难。

三级，食物贫乏：目标物种的主要取食物种零星分布，不易采食。

5.2.2.4　阻隔因子状况调查分析

应调查居民点、农田和人工密植纯林等阻隔因子的数量和分布，制作"野生动物阻隔因子分布图"，制图要求见 5.2.6.4。

阻隔因子可按其对目标物种的阻隔程度分为以下三级：

一级，长期阻隔：永久性居民点、基本农田和未列入退耕还林还草还湿的农田等。

二级，短期阻隔：列入搬迁计划的居民点，列入退耕还林还草还湿的农田，以及人工密植纯林。

三级，无阻隔：没有居民点和农田。

5.2.2.5　伤亡情况调查分析

在已建道路、草原围栏、水渠等建筑物和构筑物上修建野生动物通道时，应采用样线法调查建筑物和构筑物造成的野生动物伤亡情况，对每个伤亡个体记录其种名、伤亡状况、发现时间、位置、附近生境、个体间距等信息。制作"野生动物伤亡情况分布图"，制图要求见 5.2.6.5。

野生动物伤亡情况可按调查中目标物种伤亡个体的数量分为以下三级：

一级，伤亡严重：目标物种伤亡个体多，个体间距近。

二级，伤亡较严重：目标物种伤亡个体较多，个体间距较近。

三级，伤亡不严重：目标物种伤亡个体很少。

5.2.3 野生动物生境廊道的设计

5.2.3.1 生境廊道的路线确定

根据目标物种活动路线、栖息地适宜性、食物丰富程度、阻隔因子情况，应在同时满足下列条件的区域设置生境廊道：

（1）栖息地适宜性等级为一级、二级的区域。

（2）食物丰富程度为一级、二级的区域。

（3）阻隔程度为二级、三级的区域。

5.2.3.2 生境廊道的功能区划

生境廊道可划分为主廊道和辅廊道。生境廊道功能区划可参见图5-6。

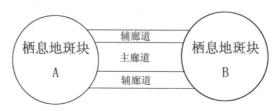

图 5-6 生物廊道功能区划示意图

Fig. 5-6 The sketch map for functional zoning of biological corridor

5.2.3.3 生境廊道的宽度确定

根据目标物种的行为学特征、种群数量和栖息地适宜性等级确定主廊道的宽度；根据周边阻隔因子的阻隔程度，确定辅廊道的宽度。

5.2.3.4 生境廊道的完善工程

（1）根据野生动物的最适宜栖息地特征，各区域范围内因地制宜地采取封山育林、林相改造、人工造林、居民点搬迁、退耕还林还草还湿等措施对生境廊道内的栖息地进行恢复和改造。

（2）在林区居民点附近，生境廊道边缘应密植树木，设置生物隔离带，必要时在生境廊道边缘可设置围栏、护栏或者沟道，以缓冲外界人为干扰，减少野生动物的侵扰和逃逸。

（3）各野生动物生境廊道的主廊道和辅廊道应设立界碑、界桩等标志物。界碑、界桩等标志物（规格参照 LY/T 5126—2004）。同时，还应设置宣传和警示标牌。

5.2.4 野生动物生境廊道的维护措施

应根据野生动物廊道特征、自然环境状况和社会经济条件，设计野生动物廊道维护方案，如围栏修补、通道淤积物清理等，确保生物廊道能长期发挥作用。

5.2.5　监测评估与改造设计

5.2.5.1　野生动物廊道监测评估

在建成的野生动物廊道内，对野生动物进行至少一年的调查监测，评估野生动物廊道的有效性。

野生动物廊道的有效性评估可分为三级：

良好：野生动物能顺利通过，使用率较高；建筑物和构筑物上目标物种伤亡不严重。

一般：野生动物能通过，使用率较低；建筑物和构筑物上目标物种伤亡较严重。

较差：野生动物不能顺利通过，使用率很低；建筑物和构筑物上目标物种伤亡严重。

5.2.5.2　野生动物廊道的改造设计

根据对野生动物廊道有效性的评估结果，提出野生动物廊道的改造设计方案，确保廊道能长期发挥作用。

5.2.6　制图要求

5.2.6.1　野生动物活动路线图

（1）应以土地利用现状图为底图，土地利用现状分类及含义参照《森林资源规划设计调查主要技术规定》地类划分标准，非林地土地利用现状分类及含义参照自然资源部（原国土资源部）有关规定确定。

（2）以点和线的形式准确标注目标物种在调查区域或离建廊道最近区域的活动位点、范围和活动频次，线的粗细表示活动频次的多少。

（3）地理要素应包括境界、水系、交通、居民点、标志性地物、等高线和高程点。

5.2.6.2　野生动物栖息地适宜性等级分布图

（1）应以地形图为底图，图上应严格按照栖息地适宜性等级评价标准进行分级，准确反映野生动物廊道区域内目标物种的栖息地分布情况。

（2）不同的栖息地适宜性等级分别以半透明色面表示，一级填注红色，二级填注黄色，三级填注绿色。

（3）地理要素应包括境界、水系、交通、居民点、标志性地物、等高线和高程点。

5.2.6.3　野生动物食物丰富程度分布图

（1）应以植被图为底图，准确反映目标物种主要采食的生物种类、丰富程度和分布，具体到种。

（2）图幅标注和图例制作，可用被采食生物的实际图片作注，并注意保持幅面的合理布局，各标注应清晰可见，容易区分。不同的丰富程度等级分别以半透明色面表示，一级填注红色，二级填注黄色，三级填注绿色。

（3）地理要素应包括境界、水系、交通、居民点、标志性地物、等高线和高程点。

5.2.6.4　野生动物阻隔因子分布图

（1）应以土地利用现状图为底图，明确标注拟建野生动物廊道区域及其周边区域居民点、农田和人工密植纯林等阻隔因子的数量和分布。

（2）不同的阻隔因子阻隔程度等级分别以半透明色面表示，一级填注红色，二级填注黄色，三级填注绿色。

（3）地理要素应包括境界、水系、交通、居民点、标志性地物、等高线和高程点。

5.2.6.5　野生动物伤亡情况分布图

（1）应以土地利用现状图为底图，图中应明确标出公路、铁路、草原围栏、水渠等建筑物和构筑物，并按照其等级予以分别显示；同时在建筑物和构筑物上或者附近，以清晰可见的形式标出伤亡野生动物种类、数量、分布、伤亡情况等。

（2）图幅标注和图例制作，可用伤亡野生动物的实际图片作注，并注意保持幅面的合理布局，各标注应清晰可见，容易区分。

（3）不同的伤亡情况等级分别以半透明色面表示，一级填注红色，二级填注黄色，三级填注绿色。

（4）地理要素应包括境界、水系、交通、居民点、标志性地物、等高线和高程点。

5.2.6.6　野生动物通道布局图

（1）应以野生动物栖息地适宜性等级分布图和野生动物活动路线图为底图，图中应明确标出公路、铁路、草原围栏、水渠等建筑物和构筑物，并按照其等级予以分别显示；同时在建筑物和构筑物上或者附近，以清晰可见的形式标出每个野生动物通道的具体位置、形式。

（2）注意保持幅面的合理布局，各标注应清晰可见，容易区分。

（3）地理要素应包括境界、水系、交通、居民点、标志性地物、等高线和高程点。

5.2.6.7　单体野生动物通道设计图

（1）包括每个野生动物通道的建筑设计图和结构设计图（立视图和剖面图）等。

（2）各图均应标注其图名，图中宽度、高度、深度等细部尺寸应根据设计深度和图纸用途的不同而定。

（3）注意保持幅面的合理布局，各标注应清晰可见，容易区分。

5.2.6.8　野生动物生境廊道功能区划图

（1）应划定野生动物生境廊道主廊道和辅廊道的边界与范围，以点、线或面准确标注各功能区的位置和范围。

（2）应利用自然界线或永久性的建筑物和构筑物作为各个野生动物廊道功能区的界线，如河流、沟谷、山脊、道路、居民点等，以维持生境和地貌单元的完整性。

（3）各区域范围以半透明色面表示，其中主廊道填注淡红色，辅廊道填注淡黄色。注意保持幅面的合理布局，各标注应清晰可见，容易区分。

（4）地理要素应包括境界、水系、交通、居民点、标志性地物、等高线和高程点。

5.2.6.9　野生动物生境廊道完善工程布局图

（1）应以野生动物生境廊道功能区划图为底图，准确标注各项生境廊道完善工程的位置、范围，并以不同的图例标注完善工程的内容。

（2）注意保持幅面的合理布局，各标注应清晰可见，容易区分。

（3）地理要素应包括境界、水系、交通、居民点、标志性地物、等高线和高程点。

参考文献

Rob H G，Gloria Pungetti，余青，等. 2011. 生态网络与绿道——概念、设计与实施 [M]. 北京：中国建筑工业出版社.

陈爱侠. 2003. 公路建设对野生动物的影响与保护措施 [J]. 西北林学院学报，18 (4)：107-109.

陈雪珍. 2007. 涉及自然保护区公路建设环境问题及管理对策研究 [D]. 南京：南京林业大学.

崔国发. 2004. 自然保护区学当前应该解决的几个科学问题 [J]. 北京林业大学学报，26 (6)：102-105.

付鹏，张宇，吴晓民，等. 2011. 青藏铁路野生动物通道有效性分析 [J]. 环境科学与管理，36 (2)：98-101，106.

郭子良，李霄宇，崔国发. 2013. 自然保护区体系构建方法研究进展 [J]. 生态学杂志，32 (8)：2220-2228.

国家林业局. 2012. 陆生野生动物廊道设计技术规程 (LY/T 2016—2012) [S].

胡忠军，于长青，徐宏发，等. 2005. 道路对陆栖野生动物的生态学影响 [J]. 生态学杂志，24 (4)：100-104.

孔飞. 2009. 藏羚羊对青藏铁路野生动物通道的适应性及穿越通道时的行为学研究 [D]. 西安：西北大学.

李斌. 2012. 韶赣高速公路野生动物通道两栖动物保护效果及改进措施研究 [D]. 北京：北京林业大学.

李耀增，周铁军，姜海波. 2008. 青藏铁路格拉段野生动物通道利用效果 [J]. 中国铁道科学，29 (4)：127-131.

李月辉，胡远满，肖笃宁，等. 2003. 道路生态学研究进展 [J]. 应用生态学报，14 (3)：447-452.

刘滨谊，余畅. 2001. 美国绿道网络规划的发展与启示 [J]. 中国园林，17 (6)：77-81.

穆少杰，周可新，方颖，等. 2014. 构建大尺度绿色廊道保护区域生物多样性 [J]. 生物多样性，22 (2)：242-249.

唐小平. 2005. 中国自然保护区网络现状分析与优化设想 [J]. 生物多样性，13 (1)：81-88.

王成玉，陈飞. 2007. 山区高速公路对野生动物的影响及保护措施探讨 [J]. 公路，12 (12)：97-102.

王硕，贾海峰. 2007. 生态交通建设中的动物因素考虑 [J]. 生态学杂志，26 (8)：1291-1296.

王伟. 2014. 黑龙江流域跨界保护区网络构建技术研究 [R]. 北京：中国环境科学研究院.

王智，柏成寿，徐网谷，等. 2011. 我国自然保护区建设管理现状及挑战 [J]. 环境保护，(4)：18-20.

邬建国. 2007. 景观生态学：格局过程尺度与等级 (第二版) [M]. 北京：高等教育出版社.

夏霖，杨奇森，李增超，等. 2005. 交通设施对可可西里藏羚羊季节性迁移的影响 [J]. 四川动物，24 (2)：147-149.

项卫东，郭建，魏勇，等. 2003. 高速公路建设对区域生物多样性影响的评价 [J]. 南京林业大学学报 (自然科学版)，27 (6)：43-47.

杨奇森，夏霖，吴晓民. 2005. 青藏铁路线上的野生动物通道与藏羚羊保护 [J]. 生物学通报，40 (5)：15-17.

殷宝法，淮虎银，张镱锂，等. 2006. 青藏铁路、公路对野生动物活动的影响 [J]. 生态学报，26 (12)：3917-3923.

于祥坤. 2008. 道路环境影响评价研究 [D]. 西安：长安大学.

喻本德，叶有华，吴国昭，等. 2013. 绿道网规划建设与管理进展分析 [J]. 生态环境学报，22

（8）：1444-1450.

张晏，费世江. 2009. 公路建设中野生动物通道的设置研究［J］. 辽宁科技大学学报，32（1）：93-98.

章家恩，徐琪. 1995. 道路的生态学影响及其生态建设［J］. 生态学杂志，14（6）：74-77.

Bowers K, McKnight M. 2012. Reestablishing a healthy and resilient north america: Linking ecological restoration with continental habitat connectivity［J］. Ecological Restoration, 30（4）：267-270.

Chettri N, Sharma E, Shakya B, et al. 2007. Developing forested conservation corridors in the kangchenjunga landscape, Eastern Himalaya［J］. Mountain Research & Development, 27（3）：211-214.

Clevenger A P, Chruszcz F, Gunson K E. 2001. Highway mitigation fencing reduces wildlife-vehicle collisions［J］. Wildlife Society Bulletin, 29：646-653.

Clevenger A P, Nigel Waltho. 2005. Performances indices to identify attributes of highway crossing structures facilitating movement of large mammals［J］. Biological Conservation, 121：453-464.

Driezen K, Adriaensen F, Rondinini C, et al. 2007. Evaluating least-cost model predictions with empirical dispersal data: A case-study using radiotracking data of hedgehogs（Erinaceus europaeus）［J］. Ecological Modelling, 209（S2-4）：314-322.

Dussault C, Ouellet J P, Laurian C, et al. 2007. Moose movement rates along highways and crossing probability models［J］. Journal of Wildlife Management, 71（2）：2338-2345.

Erling L, Leif E Loe, Øystein Brekkum, et al. 2013. Red Deer habitat selection and movements in relation to roads［J］. The Journal of Wildlife Management, 77（1）：181-191.

Ferretti V, Pomarico S. 2013. An integrated approach for studying the land suitability for ecological corridors through spatial multicriteria evaluations［J］. Environment, Development and Sustainability, 15（3）：859-885.

Forman R T, Sperling D, Bissonette J A, et al. 2002. Road ecology: science and solutions［M］. Inland Press.

Geldmann J, Barnes M, Coad L, et al. 2013. Effectiveness of terrestrial protected areas in reducing habitat loss and population declines［J］. Biological Conservation, 161（3）：230-238.

Jongman R H G, Pungetti G. 2004. Ecological networks and greenways: Concept, design, implementation［M］. England: Cambridge University Press.

Jonson J. 2010. Ecological restoration of cleared agricultural land in Gondwana Link: lifting the bar at 'Peni-up'［J］. Ecological Management & Restoration, 11（1）：16-26.

Neumann W, Ericsson G, Dettki H, et al. 2012. Difference in spatiotemporal patterns of wildlife road-crossings and wildlife-vehicle collisions［J］. Biological Conservation, 145（1）：70-78.

Noss R F, Harris L D. 1986. Nodes, network and MUMs: Preserving diversity at all scales［J］. Environmental Management, 10（10）：299-309.

Opermanis O, Macsharry B, Aunins A, et al. 2012. Connectedness and connectivity of the Natura 2000 network of protected areas across country borders in the European Union［J］. Biological Conservation, 153（5）：227-238.

Roever C L, Aarde R J V, Leggett K. 2013. Functional connectivity within conservation networks: Delineating corridors for African elephants［J］. Biological Conservation, 157（157）：128-135.

Rouget M, Cowling R M, Lombard A T, et al. 2006. Designing large-scale conservation corridors for pattern and process［J］. Conservation Biology, 20（2）：549-561.

Sandra J Ng, Jim W Dole, Raymond M, et al. 2004. Use of highway undercrossing by wildlife in southern California［J］. Biological conservation, 115：499-507.

Shelley M Alexander, Nigel M Waters. 2000. The effects of highway transportation corridors on widelife: a case study of Banff national Park [J]. Transportation Research (C), 8: 307-320.

Thomas A M, Matthias D, Diana Z, et al. 2013. Rapid assessment of linear transport infrastructure in relation to the impact on landscape continuity for large ranging mammals [J]. Biodivers Conserv, (22): 153-168.

第 6 章
保护对象保育管理技术

评价物种"濒临灭绝危险"的程度（简称濒危程度），一直是国际社会和各国生物多样性保护工作的重点之一（崔国发等，2008）。最早的评价可追溯到 1942 年和 1945 年美国国际野生动物保护委员会分别出版的绝灭与濒于绝灭的旧大陆与新大陆哺乳动物两本书（解焱和汪松，1995）。1966 年 IUCN 相继出版了一系列濒危物种的红皮书和红色名录，其中的濒危物种的等级标准得到了广泛承认，被许多国家或地区广泛应用。1994 年 IUCN 制定并通过了《国际濒危物种等级新标准》，突出强调了评价指标的数量化和具体化，2001 年正式出版了《IUCN 红色名录类型和标准（版本 3.1）》。1992 之后，我国也相继发布了《中国植物红皮书》、《中国动物红皮书》、《中国物种红色名录》等（解焱和汪松，2009）。一个物种的种群一般分布在相当大的地区内，形成了若干区域种群或亚种群，如何评价一个区域或者省内的物种"濒临消失风险"并提出保护级别是近年来科技工作者一直探索的问题。20 世纪 90 年代，Perring（UNEP，1992）、许再富等人将物种濒危状况评价的指标进行分级、量化和给分，然后计算濒危系数，并采用计算急切保护值的方法对区域性受威胁植物的保护级别进行了定量评价（薛达元等，1991）。崔国发、成克武等人应用国内分布频度、北京地区分布频度、调查区分布频度等9 个指标计算各种植物的濒危系数，对北京喇叭沟门自然保护区植物的濒危状况进行了评定，并通过计算急切保护值的方法确定了各物种的保护级别（崔国发等，2000）。

同时，在自然群落中竞争现象也普遍存在，作用在种群上，其结果将影响种群的空间分布、动态和群落的物种多样性（Schoener，1983；Weiner，1990）。植株之间的竞争本质上是对共同需要的有限资源环境的抢夺，作用在个体上就是被选择与淘汰，这种争夺在同种间表现为自疏现象，在异种间表现为种间竞争（李博等，1998）。而作为植物种内和种间相互作用的主要表现形式（孙嘉男等，2010），竞争的最终结果是使相邻植株达到相对稳定的最佳生态位（金则新等，2004）。在早期有关物种保护的研究中，已有学者尝试运用竞争模型进行探索（Schoener，1983）。之后相继出现了包括不同竞争模型在具体应用中的对比（段仁燕等，2007；张跃西，1993），以及不同林型和一些濒危植物与伴生种竞争关系的研究（段仁燕，2005；马世荣等，2012；孙澜等，2008；吴巩胜和王政权，2000；张思玉和郑世群，2001）。

此外，森林资源可持续状况是表征森林生态系统中林木、林地等资源的质量状况、可利用状况以及受干扰状况，在满足人类长期资源利用、生态效益等需求方面的特征（崔国发等，2011）。1992 年联合国环境与发展大会以后，有关国际组织提出了一系列的森林保护与可持续经营标准和指标体系框架，如欧洲森林可持续管理的标准与指标体系、温带和北方森林保护与可持续经营的标准和指标框架、热带林可持续经营的政策标准等（张守攻，1995；蒋有绪，2001；杨馥宁等，2009）。张守攻、肖文发等制定了《中国森林可持续经营标准与指标》行业标准，提出了国家水平上的核心指标体系（李朝洪和郝爱民，2000；雷静品等，2009）。赵惠勋、周晓峰等提出了森林质量评价标准和评价指标（赵惠勋和周晓峰，2000；石春娜和王立群，2006）。郑小贤等探讨了森林经营单位级可持续经营指标体系（刘代汉和郑小贤，2004）。

6.1　主要保护对象评定

6.1.1　植物濒临消失风险评价

6.1.1.1　濒临消失风险指数的计算

评价指标体系要反映出物种自身的适应能力及自然环境、人类活动、社会经济等指标，还要符合物种优先保护的内涵。现在北京山区植物濒临消失风险的大小主要决定于近期人类活动的影响，这种影响主要源于物种利用价值属性和保护措施等方面。通过对物种利用价值高低以及已经采取的保护措施等，可以更客观地反映近期人为因素对物种的影响、潜在影响和物种受威胁程度。根据以上因素，确定出北京山区野生植物"濒临消失风险指数"（简称风险指数）的评定因子及其分级分值如下：

（1）北京地区分布频度。根据某物种在本次调查的 13 个调查区的分布情况决定。本次调查其分布小于 2 个区，10 分；3~8 个区，6 分；大于 8 个区，1 分。这里任何一个指标中用于分级的数值并不代表该指标的实际分值，而是利用分值大小的比较来说明某一指标下，不同植物种之间受威胁程度的差异，以下各指标分值设置的意义类同。

（2）调查区分布多度。应用样地调查资料，估算调查区各物种的分布多度，根据数量的多少而评分。IUCN 建议，当一个濒危物种的野生种群数量低于 1000 时，应当进行人工繁育迁地保护。在《濒危野生动植物种国际贸易公约》的一份文件中也提到，对一些生产力较低但具备评估所需数据的物种，可以将 5000 或更少的个体数作为构成一个小型野生种群的恰当指标（但不是阈值），据此提出北京山区植物多度分级及分值设定（表 6-1）。

表 6-1　植物多度分级评分

Tab. 6-1　The classification score of plant abundance

分值设定	植物多度	数量（株）
10	很少	<1000
6	尚多	1000~5000
1	很多	>5000

（3）分布方式。指某植物种在自然界中的分布方式，分 3 个等级，在分布区域内呈孤立或星散状态分布，10 分；在分布区域内以小块状分布为主，6 分；在分布区域内有较大面积的成片分布，1 分。

（4）药用价值。有些珍贵药材，一旦其特殊的药用价值被发现，即使分布范围再广、种群数量再大，也存在着被采尽挖绝的可能。因此，利用价值应该是评定濒临消失风险指数的最基本指标之一。由于药用植物是一种特殊的经济植物，相对于其他用途的物种更容易受到破坏而导致濒危灭绝（汪年鹤等，1992）。对药用植物价值大小的分值设定，用崔国发等（2000）的评价方法，并稍做修改。《中国药典》、《中药志》收载的常用种类、具特殊药用价值，并且在市场上具有广泛贸易，10 分；各地市场进行贸易的常见种类，已形成商品的民间草药，6 分；无药用价值，1 分。

（5）其他价值。其他价值也主要指直接使用价值，包括观赏、绿化、用材、食用、工业原料和其他用途。分值设置为：具有重要观赏植物、重要的食用野果或野菜、重要工业原料或其他重要原料植物中 1 项以上价值，市场上有广泛贸易的植物，10 分；只具有 1 种上述价值，市场上有少量贸易的植物，6 分；有一定价值，但是市场上未见贸易的植物，1 分。

根据北京山区植物生存的影响因子确定的植物濒临消失风险的指标和各指标量化分级评分结果，用下列公式计算各物种的濒临消失风险指数。

风险指数计算公式为：

$$I_{濒} = \sum_{i=1}^{5} X_i / \sum_{i=1}^{5} X_{\max_i} \quad\cdots\cdots\cdots\cdots\cdots\cdots\cdots\cdots\cdots\cdots\cdots\cdots (6.1)$$

式中，$I_{濒}$ 为濒临消失风险指数；

　　i 为各评定指标；

　　X_i 为第 i 个评定指标的得分值；

　　$X_{\max_i}$ 为第 i 个评定指标最高得分值。

下面以无梗五加 *Acanthopanax sessiflorus* 为例，说明物种濒临消失风险指数的具体计算过程。首先根据各个评价指标赋值：

（1）无梗五加分布在蒲洼、慕田峪、喇叭沟门、松山、百花山、东灵山、雾灵山、云蒙山 8 个调查区，故根据北京地区的分布频度这一指标，无梗五加的得分为 6 分。

（2）根据调查区发现无梗五加的数量，估计北京山区分布数量很少，故北京地区分布多度这一指标，无梗五加的得分为 10 分。

（3）调查发现无梗五加在分布区域内呈孤立或星散状态分布，多与刺五加混生，没有发现大面积的分布，故分布方式这一指标，无梗五加的得分为 10 分。

（4）从药用价值来讲，无梗五加具有较高的药用价值，药典、药志中有收录，故该项得分为 10。

（5）除药用价值外，无梗五加还可以制肥皂，种子可以榨油，可以做药酒等多项价值，故该项得分为 10 分。

最后根据濒临消失风险指数的计算公式计算得到无梗五加的风险指数为：

$$I_{濒} = (6+10+10+10+10)/50 = 0.92$$

6.1.1.2　植物濒临消失风险的评定结果

根据对北京山区植物濒临消失风险指数计算结果，把植物濒临消失风险状况分为 4

个等级：极易消失种、容易消失种、可能消失种、安全种（表6-2）。

（1）极易消失种。一般分布范围极狭窄，仅在1~2个调查区有分布，生长环境极为特殊，种群成熟个体数量估计少于1000，具较高经济价值，自然繁殖较困难，受人类活动影响较多，数量仍在逐年减少，如刺楸，是北京新发现属（种），仅分布在云蒙山的桃源仙谷景区，种群成熟个体仅有20多株，受人为影响严重，具有较高的经济价值。

（2）容易消失种。分布范围狭窄，一般仅在1~2个调查区有分布，生长环境特殊，个体数量估计少于5000个，分布零散，自然繁殖较困难，具较高的经济价值，目前受外界影响较多。

表 6-2 植物濒临消失风险统计

Tab. 6-2 The statistic for plants at risk of disappearing

风险等级	风险指数	种数	代表种
极易消失种	>0.90	7	刺楸 *Kalopanax septemlobus*、无梗五加、拐枣 *Hovenia acerba*、北黄花菜 *Hemerocallis lilioasphodelus*、柘树 *Cudrania tricuspidata*、柽柳、罗布麻 *Apocynum venetum*
容易消失种	0.80~0.89	35	野大豆、刺五加、黄檗、类叶牡丹 *Caulophyllum robustum*、北方沙参 *Adenophora borealis*、紫点杓兰、小花蜻蜓兰 *Tulotis ussuriensis*、青杆、勘察加鸟巢兰 *Neottia camtschatea* 等
可能消失种	0.70~0.79	75	野罂粟 *Papaver nudicaule*、五味子 *Schisandra chinensis*、楤木 *Aralia chinensis*、二叶兜被兰 *Neottianthe cucullata*、大花杓兰、小花火烧兰 *Epipactis helleborine*、沼兰 *Malaxis monophyllos* 等
安全种	<0.69	1048	草芍药 *Paeonia obovata*、狗枣猕猴桃 *Actinidia kolomikta*、角盘兰 *Herminium monorchis*、掌叶铁线蕨 *Adiantum pedatum*、沟酸浆 *Mimulus tenellus*、红柴胡 *Bupleurum scorzonerifolium*、水榆花楸 *Sorbus alnifolia*、山杏、东北天南星 *Acorus amurense*、平榛 *Corylus heterophylla*、北柴胡 *Bupleurum chinense*、胡桃楸、糠椴、黄精 *Polygonatum sibiricum* 等
总计		1165	

（3）可能消失种。分布范围较狭窄，在3~8个调查区有分布，生长环境较特殊，成熟个体数量大于5000，自然繁殖较容易，具有一定的经济价值，受一定的人为影响。

（4）安全种。分布范围宽，在8个以上调查区有分布，个体数量多，在5000以上，自然繁殖容易，多数利用价值较低。

此外，还有"未见种"和"未予评估种"。对于《北京植物志》（贺士元，1992）中有记载，但本次调查没有见到，尤其是依据该物种的生活史和资料记载的分布地点，在不同季节多次调查后仍未发现的种，但是由于是选点调查，不是拉网式普查，所以出现物种记录的遗漏在所难免，故在此将这些物种定为未见种。通过本次调查结果与《北京植物志》核对，发现58种在《北京植物志》中记载北京山区有野生分布，但本次调查没有发现，即认定为未见种，如三叉耳蕨 *Polystichum tripteron*、网眼瓦韦 *Lepisorus clathratus*、野漆树 *Toxicodendron succedaneum*、松下兰 *Hypopitys monotropa*、洼瓣花 *Lloydia serotina*、河北红门兰 *Orchis tschiliensis*、十子兰 *Habenaria sagittifera* 等。

未予估价种是指人工栽培的果树、药材、观赏等栽培植物，共调查到 135 种，主要有楸树 *Catalpa bungei*、花椒 *Zanthoxylum bungeanum*、银杏、北京杨 *Populus beijingensis*、华山松、桃 *Prunus persica*、苹果 *Malus pumila*。

6.1.2　植物优先保护级别的评定

6.1.2.1　遗传损失指数的计算

遗传损失指数是表示某一物种在遭到灭绝后，对生物多样性可能产生的遗传基因损失程度，即受威胁植物种潜在遗传价值的定量评价。选用种型情况、种质资源和遗传育种价值、古老残遗情况 3 个指标计算遗传损失指数。各评价指标量化分级如下：

（1）种型情况。根据受威胁植物所在属含种的数量评分：植物种所在属仅含 1 种，10 分，如透骨草属的透骨草 *Phryma leptostachya* var. *asiatica*，刺楸属的刺楸等；植物种所在属含 2~4 种，6 分，如鸭跖草属的竹叶子 *Streptolirion volubile*，天南星属 *Aisaema* 的东北南星 *Acorus amurense* 和一把伞南星 *Acorus erubescens* 等；植物种所在属含 5 种以上的，1 分，如隐子草属的北京隐子草 *Cleistogenes hancei*、糙隐子草 *Cleistogenes squarrosa*、丛生隐子草 *Cleistogenes caespitosa*、多叶隐子草 *Cleistogenes polyphylla*、中华隐子草 *Cleistogenes chinensis* 等。

（2）种质资源和遗传育种价值。根据国家重点保护植物以及重要栽培植物的野生近缘种的价值大小评分：国家重点保护的野生植物物种，包括《中国植物红皮书》（1991）和国务院颁布的《国家重点保护野生植物名录》（1999）中包括的所有植物，10 分，如黄檗、野大豆；重要栽培植物的同属的野生种，6 分，如桃的同属的野生植物种山桃 *Prunus davidiana*；其他物种，1 分。

（3）古老残遗情况。古老残遗情况是指经过巨大地史变化而保留下来的古老植物区系的孑遗种所发生的地质年代远近。评分级别划分为：第三纪及以前的古老孑遗种，10 分；第四纪孑遗种，6 分；其他，1 分。

（4）特有情况。北京特有种，10 分；华北特有种 6 分；其他物种，1 分。

根据各物种以上指标的得分情况，应用下列公式计算其遗传损失指数。

$$I_{遗} = \sum_{i=1}^{4} X_i \bigg/ \sum_{i=1}^{4} X_{\max_i} \quad\cdots\cdots\cdots\cdots\cdots\cdots\cdots\cdots (6.2)$$

式中，$I_{遗}$ 为遗传损失指数；

X_i 为某物种第 i 个指标中的分值；

$X_{\max_i}$ 为第 i 个指标的最高分值。

6.1.2.2　优先保护指数的计算

优先保护指数不仅从物种濒临消失风险的大小进行确定，而且对于一些具有较高利用价值或珍贵遗传价值的物种也考虑了其遗传价值。因此，我们根据物种的优先保护指数来确定北京山区植物优先保护级别。

优先保护指数的计算公式如下：

$$I_{优} = 0.7 \times I_{濒} + 0.3 \times I_{遗} \quad\cdots\cdots\cdots\cdots\cdots\cdots\cdots\cdots (6.3)$$

式中，$I_{优}$ 为优先保护指数；

$I_{濒}$ 为濒临消失风险指数；

$I_遗$为遗传损失指数；0.7 与 0.3 为 $I_濒$ 与 $I_遗$ 的权重系数，这也是两个经验值。

6.1.2.3　优先保护级别的评定结果

通过对所调查植物进行优先保护指数的计算，根据优先保护指数的分布情况，把植物的保护级别分为二级（表 6-3），优先保护植物名录见表 6-4。

表 6-3　北京山区植物优先保护级别统计表

Tab. 6-3　The statistic for plant conservation priority in Beijing mountains

保护级别	优先保护指数	物种数量	代表植物
一级保护种	≥0.6	48	刺楸、无梗五加、北黄花菜、文冠果、黄檗、野大豆、刺五加、类叶牡丹、青檀、野罂粟、小花蜻蜓兰、大花银莲花 Anemone silvestris、麻核桃 Juglans hopeiensis
二级保护种	0.5~0.59	104	小花火烧兰、草麻黄 Ephedra sinica、刺梨 Ribes burejense、河北大黄 Rheum franzenbachii、小丛红景天 Rhodiola dumulosa、党参、有斑百合 Lilium concolor var. pulchellum
非保护种	<0.5	1013	油松、水榆花楸、蒙古栎、小红菊 Dendranthema chanetii、北京隐子草、尼泊尔蓼 Polygonum nepelense、东北天南星、北柴胡、平榛
总计		1165	

表 6-4　优先保护植物名录

Tab. 6-4　The list of plants preferred protection

序号	种名	学名	保护级别
	木贼科	**Equisetaceae**	
1	木贼	Equiaetum hiemale	二级
	蕨科	**Pteridiaceae**	
2	蕨	Pteridium aquilinum var. latiusculum	二级
	中国蕨科	**Sinopteridaceae**	
3	小叶中国蕨	Sinopteris albofusca	二级
	球子蕨科	**Onocleaceae**	
4	球子蕨	Onoclea interrupta	二级
	槐叶苹科	**Salviniaceae**	
5	槐叶苹	Salvinia natans	二级
	松科	**Pinaceae**	
6	臭冷杉	Abies nephrolepis	一级
7	青杆	Picea wilsonii	二级
	麻黄科	**Ephedraceae**	
8	草麻黄	Ephedra sinica	二级
9	木贼麻黄	Ephedra equisetina	一级
	杨柳科	**Salicaceae**	
10	沙柳	Salix cheilophila	二级

（续）

序号	种名	学名	保护级别
11	皂柳	*Salix wallichiana*	二级
12	辽杨	*Populus maximowiczii*	一级
	胡桃科	**Juglandaceae**	
13	枫杨	*Pterocarya stenoptera*	二级
14	麻核桃	*Juglans hopeiensis*	一级
15	野核桃	*Juglans cathayensis*	二级
	桦木科	**Betulaceae**	
16	红桦	*Betula albo-sinensis*	二级
	壳斗科	**Fagaceae**	
17	粗齿蒙古栎	*Quercus mongolica* var. *grosseserrata*	一级
18	麻栎	*Quercus acutissima*	二级
	榆科	**Ulmaceae**	
19	青檀	*Pteroceltis tatarinowii*	一级
	桑科	**Moraceae**	
20	大麻	*Cannabis sativa*	二级
21	华忽布	*Humulus lupulus* var. *cordifolius*	二级
22	山桑	*Morus mongolica* var. *diabolica*	一级
23	水蛇麻	*Fatoua villosa*	二级
24	柘树	*Cudrania tricuspidata*	一级
	荨麻科	**Urticaceae**	
25	麻叶荨麻	*Urtica cannabina*	一级
26	赤麻	*Boehmeria silvestris*	二级
	桑寄生科	**Loranthaceae**	
27	槲寄生	*Viscum coloratum*	二级
	蓼科	**Polygonaceae**	
28	掌叶大黄	*Rheum palmatum*	二级
29	习见蓼	*Polygonum plebeium*	二级
30	翼蓼	*Pteroxygonum giraldii*	二级
	苋科	**Amaranthaceae**	
31	喜旱莲子草	*Alternanthera philoxeroides*	二级
	商陆科	**Phytolaccaceae**	
32	商陆	*Phytolacca acinosa*	二级
	石竹科	**Caryophyllaceae**	
33	狗筋蔓	*Cucubalus baccifer*	二级
	毛茛科	**Ranunculaceae**	
34	细叶白头翁	*Pulsatilla turczaninowii*	二级

（续）

序号	种名	学名	保护级别
35	翼北翠雀花	*Delphinium siwanense*	二级
36	飞燕草	*Consolida ajacis*	二级
37	金莲花	*Trollius chinensis*	二级
38	单穗升麻	*Cimicifuga simplex*	二级
39	大花银莲花	*Anemone silvestris*	一级
	小檗科	**Berberidaceae**	
40	类叶牡丹	*Caulophyllum robustum*	一级
41	掌刺小檗	*Berberis koreana*	二级
	罂粟科	**Papaveraceae**	
42	野罂粟	*Papaver nudicaule* var. *chinense*	一级
43	狭裂齿瓣延胡索	*Corydalis remota* var. *lineariloba*	二级
	十字花科	**Cruciferae**	
44	豆瓣菜	*Nasturtium officinale*	二级
45	遏蓝菜	*Thlaspi arvense*	二级
46	蔊菜	*Rorippa indica*	二级
	景天科	**Crassulaceae**	
47	北景天	*Sedum kamtchaticum*	一级
48	垂盆草	*Sedum sarmentosum*	二级
	虎耳草科	**Saxifragaceae**	
49	刺梨	*Ribes burejense*	二级
50	小叶茶藨子	*Ribes pulchellum*	二级
	蔷薇科	**Rosaceae**	
51	稠李	*Prunus padus*	二级
52	毛叶稠李	*Prunus padus* var. *pubescens*	二级
53	毛叶欧李	*Prunus dictyoneura*	二级
54	毛樱桃	*Prunus tomentosa*	一级
55	樱花	*Prunus serrulata*	二级
56	腺果大叶蔷薇	*Rosa acicularis* var. *glandulosa*	二级
57	甘肃山楂	*Crataegus kansuensis*	二级
	豆科	**Leguminosae**	
58	山绿豆	*Phaseolus minimus*	二级
59	细齿草木犀	*Melilotus dentatus*	二级
60	野大豆	*Glycine soja*	一级
61	野苜蓿	*Medicago falcata*	二级
	亚麻科	**Linaceae**	
62	亚麻	*Linum usitatissimum*	一级

（续）

序号	种名	学名	保护级别
63	白鲜	*Dictamnus dasycarpus*	二级
	芸香科	**Rutaceae**	
64	崖椒	*Zanthoxylum Schinifolium*	一级
65	黄檗	*Phellodendron amurense*	一级
	漆树科	**Anacardiaceae**	
66	黄连木	*Pistacia chinensis*	一级
67	漆树	*Toxicodendron verniciflum*	二级
	省沽油科	**Staphyleaceae**	
68	省沽油	*Staphylea bumalda*	一级
69	文冠果	*Xanthoceras sorbifolia*	一级
	葡萄科	**Vitaceae**	
70	华北葡萄	*Vitis bryoniifolia*	二级
71	桑叶葡萄	*Vitis ficifolia*	二级
	五加科	**Araliaceae**	
72	刺楸	*Kalopannax septemlobum*	一级
73	楤木	*Aralia chinensis*	二级
74	东北土当归	*Aralia continentalis*	一级
75	辽东楤木	*Aralia elata*	二级
76	刺五加	*Acanthopanax senticosus*	一级
77	无梗五加	*Acanthopanax sessiliflorus*	一级
	伞形科	**Umbelliferae**	
78	百花山柴胡	*Bupleurum chinense* f. *octoradiatum*	二级
79	峨参	*Anthriscus sylvestris*	二级
80	蛇床	*Cnidium monnieri*	二级
	山茱萸科	**Cornaceae**	
81	毛梾木	*Cornus walteri*	二级
	鹿蹄草科	**Pyrolaceae**	
82	红花鹿蹄草	*Pyrola incarnata*	一级
83	鹿蹄草	*Pyrola calliantha*	二级
	报春花科	**Primulaceae**	
84	七瓣莲	*Trientalis europaea*	二级
85	黄连花	*Lysimachia davurica*	二级
	蓝雪科	**Plumbaginaceae**	
86	二色补血草	*Limnium bicolor*	二级
	柿树科	**Ebenaceae**	
87	黑枣	*Diospyros lotus*	一级

（续）

序号	种名	学名	保护级别
	木兰科	**Magnoliaceae**	
88	五味子	*Schisandra chinensis*	二级
	木犀科	**Oleaceae**	
89	白蜡树	*Fraxinus chinensis*	二级
90	连翘	*Forsythia suspensa*	二级
	龙胆科	**Gentianaceae**	
91	当药	*Swertia diluta*	二级
	紫草科	**Boraginaceae**	
92	砂引草	*Messerschmidia rosmarinifolia*	一级
93	紫筒草	*Stenosolenium saxtile*	一级
	马鞭草科	**Verbenaceae**	
94	白花荆条	*Vitex negundo* var. *heterophylla* f. *albiflora*	二级
95	三花莸	*Caryopteris terniflora*	二级
	唇形科	**Labiataceae**	
96	地椒	*Thymus mogolicus*	一级
97	大叶糙苏	*Phlomis maximowiczii*	二级
98	尖叶糙苏	*Phlomis dentosa*	二级
99	白花黄芩	*Scutellaria baicalensis* f. *albiflora*	一级
100	活血丹	*Glechoma longituba*	一级
101	白花木本香薷	*Elsholtzia stauntoni* f. *albiflora*	二级
102	兴安益母草	*Leonurus tataricus*	二级
	茄科	**Solanaceae**	
103	枸杞	*Lycium chinense*	一级
104	泡囊草	*Physochlaina physaloides*	一级
105	小酸浆	*Physalis minima*	二级
106	天仙子	*Hyoscyamus niger*	二级
	列当科	**Orobanchaceae**	
107	黄花列当	*Orobanche pycnostchya*	二级
	忍冬科	**Caprifoliaceae**	
108	鸡树条荚蒾	*Viburnum sargentii*	二级
109	陕西荚蒾	*Viburnum shensianum*	二级
110	无梗接骨木	*Sambucus sueboldana*	二级
111	长梗金花忍冬	*Lonicera chrysantha* var. *longipes*	二级
112	丁香叶忍冬	*Lonicera oblata*	二级
113	华北忍冬	*Lonicera tatarinowii*	二级

（续）

序号	种名	学名	保护级别
	川续断科	**Dipsacaceae**	
114	白花华北蓝盆花	*Scabiosa tschiliensis* f. *albiflora*	二级
	葫芦科	**Cucurbilaceae**	
115	土贝母	*Bolbostemma paniculatum*	一级
	桔梗科	**Campanulaceae**	
116	党参	*Codonopsis pilosula*	二级
117	北方沙参	*Adenophora borealis*	一级
118	齿叶紫沙参	*Adenophora paniculata* var. *dentate*	一级
119	雾灵沙参	*Adenophora wulingshanica*	一级
120	杏叶沙参	*Adenophora trachelioides*	二级
	菊科	**Compositae**	
121	金盏银盘	*Bidens biternata*	二级
122	绒背蓟	*Cirsium vlassovianum*	二级
123	款冬	*Tussilago farfara*	一级
124	鳢肠	*Eclipta prostrata*	二级
125	钟苞麻花头	*Serratula cupuliformis*	二级
126	白花蒲公英	*Taraxacum pseudo−albidu*	二级
127	白缘蒲公英	*Taraxacum platypecidum*	一级
128	异鳞蒲公英	*Taraxacum heterolepis*	一级
129	蝟菊	*Takeikadzuckia lomonossowii*	二级
130	一枝黄花	*Solidago virgaurea* var. *dahuica*	一级
	水鳖科	**Hydrocharitaceae**	
131	黑藻	*Hydrilla verticillata*	二级
132	苦草	*Vallisneria asiatica*	二级
	禾本科	**Gramineae**	
133	茭笋	*Zizania latifolia*	二级
134	赖草	*Leymus secalinum*	二级
135	芒	*Miscanthus sinensis*	二级
136	四花苔草	*Carex quadriflora*	二级
	天南星科	**Araceae**	
137	菖蒲	*Acorus calamus*	二级
	百合科	**Liliaceae**	
138	有斑百合	*Lilium concolor* var. *pulchellum*	二级
139	碱韭	*Allium polyrhizum*	二级
140	密花小根蒜	*Allium macrostemon* var. *uratensete*	二级
141	砂韭	*Allium bidentatum*	二级

（续）

序号	种名	学名	保护级别
142	北黄花菜	*Hemerocallis lilioasphodelus*	一级
	兰科	**Orchidaceae**	
143	大花杓兰	*Cypripedium macronthum*	二级
144	紫点杓兰	*Cypripedium guttatum*	一级
145	二叶兜被兰	*Neottianthe cucullata*	二级
146	小花火烧兰	*Epipactis helleborine*	二级
147	勘察加鸟巢兰	*Neottia camtschatea*	一级
148	小花蜻蜓兰	*Tulotis ussuriensis*	一级
149	二叶舌唇兰	*Platanthera chlorantha*	二级
150	手参	*Gymnadenia conopsea*	一级
151	羊耳蒜	*Liparis japonica*	一级
152	沼兰	*Malaxis monophyllo*	二级

从保护级别的确定结果可以看出，一级保护植物主要包括极易消失种，及部分容易消失种和可能消失种，二级保护植物包括大部分的容易消失种和可能消失种，非保护种为安全种，需要说明的是，非保护种中还包括这样一类植物种，这类植物在濒临消失风险评价中属于北京市的极易消失种或者是容易消失种，但是从全国范围看，这类植物的分布范围很广，分布数量也很多；北京市域范围内分布稀少是因为北京市并非这类植物的分布区，亦或是这类植物分布区的边缘，如罗布麻、柽柳、拐枣等植物就属于这种情况，这类植物尽管在北京市域范围内属于极易消失种，但在划分保护级别时一并划归为了非保护种。

评价结果显示，一级保护物种包括国家重点保护野生植物物种，如野大豆、黄檗；也包括《中国植物红皮书》（傅立国，1991）收录的青檀、刺五加。

在《中国植物红皮书》（傅立国，1991）收录的植物名录中还有穿山龙 *Dioscorea nipponica* 和胡桃楸，由于穿山龙在北京分布范围很广，成熟个体数也比较多，虽然都有较高利用价值，经常被大规模采挖，面临严重威胁，但在北京市目前仍没有消失的可能，其风险指数为0.56，属于安全种，优先保护指数0.42，所以列为非保护种，只要严格控制人为破坏，就可达到保护目的；胡桃楸出现在13个调查区，并成片分布，已经成为较为常见的群落类型，其风险指数为0.28，属于安全种，优先保护指数0.36，被列为非保护种。

兰科的部分种，在北京分布范围较广，数量较多。由于其直接利用价值不大，都处于较为安全的状态，故评定为二级保护植物。

6.1.3　保护措施与建议

根据调查结果，经过科学评价，初步确定了北京市的保护物种，使保护工作有的放矢，增加了保护工作的科学性，提高了保护的有效性。具体保护措施如下：

（1）对于一级保护植物，应严禁利用，实施严格保护。特级保护物种数量稀少，如黄檗、刺楸等数量很少，而且一些物种分布于风景区，如刺楸分布于桃园仙谷风景区，抗人为干扰能力极差，且部分一级保护植物有较高的使用价值，如黄檗具有较高的药用价值，调查时发现有人扒皮挖根，野大豆被发现用于牲口饲料。因此，对野生种群要严格保护，严禁利用野生植物种群，除了建立自然保护小区，进行严格的就地保护外，对于零星分布的单株还应设置围栏加以保护。此外，还需采取人工扩繁措施，如实施苗圃育苗、林地栽培、迁地保护等人工扩繁措施，建立人工种群，以确保该种的安全存活，不至于在本地区消失。

（2）对于二级保护植物，限制利用野生种群。二级保护植物在北京市的储量相对较大，可进行适度的开发利用，但过度的商业开发利用也容易导致其走向濒危和灭绝，因此应加强管理，控制其开采利用野生种群的强度，对物种资源的利用应当建立在人工资源培育的基础上。

（3）非保护种植物，在北京山区分布较多，一般不需过多关注。

（4）对一级保护种，有株数较多且集中分布的地方，原有生境与森林群落难以恢复时，则应对这些种分布的地方尽快建立自然保护小区。

（5）对天然林面积大、森林类型多、破坏轻、一级和二级保护植物多的地区，应尽快建立自然保护区或者加强自然保护区的管理。

6.2 珍稀濒危植物生存状况评价

6.2.1 基于竞争压力的珍稀濒危植物生存状况评价方法

目前，主要有两类竞争模型：依赖距离的竞争指数和不依赖距离的竞争指数（Biging Dobbertin，1992 和 1995）。不依赖距离的竞争指数只测量相关的密度和相对大小，对树木所在位置不做具体测量。由于对象木主要受邻近植株的影响，受较远的植株影响较小，故较少采用。与距离有关的竞争模型有 Hegyi 单木竞争模型（Hegyi，1974），Weiner 提出的邻体干扰模型。1993 年，张跃西对现有的邻体干扰模型进行了改进，使改进后的邻体干扰模型具有逻辑一致性和更好的回归优度（张跃西，1993）。但以上与距离有关的竞争指数仅考虑了在一定距离范围内竞争木与对象木胸径的相对大小，忽略了竞争木的树高与冠幅大小。然而在植物群落内，植株个体之间的竞争往往取决于植株对生存环境和空间资源的争夺，尤其表现在对光资源和水资源的竞争。在水资源不成为限制因子时，植株树高越高、冠幅越大对光资源的竞争力越强，空间占据能力也越大，从而对其他植株的影响程度也就越大。胸径相等的不同树种间植株个体的树高和冠幅大小往往存在很大差异，再者，树冠大小相同而处在不同方位的植株个体造成的竞争压力也不同。这是以上考虑距离的竞争模型都无法解决的问题。

因此，针对上述问题，本文提出了一种珍稀濒危树种生存压力的计算方法，能够客观、定量地反映珍稀濒危植物在群落中的生存状况。计算步骤如下：

（1）竞争木的确定。当某树种的植株个体树高即 H 大于等于其与珍稀濒危树种个体距离即 L 时，确定此植株为竞争木；

（2）计算珍稀濒危树种个体与竞争木的树冠大小。树冠大小计算公式如下：

$$V=\frac{1}{4}\pi ab\ (H-h)\cdots\cdots\cdots\cdots\cdots\cdots\cdots\cdots\cdots\cdots (6.4)$$

式中，V 为珍稀濒危树种个体或竞争木的树冠大小（m^3），这里把树冠近似看作为椭圆柱，用椭圆柱体积量化树冠大小；

　　π 为圆周率，取值 3.14；

　　a 为树冠垂直投影的南北长度（m）；

　　b 为树冠垂直投影的东西长度（m）；

　　H 为树高（m）；

　　h 为枝下高（m）。

（3）计算珍稀濒危树种个体承受的来自某一株竞争木的单株生存压力指数 PI_{ij}。计算公式如下：

$$PI_{ij}=\frac{V_{ij}}{V_i}W_{ij}\ (1-\frac{L_{ij}}{H_{ij}})\ \frac{H_{ij}}{H_i}$$

$$或\ PI_{ij}=\frac{V_{ij}}{V_i}W_{ij}\frac{H_{ij}-L_{ij}}{H_i}\ \cdots\cdots\cdots\cdots\cdots\cdots\cdots (6.5)$$

　　其中，

$$W_{ij}=\frac{1}{2}\ (\sin\alpha+1)\ \cdots\cdots\cdots\cdots\cdots\cdots\cdots (6.6)$$

式中，PI_{ij} 为单株生存压力指数，即珍稀濒危树种第 i 株个体承受第 j 株竞争木的生存压力，$PI_{ij}\geq0$；当竞争木与珍稀濒危树种个体的距离 L_{ij} 等于其树高 H_{ij} 时，该竞争木无竞争效应，PI_{ij} 为最小值 0；当竞争木与珍稀濒危树种个体距离越近，树冠越大，所处方位越接近珍稀濒危树种个体的正南方向时，PI_{ij} 越大，当 $PI_{ij}=1$ 时，认为珍稀濒危树种第 i 株个体承受第 j 株竞争木的生存压力较大；

　　V_{ij} 为第 j 株竞争木的树冠大小（m^3）；

　　V_i 为珍稀濒危树种第 i 株个体的树冠大小（m^3）；

　　W_{ij} 为光竞争因子，考虑到处于不同方位的竞争木对珍稀濒危树种个体光资源竞争程度不同，采用正弦函数计算光竞争因子；α 是第 j 株竞争木相对珍稀濒危树种第 i 株个体的方位角，即以珍稀濒危树种第 i 株个体为中心，按正东方向顺时针旋转，竞争木与珍稀濒危树种个体所在直线与正东方向的夹角，如正东为 0°，正南为 90°，正西为 180°，正北为 270°；

　　H_{ij} 为第 j 株竞争木的树高（m）；

　　L_{ij} 为第 j 株竞争木与珍稀濒危树种第 i 株个体的距离（m）；

　　H_i 为珍稀濒危树种第 i 株个体的树高（m）。

（4）计算珍稀濒危树种个体承受的来自某个竞争树种即 t 的生存压力指数（PI_{it}）。计算公式如下：

$$PI_{it}=\sum_{j=1}^{m}PI_{ij}\ \cdots\cdots\cdots\cdots\cdots\cdots\cdots\cdots\cdots\cdots (6.7)$$

式中，PI_{it} 为树种生存压力指数，即珍稀濒危树种第 i 株个体承受的来自竞争树种 t 的生存压力；

PI_{ij}为单株生存压力指数，即珍稀濒危树种第 i 株个体承受的来自竞争树种 t 内第 j 株竞争木的单株生存压力；

m 为竞争树种 t 的竞争木的株数。

（5）计算珍稀濒危树种个体承受的来自所有竞争树种的生存压力指数（PI_i），计算公式如下：

$$PI_i = \sum_{t=1}^{n} PI_{it} \quad\cdots\cdots\cdots\cdots\cdots\cdots\cdots\cdots\cdots\cdots\cdots\cdots\cdots\cdots (6.8)$$

式中，PI_i为生存压力指数，即珍稀濒危树种第 i 株个体承受的来自所有竞争树种的生存压力；

PI_{it}为树种生存压力指数，即珍稀濒危树种第 i 株个体承受的来自竞争树种 t 的生存压力；

n 为竞争树种总数。

6.2.2 长白松种群生存状况

6.2.2.1 长白松种群概况

以 30 年为一个龄级，划分出 9 个龄级分析长白松种群年龄结构（图 6-1）。蒙古栎林、臭冷杉-长白松林、红松-长白松林和长白落叶松-鱼鳞云杉林 4 种植物群落类型中，长白松种群年龄结构均表现为 V 龄级以上的个体均占优，Ⅰ、Ⅱ和Ⅲ龄级个体均严重缺乏，其中蒙古栎林群落中没有出现Ⅳ龄级的长白松个体。白桦林群落类型中，总计调查长白松个体 42 株，Ⅰ龄级的个体较多，占 64.29%，根据主侧轮生枝的论数推断，这些个体大概是 8~16 年幼苗和幼树，Ⅳ龄级个体占 21.43%，Ⅱ、Ⅲ龄级个体共占 11.90%，V 龄级以上的个体缺乏；臭冷杉-白桦林群落中有一定数量的Ⅰ、Ⅱ龄级个体，V 龄级以上的个体总计占 70%。综合 6 种群落类型中长白松个体的组成情况，自然保护区长白松种群年龄结构整体表现出 V 级以上的大龄级体占优，Ⅲ级及以下的小龄级个体缺乏的状况（图 6-2）。

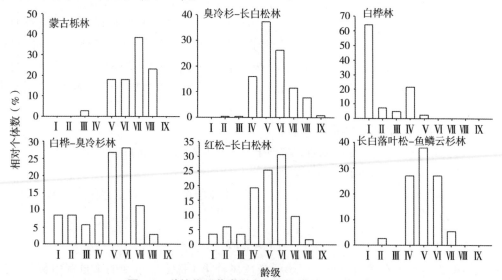

图 6-1　种植物群落类型中长白松种群的年龄结构

Fig. 6-1　Population age structure of *Pinus sylvestrisformis* in the 6 types of plant communities

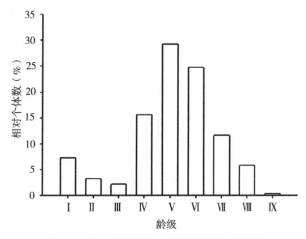

图 6-2　自然保护区长白松种群的组成结构

Fig. 6-2　Population age structure of *Pinus sylvestrisformis* in the nature reserve

为了客观反映长白松种群生存压力大小，根据自然保护区中长白松种群的年龄结构组成比例，选取样木。自然保护区种总计调查长白松样木 72 株，最小胸径 9.2cm，最大胸径 78.8cm，平均胸径 46.69cm。由于自然保护区中，Ⅳ、Ⅴ、Ⅵ个体较多，相应地，在这几个龄级中选取样木个体总计 45 株，占样木总数的 62.50%。不同龄级样木的选择基本符合长白松种群年龄结构特征。样木龄级分布如表 6-5 所示。

表 6-5　对象木胸径分布

Tab. 6-5　DBH distribution of objective tree

龄级	Ⅰ级	Ⅱ级	Ⅲ级	Ⅳ级	Ⅴ级	Ⅵ级	Ⅶ级	Ⅷ级
个数（株）	1	8	2	10	15	20	14	2
百分比（%）	1.39	11.11	2.78	13.89	20.83	27.78	19.44	2.78

6.2.2.2　不同森林群落类型中长白松的生存压力

长白松在生长过程中，不断与种内个体发生竞争的同时，也与周围的其他物种的植株不断争夺营养空间，对于成年个体，尤其表现在对光资源的竞争上。由于不同种类物种对长白松生长所起的作用不同，因此，对长白松的竞争强度存在较大的差别。长白松分布在 6 种不同的森林群落类型内，不同群落内其他个体对长白松的竞争强度如表 6-6 至表 6-11 所示。

分布海拔较低的蒙古栎群落中，总计调查 7 株长白松样木，平均每株样木的竞争木的株数（即单株样木竞争木株数）约为 26 株（25.57 株），竞争木树种中，假色槭、蒙古栎、紫椴等阔叶树种株数较多，分别占竞争木总株数的 21.79%、15.08% 和 11.17%（表 6-6）。对长白松造成生存压力的相对较大的主要是蒙古栎和红松，其树种生存压力指数分别为 2.180、1.382。蒙古栎群落中长白松种群的生存压力指数为 5.440，相对于植物群落类型，长白松生存压力总体较弱。

表 6-6　蒙古栎群落内长白松种群生存压力

Tab. 6-6　Survival pressure of *Pinus sylvestrisformis* population in *Quercus mongolica* community

竞争木树种	单株样木竞争木株数	竞争木株数百分比（%）	树种生存压力指数 PI_t	种群生存压力指数 PI
蒙古栎 *Quercus mongolica*	3.86	15.08	2.180	
红松 *Pinus koraiensis*	1.71	6.71	1.383	
长白松 *Pinus sylvestrisformis*	2.29	8.94	0.876	
紫椴 *Tilia mandshurica*	2.86	11.17	0.368	
白桦 *Betula platyphylla*	1.29	5.03	0.209	
长白落叶松 *Larix olgensis*	1.71	6.70	0.142	
色木槭 *Acer mono*	2.71	10.61	0.112	5.440
水榆花楸 *Sorbus alnifolia*	0.29	1.12	0.042	
假色槭 *Acer pseudo-sieboldianum*	5.57	21.79	0.040	
康椴 *Tilia mandshurica*	0.57	2.23	0.039	
怀槐 *Maackia amurensis*	1.00	3.91	0.025	
柠筋槭 *Acer trifloru*	0.43	1.68	0.012	
臭冷杉 *Abies nephrolepis*	1.14	4.47	0.012	
枫桦 *Betula costata*	0.14	0.56	0.000	
汇总	25.57	100.00	5.440	

注：表中数据根据 7 株长白松样木计算求得。

　　臭冷杉-长白松群落内，总计调查对象木 7 株，单株样木竞争木株数为 47.86 株。其中，臭冷杉作为竞争木个体数最多，占竞争木总数的 48.06%（表 6-7）。长白松在群落中的种群生存压力指数为 8.752。对长白松种群造成生存压力较大的树种主要来自于长白落叶松以及长白松种内个体，两者的树种生存压力指数分别为 3.340、1.770，紫椴在群落中有一定竞争力。臭冷杉由于个体数较多，累计树种的生存压力指数为 1.057。群落中其他树种对长白松的造成的生存压力均有限。

表 6-7　臭冷杉-长白松群落内长白松种群生存压力

Tab. 6-7　Survival pressure of *Pinus sylvestrisformis* population in *Abies nephrolepis-Pinus sylvestrisformis* community

竞争木树种	单株样木竞争木株数	竞争木株数百分比（%）	树种生存压力指数 PI_t	种群生存压力指数 PI
长白落叶松 *Larix olgensis*	7.43	15.51	3.340	
长白松 *Pinus sylvestrisformis*	6.00	12.54	1.770	
紫椴 *Tilia amurensis*	2.00	4.18	1.208	
臭冷杉 *Abies nephrolepis*	23.00	48.06	1.057	
蒙古栎 *Quercus mongolica*	2.72	5.67	0.779	8.752
红松 *Pinus koraiensis*	1.86	3.88	0.337	
青楷槭 *Acer tegmentosum*	1.14	2.39	0.129	
色木槭 *Acer mono*	0.71	1.49	0.058	

（续）

竞争木树种	单株样木竞争木株数	竞争木株数百分比（%）	树种生存压力指数PI_t	种群生存压力指数 PI
花楷槭 Acer ukurunduense	0.29	0.60	0.037	
怀槐 Maackia amurensis	0.29	0.60	0.016	
水榆花楸 Sorbus alnifolia	0.71	1.49	0.015	
鱼鳞云杉 Picea jezoensis	1.14	2.39	0.005	8.752
假色槭 Acer pseudo-sieboldianum	0.14	0.30	0.001	
小叶榆 Ulmus parvifolia	0.14	0.30	0.000	
杜松 Juniperus rigida	0.29	0.60	0.000	
汇总	47.86	100.00	8.752	

注：表中数据根据 7 株长白松样木计算求得。

白桦林群落中，总计调查长白松样木 7 株，单株样木竞争木株数为 56.17 株。竞争树种中，白桦、红松和长白松种内个体较多。树种生存压力指数最大的为白桦，为 6.045（表 6-8）。长白松种内个体造成的生存压力为 3.312，种内竞争强烈。群落中山杨和红松对长白松也造成一定生存压力，其他树种对长白松造成的生存压力有限，树种生存压力指数均较小。白桦林群落内长白松种群生存压力指数为 13.262，生存压力较大。

表 6-8 白桦林群落内长白松种群生存压力

Tab. 6-8 Survival pressure of *Pinus sylvestrisformis* population in *Betula platyphylla* community

竞争木树种	单株样木竞争木株数	竞争木株数百分比（%）	树种生存压力指数PI_t	种群生存压力指数 PI
白桦 Betula platyphylla	20.16	35.91	6.045	
长白松 Pinus sylvestrisformis	7.00	12.46	3.312	
山杨 Populus davidiana	3.00	5.34	1.292	
红松 Pinus koraiensis	13.17	23.44	1.127	
鱼鳞云杉 Picea jezoensis	6.17	10.98	0.716	13.262
长白落叶松 Larix olgensis	3.17	5.64	0.571	
臭冷杉 Abies nephrolepis	2.50	4.45	0.197	
紫椴 Tilia amurensis	0.17	0.30	0.001	
色木槭 Acer mono	0.83	1.48	0.001	
汇总	56.17	100.00	13.262	

注：表中数据根据 7 株长白松样木计算求得。

白桦-臭冷杉群落内，总计调查对象木 14 株，单株样木竞争木株数为 44.29 株。其中，臭冷杉、长白松和长白落叶松个体数较多，分别占竞争木总数的 24.28%、18.49%、15.59%（表 6-9）。长白落叶松的树种生存压力指数最大，达 8.548，红松、长白松、山杨和白桦的树种生存压力指数也较大，均超过 2。种群生存压力指数为 21.524，在长白松分布的 6 种群落类型中，生存压力最大。

表 6-9 白桦-臭冷杉群落内长白松种群生存压力

Tab. 6-9 Survival pressure of *Pinus sylvestrisformis* population in *Betula platyphylla*–*Abies nephrolepis* community

竞争木树种	单株样木竞争木株数	竞争木株数百分比（%）	树种生存压力指数PI_t	种群生存压力指数PI
长白落叶松 *Larix olgensis*	6.93	15.59	8.548	
红松 *Pinus koraiensis*	3.64	8.20	2.740	
长白松 *Pinus sylvestrisformis*	8.21	18.49	2.726	
山杨 *Populus davidiana*	2.86	6.43	2.456	
白桦 *Betula platyphylla*	6.93	15.59	2.266	
臭冷杉 *Abies nephrolepis*	10.79	24.28	0.742	
色木槭 *Acer mono*	1.22	2.73	0.739	21.524
蒙古栎 *Quercus mongolica*	0.64	1.45	0.475	
花楸 *Sorbus pohuashanensis*	0.71	1.61	0.397	
紫椴 *Tilia amurensis*	0.29	0.64	0.242	
鱼鳞云杉 *Picea jezoensis*	0.93	2.42	0.152	
青楷槭 *Acer tegmentosum*	1.14	2.57	0.041	
汇总	44.29	100.00	21.524	

注：表中数据根据 14 株长白松样木计算求得。

红松-长白松林在自然保护区中分布面积较广，相应地选取了较多的样木，总计 26 株。单株样木竞争木株数为 35.26 株。每株样木的竞争木树种中，红松、臭冷杉、长白松和长白落叶松个体数较多，分别为 7.86 株、7.83 株、5.69 株和 4.93 株（表 6-10）。群落中红松和长白落叶松对长白松造成的生存压力较大，树种生存压力指数分别为 4.345 和 4.248。长白松种内竞争也造成一定的生存压力，种内生存压力指数为 1.849。红松群落内长白松种群的生存压力指数为 14.185，生存压力较大。

表 6-10 红松-长白松群落内长白松种群生存压力

Tab. 6-10 Survival pressure of *Pinus sylvestrisformis* population in *Pinus koraiensis*–*Pinus sylvestrisformis* community

竞争木树种	单株样木竞争木株数	竞争木株数百分比（%）	树种生存压力指数PI_t	种群生存压力指数PI
红松 *Pinus koraiensis*	7.86	22.35	4.345	
长白落叶松 *Larix olgensis*	4.93	14.02	4.248	
臭冷杉 *Abies nephrolepis*	7.83	22.25	2.153	
长白松 *Pinus sylvestrisformis*	5.69	16.18	1.849	
鱼鳞云杉 *Picea jezoensis*	1.86	5.29	0.678	
蒙古栎 *Quercus mongolica*	0.59	1.67	0.293	14.185
色木槭 *Acer mono*	1.24	3.24	0.160	
青楷槭 *Acer tegmentosum*	1.34	3.84	0.158	
白桦 *Betula platyphylla*	0.83	2.35	0.106	
山杨 *Populus davidiana*	0.65	1.86	0.049	

（续）

竞争木树种	单株样木竞争木株数	竞争木株数百分比（%）	树种生存压力指数PI_t	种群生存压力指数 PI
枫桦 *Betula costata*	0.14	0.39	0.043	
水榆花楸 *Sorbus alnifolia*	0.17	0.49	0.030	
小楷槭 *Acer komarovii*	0.24	0.69	0.020	
紫椴 *Tilia amurensis*	0.72	2.06	0.018	
康椴 *Tilia mandshurica*	0.14	0.39	0.009	
花楸 *Sorbus pohuashanensis*	0.28	0.78	0.009	
杜松 *Juniperus rigida*	0.14	0.39	0.007	14.185
假色槭 *Acer pseudo-sieboldianum*	0.34	0.98	0.006	
柠筋槭 *Acer trifloru*	0.10	0.29	0.002	
怀槐 *Maackia amurensis*	0.14	0.39	0.002	
红皮云杉 *Picea koraiensis*	0.03	0.10	0.000	
汇总	35.26	100.00	14.185	

注：表中数据根据 26 株长白松样木计算求得。

长白落叶松-鱼鳞云杉群落内共选取 11 株对象木，竞争木中长白落叶松和鱼鳞云杉占多数。种群的生存压力指数为 7.780，对长白松在群落中的生存压力来自长白落叶松，其树种生存压力指数为 4.532，其次为长白松的种内个体之间的竞争造成的生存压力（表 6-11）。其他树种对长白松影响较弱。

表 6-11　长白落叶松-鱼鳞云杉群落内长白松种群生存压力

Tab. 6-11　Survival pressure of *Pinus sylvestrisformis* population in *Larix olgensis-Picea jezoensis* community

竞争木树种	单株样木竞争木株数	竞争木株数百分比（%）	树种生存压力指数PI_t	种群生存压力指数 PI
长白落叶松 *Larix olgensis*	8.64	26.46	4.532	
长白松 *Pinus sylvestrisformis*	5.27	16.16	1.759	
鱼鳞云杉 *Picea jezoensis*	6.91	21.17	0.837	
臭冷杉 *Abies nephrolepis*	6.18	18.94	0.242	
色木槭 *Acer mono*	2.45	7.52	0.161	7.780
山杨 *Populus davidiana*	0.36	1.11	0.099	
白桦 *Betula platyphylla*	1.45	4.46	0.081	
红松 *Pinus koraiensis*	1.18	3.62	0.052	
青楷槭 *Acer tegmentosum*	0.18	0.56	0.017	
汇总	32.62	100.00	7.780	

注：表中数据根据 11 株长白松样木计算求得。

6.2.2.3　小结

通过分析国家一级重点保护野生植物、长白山地区特有种长白松天然种群的在自然保护区的生存状况及种群未来的动态变化趋势，揭示了自然保护区对长白松种群采取的严格保护管理方式并不完全有利于种群长期稳定发展。自然保护区应根据长白松种群所处群落生境的特点、种群的结构与种群数量动态以及不同群落类型中长白松种群生存压力大小，采取相应的管理措施，通过创造适合各年龄阶段长白松生长发育的环境条件，维持种群的稳定。

6.2.3 海南五针松种群生存状况

6.2.3.1 海南五针松种群概况

本研究共计调查海南五针松124株，其中有9株树高不足1.3m，因此作为对象木探讨的海南五针松共计115株，其伴生种竞争木共计2409株。将海南五针松与其竞争木按径级大小分组，发现75%的海南五针松对象木胸径>20cm，对象木分布最多的径级区间为30~40cm，占对象木的17.39%。而竞争木的径级分布与对象木刚好相反，小径级的竞争木居多，胸径<20cm的竞争木占总数的86.34%（表6-12）。

表6-12 对象木及竞争木概况
Tab. 6-12 The status objective tree and competitor

径级（cm）	对象木			竞争木		
	株数	平均胸径（cm）	平均树高（m）	株数	平均胸径（cm）	平均树高（m）
<10	16	7.33	4.86	1397	6.56	5.98
10~20	13	15.34	9.76	683	14.06	9.39
20~30	19	24.68	13.33	185	24.43	13.06
30~40	20	34.44	17.23	79	33.51	15.07
40~50	13	44.27	19.31	36	44.15	16.22
50~60	5	52.86	22.80	14	54.31	18.71
60~70	10	64.16	23.70	8	64.92	19.71
>70	19	88.73	30.16	7	79.56	22.86
总数	115			2409		

6.2.3.2 海南五针松的种内和种间竞争

（1）海南五针松的种内竞争强度。海南五针松在生长过程中，种内不同个体间因为对相同资源的需求，不断进行种内竞争。海南五针松受到的种内竞争总强度为171.63，其种内竞争强度随着对象木的径级变化而变化（图6-3）。在径级小于30~40cm时，海南五针松的种内竞争强度随着径级的增大而增大，不断发生自疏作用。而之后，海南五针松的种内竞争强度逐渐减小并趋于平缓。

（2）海南五针松的种间竞争强度。海南五针松与其伴生种，因为生态位的交叠也不可避免地产生了激烈的竞争。而海南五针松所处地区物种丰富，其伴生树种种类繁多，其种间竞争构成复杂，仅作为其竞争木考量的伴生树种就多达222种，其所受种间竞争总强度为560.18（计算种间竞争强度的竞争木只考虑乔木层）。

依据现实林分中不同树种竞争木与海南五针松的竞争强度，海南五针松的主要竞争树种依次为：线枝蒲桃 *Syzygium araiocladum*、海桐山矾 *Symplocos heishanensis*、海南锥 *Castanopsis hainanensis*、印度锥 *Castanopsis indica* 和五列木 *Pentaphylax euryoides*。这

些树种的个体数仅占伴生种竞争木总数的 21.30%，竞争强度仅占总竞争强度的 36%（表 6-13）。这一情况表明，海南五针松所受种间竞争强度来源多样和复杂。

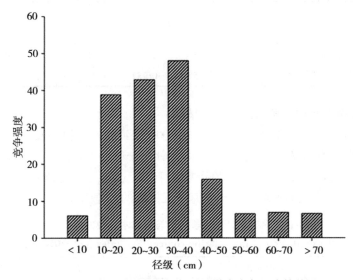

图 6-3 海南五针松的径级与所受种内竞争强度的关系

Fig. 6-3 The relationship between diameter of *Pinus fenzeliana* and the intraspecific competition intensity

表 6-13 主要伴生种竞争木对海南五针松的竞争强度

Tab. 6-13 The competition intensity of the main companion species for *Pinus fenzeliana*

树种	线枝蒲桃	海桐山矾	海南锥	印度锥	五列木
株数	195	85	99	39	95
总竞争强度	54.98	52.63	36.78	30.45	27.61

6.2.3.3 海南五针松胸径与所受竞争强度的关系及模型预测

6.2.3.3.1 海南五针松胸径与所受竞争强度的关系

为研究海南五针松个体大小与所受竞争强度的关系，以海南五针松胸径为自变量，竞争强度为因变量，对其所受竞争强度与海南五针松胸径间的关系采用幂函数、线性、对数、双曲线等多种数学公式进行回归拟合。结果显示，对于海南五针松胸径与整个林分（图 6-4）、海南五针松胸径与全部伴生种（图 6-5）竞争指数的关系，幂函数的相关系数最大，是以幂函数为其较优回归模型，即：

$$CI = aD^b$$

式中，CI 为竞争强度；

D 为海南五针松胸径；

a 和 b 为模型参数，显著性检验结果均到达显著水平（表 6-14）。而海南五针松个体之间的竞争强度和线枝浦桃对海南五针松的竞争强度与对象木胸径间的相关性并不明显，可能是由于各样方间竞争木出现的不均匀性，以及样本量偏少的原因。

表 6-14　竞争强度与海南五针松的胸径模型参数
Tab. 6-14　Model parameters of competition intensity and DBH of Pinus fenzeliana

项目	类别			
	a	b	R^2	显著性
海南五针松与整个林分	56.838	-0.714	0.553	$P<0.01$
海南五针松与伴生树种	51.955	-0.783	0.529	$P<0.01$

6.2.3.3.2　海南五针松竞争强度的模型预测

通过对调查到的 115 株海南五针松胸径与所受到的伴生树种及整个林分的竞争压力间关系的预测发现（表 6-15），随着海南五针松个体的生长，其胸径增大，竞争指数越来越小，当胸径大于 35cm 时，竞争指数趋于稳定，这与上述研究结论一致（图 6-4，图 6-5），表明所得模型能够很好的预测海南五针松的竞争强度。

表 6-15　海南五针松竞争强度与对象木胸径的模型预测
Tab. 6-15　Model prediction of interspecific competition index and DBH in Pinus fenzeliana

径级（cm）	海南五针松与整个林分	海南五针松与伴生树种
<10	13.71	10.93
10~20	8.09	6.13
20~30	5.76	4.22
30~40	4.54	3.25
40~50	3.80	2.67
50~60	3.34	2.32
60~70	2.91	2.00
>70	2.31	1.55

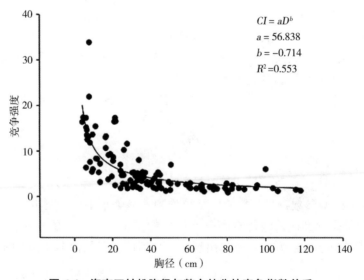

图 6-4　海南五针松胸径与整个林分的竞争指数关系
Fig. 6-4　Relationship between DBH of Pinus fenzeliana and competition index of the stand

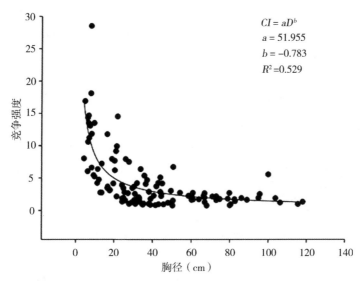

图 6-5　海南五针松胸径与全部伴生种的竞争指数关系

Fig. 6-5　Relationship between DBH of *Pinus fenzeliana* and in traspecific competiton

6.2.3.4　小结

海南五针松群落的种内竞争总强度为 171.63，种间竞争总强度为 560.18，种间竞争总强度显著大于种内竞争总强度，说明海南五针松所受竞争强度主要来源于种间。其主要竞争树种依次为：线枝蒲桃、海桐山矾、海南锥、印度锥和五列木。探讨海南五针松胸径与所受竞争强度的关系，回归拟合结果表明，幂函数模型（$CI=aD^b$）是海南五针松胸径与所受竞争强度关系的最优模型。随着海南五针松个体的生长，其胸径增大，所受竞争强度越来越小，当胸径大于 35cm 时，所受竞争强度趋于稳定。

在调查中发现，海南五针松幼苗少见，且有枯死现象，现存种群多为成年个体，这可能是由于目前其种子败育率较高，且受松鼠等动物采食的影响，以及海南五针松幼苗期遭受来自其他树种对资源的争夺剧烈，不能获得足够的光照与空间。根据海南五针松群落内竞争强度的研究结果及其种群缺乏幼苗幼树，年龄结构不合理的现状，应对海南五针松的天然林采取必要的抚育措施。对野外种子难以萌发，可尝试进行人工繁育，而因海南五针松幼苗喜光，应适当开辟林窗或选择合适地点移栽。另根据竞争模型预测结果，在海南五针松胸径达到 35cm 之前，可对影响其生长的伴生树种，如线枝蒲桃、海桐山矾和五列木等进行修枝或择伐，以保证其获得足够的生存资源，达到保护这一物种，扩大其种群的目的。

6.3　森林群落结构调控技术

6.3.1　森林可持续状况评价指标体系的构建

森林可持续状况评价指标体系构建的指导思想主要包括两个方面：①以林场等管

理实体为森林可持续状况的评价单位，着重考虑森林资源，从森林资源质量状况、森林资源利用状况、森林受干扰状况三方面出发，力求指标体系能够全面反映森林群落的特征和实质。②在科学合理的前提下，力求指标体系在实际应用过程中方便、简捷，具有可操作性。

6.3.1.1　评价指标确定的原则

（1）适用性原则。根据森林分类经营目的的不同，在森林资源质量状况（Q）的评价中，针对生态公益林和商品林分别确定出一套评价指标体系的权重，在林场内以森林小班为单位分林种进行评价；在森林资源利用状况（U）和森林受干扰状况（I）的评价中，应根据目标林场的林种组成比例确定各指标的权重。

（2）可操作性原则。评价指标的选择应与已有的森林调查技术规程相衔接，尽可能利用现有的林业区划、规划、统计资料，各项指标都具有可测性（Bertollo，1998；Paul，2002）。

（3）简便易行原则。所选指标内涵明确、容易理解、易于量化、计算方便、便于在生产实践中应用。

6.3.1.2　评价指标体系

目前，建立森林可持续状况评价指标体系的方法主要有系统法、目标法和归类法等（王艳洁和郑小贤，2001）。本文根据评价指标体系的指导思想和构建评价指标体系的原则，采用目标法，将森林可持续状况评价指标体系分成五个层次：总目标层、分目标层、准则层、类准则层和指标层。

基于上述目标层，参照国内外现在常用的筛选指标的方法：如专家咨询法、理论分析法和频度分析法，以及对这几种方法进行综合的评价方法，构建森林可持续状况评价指标体系。在森林的利用性和森林受干扰状况两个方面，主要利用前人研究成果来构建指标。首先用频度分析法，从国内外研究者成果中筛选出频度出现高的指标。然后，利用归类法对上述指标进行归类，将体现相同内涵的指标进行合并，而对于属于同一范畴的指标归入一类。最后，采用专家咨询法，对指标进行调整，得到林场尺度的评价指标。在森林资源质量状况、森林资源利用状况、森林受干扰状况三个方面，主要利用小班卡来构建指标。首先采取全面统计法，将森林小班卡上的所有信息转化为具体指标，体现了评价指标体系的全面性。然后，利用归类法对上述指标进行归类，将体现相同内涵的指标进行合并，而对于属于同一范畴的指标归入一类。最后，采用专家咨询法，对指标进行调整，得到森林小班尺度的评价指标。本研究咨询了在森林可持续经营方面有深入研究的31位专家，收回意见稿为26份，对专家的意见进行了整理，将意见相同或相似在2份以上的进行采纳或修改，最后确定各个指标。

森林可持续状况评价指标体系包括森林资源质量状况、森林资源利用状况、森林受干扰状况三个方面共22个指标（表6-16）。

表 6-16　森林可持续状况评价指标体系

Tab. 6-16　Indicators of forest sustainability evaluating

总目标层	分目标层	准则层（B_x）	类准则层（C_k）	指标层（D_i）
森林可持续状况（A）	森林资源质量状况（Q）	森林的自然性（B_1）	森林的自然性（C_1）	林分起源（D_1）
				龄组（D_2）
		森林生产力的维持能力（B_2）	林木生长状况（C_2）	林分密度（D_3）
				单位面积活立木蓄积平均生长量（D_4）
				出材率等级（D_5）
			林地质量（C_3）	立地等级（D_6）
				土壤厚度（D_7）
				土壤质地（D_8）
				土壤结构（D_9）
		森林群落结构的完整性和稳定性（B_3）	群落结构的完整性（C_4）	郁闭度（D_{10}）
				下木总盖度（D_{11}）
				活地被物总盖度（D_{12}）
			群落稳定性（C_5）	乔木层建群种组成比例（D_{13}）
				幼树中建群种数量比例（D_{14}）
				更新等级（D_{15}）
	森林资源利用状况（U）	森林资源利用状况（B_4）	有林地变化状况（C_6）	森林覆盖率（D_{16}）
			采伐利用状况（C_7）	年生长量与年采伐量的比值（D_{17}）
	森林受干扰状况（I）	森林受干扰状况（B_5）	自然因素干扰状况（C_8）	病虫危害的森林面积占有林地面积比例（D_{18}）
				森林火灾面积占有林地面积比例（D_{19}）
				其他自然灾害破坏的森林面积占有林地面积比例（D_{20}）
			人为因素干扰状况（C_9）	人为毁灭性破坏的森林面积占有林地面积比例（D_{21}）
				人为非毁灭性干扰的森林面积占有林地面积比例（D_{22}）

6.3.1.3　评价指标的测度方法

　　森林资源质量状况评价指标包括森林的自然性、森林生产力维持的能力、森林群落结构的完整性和稳定性 3 个准则层，有林分起源、龄组、林分密度等 15 个指标；以森林小班为评价单元。数据来源于最新森林小班调查数据。其中，①林分起源主要分天然林、人工林；②龄组根据主林层优势树种的平均年龄确定，根据施业区所在地的《森林资源二类调查办法》分树种划分为幼龄林、中龄林、近熟林、成熟林和过熟林；③林分密度指单位面积的林木株数，将林分的林木株数除以林分面积得出；④单位面积活立木蓄积平均生长量指单位面积上林分蓄积量的年平均生长量；⑤出材率等级是根据出材量占林分总蓄积量的百分比或用材树株数占总株数的百分比而划分的标志林分相对出材量多少的等级，根据《森林资源二类调查办法》划分为1、2、3 三个等级；⑥立地等级根据林分优势木平均高和林分优势木年龄的关系推出；⑦土壤通常可分为残落物层、淋溶层、淀积层、母质层、基岩层，土壤厚度在此指淋溶层和淀积层的总厚度；⑧土壤质地是土壤中各种颗粒的重量百分含量，按照土壤中砂粒、粉粒和黏粒三组粒级含量的比例划分为黏土、黏壤土、粉壤土、壤土、砂壤土和砂土；⑨土壤结构是指土壤固体颗粒的空间排列方式，按照土壤的形状、大小、发育程度和稳定性划分为粉状、屑状、粒状、块状、片状和核状；⑩郁闭度是反映林分郁闭程度的指标，按照0~1来估算出小班的树冠垂直投影遮蔽地面的程度，树冠垂直投影完全覆盖地面为1；⑪下木总盖度就是指林下所有灌木、幼树和幼苗的盖度总和，按照0~100%来估算所有下木的总盖度；⑫活地被物总盖度就是指所有草本和苔藓的盖度总和按照0~100%来估算所有活地被物的总盖度；⑬乔木层建群种组成比例（D_{13}）指乔木层中建群种株数所占的比例；⑭幼树中建群种数量比例指建群种幼树的总株数占所有幼树总株数的比例；⑮更新等级是根据林地上每公顷幼苗幼树的株数、树种和生长发育等情况划分为优良、合格和不合格3个等级。

森林资源利用状况评价指标包括森林覆盖率、年生长量与年采伐量的比值，评价单元为林场。数据来源于林场最新本底调查资料。其中，①森林覆盖率指林场内森林面积占土地面积的百分比，森林面积包括郁闭度0.2以上的乔木林地面积和竹林地面积，统计施业区内森林面积占林场面积比例；②年生长量与年采伐量的比值，年材积采伐量可由施业区所在林场获得，年生长量为两次二类调查的材积净增量除以时间推算得出。

森林受干扰状况评价指标包括病虫危害的森林面积占有林地面积比例、森林火灾面积占有林地面积比例、人为毁灭性破坏的森林面积占有林地面积比例等5个指标，评价单元为林场。数据来源于林场本底资料或专项调查（《森林资源二类调查数据统计表》）。其中，①病虫危害的森林面积占有林地面积比例（D_{18}），病害和虫害常对森林造成不良影响，根据受害程度一般划分为轻微、中等和严重三个等级。统计出病虫危害严重的森林面积占有林地面积比例；②森林火灾面积占有林地面积比例（D_{19}），森林火灾，是指失去人为控制，在林地内自由蔓延和扩展，对森林和人类带来一定危害和损失的林火行为，统计施业区内大部分林木被烧伤的林分面积占有林地面积比例；③其他自然灾害破坏的森林面积占有林地面积比例（D_{20}），除了病虫害和火灾，其他自然灾害，如地震、泥石流、滑坡等引起的森林灾害，统计施业区内受到自然灾害破坏的森林面积占有林地面积比例；④人为毁灭性破坏的森林面积占有林地面积比例（D_{21}），人类活动对森林造成的破坏有些是不能恢复的，或者很难在短时间内恢复的，如皆伐、修建水库、修建公路等，统计施业区内受到人为毁灭性破坏的森林面积占有林地面积比例；⑤人为非毁灭性干扰的森林面积占有林地面积比例（D_{22}），人类活动对森林造成的破坏有些是较轻的，可以在短时间内恢复的，这类破坏产生的影响较小，如择伐、放牧等，统计施业区内受到人为非毁灭性干扰的森林面积占有林地面积比例。

6.3.1.4　评价指标基准值和权重的确定

6.3.1.4.1　评价指标基准值的确定

评价指标基准值的确定采用以下三种方法，评价指标的基准值记为 F_i（$i \in [1, 22]$）。

（1）专家咨询法（Delphi 法）。评价指标的基准值可采取专家赋值的方法，由若干位专家对指标层（D_i）中每个评价指标赋基准值，然后取其平均值作为各项评价指标的基准值。森林资源质量状况（Q）中森林的自然性（C_1）、林地质量（C_3）、群落结构的完整性（C_4）、林分稳定性（C_5）中涉及的各项评价指标的基准值采用此方法确定。

（2）查阅专业用表。参照林场所在地的《林业调查用表》、《森林调查常用表》、《营林手册》等。森林资源质量状况（Q）中林木生长状况（C_2）下属的各项评价指标的基准值采用此方法确定。

（3）参照历史数据。以过去 5 年前或 10 年前的数据作为基准值。本方法适用于森林资源利用状况（U）和森林受干扰状况（I）两部分涉及的各指标基准值的确定。

6.3.1.4.2　评价指标权重的确定

指标权重的确定可以采用以下任意一种方法：

（1）专家咨询法（Delphi 法）。由咨询专家分别对每个分目标、准则、类准则和指标的重要性进行评估，给出权重值。所得的权重值是相应评价指标相对于上一层次的重要性比例，该权重值可以是平均值，也可以是众数。根据公式（6.9），计算出各项指标（D_i）相对于其对应的分目标 Q、U 或 I 的合成权重值（W'_{Di}）。

$$W'_{Di} = W_{Bk} W_{Cj} W_{Di} \quad\cdots\cdots\cdots\cdots\cdots\cdots\cdots \text{（6.9）}$$

（2）层次分析法（Analytical Hierarchy Process，简称 AHP 法）。是由咨询专家和林场管理者对各项评价指标通过两两比较重要程度而逐层进行判断评分，得出判断矩阵（M_p）（$p \in [1, 13]$）。

①计算判断矩阵（M_p）的特征向量（ω_p）。求出判断矩阵（M_p）中各行数值的乘积，将各行数值的乘积开 g 次方，得到特征向量 ω_p，$\omega_p = (W_{p1}, W_{p2}, \cdots, W_{pg})^T$，$g$ 为判断矩阵的行数（即阶数），T 为向量转置符号。

②各项评价指标权重值的计算。利用公式 6.10 将特征向量 ω_p 正规化。

$$\overline{W_{ph}} = \frac{W_{ph}}{\sum\limits_{h=1}^{g} W_{ph}} \qquad h \in [1, g] \quad\cdots\cdots\cdots\cdots\cdots \text{（6.10）}$$

得到向量 $\overline{W_p} = (\overline{W_{p1}}, \overline{W_{p2}}, \cdots, \overline{W_{pg}})^T$，$\overline{W_{ph}}$ 即为判断矩阵 M_p 中第 h 行评价指标相对于上一层次的权重值。

③一致性检验。利用公式（6.11）、公式（6.12）进行一致性检验。

$$CR = \frac{CI}{RI} \quad\cdots\cdots\cdots\cdots\cdots\cdots\cdots\cdots\cdots \text{（6.11）}$$

$$CI = \frac{\lambda - g}{g - 1} \quad\cdots\cdots\cdots\cdots\cdots\cdots\cdots\cdots \text{（6.12）}$$

公式（6.11）、公式（6.12）中，CR 为判断矩阵的随机一致性比。当 $CR < 0.10$

时，即可认为判断矩阵具有满意的一致性，说明所得的各项评价指标的权重是合理的。

CI 为判断矩阵的一致性指标。

RI 为判断矩阵的平均随机一致性指标。当阶数 $g \leqslant 2$ 时，无需进行一致性检验；当阶数 $g = 3$ 时，RI 取值为 0.58；阶数 $g = 4$ 时，RI 取值为 0.90；阶数 $g = 5$ 时，RI 取值为 1.12。

λ 为对应特征向量 ω_p 的特征根。

$$\lambda = \sum_{h=1}^{g} \frac{(M_p \cdot \overline{\omega_p})_h}{g \cdot \overline{W_{ph}}} \quad \cdots\cdots\cdots\cdots\cdots\cdots\cdots\cdots (6.13)$$

公式（6.13）中，$(M_p \cdot \overline{\omega_p})_h$ 为向量 $M_p \cdot \overline{\omega_p}$ 的第 h 个元素。

④指标（D_i）的合成权重（W'_{Di}）计算。根据公式（6.10），计算出各项指标（D_i）相对于其对应的分目标 Q、U 或 I 的合成权重值（W'_{Di}）。

6.3.1.5 森林可持续状况值的计算

准则层各 B_x 的值由其下一级类准则层各 C_k 的值加权求和后得出，类准则层各 C_k 的值由其下一级指标层各 D'_i 的值加权求和后得出。

（1）森林资源质量状况（Q）值的计算。在森林资源质量状况（Q）值的计算中应注意所评价的目标森林小班属于生态公益林还是商品林，应选取相应的权重进行计算。

①各指标实测值的无量纲标准化。以指标层中各项指标的实测值与其基准值相除进行无量纲标准化。

$$D'_{i(j)} = D_{i(j)} / F_i \quad (i \in [1, 15]) \quad \cdots\cdots\cdots\cdots\cdots (6.14)$$

公式（6.14）中，$D'_{i(n)}$ 是第 n 个森林小班在指标层中第 i 个评价指标的无量纲值；$D_{i(n)}$ 是第 n 个森林小班在指标层中第 i 个评价指标的实测值；F_i 是指标层中第 i 个评价指标的基准值，n 为森林小班数。

②森林资源质量状况（Q）值的计算。对于某一森林小班 n，其森林资源质量状况指数 $Q_{(n)}$ 由公式（6.15）得出：

$$Q_{(n)} = \sum_{i=1}^{15} (D'_{i(n)} \cdot W'_{Di}) \quad (i \in [1, 15]) \quad \cdots\cdots\cdots (6.15)$$

公式（6.15）中，$Q_{(n)}$ 是第 n 个森林小班的森林资源质量状况指数。

林场的森林资源质量状况指数（Q）由公式（6.16）得出：

$$Q = \sum_{1}^{n} \left[\frac{s_n}{\sum_{1}^{n} s_n} Q_{(n)} \right] \quad \cdots\cdots\cdots\cdots\cdots\cdots\cdots (6.16)$$

公式（6.16）中，s_n 表示第 n 个小班的面积。

在森林资源质量状况（Q）值的计算中应根据所评价的森林的经营目的选取相应的权重系列进行计算。

（2）森林资源利用状况（U）值的计算。

①各指标值的无量纲标准化。以各项指标的实测值与其基准值相除进行无量纲标准化。

$$D'_i = D_i / F_i \quad (i \in [16, 17]) \cdots\cdots\cdots\cdots\cdots (6.17)$$

公式（6.17）中，D'_i 是指标层中第 i 个评价指标的无量纲化值；D_i 是指标层中第 i 个评价指标的实际值；F_i 是指标层中第 i 个评价指标的基准值。若出现 $D_i>F_i$ 的情况，则 D'_i 的取值为 1。

②森林资源利用状况（U）值的计算。森林资源利用状况指数（U）由公式（6.18）得出：

$$U = D'_{18} \times W'_{D18} + D'_{19} \times W'_{D19} \quad\cdots\cdots\cdots\cdots\cdots\cdots (6.18)$$

（3）森林受干扰状况（I）值的计算。

①各指标实际值的无量纲标准化。以各项指标的实测值与其基准值相除进行无量纲标准化。

$$D'_i = D_i/F_i \quad (i \in [18, 22]) \cdots\cdots\cdots\cdots\cdots (6.19)$$

公式（6.19）中，D'_i 是指标层中第 i 个评价指标的无量纲化值，D_i 是指标层中第 i 个评价指标的实际值，F_i 是指标层中第 i 个评价指标的基准值。若出现 $D_i>F_i$ 的情况，则 D'_i 的取值为 1。

②森林受干扰状况（I）值的计算。森林受干扰状况指数（I）由公式（6.20）得出：

$$I = \sum_{i=18}^{22} (D'_i \times W'_{Di}) \quad (i \in [18, 22]) \cdots\cdots\cdots\cdots (6.20)$$

（4）森林可持续状况（A）指数的计算与分级。森林可持续状况（A）指数的计算公式如下：

$$A = Q \times W_Q + U \times W_U + (1-I) \times W_I \cdots\cdots\cdots\cdots (6.21)$$

根据 A 的取值，将森林可持续状况等级划分为优、良、中和差四个等级（表6-17）。

表 6-17　森林可持续状况评价分级

Tab. 6-17　Rank division standard of forest sustainability

等级	优	良	中	差
A	$A\geqslant0.8$	$0.8>A\geqslant0.6$	$0.6>A\geqslant0.4$	$A<0.4$

6.3.2　冷杉林可持续状况研究

本研究采用专家咨询的方法确定个评价指标的权重，咨询了在森林可持续经营方面有深入研究的 31 位专家，收回意见稿为 26 份，对专家的意见进行了整理，将意见相同或相似在 2 份以上的进行采纳或修改，最后确定各个指标的权重值和基准值。

6.3.2.1　森林资源质量状况评价

6.3.2.1.1　评价指标权重及基准值的确定

（1）权重的确定。根据专家咨询的结果，通过层次分析法计算得到指标层各项指标相对于森林资源质量状况的权重值（表6-18）。

（2）基准值的确定。根据专家组意见结合相关标准（高山营林手册、森林资源规划设计调查主要技术规定）（杨玉坡，1985；国家林业局，2003），将评价指标体系中的每个评价指标在其取值范围内划分出 2~3 个等级，对每个级别按照优劣依次赋予相应的分值。在本研究中引入了黄金分割理论，作为一种选优法，确定评价指标优劣的

表 6-18 森林资源质量状况评价指标权重

Tab. 6-18 **Weight of forest resources quality evaluating indicators**

指标	权重	指标	权重
林分起源（D_1）	0.10	土壤结构（D_9）	0.03
龄组（D_2）	0.15	郁闭度（D_{10}）	0.02
林分密度（D_3）	0.06	下木总盖度（D_{11}）	0.10
单位面积活立木蓄积平均生长量（D_4）	0.10	活地被物总盖度（D_{12}）	0.08
出材率等级（D_5）	0.05	乔木层建群种组成比例（D_{13}）	0.05
立地等级（D_6）	0.06	幼树中建群种数量比例（D_{14}）	0.05
土壤厚度（D_7）	0.06	更新等级（D_{15}）	0.03
土壤质地（D_8）	0.06		

界限值。其中林分起源（D_1）、出材率等级（D_5）、立地等级（D_6）、土壤质地（D_8）、土壤结构（D_9）、更新等级（D_{15}）的分级依据来源于既定的划分方法；龄组（D_2）、土壤厚度（D_7）、郁闭度（D_{10}）的分级依据来自于专家咨询意见；林分密度（D_3）、单位面积活立木蓄积平均生长量（D_4）、下木总盖度（D_{11}）、活地被物总盖度（D_{12}）、乔木层建群种组成比例（D_{13}）、幼树中建群种数量比例（D_{14}）的分级是参照相关标准，结合黄金分割原理进行划分。同时，结合黄金分割理论，对不同级别依次赋予 1分、0.62 分和 0.38 分（黄金分割点的近似值）（表 6-19）。第 i 个评价指标的得分记为 D_i，$i \in [1, 15]$。

表 6-19 评价指标的分级及赋值

Tab. 6-19 **Classification and value of evaluation indicators**

评价指标	类型级别	得分
林分起源（D_1）	天然林	1.00
	人工林	0.38
龄组（D_2）	成、过熟林	1.00
	近熟林	0.62
	中、幼龄林	0.38
林分密度（D_3）	标准值±10%	1.00
	>标准值+10%	0.62
	<标准值-10%	0.38
单位面积活立木蓄积平均生长量（D_4）	≥标准林分值	1.00
	≥标准林分值×0.62	0.62
	<标准林分值×0.62	0.38
出材率等级（D_5）	一级	1.00
	二级	0.62
	三级	0.38

（续）

评价指标	类型级别	得分
立地等级（D_6）	I	1.00
	II	1.00
	III	0.62
	IV	0.62
	V	0.38
土壤厚度（D_7）	≥70	1.00
	≥43	0.62
	<43	0.38
土壤质地（D_8）	壤土	1.00
	砂壤	0.62
	砂土	0.38
	黏土	0.38
土壤结构（D_9）	粒状	1.00
	核状	0.62
	屑状	0.62
	块状	0.38
	片状	0.38
	粉状	0.38
郁闭度（D_{10}）	0.6~0.8	1.00
	0.8~1.0	0.62
	0.2~0.6	0.38
下木总盖度（D_{11}）	62%~100%	1.00
	38%~62%	0.62
	0~38%	0.38
活地被物总盖度（D_{12}）	62%~100%	1.00
	38%~62%	0.62
	0~38%	0.38
乔木层建群种组成比例（D_{13}）	62%~100%	1.00
	38%~62%	0.62
	0~38%	0.38
幼树中建群种数量比例（D_{14}）	62%~100%	1.00
	38%~62%	0.62
	0~38%	0.38
更新等级（D_{15}）	一级	1.00
	二级	0.62
	三级	0.38

6. 3. 2. 1. 2　评价结果

　　川西林业局 301 林场位于理县西北部，总面积 35567.1hm²，主要植被为云、冷杉林，同时有一定面积的次生桦木林，郁闭度在 0.2 以上的林分小班总数 1930 个，总得分 0.59（图 6-6，表 6-20）。

　　川西林业局 303 林场位于理县西南部，总面积 19453.0hm²，主要植被为云、冷杉林，郁闭度在 0.2 以上的林分小班总数 1020 个，总得分 0.63（图 6-7，表 6-20）。

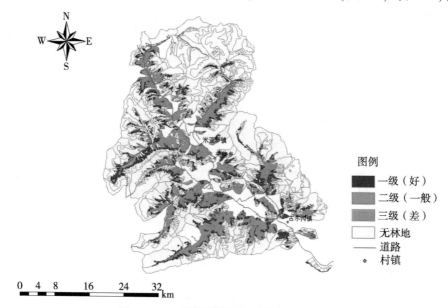

图 6-6　301 林场森林资源质量状况分布图

Fig. 6-6　Forest resource quality map of 301 forest farm

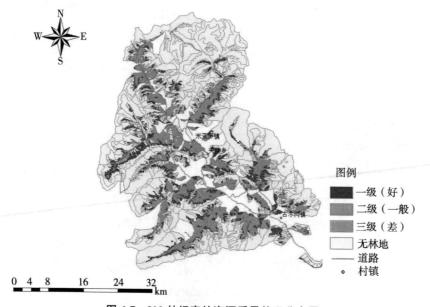

图 6-7　303 林场森林资源质量状况分布图

Fig. 6-7　Forest resource quality map of 303 forest farm

表 6-20　森林资源质量状况评价结果

Tab. 6-20　Evaluation results of forest resource quality

林场	小班数	一级质量小班数（比例）	二级质量小班数（比例）	三级质量小班数（比例）	总得分
301 林场	1930	881（45.65%）	1033（53.52%）	16（0.83%）	0.59
303 林场	1020	661（64.80%）	330（32.35%）	29（2.85%）	0.63

6.3.2.2　森林资源利用状况评价

6.3.2.2.1　评价指标权重的确定

根据专家咨询的结果，通过层次分析法计算得到指标层各项指标相对于森林资源利用状况的权重值（表 6-21）。

表 6-21　森林资源利用状况指标权重

Tab. 6-21　Weight of forest resources utilization evaluating indicators

指标	权重
森林覆盖率（D_{16}）	0.52
年生长量与年采伐量的比值（D_{17}）	0.48

6.3.2.2.2　评价结果

森林覆盖率以最近一次调查资料作为实测值，以上一次调查资料作为基准值年生长量与年采伐量的比值以过去 5 年数据的平均值作为实测值，以过去 5~10 年间数据的平均值作为基准值（表 6-22）。根据前文所述之计算方法，对森林资源利用状况指数进行计算，得到评价结果。301 林场的森林资源利用状况评价指数（U）为 1，303 林场的森林资源利用状况评价指数（U）为 1。

表 6-22　森林资源利用状况评价结果

Tab. 6-22　Evaluation results of forest resources utilization

指标	301 林场			303 林场		
	基准值（F_i）	实测值（D_i）	无量纲化值（D'_i）	基准值（F_i）	实测值（D_i）	无量纲化值（D'_i）
森林覆盖率（D_{16}）	27.66%	27.66%	1	33.43%	33.43%	1
年生长量与年采伐量的比值（D_{17}）	20.24	72.80	1	5.89	2445.87	1

6.3.2.3　森林受干扰状况评价

6.3.2.3.1　评价指标权重的确定

根据专家咨询的结果，通过层次分析法计算得到指标层各项指标相对于森林受干扰状况的权重值（表 6-23）。

表 6-23 森林受干扰状况指标权重

Tab. 6-23 Weight of forest interference evaluating indicators

指标	权重
病虫危害的森林面积占有林地面积比例（D_{18}）	0.16
森林火灾面积占有林地面积比例（D_{19}）	0.19
其他自然灾害破坏的森林面积占有林地面积比例（D_{20}）	0.12
人为毁灭性破坏的森林面积占有林地面积比例（D_{21}）	0.36
人为非毁灭性干扰的森林面积占有林地面积比例（D_{22}）	0.17

6.3.2.3.2 评价结果

森林受干扰状况所涉及的指标层指标以过去 5 年数据的平均值作为实测值，以过去 5~10 年数据的平均值作为基准值。根据前文所述之计算方法，对森林受干扰状况指数（I）进行计算，得到评价结果（表 6-24）。计算出 301 林场的森林受干扰状况指数（I）为 0.46，303 林场的森林受干扰状况指数（I）为 0.46。

表 6-24 森林受干扰状况评价结果

Tab. 6-24 Evaluation results of forest interference

指标	301 林场			303 林场		
	基准值 （F_i）	实测值 （D_i）	无量纲化值 （D'_i）	基准值 （F_i）	实测值 （D_i）	无量纲化值 （D'_i）
病虫危害的森林面积占有林地面积比例（D_{18}）	0.24	0.15	0.625	0.24	0.15	0.625
森林火灾面积占有林地面积比例（D_{19}）	0	0	0	0	0	0
其他自然灾害破坏的森林面积占有林地面积比例（D_{20}）	0	0	0	0	0	0
人为毁灭性破坏的森林面积占有林地面积比例（D_{21}）	0	17.82	1	0	1.24	1
人为非毁灭性干扰的森林面积占有林地面积比例（D_{22}）	0	0	0	0	0	0

6.3.2.4 林场森林可持续状况评价

6.3.2.4.1 分目标权重的确定

根据专家咨询的结果，通过层次分析法计算得到各项分目标相对于森林可持续状况的权重值（表 6-25）。

表 6-25 分目标权重

Tab. 6-25 Weight of category objective

分目标	权重
森林资源质量状况（Q）	0.52
森林资源利用状况（U）	0.27
森林受干扰状况（I）	0.21

6.3.2.4.2 评价结果

根据前文所述之计算方法，对两个林场的森林可持续状况指数（A）进行计算。其中，301 林场的森林可持续状况指数为 0.67；303 林场的森林可持续状况指数为 0.69。

6.3.3　小结

从森林资源质量状况、森林资源利用状况和森林受干扰状况 3 个方面构建森林可持续状况评价指标体系，分为目标层、分目标层、准则层、类准则层和指标层 5 个层次，一共包含 22 个指标。301 林场的冷杉林森林可持续状况指数为 0.67，为二级（良），303 林场的冷杉林森林可持续状况指数为 0.69，为二级（良）。303 林场在森林资源质量状况方面稍优于 301 林场；在森林资源利用状况和森林受干扰状况两个方面，两个林场的评价结果基本相同。结合有关研究成果和研究区域的实际情况，认为评价结果能较客观地反映森林资源质量的真实状况，本评价方法具有较强的实用性。

本研究提出的森林可持续状况评价方法较以往所提出过的各种方法具有多个优势。首先本方法所用数据来源于森林小班资料，而森林小班调查资料几乎在全国所有林区都是林区的本底资料，十年一次的森林二类调查也使数据的获取十分方便，在此基础上使得不同地区之间的评价结果具有可比性，体现了评价的实用性价值；其次，本方法结构简单，不需要复杂的操作和繁琐的计算，仅在原始数据的基础上进行简单的提炼即可获得结果；另外，本方法所涉及的理论知识易于理解，没有深奥的理论推理，各评价指标的涵义明确直白，注重实践应用，通过权重的变化，灵活适用于不同的森林，能够有效地解决区域之间客观条件存在的差异，充分发掘基础数据的价值，最大限度地使不同类型的森林之间具有可比性，适合在基层推广普及。但是由于本研究是采用专家咨询的方法确定评价指标，而且所采用的方法在有些评价指标的分级时，需要结合相关标准进行划定，这给评价工作带来一定的不确定性，还存在值得探讨的地方。发挥其最佳效果的关键在于如何将主观性因素的干扰层度降至最低。

参考文献

崔国发，成克武，路端正，等. 2000. 北京喇叭沟门自然保护区植物濒危程度和保护级别研究 [J]. 北京林业大学学报，22（4）：8-13.

崔国发，邢韶华，姬文元，等. 2011. 森林资源可持续状况评价方法 [J]. 生态学报，31（19）：5524-5530.

崔国发，邢韶华，赵勃. 2008. 北京山地植物和植被保护研究 [M]. 北京：中国林业出版社.

段仁燕，王孝安，涂云博，等. 2007. 太白红杉邻体竞争研究方法的改进 [J]. 兰州大学学报（自然科学版），43（4）：37-41.

段仁燕. 2005. 太白红杉邻体干扰与竞争特性的研究 [D]. 西安：陕西师范大学.

傅立国. 1991. 中国植物红皮书——稀有濒危植物（第一卷）[M]. 北京：科学出版社.

国家林业局. 2003. 森林资源规划设计调查主要技术规定 [S].

贺士元，邢其华，尹祖棠，等. 1993. 北京植物志：（上、下册）第 2 版 [M]. 北京：北京出版社.

蒋有绪. 2001. 森林可持续经营与林业的可持续发展 [J]. 世界林业研究，14（2）：1-8.

解焱，汪松. 1995. 国际濒危物种等级评价标准 [J]. 生物多样性，3（4）：234-239.

金则新，朱小燕，林恒琴. 2004. 浙江天台山甜槠种内与种间竞争研究 [J]. 生态学杂志，23（2）：22-25.

雷静品，江泽平，肖文发，等. 2009. 中国区域水平森林可持续经营标准与指标体系研究 [J]. 西北林学院学报，24（4）：228-233.

李博，陈家宽，A·R·沃金森. 1998. 植物竞争研究进展 [J]. 植物学报，15（4）：18-29.

李朝洪，郝爱民. 2000. 中国森林资源可持续发展描述指标体系框架的构建 [J]. 东北林业大学学报，28（5）：122-124.

刘代汉，郑小贤. 2004. 森林经营单位级可持续经营指标体系研究 [J]. 北京林业大学学报，26（6）：44-48.

马世荣，张希彪，郭小强，等. 2012. 子午岭天然油松林乔木层种内与种间竞争关系研究 [J]. 西北植物学报，32（09）：1882-1887.

石春娜，王立群. 2006. 我国森林资源质量相关问题研究评述 [J]. 林业资源管理，（5）：87-91.

孙嘉男，王孝安，郭华，等. 2010. 黄土高原柴松群落优势乔木树种的竞争关系 [J]. 生态学杂志，29（11）：2162-2167.

孙澜，苏智先，张素兰，等. 2008. 马尾松-川灰木人工混交林种内、种间竞争强度 [J]. 生态学杂志，27（8）：1274-1278.

汪年鹤，袁昌齐，昌晔，等. 1992. 药用植物稀有濒危程度评价标准讨论 [J]. 中国中药杂志，17（2）：67-69.

汪松，解焱. 2009. 中国物种红色名录 [M]. 北京：高等教育出版社.

王艳洁，郑小贤. 2001. 可持续发展指标体系研究概述 [J]. 北京林业大学学报，23（3）：103-106.

吴巩胜，王政权. 2000. 水曲柳落叶松人工混交林中树木个体生长的竞争效应模型 [J]. 应用生态学报，11（5）：646-650.

薛达元，蒋明康，李正方，等. 1991. 苏浙皖地区珍稀濒危植物分级指标的研究 [J]. 中国环境科学，11（3）：161-166.

杨馥宁，张云华，郑小贤. 2009. 森林文化与森林可持续经营关系探讨 [J]. 北京林业大学学报（社会科学版），8（1）：25-28.

杨玉坡. 1985. 高山营林手册 [M]. 成都：四川科学技术出版社.

张守攻. 1995. 温带和北方森林保护及可持续经营标准和指标体系 [J]. 世界林业研究，（4）：57-60.

张思玉，郑世群. 2001. 笔架山常绿阔叶林优势种群种内间竞争的数量研究 [J]. 林业科学，37（S1）：185-188.

张跃西. 1993. 邻体干扰模型的改进及其在营林中的应用 [J]. 植物生态学与地植物学学报，17（4）：352-357.

赵惠勋，周晓峰. 2000. 森林质量评价标准和评价指标 [J]. 东北林业大学学报，28（5）：58-61.

Bertollo P. 1998. Assessing ecosystem health in governed landscapers: A framework for developing core indicators [J]. Ecosystem Health，4：33-51.

Biging G S, Dobbertin M. 1992. Comparison of distance dependent competition measures for height and basal area growth of individual conifer trees [J]. Forest Science，38：695-720.

Biging G S, Dobbertin M. 1995. Evaluation of competition indices in individual tree growth models [J]. Forest Science，41：360-377.

Hegyi F. 1974. A simulation model for managing jack-pine stands [C] // Fries J. Growth models for tree and stand simulation. Stockholm: Royal College of Forestry, 74-90.

Paul A Mistretta. 2002. Managing for forest health [J]. Journal of Forestry, 100 (7): 24-27.

Schoener T W. 1983. Field experiments on interspecific competition [J]. The American Naturalist, 122 (2): 240-279.

UNEP. 1992. Convention on Biological Diversity [M]. Rio de jomeiro: Text and Annexes.

Weiner J. 1990. Asymmetric competition in plant populations [J]. Terends in Ecology & Evolution, 5 (11): 360-364.

第7章
景观保护成效定量评估技术

  景观，最初泛指陆地上的自然景色，属于绘画艺术的一个专门术语，描述的是一定区域的风景、风光和景象。20世纪30年代，德国生态学家将景观的概念引入生态学的范畴，经过近半个多世纪的发展，景观被定义为相互作用的镶嵌体构成，并以类似形式重复出现，具有异质性的一定区域。景观生态学则是以生态学的理论和方法为基础，研究景观的结构、功能及其动态变化的生态学分支科学（邬建国，2000）。

  国际上有关自然保护区在景观水平上的自然保护区保护效果的研究有过一些案例。Bruner等（2001）对22个热带国家公园研究发现，国家公园在阻止森林的砍伐、狩猎、放牧、火烧等方面效果是明显的。但也有不少负面的报道认为，由于自然保护区周边人口的增加和人类活动的增强，自然保护区保护物种及其生境、维持地区生物多样性的能力却在日渐下降（Jha & Bawa，2006；Wittemyer et al.，2008；Broadbent et al.，2012）。Curran等（2004）利用遥感数据结合实地调查数据，评估了加里曼丹 Gunung Palung 国家公园与其周边10km缓冲区森林从1985—2001年的变化情况，发现国家公园与其周边缓冲区森林的退化并不存在明显的差别。Mehring 和 Stoll-Kleemann（2011）发现在1972年至2007年 Lore Lindu 生物圈保护区的缓冲区对于核心区森林覆盖率的减少并没有起到有效的保护作用。自然保护区内生境尺度上生态的退化问题的相关报道也屡见不鲜（Dompka & Human，1996；Hayes，2006；Roman-Cuesta & Martinez-Vilalta，2006；Mehring & Stoll-Kleemann，2011）。

  我国自然保护区经过"抢救式"的建设，截至2016年底，全国（不含香港、澳门特别行政区和台湾地区）共建立各种类型、不同级别的自然保护区2750个，总面积14717万 hm²，自然保护区陆地面积约占全国陆地面积的14.86%。其中国家级自然保护区469个，面积9761万 hm²，约占全国陆地面积的10%。但是，由于缺乏系统的保护规划（Wu et al.，2011），资源开发利用方面由于相关政策不健全导致资源利用失控

（Jiang et al., 2004）。例如，在我国，80%的自然保护区都开展了各种类型的生态旅游项目（CNCMB, 1998）。近年来自然保护区内日益增强人类活动已经引起了自然保护区土地利用方式和景观类型的改变（Han & Zhuge, 2001；Curran et al., 2004；Zhao et al., 2011），自然保护区内景观的改变被认为是全球范围内生物多样性丧失的首要原因（Sala et al., 2000）。

我国自然保护区建立后景观如何变化？尤其是作为自然保护区主要保护对象的保护性景观和人类开发活动引起的人工干扰性景观的变化并不清楚，因为我国缺少自然保护区景观保护成效评估的具体研究案例，更没有形成针对我国自然保护区景观保护成效评估的方法。因此，通过研究保护性景观与人工干扰性景观动态的变化揭示景观保护成效是非常必要的。

7.1　景观分类体系

根据自然保护区景观特征和保护成效评估的需求，建立自然保护区景观分类体系，共分 8 个一级类、33 个二级类和 85 个三级类（表 7-1），其景观类型的释义如下。

表 7-1　自然保护区景观类型编码和名称
Tab. 7-1　Landscape type code and name in nature reserve

一级类		二级类		三级类	
编码	名称	编码	名称	编码	名称
01	林地	011	有林地	0111	天然林
				0112	人工林
		012	疏林地	0121	天然疏林地
				0122	人工疏林地
		013	灌木林地	0131	天然灌木林
				0132	人工灌木林
		014	未成林地	0141	封育未成林地
				0142	人工造林未成林地
		015	苗圃地	0151	珍稀濒危植物苗圃地
				0152	其他苗圃地
		016	无立木林地	0161	采伐迹地
				0162	火烧迹地
				0163	其他无立木林地
02	草地	021	天然草地	0211	天然草地
		022	牧草地	0221	天然牧草地
				0222	人工牧草地
		023	其他草地	0231	其他草地

（续）

一级类		二级类		三级类	
编码	名称	编码	名称	编码	名称
03	湿地	031	近海与海岸湿地	0311	浅海水域
				0312	潮下水生层
				0313	珊瑚礁
				0314	岩石海岸
				0315	沙石海岸
				0316	淤泥质海岸
				0317	潮间盐水沼泽
				0318	红树林
				0319	河口水域
				03110	三角洲/沙洲/沙岛
				03111	海岸性咸水湖
				03112	海岸性淡水湖
		032	河流湿地	0321	永久性河流
				0322	季节性或间歇性河流
				0323	洪泛平原湿地
				0324	喀斯特溶洞湿地
		033	湖泊湿地	0331	永久性淡水湖
				0332	永久性咸水湖
				0333	季节性淡水湖
				0334	季节性咸水湖
		034	沼泽湿地	0341	藓类沼泽
				0342	草本沼泽
				0343	灌丛沼泽
				0344	森林沼泽
				0345	内陆盐沼
				0346	季节性咸水沼泽
				0347	沼泽化草甸
				0348	地热湿地
				0349	淡水泉/绿洲湿地
		035	人工湿地	0351	库塘
				0352	运河、输水河
				0353	水产养殖场
				0354	盐田

（续）

一级类		二级类		三级类	
编码	名称	编码	名称	编码	名称
04	冰川及永久积雪	041	冰川	0411	冰川
		042	永久积雪	0421	永久积雪
05	裸地	051	裸土地	0511	裸土地
		052	沙地	0521	沙地
		053	裸岩石砾地	0531	裸岩石砾地
06	耕地	061	水田	0611	水田
		062	水浇地	0621	水浇地
		063	旱地	0631	旱地
07	园地	071	果园	0711	果园
		072	茶园	0721	茶园
		073	其他园地	0731	其他园地
08	建设用地	081	商服用地	0811	商服用地
		082	工矿仓储用地	0821	工业用地
				0822	采矿用地
				0823	仓储用地
		083	住宅用地	0831	城镇住宅用地
				0832	农村宅基地
		084	公共管理与公共服务用地	0841	公园与绿地
				0842	风景名胜设施用地
				0843	公共设施用地
				0844	其他公共用地
		085	特殊用地	0851	宗教用地
				0852	殡葬用地
				0853	其他特殊用地
		086	交通运输用地	0861	铁路用地
				0862	公路用地
				0863	林区公路
				0864	街巷用地
				0865	农村道路
				0866	机场用地
				0867	港口码头用地
				0868	管道运输用地
		087	水利设施用地	0871	沟渠
				0872	水工建筑用地
		088	设施农用地	0881	设施农用地

7.1.1 林地

林地（01）：生长乔木、竹类、灌木的土地，包括苗圃地、无立木林地等。不包括居民点内部的绿化林木用地，铁路、公路征地范围内的林木，人工种植的桑树和橡胶林，以及河流、沟渠的护堤林和红树林。

（1）有林地（011）：树木郁闭度不低于0.2的乔木林地，以及胸径不低于2cm的竹林。

天然林（0111）：天然生长的有林地。

人工林（0112）：人工种植的有林地。

（2）疏林地（012）：附着有乔木树种，郁闭度小于0.2且不低于0.1的林地。

天然疏林地（0121）：天然生长的各种疏林地。

人工疏林地（0122）：人工种植的各种疏林地。

（3）灌木林地（013）：灌木覆盖度不低于30%的林地，以及胸径小于2cm的竹林。

天然灌木林（0131）：天然生长的灌木林地。

人工灌木林（0132）：人工种植的灌木林地。

（4）未成林地（014）：未达到有林地标准，但有希望成林的林地。

封育未成林地（0141）：采取封山育林或人工促进天然更新后，不超过成林年限，天然更新等级中等以上，尚未郁闭但有希望成林的林地。

人工造林未成林地（0142）：人工造林（包括植苗、穴播或条播、分殖造林）和飞播造林（包括模拟飞播）后不到成林年限，造林成效符合下列条件之一，分布均匀，尚未郁闭但有希望成林的林地：①人工造林当年造林成活率85%以上或保存率80%（年均等降水量线400mm以下地区当年造林成活率为70%或保存率为65%）以上；②飞播造林后成苗调查苗木3000株/hm²以上或飞播治沙成苗2500株/hm²以上，且分布均匀。

（5）苗圃地（015）：固定的林木、花卉育苗用地，不包括母树林、种子园、采穗圃、种质基地等种子、种条生产用地以及种子加工、储藏等设施用地。

珍稀濒危植物苗圃地（0151）：用于对珍稀濒危植物扩繁的苗圃地。

其他苗圃地（0152）：除用于扩繁珍稀濒危植物以外的苗圃地。

（6）无立木林地（016）：包括采伐迹地、火烧迹地和其他无立木林地。

采伐迹地（0161）：采伐后3年内活立木达不到疏林地标准、尚未人工更新或天然更新达不到中等等级的林地。

火烧迹地（0162）：火灾后3年内活立木达不到疏林地标准、尚未人工更新或天然更新达不到中等等级的林地。

其他无立木林地（0163）：符合下列条件之一的林地，①造林更新后，成林年限前达不到未成林地标准的林地；②造林更新到成林年限后，未达到有林地、灌木林地或疏林地标准的林地；③已经整地但还未造林的林地；④不符合上述林地区划条件，但有林地权属证明，因自然保护、科学研究等需要保留的土地。

7.1.2　草地

草地（02）：生长草本植物为主的土地，不包括季节性洪泛的草地。

（1）天然草地（021）：天然生长的草地。

（2）牧草地（022）：用于放牧或割草的草地。

天然牧草地（0221）：天然生长的牧草地。

人工牧草地（0222）：人工种植的牧草地。

（3）其他草地（023）：封育的或人工改良的不用于放牧或割草的草地。

7.1.3　湿地

湿地（03）：指天然的或人工的，永久的或间歇性的沼泽地、泥炭地、水域地带，带有静止或流动、淡水或半咸水及咸水水体，包括低潮时水深不超过 6m 的海域。分为近海与海岸湿地、河流湿地、湖泊湿地、沼泽湿地和人工湿地。

（1）近海与海岸湿地（031）：在近海与海岸地区由天然的滨海地貌形成的浅海、海岸、河口以及海岸性湖泊湿地统称为近海与海岸湿地。包括低潮水深不超过 6m（含 6m）的浅海区与高潮位（含高潮线）海水能直接浸润到的区域。

浅海水域（0311）：浅海湿地中，湿地底部基质为无机部分组成，植被盖度<30% 的区域，多数情况下低潮时水深小于 6m。包括海湾、海峡。

潮下水生层（0312）：海洋潮下，湿地底部基质为有机部分组成，植被盖度≥ 30%，包括海草层、海草、热带海洋草地。

珊瑚礁（0313）：基质由珊瑚聚集生长而成的浅海湿地。

岩石海岸（0314）：底部基质 75% 以上是岩石和砾石，包括岩石性沿海岛屿、海岩峭壁。

沙石海岸（0315）：由砂质或沙石组成的，植被盖度<30% 的疏松海滩。

淤泥质海岸（0316）：由淤泥质组成的植被盖度<30% 的淤泥质海滩。

潮间盐水沼泽（0317）：潮间地带形成的植被盖度≥30% 的潮间沼泽，包括盐碱沼泽、盐水草地和海滩盐沼。

红树林（0318）：由红树植物为主组成的潮间沼泽。

河口水域（0319）：从近口段的潮区界（潮差为零）至口外海滨段的淡水舌锋缘之间的永久性水域。

三角洲/沙洲/沙岛（03110）：河口系统四周冲积的泥/沙滩，沙洲、沙岛（包括水下部分）植被盖度<30%。

海岸性咸水湖（03111）：地处海滨区域有一个或多个狭窄水道与海相通的湖泊，包括海岸性微咸水、咸水或盐水湖。

海岸性淡水湖（03112）：起源于泻湖，与海隔离后演化而成的淡水湖泊。

（2）河流湿地（032）：河流是陆地表面宣泄水流的通道，是江、河、川、溪的总称，河流湿地是围绕天然河流水体而形成的河床、河滩、洪泛区、冲积而成的三角洲、沙洲等自然体的统称。

永久性河流（0321）：常年有河水径流的河流，仅包括河床部分。

季节性或间歇性河流（0322）：一年中只有季节性（雨季）或间歇性有水径流的

河流。

洪泛平原湿地（0323）：在丰水季节由洪水泛滥的河滩、河心洲、河谷、季节性泛滥的草地以及保持了常年或季节性被水浸润内陆三角洲所组成。

喀斯特溶洞湿地（0324）：喀斯特地貌下形成的溶洞集水区或地下河/溪。

（3）湖泊湿地（033）：由地面上大小形状不一、充满水体的天然洼地组成的湿地，包括各种天然湖、池、荡、漾、泡、海、错、淀、洼、潭、泊等各种水体名称。

永久性淡水湖（0331）：由淡水组成的永久性湖泊。

永久性咸水湖（0332）：由微咸水/咸水/盐水组成的永久性湖泊。

季节性淡水湖（0333）：由淡水组成的季节性或间歇性淡水湖（泛滥平原湖）。

季节性咸水湖（0334）：由微咸水/咸水/盐水组成的季节性或间歇性湖泊。

（4）沼泽湿地（034）：具有以下3个基本特征的自然综合体：①受淡水、咸水或盐水的影响，地表经常过湿或有薄层积水；②生长沼生和部分湿生、水生或盐生植物；③有泥炭积累或尽管无泥炭积累，但在土壤层中具有明显的潜育层。

藓类沼泽（0341）：发育在有机土壤的、具有泥炭层的以苔藓植物为优势群落的沼泽。

草本沼泽（0342）：由水生和沼生的草本植物组成优势群落的淡水沼泽。

灌丛沼泽（0343）：以灌丛植物为优势群落的淡水沼泽。

森林沼泽（0344）：以乔木森林植物为优势群落的淡水沼泽。

内陆盐沼（0345）：受盐水影响，生长盐生植被的沼泽。以苏打为主的盐土，含盐量应>0.7%；以氯化物和硫酸盐为主的盐土，含盐量应分别大于1.0%、1.2%。

季节性咸水沼泽（0346）：受微咸水或咸水影响，只在部分季节维持浸湿或潮湿状况的沼泽。

沼泽化草甸（0347）：为典型草甸向沼泽植被的过渡类型，是在地势低洼、排水不畅、土壤过分潮湿、通透性不良等环境条件下发育起来的，包括分布在平原地区的沼泽化草甸以及高山和高原地区具有高寒性质的沼泽化草甸。

地热湿地（0348）：由地热矿泉水补给为主的沼泽。

淡水泉/绿洲湿地（0349）：由露头地下泉水补给为主的沼泽。

（5）人工湿地（035）：人类为了利用某种湿地功能或用途而建造的湿地，或对自然湿地进行改造而形成的湿地，也包括某些开发活动导致积水而形成的湿地。

库塘（0351）：为蓄水、发电、农业灌溉、城市景观、农村生活为主要目的而建造的，面积不小于$8hm^2$的蓄水区。

运河、输水河（0352）：为输水或水运而建造的人工河流湿地。

水产养殖场（0353）：以水产养殖为主要目的而修建的人工湿地。

盐田（0354）：为获取盐业资源而修建的晒盐场所或盐池，包括盐池、盐水泉。

7.1.4　冰川及永久积雪

冰川及永久积雪（04）：指表层被冰雪常年覆盖的土地。

冰川（041）：寒冷地区多年降雪积聚、经过变质作用形成的具有一定形状并能自行运动的天然冰体。

永久积雪（042）：在高纬或高山降雪量多于融雪量的地区所长期积存的雪。

7.1.5　裸地

裸地（05）：指表层为土质，基本无植被覆盖的土地；或表层为岩石、石砾、盐类矿物及沙丘，其覆盖面积≥70%的土地。

裸土地（051）：表层为土质，基本无植被覆盖的土地，不包括水系中的沙滩。

沙地（052）：表层为沙覆盖，基本无植被的土地。

裸岩石砾地（053）：表层为岩石或石砾，基本无植被覆盖的土地。

7.1.6　耕地

耕地（06）：种植农作物的土地，包括熟地，新开发、复垦、整理地，休闲地（含轮歇地、轮作地）；以种植农作物（含蔬菜）为主，间有零星果树、桑树或其他树木的土地；平均每年能保证收获一季的已垦滩地和海涂。耕地中包括南方宽度<1.0m、北方宽度<2.0m 固定的沟、渠、路和地坎（埂）；临时种植药材、草皮、花卉、苗木等的耕地，以及其他临时改变用途的耕地。

水田（061）：用于种植水稻、莲藕等水生农作物的耕地。包括实行水生、旱生农作物轮种的耕地。

水浇地（062）：有水源保证和灌溉设施，在一般年景能正常灌溉，种植旱生农作物的耕地。包括种植蔬菜等的非工厂化的大棚用地。

旱地（063）：无灌溉设施，主要靠天然降水种植旱生农作物的耕地，包括没有灌溉设施，仅靠引洪淤灌的耕地。

7.1.7　园地

园地（07）：种植以采集果、叶、根、茎、汁等为主的集约经营的多年生木本和草本作物，覆盖度大于50%或每亩株数大于合理株数70%的土地。包括用于育苗的土地。

果园（071）：种植果树的园地。

茶园（072）：种植茶树的园地。

其他园地（073）：种植橡胶、药材等其他多年生作物的园地。

7.1.8　建设用地

建设用地（08）：建造建筑物、构筑物的土地。包括商服用地、工矿仓储用地、住宅用地、公共管理与公共服务用地、特殊用地、交通运输用地、水利设施用地和设施农用地等。

（1）商服用地（081）：主要用于商业、服务业的土地。

（2）工矿仓储用地（082）：主要用于工业生产、物资存放场所的土地。

工业用地（0821）：工业生产及直接为工业生产服务的附属设施用地。

采矿用地（0822）：采矿、采石、采砂（沙）场、盐田、砖瓦窑等地面生产用地及尾矿堆放地。

仓储用地（0823）：用于物资储备、中转的场所用地。

（3）住宅用地（083）：主要用于人们生活居住的房基地及其附属设施的土地。

城镇住宅用地（0831）：城镇用于生活居住的各类房屋用地及其附属设施用地。包括普通住宅、公寓、别墅等用地。

农村宅基地（0832）：农村用于生活居住的宅基地。

（4）公共管理与公共服务用地（084）：用于公园与绿地、风景名胜、公共设施等的土地。

公园与绿地（0841）：城镇、村庄内部的公园、动物园、植物园、街心花园和用于休憩及美化环境的绿化用地。

风景名胜设施用地（0842）：风景名胜（包括名胜古迹、旅游景点、革命遗址等）景点及管理机构的建筑用地。景区内的其他用地按现状归入相应地类。

公共设施用地（0843）：用于城乡基础设施的用地。包括给排水、供电、供热、供气、邮政、电信、消防、环卫、公用设施维修等用地。

其他公共用地（0844）：用于机关团体、科教、新闻出版、医卫慈善和文体娱乐等用地。

（5）特殊用地（085）：用于军事设施、涉外、宗教、监教、殡葬等的土地。

宗教用地（0851）：专门用于宗教活动的庙宇、寺院、道观、教堂等宗教的用地。

殡葬用地（0852）：陵园、墓地、殡葬场所用地。

其他特殊用地（0853）：用于军事、监教等的特殊用地。

（6）交通运输用地（086）：用于运输通行的地面线路、场站等的土地。包括民用机场、港口、码头、地面运输管道和各种道路用地。

铁路用地（0861）：用于铁道线路、轻轨、场站的用地。包括设计内的路堤、路堑、道沟、桥梁、林木等用地。

公路用地（0862）：用于国道、省道、县道和乡道的用地。包括设计内的路堤、路堑、道沟、桥梁、汽车停靠站、林木及直接为其服务的附属用地。

林区公路（0863）：以林业经营为主的各类林区道路。

街巷用地（0864）：用于城镇、村庄内部公用道路（含立交桥）及行道树的用地。包括公共停车场、汽车客货运输站点及停车场等用地。

农村道路（0865）：公路用地以外的南方宽度≥1.0m、北方宽度≥2.0m 的村间、田间道路（含机耕道）。

机场用地（0866）：用于民用机场的用地。

港口码头用地（0867）：用于人工修建的客运、货运、捕捞及工作船舶停靠的场所及其附属建筑物的用地，不包括常水位以下部分。

管道运输用地（0868）：用于运输煤炭、石油、天然气等管道及其相应附属设施的地上部分用地。

（7）水利设施用地（087）：人工修建的沟渠和水工建筑用地。

沟渠（0871）：人工修建，南方宽度≥1.0m、北方宽度≥2.0m 用于引、排、灌的渠道，包括渠槽、渠堤、取土坑、护堤林。

水工建筑用地（0872）：人工修建的闸、坝、堤路林、水电厂房、扬水站等常水位岸线以上的建筑物用地。

（8）设施农用地（088）：直接用于经营性养殖的畜禽舍、工厂化作物栽培或水产养殖的生产设施用地及其相应附属用地，农村宅基地以外的晾晒场等农业设施用地。

7.2　自然保护区景观保护成效评估方法

7.2.1　评估指标

针对景观类型及其面积变化、保护性景观质量和人工景观干扰程度三方面评估内容，确定 14 个评估指标（表 7-2）。

表 7-2　自然保护区景观保护成效评估指标

Tab. 7-2　Evaluation index of landscape conservation efficacy in nature reserve

评估内容	编号	名称	符号	含义
景观类型及其面积变化	01	面积年变化率	R_i	某类景观面积的年均变化情况
	02	面积转出率	R_{Oi}	某类景观转变为其他类景观的总面积占该类景观面积的比例
	03	面积转入率	R_{Ii}	某类景观由其他类景观转入的总面积占该类景观面积的比例
	04	景观转类指数	I_T	反映景观类型变化的总体趋势
保护性景观质量	05	保护性景观总占比	P	保护性景观总面积占自然保护区面积的比例
	06	核心区保护性景观占比	P_c	核心区内保护性景观总面积占核心区面积的比例
	07	缓冲区保护性景观占比	P_b	缓冲区的保护性景观总面积占缓冲区面积的比例
	08	实验区保护性景观占比	P_e	实验区内保护性景观总面积占实验区面积的比例
	09	保护性景观质量指数	Q	反映自然保护区保护性景观的总体质量
人工景观干扰程度	10	人工干扰性景观总占比	P'	人工干扰性景观总面积占自然保护区面积的比例
	11	核心区人工干扰景观占比	P'_c	核心区内人工干扰性景观总面积占核心区面积的比例
	12	缓冲区人工干扰景观占比	P'_b	缓冲区内人工干扰性景观总面积占缓冲区面积的比例
	13	实验区人工干扰性景观占比	P'_e	实验区内的人工干扰性景观总面积占实验区面积的比例
	14	人工景观干扰指数	I	反映自然保护区人工景观总体干扰程度

注：指标 04、09、14 为复合指标，其他指标为初级指标。

7.2.2　评估指标的计算方法

7.2.2.1　面积年变化率

$$R_i = \frac{S_{ti} - S_{(t-1)i}}{a \times S_{(t-1)i}} \times 100\% \quad \cdots\cdots\cdots\cdots\cdots (7.1)$$

式中，R_i 为第 i 类景观的面积年变化率；

S_{ti} 为本期第 i 类景观的面积；

$S_{(t-1)i}$ 为上期第 i 类景观的面积；

a 为本期和上期时间相隔的年数。

按公式（7.1）计算自然保护区及核心区、缓冲区和实验区中各类景观的面积年变化率。

7.2.2.2 面积转出率

根据上期和本期景观空间分布图和景观类型面积统计情况，按公式（7.2）计算面积转出率：

$$R_{\mathrm{O}i} = \sum_{j=1}^{n-1} R_{i \to j} \quad\cdots\cdots\cdots\cdots\cdots\cdots\cdots\cdots\cdots\cdots（7.2）$$

$$R_{i \to j} = \frac{S_{i \to j}}{S_{(t-1)i}} \times 100\% \quad\cdots\cdots\cdots\cdots\cdots\cdots\cdots\cdots（7.3）$$

式中，$R_{\mathrm{O}i}$ 为第 i 类景观的面积转出率；

$R_{i \to j}$ 为面积转出比例，即上期第 i 类景观转变为本期第 j 类景观的面积占上期第 i 类景观面积的比例；

$S_{i \to j}$ 为第 i 类景观类型转变为第 j 类景观类型的面积；

$S_{(t-1)i}$ 为上期第 i 类景观的面积；

n 为本期景观类型的数量。

7.2.2.3 面积转入率

按公式（7.4）计算面积转入率：

$$R_{\mathrm{I}i} = \sum_{j=1}^{m-1} R_{i \to j} \quad\cdots\cdots\cdots\cdots\cdots\cdots\cdots\cdots\cdots\cdots（7.4）$$

$$R_{i \to j} = \frac{S_{i \to j}}{S_{\mathrm{t}i}} \times 100\% \quad\cdots\cdots\cdots\cdots\cdots\cdots\cdots\cdots\cdots（7.5）$$

式中，$R_{\mathrm{I}i}$ 为第 i 类景观的面积转入率；

$R_{i \to j}$ 为面积转入比例，即本期第 i 类景观由上期第 j 类景观转变而来的面积占本期第 i 类景观面积的比例；

$S_{i \to j}$ 为第 j 类景观转变为第 i 类景观的面积；

$S_{\mathrm{t}i}$ 为本期第 i 类景观的面积；

m 为上期景观类型的数量。

7.2.2.4 景观转类指数

$$I_{\mathrm{T}} = \frac{\sum_{i=1}^{m} \sum_{j=1}^{n} S_{i \to j} (D_j - D_i)}{S_{\mathrm{T}}} \times 100 \quad\cdots\cdots\cdots\cdots\cdots\cdots（7.6）$$

式中，I_{T} 为景观转类指数；

$S_{i \to j}$ 为第 i 类景观转变为第 j 类景观的面积；

S_{T} 为自然保护区的总面积；

m 为上期景观类型的数量；

n 为本期景观类型的数量；

D 为景观类型的生态级别赋值，D_i、D_j 分别表示第 i 和 j 类景观的生态级别赋值。根据不同景观类型对自然保护区发挥的生态功能和干扰程度，利用黄金分割法，将不同景观类型的生态级别赋值划分为 7 个等级，分别赋值 1.00、0.62、0.38、0、-0.38、

−0. 62 和−1. 00（表 7-3）；

　　100 为转换常数，乘 100 将 I_T 的值域范围扩增到−200 ~ 200 之间。

表 7-3　自然保护区景观类型生态级别赋值参考表

Tab. 7-3　Reference table of ecological level assignment for landscape types in nature reserve

景观类型编码	生态级别赋值（D）
0111、0311、0312、0313、0317、0318、0319、03111、03112、0321、0324、0331、0332、0341、0342、0343、0344、0347、0348、0349、0411、0421	1. 00
0121、0131、0316、03110、0322、0333、0334、0345	0. 62
0112、0122、0132、0141、0142、0151、0211、0231、0314、0315、0323、0346、0352	0. 38
0162、0221、0511、0521、0531	0
0152、0163、0222、0351、0611、0621、0631、0711、0721、0731、0841	−0. 38
0161、0831、0832、0842、0843、0844、0851、0863、0864、0865、0871、0881	−0. 62
0353、0354、0811、0821、0822、0823、0852、0853、0861、0862、0866、0867、0868、0872	−1. 00

7. 2. 2. 5　保护性景观占比

　　保护性景观总占比、核心区保护性景观占比、缓冲区保护性景观占比和实验区保护性景观占比按公式（7.7 ~ 7.10）计算：

$$P = \frac{\sum_{i=1}^{l} S_i}{S_T} \times 100\% \quad\cdots\cdots（7.7）$$

$$P_c = \frac{\sum_{i=1}^{l} S_{ci}}{S_{Tc}} \times 100\% \quad\cdots\cdots（7.8）$$

$$P_b = \frac{\sum_{i=1}^{l} S_{bi}}{S_{Tb}} \times 100\% \quad\cdots\cdots（7.9）$$

$$P_e = \frac{\sum_{i=1}^{l} S_{ei}}{S_{Te}} \times 100\% \quad\cdots\cdots（7.10）$$

式中，P 为保护性景观总占比；
　　　S_i 为自然保护区中第 i 类保护性景观的面积；
　　　S_T 为自然保护区总面积；
　　　P_c 为核心区保护性景观占比；
　　　S_{ci} 为核心区中第 i 类保护性景观的面积；
　　　S_{Tc} 为核心区总面积；
　　　P_b 为缓冲区保护性景观占比；
　　　S_{bi} 为缓冲区中第 i 类保护性景观的面积；
　　　S_{Tb} 为缓冲区总面积；
　　　P_e 为实验区保护性景观占比；
　　　S_{ei} 为实验区中第 i 类保护性景观的面积；

S_{Te} 为实验区总面积；

l 为保护性景观类型的数量。

7.2.2.6 保护性景观质量指数

利用保护性景观在各功能区中的面积、生态级别赋值计算保护性景观质量指数，按公式（7.11）计算：

$$Q = \frac{1}{S_T} \sum_{i=1}^{l} (1.00S_{ci} + 0.62S_{bi} + 0.38S_{ei}) \times D_i \times 100 \quad\cdots\cdots\cdots\cdots (7.11)$$

式中，Q 为保护性景观质量指数；

S_{ci} 为核心区中第 i 类保护性景观的面积；

S_{bi} 为缓冲区中第 i 类保护性景观的面积；

S_{ei} 为实验区中第 i 类保护性景观的面积；

D_i 为第 i 类保护性景观的生态级别赋值；

S_T 为自然保护区总面积；

l 为保护性景观类型的数量；

1.00、0.62、0.38 为常数，分别表示保护性景观类型所处核心区、缓冲区及实验区的权重；

100 为转换常数，乘 100 将 Q 的值域范围扩增到 0~100 之间。

7.2.2.7 人工干扰性景观占比

人工干扰性景观总占比、核心区人工干扰性景观占比、缓冲区人工干扰性景观占比和实验区人工干扰性景观占比按公式（7.12~7.15）计算：

$$P' = \frac{\sum_{i=1}^{k} S'_i}{S_T} \times 100\% \quad\cdots\cdots\cdots\cdots (7.12)$$

$$P'_c = \frac{\sum_{i=1}^{k} S'_{ci}}{S_{Tc}} \times 100\% \quad\cdots\cdots\cdots\cdots (7.13)$$

$$P'_b = \frac{\sum_{i=1}^{k} S'_{bi}}{S_{Tb}} \times 100\% \quad\cdots\cdots\cdots\cdots (7.14)$$

$$P'_e = \frac{\sum_{i=1}^{k} S'_{ei}}{S_{Te}} \times 100\% \quad\cdots\cdots\cdots\cdots (7.15)$$

式中，P' 为人工干扰性景观总占比；

S'_i 为保护区中第 i 类人工干扰性景观的面积；

S_T 为保护区总面积；

P'_c 为核心区人工干扰性景观占比；

S'_{ci} 为核心区中第 i 类人工干扰性景观的面积；

S_{Tc} 为核心区总面积；

P'_b 为缓冲区人工干扰性景观占比；

S'_{bi} 为缓冲区中第 i 类人工干扰性景观的面积；

S_{Tb} 为缓冲区总面积；

P'_e 为实验区人工干扰性景观占比；

S'_{ei} 为实验区中第 i 类人工干扰性景观的面积；

S_{Te} 为实验区总面积；

k 为人工干扰性景观类型的数量。

7.2.2.8　人工景观干扰指数

利用人工干扰性景观在各功能区中的面积、生态级别赋值计算人工景观干扰指数，按公式（7.16）：

$$I=\frac{1}{S_T}\sum_{i=1}^{k}(1.00S'_{ci}+0.62S'_{bi}+0.38S'_{ei})\times D_i\times 100 \cdots\cdots\cdots\cdots (7.16)$$

式中，I 为人工景观干扰指数；

S'_{ci} 为核心区中第 i 类人工干扰性景观的面积；

S'_{bi} 为缓冲区中第 i 类人工干扰性景观的面积；

S'_{ei} 为实验区中第 i 类人工干扰性景观的面积；

D_i 为第 i 类人工干扰性景观的生态级别赋值；

k 为人工干扰性景观类型的数量；

1.00、0.62、0.38 为常数，分别表示人工干扰性景观类型所处核心区、缓冲区及实验区的权重；

100 为转换常数，乘 100 将 I 的值域范围扩增到 −100~0 之间。

7.2.3　评估结果

7.2.3.1　初级指标结果分析

（1）面积年变化率分析。基于面积年变化率大小，分析自然保护区及核心区、缓冲区和实验区中各类景观的面积变化显著度，变化显著度分级参照表 7-4。

表 7-4　初级指标变化显著度分级参考表

Tab. 7-4　Reference table for grading in the significance change of primary indicators

变化显著度	极显著增加	显著增加	无明显变化	显著减少	极显著减少
SIG	$SIG \geqslant 0.5\%$	$0.1\% \leqslant SIG < 0.5\%$	$-0.1\% < SIG < 0.1\%$	$-0.5\% < SIG \leqslant -0.1\%$	$SIG \leqslant -0.5\%$

（2）面积转出率和转入率分析。基于自然保护区中各类景观的面积转出率和转入率的计算结果，分析各类景观面积转出率和转入率的变化情况。

（3）保护性景观和人工干扰性景观占比变化分析。基于两期自然保护区及各功能区中保护性景观和人工干扰性景观占比的计算结果，分析保护性景观占比和人工干扰性景观占比的变化情况。

7.2.3.2　复合指标结果分析

（1）景观转类指数分析。基于景观转类指数的大小，分析自然保护区景观类型变化的总体趋势。I_T 值为正数时，表示自然保护区景观类型总体转好；I_T 值为负数时，表示自然保护区景观类型总体转差。

（2）保护性景观质量指数变化分析。通过比较上期和本期 Q 值的大小，分析自然保护区保护性景观质量的变化状况。

（3）人工景观干扰指数变化分析。通过比较上期和本期 I 值的大小，分析自然保护区人工景观干扰程度的变化状况。

7.2.3.3 景观保护成效综合指数分析

基于保护性景观质量指数和人工景观干扰指数，按公式（7.17）计算景观保护成效综合指数：

$$E = \frac{(Q+I)_t - (Q+I)_{t-1}}{(Q+I)_{t-1}} \times 100\% \quad\cdots\cdots\cdots\cdots\cdots\cdots\cdots\cdots (7.17)$$

式中，E 为景观保护成效综合指数；

Q 为保护性景观质量指数；

I 为人工景观干扰指数；

t 为本期；

t-1 为上期；

E 值为正数时，表示自然保护区景观保护成效总体为好；E 值为负数时，表示自然保护区景观保护成效总体为差。基于景观保护成效综合指数的大小，将自然保护区景观保护成效划分为 6 个等级，参照表 7-5。

表 7-5　自然保护区景观保护成效分级参考表

Tab. 7-5　Reference table of grading in landscape conservation efficacy of nature reserve

非常好	很好	好	差	很差	非常差
$E \geqslant 5\%$	$1\% \leqslant E < 5\%$	$0 \leqslant E < 1\%$	$-1\% < E < 0$	$-5\% < E \leqslant -1\%$	$E \leqslant -5\%$

7.3　案例分析

以吉林长白山国家级自然保护区为案例，研究分析自然保护区景观保护成效。

7.3.1　保护区概况

吉林长白山自然保护区始建于 1960 年，是我国建立最早、最重要的自然保护区之一，是以保护森林和野生动物为主的森林生态系统类型自然保护区。1980 年，长白山自然保护区被联合国科教文组织纳入"人与生物圈计划"，成为"世界生物圈自然保护区网"成员。1986 年，长白山自然保护区被国务院批准为"国家级森林和野生动物类型自然保护区"，并被联合国确定为自然生态环境重点保护区。长白山国家级自然保护区位于长白山脉东南吉林省安图、抚松、长白三县交界处，东南部与朝鲜民主主义共和国相毗邻（图 7-1）。地理坐标为 $41°41'49'' \sim 42°25'18''$N，$127°42'55'' \sim 128°16'48''$E。全区南北最大长度为 80km，东西最宽达 42km。

7.3.2　数据来源

7.3.2.1　基础数据

从长白山国家级自然保护区管理机构直接获取数据包括：自然保护区边界图、功能区划图、道路图、1993 年自然保护区森林资源调查资料、自然保护区管理局志。其中，森林资源调查资料是基于自然保护区 1∶3.4 万航片、1992 年 TM 影像数据、1∶2.5 万的地形图结合 981 块固定样地等调查资料（点间距为 2km×1km，样地面积为0.06hm²），利用航片及卫片所反映的情况现地对照落实，并在航片上勾绘出不同景观类型。该数据质量检查验收按照《吉林省森林资源调查质量管理办法》执行。实行分队、室、院（局）三级检察验收制度。外业工作分队检察量为 10%，室检查量为 8%，院检查量为5%，外业结束前局方会同院对各分队调查质量进行了抽样检察验收，均验收通过。内业工作分队检查量为 100%，室检察量为 65%，院初检数据质量总体精度为 96.2%，复检合格率为 100%。

7.3.2.2　遥感影像数据

中国资源卫星应用中心提供的 ZY-102CHR 正射校正全色影像（2012 年），分辨率为 2.36m；与 HR 全色影像几何配准的 P/MS 全色和多光谱融合影像（2012 年），分辨率为 5m，配准 RMS 总误差小于 0.5 个像元；2010 年几何精校正的 TM 影像数据（7 个波段，分辨率 30m）；近年来 Google Earth 发布的长白山国家级自然保护区部分区域的高分辨率影像数据，该影像数据均采用样条函数的校正方法与 HR 全色影像几何配准，配准 RMS 总误差小于 1 个像元。

7.3.2.3　实地调查数据

2010 年 8 月景观类型野外采集数据，采用手持 GPS 记录每个景观类型的地理位置（经度、纬度和海拔），总计 71 个点（图 7-1）。此外，对保护区西坡和南坡风倒区植被的恢复情况做了调查；2013 年 5 月人工干扰性景观调查数据，以点的形式（总计 23 个

图 7-1　长白山国家级自然保护区地理位置

Fig. 7-1　The location of Changbai mountain national nature reserve

点）（图 7-1）记录了人工干扰性景观的位置和具体用途，并且对宽度小于 10m 的线状地物做了实地测量。

7.3.2.4　咨询、访问数据

　　咨询、访问自然保护区管理和科研人员整理的数据生物圈保护区中人工干扰性景观变化的相关资料。该资料记录了人工干扰性景观 1993—2012 年间的具体变化情况，尤其是对耕地、商服用地、住宅用地、风景名胜设施用地、公共设施用地、公路用地等做了详细调查记录。

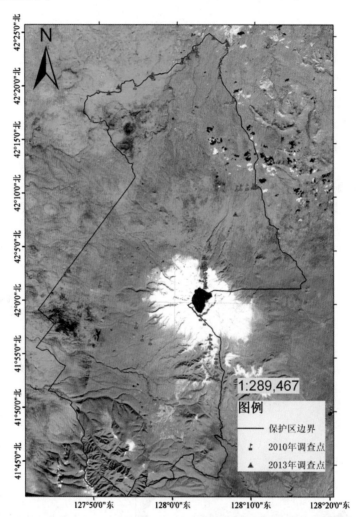

图 7-2　自然保护区 ZY-102C P/MS 全色融合影像及景观野外调查点分布
Fig. 7-2　Distribution of field survey points of full color combines images and
landscapes of ZY-102C P/MS in nature reserve

7.3.3　景观分类

　　参照 "7.1 景观分类体系"，结合长白山国家级自然保护区景观组成特征，将自然保护区景观初步划分为自然景观和人工景观两类。自然景观包括天然林、疏林、灌木林、草地、湖泊和裸地 6 种类型，人工景观包括人工林、未成林造林地、采伐迹地、

耕地、果园、商服用地、工业仓储用地、住宅用地、风景名胜设施用地、公共设施用地、特殊用地（军事用地）、公路用地、林区公路、沟渠、水工建筑用地和设施农用地16 种类型。

7.3.3.1　自然景观的分类

根据长白山国家级自然保护区森林资源调查资料，按照自然景观划分的 6 种类型，利用地理信息系统处理软件 ArcMAP10.0 建立 1993 年长白山国家级自然保护区自然景观的分类图层。

由于 ZY-102C 影像部分区域有云与雪的影响，仅有 3 个波段，TM 影像数据质量高且波段信息较为丰富，30m 的分辨率满足总面积近 20 万 hm² 自然保护区自然景观分类的精度要求，因此，2012 年自然景观分类采用 TM 影像数据。利用 ENVI 5.0 软件，采用基于样本的面向对象的分类方法：①图像分割。使用基于边缘的分割算法，经反复试验对比，分割阈值设置 45，能够分割出较好的边缘特征。②合并分块。使用 Full Lambda-Schedule 算法，设置阈值 90，在光谱和空间信息的基础上迭代合并临近小斑块。③计算对象属性。计算影像空间、光谱、纹理、颜色空间和波段比（NDVI）属性。④定义样本。结合 2010 年 8 月景观类型野外定点采集数据选择天然林、疏林地、灌木林、草地、湖泊、裸地作为分类样本。⑤分类算法选择。采用 K 邻近法，考虑临近 5 个元素对影像进行分类。⑥分类后处理。分类后采用聚类和过滤的方法进行噪音去除，参考 1993 年自然景观分类图并结合实地调查数据，对局部错分、漏分的象元进行手动修改。⑦精度检验。通过在 HR、P/MS 及 Google Earth 影像上选择验证样本，计算混淆矩阵检验分类精度（表 7-6）。2012 年自然景观分类图见图 7-4。

表 7-6　2012 年长白山国家级自然保护区自然景观分类精度评价

Tab. 7-6　Accuracy evaluation of natural landscape classification in Changbai mountain national nature reserve at 2012

类别	制图精度（%）	用户精度（%）	错分误差（%）	漏分误差（%）
天然林	92.9	88.5	11.5	7.1
疏林地	89.7	91.4	8.6	10.3
天然灌木林	93.5	91.1	8.9	6.5
天然草地	91.1	92.6	7.4	8.9
湖泊	98.8	100	0	1.2
裸地	96.1	94.7	5.3	3.9
总体精度	92.3%			
Kappa 系数	0.9			

7.3.3.2　人工景观提取

2012 年人工景观的提取主要基于高分辨率遥感影像，利用生物圈保护区 ZY-102C HR、P/MS 影像、Google Earth 影像，结合人工景观实地调查数据，采用人工目视解译，即在影像上直接勾绘判读的方式，利用 ArcMAP10.0 软件提取 2012 年人工景观，建立 2012 年人工景观图层。其中，对于宽度小于 10m 的线状地物要在影像上勾绘中心线，再根据实测宽度做双侧缓冲处理生成图斑。

　　1993 年自然保护区人工景观主要是根据 1993 年森林资源调查林班资料提取的人工林、未成林造林地、采伐迹地、林业设施用地和其他用地数据，结合 2012 年解译的人工景观数据、咨询和访问所得 1993—2012 年间人工景观变化的相关资料，按照人工景观划分的 16 种类型，重建 1993 年人工景观分布，生成 1993 年人工景观图层。

7.3.3.3　景观综合图层的建立

　　利用 ArcMAP10.0 软件合并自然景观和人工干扰性景观分类图层，经拓扑检查去除要素空隙和重叠面处理，最终建立自然保护区 1993 年和 2012 年两期景观综合图层（图 7-3，图 7-4）。

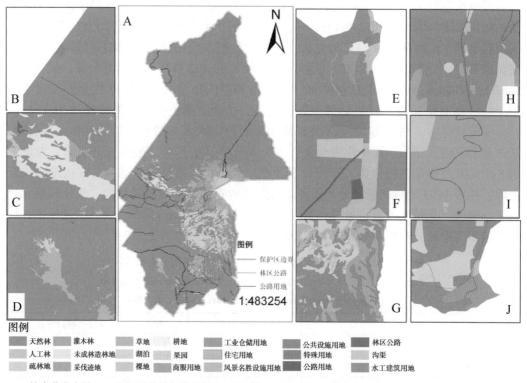

图例
天然林　灌木林　草地　耕地　工业仓储用地　公共设施用地　林区公路
人工林　未成林造林地　湖泊　果园　住宅用地　特殊用地　沟渠
疏林地　采伐迹地　裸地　商服用地　风景名胜设施用地　公路用地　水工建筑用地

A：综合分类全图；B：西坡天然林和特殊用地，此区域 2012 年大片天然林用于建设山门和商服用地；C：西坡未成林造林地；D：南坡的草地；E：北坡二道白河附近的住宅用地、公共设施用地、工业仓储用的、沟渠和水工建筑用地；F：北坡山门的风景名胜设施、公共设施及特殊用地；G：南坡采伐迹地；H：U 形谷中的商服用地；I：通往天池的公路用地；J：南坡工业仓储及公共设施用地。

图 7-3　1993 年长白山国家级自然保护区景观综合分类图

Fig. 7-3　Landscape comprehensive classification of Changbai mountain national nature reserve in 1993

7.3.3.4　保护性景观、人工干扰性景观的划分及其生态级别赋值

　　根据不同景观类型对自然保护区发挥保护功能的发挥的效应，将自然保护区的自然景观和人工景观进一步划分为三大属性类景观：保护性景观、人工干扰性景观和其他景观。保护性景观是指自然保护区主要保护的景观类型，如天然林、灌木林、草地等自然生态系统和作为野生动植物的生境的人工植被。人工干扰性景观是指自然保护区内对自然生态系统和野生动植物生境造成干扰和破坏的人工景观类型。其他景观指除保护性景观和人工干扰性景观之外的景观类型。

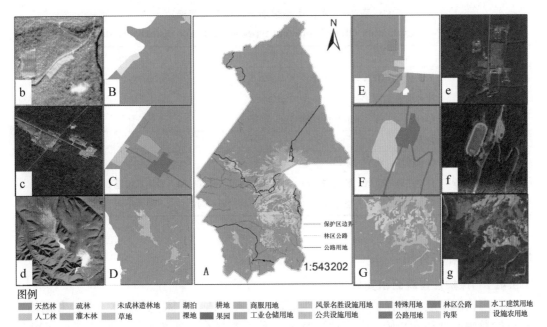

图例

■ 天然林　　■ 疏林　　■ 未成林造林地　　■ 湖泊　　■ 耕地　　■ 商服用地　　■ 风景名胜设施用地　　■ 特殊用地　　■ 林区公路　　■ 水工建筑用地
■ 人工林　　■ 灌木林　　■ 草地　　■ 裸地　　■ 果园　　■ 工业仓储用地　　■ 公共设施用地　　■ 公路用地　　■ 沟渠　　■ 设施农用地

A：综合分类全图；B：北坡未成林造林地，b：B 对应的 P/MS 影像；C：西坡山门风景名胜设施、商服、公路
用地及特殊用地，c：C 对应的 Google Earth 影像；D：南坡天然林、草地，d：D 对应的 P/SM 影像；E：北坡山
门风景名胜设施、商服及特殊用地，e：E 对应的 HR 影像；F：U 形谷中的公路用地及公共设施用地，f：F 对应
的 Google Earth 影像；G：南坡天然林、疏林地及草地，g：G 对应的 TM 影像。

图 7-4　2012 年长白山国家级自然保护区综合分类图

Fig. 7-4　Landscape comprehensive classification of Changbai mountain national nature reserve in 2012

　　保护性景观一般是作为野生动植物的生境的景观类型，有利于自然保护区发挥其
保护功能，在生态功能上具有正效应。人工干扰性景观不利于自然保护区对野生动植
物的保护，干扰和破坏了自然保护区内的自然生态系统和动植物的生境，在生态功能
上具有负效应。不同类型的保护性景观的生态功能有差别，不同类型的干扰性景观对
自然生态系统以及野生动植物生境的干扰程度也不同。利用黄金分割法划分不同景观
类型的生态级别。黄金分割法是选优学的一种数学方法，基于黄金分割理论，利用黄
金分割比例值（0.38、0.62）对给定的阈值空间进行划分择优。黄金分割比例，这一
特殊的比例关系与世界上许多规律和现象都可暗合，是一个具有重要意义的数值，是
一个从量变到质变的临界值（陈伟刚，2004）。

　　基于用黄金分割法将不同景观类型的生态级别分为 7 个等级，分别赋值 1.00、
0.62、0.38、0、−0.38、−0.62 和−1.00（表 7-7）。其中，保护性景观生态级别赋值为
正，其值越大，生态级别越高；人工干扰性景观生态级别赋值为负，其绝对值越大，
生态级别越小，对自然保护区发挥其保护作用的干扰程度就越强。其他景观类型（裸
地）赋值为 0。长白山国家级自然保护区中的保护性景观包括天然林、湖泊、疏林、灌
木林等 7 种类型，人工干扰性景观包括采伐迹地、耕地、果园、住宅用地等 14 种类型。
自然保护区保护性景观、人工干扰性景观及其他景观的具体类型及其生态级别赋值详
见表 7-7。

表 7-7 不同类型景观干扰程度赋值表

Tab. 7-7 Evaluation table of different types of landscape disturbance degree

景观属性	景观类型	生态级别赋值
保护性景观	天然林、湖泊	1
	疏林、灌木林	0.62
	草地、人工林、未成林造林地	0.38
其他景观	裸地	0
人工干扰性景观	采伐迹地、耕地、果园	-0.38
	住宅用地、风景名胜设施用地、公共设施用地、林区公路、设施农用地	-0.62
	商服用地、工业仓储用地、特殊用地、公路用地、沟渠、水工建筑用地	-1.00

7.3.4 结果与分析

7.3.4.1 保护性景观面积变化

长白山国家级自然保护区的保护性景观包括天然林、疏林、灌木林、草地和湖泊 5 种自然景观类型和人工林、未成林造林地 2 种人工景观，这 7 种保护性景观总面积在保护区中占绝对优势。1993—2012 年间，保护性景观的总面积由 192125.3hm² 增加到 194474.8hm²（表 7-8），保护性景观占比由 98.0% 增加到 99.2%。其中，天然林面积由 168693.0hm² 增加到 169829.7hm²，草地面积由 8245.4hm² 增加到 9969.3hm²，增加了 20.9%（表 7-9）。核心区、缓冲区和实验区中保护性景观的总面积均有一定程度增加（表 7-8），核心区中保护性景观总面积从 128112.8hm² 增加到 129720.0hm²，实验区中保护性景观面积由 45972.7hm² 增加到 46710.3hm²。各种类型保护性景观面积变化详见表 7-9。

7.3.4.2 人工干扰性景观面积变化

长白山国家级自然保护区的人工干扰性景观包括采伐迹地、耕地、果园、商服用地、工业仓储用地、住宅用地、风景名胜设施用地、公共设施用地、特殊用地（军事用地）、公路用地、林区公路、沟渠、水工建筑用地和设施农用地 14 种类型。1993 年到 2012 年，生物圈保护区中人工干扰性景观总面积由 2680.3hm² 减少到 322.8hm²（表 7-8）。核心区、缓冲区和实验区中人工干扰性景观的总面积均明显减少。核心区中人工干扰性景观面积在 1993 年为 1652.5hm²，主要是采伐迹地，2012 年人工干扰性景观总面积减少到 57.8hm²（表 7-8）。缓冲区中两期人工干扰性景观面积最少，占比也最小，人工干扰性景观类型主要是交通运输用地。实验区中人工干扰性景观除采伐迹地外，耕地、果园和建设用地 [包括商服用地、工业仓储用地、住宅用地、风景名胜设施用地、公共设施用地、特殊用地（军事用地）、公路用地、林区公路、水工建筑用地和设施农用地 10 种类型] 的面积明显比核心区和缓冲区中大。其中，商服用地、工业仓储用地等 10 种类型建设用地总面积由 1993 年的 160.4hm² 增加到 2012 年的 202.9hm²，增加了 26.5%，尤其是商服用地的面积明显增加，从 2.6hm² 增加到 13.4hm²，增加了 4 倍（表 7-9）。

表7-8　长白山国家级自然保护区中保护性景观和人为干扰性景观面积及占比

Tab.7-8　Area and proportion of protected landscape and human interference landscape in Changbai mountain national nature reserve

	保护性景观				人工干扰性景观			
	1993 年（hm²）	1993 年（%）	2012 年（hm²）	2012 年（%）	1993 年（hm²）	1993 年（%）	2012 年（hm²）	2012 年（%）
自然保护区	192125.3	98.0	194474.8	99.2	2680.3	1.4	322.8	0.2
核心区	128112.8	98.2	129720.0	99.4	1652.5	1.3	57.8	0.0
缓冲区	18036.5	99.2	18043.0	99.2	52.3	0.3	41.8	0.2
实验区	45972.7	96.9	46710.3	98.5	974.8	2.1	222.2	0.5

表7-9　1993—2012 年期间长白山国家级自然保护区中景观类型的面积变化

Tab.7-9　Change in landscape type area in Changbai mountain national nature reserve at 1993—2012

景观类型	自然保护区			核心区			缓冲区			实验区		
	1993 年(hm²)	2012 年(hm²)	变化率 (%)	1993 年(hm²)	2012 年(hm²)	变化率 (%)	1993 年(hm²)	2012 年(hm²)	变化率 (%)	1993 年(hm²)	2012 年(hm²)	变化率 (%)
天然林	168693.0	169829.7	0.7	108243.0	109080.5	0.8	16938.2	16959.2	0.1	43509.0	43784.8	0.6
人工林	224.6	2500.4	1013.3	126.1	1969.7	1462.0	0.0	2.5	/	98.5	528.2	436.2
疏林	7505.2	6846.1	-8.8	7002.0	6138.4	-12.3	97.1	140.7	44.9	406.0	567	39.7
灌木林	4902.4	4907.7	-0.1	3495.4	3511.7	-0.5	479.3	468.1	-2.3	927.6	927.9	-0.0
未成林造林地	2136.7	6.6	-99.7	1781.0	0	-100.0	2.4	0.0	-100.0	353.2	7.5	-97.9
采伐迹地	2300.3	0.0	-100.0	1578.4	0.0	-100.0	5.3	0.0	-100.0	716.6	0	-100.0
草地	8245.4	9969.3	20.9	7060.2	8614.6	22.0	518.6	471.6	-9.1	666.5	883.0	32.5
湖泊	418.0	418.0	0.0	405.1	405.1	0.0	0.9	0.9	0.0	11.9	11.9	0.0
裸地	1327.1	1335.4	0.6	743.5	731.0	-1.7	100.8	105.1	4.3	482.8	499.1	3.4
耕地	84.9	6.3	-92.5	0.0	0.0	/	0.0	0.0	/	84.9	6.3	-92.5
果园	12.9	12.4	-4.4	0.0	0.0	/	0.0	0.0	/	12.9	12.4	-4.4

（续）

景观类型	自然保护区			核心区			缓冲区			实验区		
	1993年(hm²)	2012年(hm²)	变化率(%)	1993年(hm²)	2012年(hm²)	变化率(%)	1993年(hm²)	2012年(hm²)	变化率(%)	1993年(hm²)	2012年(hm²)	变化率(%)
商服用地	2.6	13.4	408.2	0.0	0.0	/	0.0	0.0	/	2.6	13.4	408.2
工业仓储用地	22.7	5.4	-76.4	0.2	0.0	-100.0	2.1	2.1	0	20.4	3.3	-83.9
住宅用地	3.3	0.0	-100.0	0.0	0.0	/	0.0	0.0	/	3.3	0.0	-100.0
风景名胜设施用地	1.7	15.4	789.8	0.0	0.3	/	0.0	2.1	/	1.7	13.0	652.2
公共设施用地	46.7	59.9	28.3	0.0	0.2	/	0.0	0.0	/	46.7	59.8	27.9
特殊用地	17.7	20.1	13.4	1.9	1.9	0.0	0.0	0.0	/	15.8	18.2	15.1
公路用地	89.0	103.1	15.8	23.7	3.5	-85.4	32.0	24.7	-22.9	33.3	73.8	121.7
林区公路	86.7	76.1	-12.2	47.8	51.4	7.5	12.9	12.9	0.0	25.3	11.8	-53.1
沟渠	3.3	3.3	0.0	0.0	0.0	/	0.0	0.0	/	3.3	3.3	0.0
水工建筑用地	8.5	6.8	-19.7	0.5	0.5	0.0	0.0	0.0	/	8.0	6.3	-21.0
设施农用地	0.0	0.6	/	0.0	0.0	/	0.0	0.0	/	0.0	0.6	/

7. 3. 4. 3　景观类型间面积转移分析

　　1993—2012 年，人工林、商服用地、风景名胜设施用地、公共设施用地、特殊用地（军事用地）、公路用地和设施农用地等景观类型面积增加明显（表 7-9）。人工林由 224.6hm² 增加到 2500.4hm²，根据转移矩阵分析（表 7-10），人工林主要由未成林造林地转入，转入面积为 2029.9hm²，占 2012 年人工林总面积的 81.2%，即转入比例为 81.2%（表 7-12）。这部分未成林地是 1993 年风倒区中的未成林造林地，经过近 20 年的恢复，现已形成郁闭度 0.2~0.6 的幼龄林。商服用地主要是由天然林、工业仓储用地、城镇住宅用地和其他公共用地转化而来，转入面积分别为 2.4hm²、2.7hm²、3.3hm² 和 2.2hm²，转入比例分别为 17.8%、20.0%、24.4% 和 16.3%（表 7-11）。2012 年的风景名胜设施用地很大一部分由工业仓储用地转入，占 55.8%，天然林的转入也占 13.6%（表 7-12）。公路用地的增加占据了 19.2hm² 的天然林，另外有 17.1hm² 的林区公路扩建为公路用地。2012 年的设施农用地则是在果园内修建，面积为 0.6hm²。

　　未成林造林地、采伐迹地、耕地、工业仓储用地、住宅用地、林区公路和水工建筑用地等人工干扰性景观的面积明显减少（表 7-12）。根据转移矩阵分析，耕地主要转化为人工林（转出比例为 56.5%）。长白山国家级自然保护区中的耕地主要是 20 世纪 80 年代末期至 90 年代前期承包给附近居民开垦种植的药材参地，药材收获后退耕还林成为水曲柳、鱼鳞云杉等人工林。工业仓储用地面积减少转变为自然保护区管理部门的公共设施用地。生物圈保护区中的住宅用地 2012 年后全部移至保护区外，原来的住宅用地开发成为提供餐饮、住宿的商服用地。林区公路是保护区内为了拣集、运输风倒木而修建的道路，主要分布在自然保护区的西坡和南坡，其中，有 17.1hm²（占 19.7%）的林区公路在 1993—2012 年间扩建成为专门为旅游服务的公路用地。水工建筑用地主要是水坝、水电站等建筑用地，从 1993—2012 年间，面积从 8.5hm² 减少为 6.8hm²，减少了 1.7hm²。

　　基于 1993 年和 2012 年两期各种景观类型的面积、每类景观的生态赋值，计算景观转类指数分析自然保护区景观类型的总体变化趋势。计算结果为：$I_T = 1.19$，I_T 值为正，表明自然保护区内 1993—2012 年近 20 年来，景观类型总体趋于转好。

7. 3. 4. 4　景观保护总体效果

　　长白山国家级自然保护区 1993 年和 2012 年两期的保护性质量指数反映保护性景观的总体质量的变化情况。根据各类保护性景观在各功能区中的面积及其生态级别计算 1993 年和 2012 年两期的保护性质量指数（表 7-13）：$Q_{1993} = 74.65$，$Q_{2012} = 75.24$。1993—2012 年近 20 年来，保护性景观质量指数增加，表明自然保护区中保护性景观的总体质量趋于变好。

　　长白山国家级自然保护区 1993 年和 2012 年两期的人工景观干扰指数反映人工景观对生物圈保护区自然生态系统和野生动植物生境干扰程度的变化情况。计算结果为：$I_{1993} = -0.43$，$I_{2012} = -0.06$（表 7-13）。结果表明：1993—2012 年，人工景观干扰指数绝对值减少了 85.15%，表明人工干扰性景观对自然保护区的总体干扰程度明显减弱。

　　景观保护综合指数反映了研究期间内，自然保护区景观保护的总体效果。如表 7-13，1993—2012 年期间，景观保护综合指数为 1.29>0，表明近 20 年自然保护区景观保护效果总体较好。

表 7-10 长白山国家级自然保护区 1993—2012 年期间景观类型面积转移矩阵

Tab.7-10 Landscape type area transfer matrix in Changbai mountain national nature reserve at 1993—2012

单位：hm² 　Unit：hm²

	01	02	03	04	05	07	08	09	10	11	12	13	15	16	17	18	19	20	21	22
01	167957.2		521.9	27.5		152.3		5.2			2.4		2.1	2.3	2.3	19.2	0.0		0.1	
02		224.3															0.3			
03	1555.1		5031.6	34.8		878.6							1.8			3.3				
04	34.9		86.5	4743.0		16.4		17.4					0.6		1.1	2.5				
05	23.5	2029.9	1.04	51.5		20.65										4.3	6.1			
06	210.0	199.0	17.38	2.51		1871.45										1.9				
07	11.0		1181.1	14.3		7029.6		5.9								3.4				
08							418.0													
09	0.3			20.4		0.1		1305.4			0.7			0.1		0.0				
10	3.4	48.1	4.0	13.7	5.8	0.2		4.6						5.3						
11	0.0									12.3										0.6
12											2.2		0.4			0.0				
13									1.7		2.7	3.3	8.6	6.3		0.1				
14											3.3									
15													1.7			0.0				
16								0.2			2.2			44.3		0.0				
17								1.1							16.6					
18	35.3		2.6	0.0				0.2			0.0		0.2			50.7	0.0			
19																17.1	69.7			
20																		3.3		
21	0.0					0.0								1.8					6.7	

注：01-天然林；02-人工林；03-疏林；04-灌木林；05-未成林造林地；06-采伐迹地；07-草地；08-湖泊；09-裸地；10-耕地；11-果园；12-商服用地；13-工业仓储用地；14-住宅用地；15-风景名胜设施用地；16-公共设施用地；17-特殊用地；18-公路用地；19-林区公路；20-沟渠；21-水工建筑用地；22-设施农用地。

表 7-11　长白山国家级自然保护区 1993—2012 年期间景观类型面积转入比例

Tab. 7-11　Landscape type area transferred to scale in Changbai mountain national nature reserve at 1993—2012

单位:%　Unit:%

	01	02	03	04	05	07	08	09	10	11	12	13	15	16	17	18	19	20	21	22
01	98.9		7.6	0.6		1.5		0.4			17.8		13.6	3.8	11.5	18.7			1.5	
02		9.0															0.4			
03	0.9		73.5	0.7		8.8							11.7			3.2				
04	0.0		1.3	96.6		0.2		1.3					3.9		5.5	2.4				
05	0.0	81.2	0.0	1.0		0.2										4.2	8.0			
06	0.1	8.0	0.3	0.1		18.8										1.9				
07	0.0		17.3	0.3		70.5		0.4								3.3				
08							100.0													
09	0.0			0.4		0.0		97.8			5.2			0.2						
10	0.0	1.9	0.1	0.3	100.0	0.0			73.0					8.8						
11										100.0										100.0
12											16.3		2.6							
13									27.0		20.0	100.0	55.8	10.5		0.1				
14											24.4		11.0							
15																				
16								0.1			16.3			73.7						
17															83.0					
18													1.3			49.5				
19																16.7	91.6			
20																		100.0		
21														3.0					98.5	

注：01-天然林；02-人工林；03-疏林；04-灌木林；05-未成林造林地；06-采伐迹地；07-草地；08-湖泊；09-裸地；10-耕地；11-果园；12-商服用地；13-工业仓储用地；14-住宅用地；15-风景名胜设施用地；16-公共设施用地；17-特殊用地；18-公路用地；19-林区公路；20-沟渠；21-水工建筑用地；22-设施农用地。

表7-12　长白山国家级自然保护区1993—2012年期间景观类型面积转出比例

Tab. 7-12　Landscape type area turned out to scale in Changbai mountain national nature reserve at 1993—2012

单位:%　Unit:%

	01	02	03	04	05	07	08	09	10	11	12	13	15	16	17	18	19	20	21	22
01	99.6		0.3			0.1														
02		99.9															0.1			
03	20.7		67.0	0.5		11.7														
04	0.7		1.8	96.7		0.3		0.4								0.1				
05	1.1	95.0		2.4		1.0										0.2	0.3			
06	9.1	8.6	0.8	0.1		81.3										0.1				
07	0.1		14.3	0.2		85.3		0.1												
08							100.0													
09	0.0	0.0	0.0	1.5	0.0	0.0		98.4	0.0	0.0	0.1	0.0		0.0	0.0	0.0	0.0	0.0	0.0	0.0
10	4.0	56.5	4.7	16.1	6.8	0.2		6.2	5.4											
11										95.3										4.7
12											84.6	15.4								
13									7.5		11.9	14.5	37.9	27.8		0.4				
14											100.0									
15													100.0							
16								0.4			4.7			94.9						
17														6.2	93.8					
18	39.7		2.9					0.2								57.0	0.2			
19																19.7	80.3			
20																		100.0		
21														21.2					78.8	

注: 01-天然林; 02-人工林; 03-疏林; 04-灌木林; 05-未成林; 06-采伐迹地; 07-草地; 08-湖泊; 09-裸地; 10-耕地; 11-果园; 12-商服用地; 13-工业仓储用地; 14-住宅用地; 15-风景名胜设施用地; 16-公共设施用地; 17-特殊用地; 18-公路用地; 19-林区公路; 20-沟渠; 21-水工建筑用地; 22-设施农用地。

表 7-13 长白山国家级自然保护区景观保护综合指数

Tab. 7-13 Landscape conservation comprehensive index of Changbai mountain national nature reserve

年份	保护性景观质量指数	人工景观干扰指数	景观保护综合指数
1993 年	74.65	−0.43	1.29
2012 年	75.24	−0.06	

7.3.5 讨论与结论

7.3.5.1 长白山国家级自然保护区景观动态变化原因分析

由保护性景观质量指数和人工景观干扰指数的计算结果表明：1993—2012 年期间，保护性景观的总体质量提高，人工干扰性景观总体干扰程度下降。景观保护综合指数为 1.29，综合反映了近 20 年来长白山国家级自然保护区景观保护效果总体较好，自然保护区的保护和管理对景观的保护总体上起到积极作用。主要表现在：

（1）风倒区内风倒木采伐、拣集活动被禁止，自然保护区内已不存在干扰性景观类型采伐迹地。经过近 20 年的恢复，大面积的采伐迹地形成了保护性景观类型。1986年 8 月从朝鲜半岛登陆的 15 号台风导致自然保护区近 1 万 hm² 活立木大面积风倒（薛俊刚，2009），行政主管部门制定了《长白山自然保护区风灾区山林清理与恢复规划》，先后有 6 个大型国有森工企业在自然保护区内从事风倒木的捡集、生产活动（沈孝辉，1993），2000hm² 多的采伐迹地，这是 1993 年核心区出现大面积人工干扰景观的主要原因。到 1994 年，风倒木拣集、生产活动被禁止（李文生，2006），自然保护区行政主管部门不再允许任何形式的风倒木拣集，尤其是针对核心区，风倒区内除管理部门依法巡护检查、定期开展调查外，严禁一切人类活动，使其自然发展。这是总体上人为干扰程度减弱，保护性景观面积增加的主要原因。

（2）自然保护区西坡海拔较低区域的采伐迹地经自然恢复，郁闭度逐渐增加到 0.2以上达到成林标准，进展演替形成天然林。有 17.38hm² 的采伐迹地形成疏林，分布在南坡海拔较高区域。同时，有部分疏林的郁闭度增加形成天然林，也有 1181.1hm² 的天然草地内先锋乔木树种定居，进展演替形成疏林。

（3）实验区中耕地的面积明显减少了。1993 年耕地面积为 84.9hm²，集中分布在生物圈保护区北坡保护区的边界附近，主要是保护区承包给附近居民开垦种植药材的参地。到 2012 年，保护区已不允许承包种植开垦耕地，耕地面积仅余 6.3hm²，减少的耕地中有 25.0% 自然撂荒转化为草地、灌木林、疏林等自然景观类型。

7.3.5.2 长白山国家级自然保护区景观保护需要注意的问题

风倒区内采伐迹地经过近 20 年的自然恢复，除小部分进展演替形成天然林和疏林外，其余大部分形成天然草地，分布在自然保护区南坡海拔 1500m 以上区域。经实地调查，这些草地群落以禾本科、菊科、莎草科植物占优，优势种主要为小叶章、橐吾 *Ligularia sibirica*、山牛蒡 *Synurus deltoides*、马先蒿 *Pedicularis resupinata*、藜芦 *Veratrum nigrum* 等植物，群落中很少再有先锋乔木树种定居。虽然附近并不缺少乔木种源，但繁茂生长的草本植物使得天然下种的乔木种子很难接触到土壤，阻碍种子发芽，并且草根的高度盘结形成 5~10cm 毡状盘结层，也使得更新的乔木幼苗无法扎根。加之该区域土层薄、土壤贫瘠干旱等环境条件，乔木的天然更新相当困难（薛俊刚，2009）。这种由森林受干扰破坏转化的具有很强稳定性的草地群落，很难再继续演替形成原有的顶级植被，草地群落很可能就是这个区域植被演替的终点，形成一种转化顶级，这种转化顶级已经不再属于原有的顶级系列了。

长白山国家级自然保护区中的建设用地［商服用地、工业仓储用地、住宅用地、风景名胜设施用地、公共设施用地、特殊用地（军事用地）、公路用地、林区公路、水工建筑用地和设施农用地 10 种类型］总面积由 282.2hm^2 增加到 304.1hm^2，尤其是实验区中，建设用地由 160.4hm^2 增加到 202.9hm^2，增长 26.5%。商服用地、风景名胜设施用地、公共设施用地和公路用地等占很大比例，这说明，20 年来，人类活动对长白山自然保护区的干扰形式发生了根本的改变，已由风倒木的捡集、生产转变为日益深入的旅游产业上。自然保护区目前拥有环绕天池北坡、西坡和南坡的三条旅游线路，旅游人数也由 2000 年的 19.6 万人/年增加到 2011 年的 142 万人/年（Zhao et al.，2011；李杨，2012）。为了满足旅游发展的需要，自然保护区内新建和扩建了风景名胜设施用地及相应公共设施用地，并修建旅游公路、停车场等交通运输用地来提高旅游的运营能力。如：新建的西坡山门及游客服务中心、西坡山门附近戴斯酒店、U 形谷内天上温泉宾馆、北坡山门的蓝景度假酒店投资建设及二次建成 660m 的北坡天池长廊栈道等（李文生，2006）。自然保护区内旅游居住的人数和参观人数日益增多，旅游旺季集中在夏季 7 月、8 月和 9 月，这三个月保护区的旅游人数可达到 10000 人/天，薪柴、野菜等的需求必然增加，这给自然保护区的保护带来压力（Tang et al.，2010）。另外，保护区内人类活动的增强也使得森林火灾发生的可能性大大提高，自然保护区内 90% 的森林火灾是人类活动所导致的（Yang & Xu，2003）。自然保护区内旅游活动对生物多样性保护产生的影响关键在于保护区旅游行政主管部门的规范化管理的有效性（Buckley，2004；Yuan et al.，2008）。因此，保护区内日益增强的旅游活动对自然保护区旅游行政主管部门的管理提出了更高的要求。

长白山国家级自然保护区的水工建筑用地主要是指水电站、水坝等水利设施建筑，1993—2012 年期间，拆除了一些水电站，水工建筑用地总面积面积减少了，但是 2012 年保护区内仍有水工建筑用地 6.8hm^2，大型水电站就有 6 座，沟渠 3 条，总长度达 4.4km。保护区内的水坝、水电站、沟渠都是基于天然的河道上修建的，人类对水资源的开发利用不但影响了鱼类的回游、产卵（赵正阶，1984），而且也对水禽及两栖兽类等动物的栖息空间造成严重干扰（朴正吉等，2011a）。以水獭为例，20 世纪 70~80 年代，二道白河、头道白河和漫江河 3 条河流中，每 1km 河段存在 1 只以上水獭（赵正阶，1984；何敬杰，1984），但最近 35 年的调查显示水獭的数量急剧下降（朴正吉等，2011b）。

7.3.5.3 长白山国家级自然保护区景观保护建议

风倒区内由采伐迹地演替形成草地群落，其生物量及生物多样性与原有的森林生态系统都是无法比拟的。如何转变这样的"转化顶级"使其进展演替成为长白山国家级自然保护区的科学难题，所以一定要加强对风灾区的多学科的科学研究工作。必要时可以采取人工促进天然更新的方式，清除杂草，拨开地表土使天然下种的种子能够充分地接触土壤，为乔木种子发芽创造条件，促进天然更新。

1993—2012 年期间，长白山国家级自然保护区内提供餐饮住宿的商服用地由 2.6hm² 增加到 13.4hm²，这些建设用地不仅永久性地破坏原始植被以及动植物的生存环境，改变了地形地貌，严重影响了区内的自然景观，降低了原有景观价值，而且产生的固体废弃物、白色污染物和生活垃圾、污水也造成严重的环境污染和生态破坏。据统计，未经任何处理直接排入环境水体的生活废水每年高达 181.2 万 t（马宏宇和温庆辉，2009）。因此，建议长白山国家级自然保护区的旅游发展应该严格遵循"区内旅游、区外服务"的生态旅游理念，将保护区内提供餐饮住宿的酒店、宾馆和一些不必要的人工设施转移到保护区之外，合理设计旅游路线，确保旅游设施与自然景观协调，维护自然保护区的生态功能。另外，保护区内的水电站及水坝等水工建筑，由于严重影响了生物多样性的保护，应逐步取缔并予以拆除。

长白山国家级自然保护区管理行政部门应根据自然保护区有关条例和规定，依法制定具体管理办法，加强保护和管理，提高相关条例的执行力度。保护区的核心区和缓冲区实行严格保护，只允许保护管理人员日常巡护和进行必要的科研监测，严格禁止在核心区和缓冲区开展旅游和一切生产经营活动。实验区内进行勘探、规划、资源开发时，尤其是开展建设项目时，必须由保护局签署意见，执行严格的环境影响评价制度，报上级林业主管部门审批后方可实施。

参考文献

陈伟刚. 2004. 黄金分割律形成之源探秘 [J]. 自然杂志，26（6）：357-359.

邬建国. 2000. 景观生态学——概念与理论 [J]. 生态学杂志，19（1）：42-52.

薛俊刚. 2009. 吉林长白山国家级自然保护区风灾区植被恢复情况调查 [J]. 国土与自然资源研究，（1）：95-96.

沈孝辉. 1993. 长白山自然保护区风倒木的清理与更新 [J]. 国土绿化，2：17-21.

李文生. 2006. 吉林长白山国家级自然保护区管理局志（1989—2004）[M]. 安图：吉林长白山国家级自然保护区管理局.

李杨. 2012. 长白山自然保护区旅游产业可持续发展研究 [D]. 长春：吉林大学.

赵正阶. 1984. 长白山的兽类资源及现状 [C]. //长白山自然保护区管理局科学研究所. 长白山自然保护区科研论文集. 延吉：延边人民出版社，215-222.

朴正吉，睢亚臣，崔志刚，等. 2011a. 长白山自然保护区猫科动物种群数量变化及现状 [J]. 动物学杂志，46（3）：78-84.

朴正吉，睢亚臣，王群，等. 2011b. 长白山自然保护区水獭种群数量变动与资源保护 [J]. 水生态学杂志，32（2）：51-55.

何敬杰. 1984. 长白山自然保护区珍贵动物生态分布及其保护的研究 [C] //长白山自然保护区管理局科学研究所. 长白山自然保护区科研论文集. 延吉：延边人民出版社，207-214.

马宏宇，温庆辉. 2009. 长白山环境问题分析及保护对策 [J]. 行政与法，12：61-63.

Bruner A G, Gullison R E, Rice R E, et al. 2001. Effectiveness of Parks in Protecting Tropical Biodiversity [J]. Science，291：125-128.

Chinese napional Committee for man and the Biosphere Program（CNCMB）. 1998. Nature reserve and eco-tourism [M]. Beijing：sclence and lechnotogy press of China.

Jha S, Bawa K S. 2006. Population growth, human development, and deforestation in biodiversity hotspots [J]. Conservation Biology，20：906-912.

Wittemyer G, Elsen P, Bean W T, et al. 2008. Accelerated human population growth at protected area edges [J]. Science, 321: 123-126.

Broadbent E N, Zambrano A M A, Dirzo R, et al. 2012. The effect of land use change and ecotourism on biodiversity: a case study of Manuel Antonio, Costa Rica, from 1985 to 2008 [J]. Landscape Ecology, 27: 731-744.

Curran L M, Trigg S N, McDonald A K, et al. 2004. Lowland forest loss in protected areas of Indonesian Borneo [J]. Science, 303: 1000-1003.

Mehring M, Stoll-Kleemann S. 2011. How effective is the buffer zone? Linking institutional processes with satellite images from a case study in the Lore Lindu Forest Biosphere Reserve, Indonesia [J]. Ecol Soc, 16: 3-18.

Dompka V, Human E D. 1996. Human population, biodiversity and protected areas: science and policy issue [M]. Washington DC: America association for the advancement of science.

Hayes T M. 2006. Parks, people, and forest protection: an institutional assessment of the effectiveness of protected areas [J]. World Development, 34: 2064-2075.

Roman-Cuesta R M, Martinez-Vilalta J. 2006. Effectiveness of protected areas in mitigating fire within their boundaries: case study of Chiapas, Mexico [J]. Conservation Biology, 20: 1074-1086.

Mehring M, Stoll-Kleemann S. 2011. How effective is the buffer zone? Linking institutional processes with satellite images from a case study in the Lore Lindu Forest Biosphere Reserve, Indonesia [J]. Ecol Soc, 16: 3-18.

Wu R D, Zhang S, Yu D W, et al. 2011. Effectiveness of China's nature reserves in representing ecological diversity [J]. Frontiers in Ecology and the Environment, 9: 383-389.

Jiang M K, Wang Z, Zhu G Q, et al. 2004. Chinese nature reserve classification standard based on IUCN protected area categories [J]. Rural Eco-environment, 20: 1-6, 11.

Han N Y, Zhuge R. 2001. Ecotourism in China's nature reserve: opportunities and challenges [J]. Journal of Sustainable Tourism, 9: 228-242.

Zhao J Z, Yuan L, Wang D Y, et al. 2011. Tourism-induced deforestation outside Changbai Mountain Biosphere Reserve, northeast China [J]. Annals of Forest Science, 68: 935-941.

Sala O E, Chapin F S, Armesto J J, et al. 2000. Global biodiversity scenarios for the year 2100 [J]. Science, 287: 1770-1774.

Tang L N, Shao G F, Piao Z J, et al. 2010. Forest degradation deepens around and within protected areas in East Asia [J]. Biological Conservation, 143: 1295-1298.

Yang X, Xu M. 2003. Biodiversity conservation in Changbai Mountain Biosphere Reserve, northeastern China: status, problem, and strategy [J]. Biodiversity and conservation, 12: 883-903.

Yuan, J Q, Dai L M, Wang Q L. 2008. State-led ecotourism development and nature conservation: a case study of the Changbai Mountain Biosphere Reserve, China [J]. Ecology Society, 13: 55.

Buckley R C. 2004. Environmental impacts of ecotourism [M]. CABI, Oxford.

第 *8* 章
植被保护成效定量评估技术

植被与地质、地貌、气候、水文、土壤、动物界和微生物界共同构成了自然地理环境，是最能反映其他要素性质的指示者，在很大程度上代表了区域生态环境的总体状况（中国科学院中国植被图编辑委员会，2007）。植被能够有效调节全球碳平衡、降低温室气体浓度，在保持水土、维持地表生态系统平衡以及维持气候稳定等方面具有不可替代的作用（张月丛等，2008；戴声佩等，2010）。植被变化是地球内部作用和外部作用综合作用的结果，体现了自然以及人类活动对环境的交互作用（信忠保等，2007）。对于生态系统类自然保护区而言，植被作为自然保护区的主体，是动植物的重要生境，植被的保护效果直接关系到珍稀濒危动植物的保护成效，评估自然保护区植被的变化，对于自然保护区的整体保护成效以及自然保护区管理都有着重要指导意义。

随着遥感技术的日益发展，各种类型的植被指数不断涌现，其中，归一化植被指数（Normal Difference Vegetation Index，NDVI）是目前遥感领域植被监测最常用的参数，它能很好地反映植被覆盖、生物量等参数的变化情况。国外学者基于 NDVI 时间序列对研究区的植被动态进行了相关研究，在植被的时空动态变化方面进行了大量的实践（Tucker et al.，1985；Senay & Elliott，2000；Herrmann et al.，2005）。另外，通过沙漠植被的覆被变化情况确定沙漠与非沙漠的边界也有一些研究（Tucker et al.，l994；Yu et al.，2004）。国内学者利用植被指数也开展了一些研究，在全国的尺度上，利用不同遥感数据源的长时间序列 NDVI 数据对我国植被的整体覆盖情况进行分析研究（朴世龙和方精云，2001；方精云等，2003；陈云浩等，2002）。在全国尺度上研究植被变化，普遍采用的方法包括：NDVI 变化率、回归相关系数法、变化矢量分析和主成分分析等方法。

8.1 自然保护区植被保护成效评估方法

8.1.1 评估指标

自然保护区植被保护成效评估包括植被覆盖状况、保护性植被空间格局、保护性植被长势、保护性植被质量 4 个评估内容，17 个评估指标（表 8-1）。

表 8-1　植被保护成效评估指标

Tab. 8-1　Evaluation index of vegetation conservation efficiency

评估内容	序号	评估指标	符号	指标含义
植被覆盖状况	1	植被覆盖率	C_V	自然保护区中植被面积占自然保护区总面积的百分比
	2	保护性植被覆盖率	C_{PV}	自然保护区以及核心区、缓冲区和实验区内的保护性植被总面积分别占自然保护区以及相应功能区面积的百分比
	3	干扰性植被覆盖率	C_{IV}	自然保护区以及核心区、缓冲区和实验区内的干扰性植被总面积分别占自然保护区以及相应功能区面积的百分比
	4	面积变化率	R_i	某种植被类型面积的年均变化情况
	5	面积转出率	R_{Oi}	某种植被类型转出为其他植被类型的面积占该植被类型总面积的比例
	6	面积转入率	R_{Ii}	某种植被类型由其他植被类型转入的面积占该植被类型总面积的比例
	7	植被转类指数	I_T	反映植被类型变化的总体趋势
保护性植被空间格局	8	保护性植被破碎化指数	I_F	反映所有保护性植被的总体破碎化程度
	9	保护性植被格局完整性指数	I_{PC}	反映所有保护性植被空间格局的整体性
保护性植被长势	10	保护性植被类型长势变化指数	I_{VGi}	反映一段时间内某种类型的保护性植被生长状况的变化情况
	11	保护性植被长势总体变化指数	I_{VG}	反映一段时间内所有保护性植被生长状况的总体变化情况
保护性植被质量	12	森林植被类型质量指数	Q_{Fi}	反映某种森林植被类型的质量状况
	13	森林植被总体质量指数	Q_F	反映森林植被的总体质量状况
	14	灌丛植被类型质量指数	Q_{Bi}	反映某种灌丛植被类型的质量状况
	15	灌丛植被总体质量指数	Q_B	反映灌丛植被总体的质量状况
	16	草地植被类型质量指数	Q_{Gi}	反映某种草地植被类型的质量状况
	17	草地植被总体质量指数	Q_G	反映草地植被的总体质量状况

8.1.2　评估指标的计算方法

8.1.2.1　植被覆盖率

$$C_V = \frac{\sum_i^m S_i}{S_t} \times 100\% \quad \cdots\cdots\cdots\cdots\cdots\cdots\cdots\cdots\cdots\cdots (8.1)$$

式中，C_V 为自然保护区植被覆盖率；

S_i 为第 i 种植被类型（不包括耕地和园地内的栽培植被）的面积；

S_t 为自然保护区总面积；

m 为植被类型的数量。

对于森林生态系统类型自然保护区，植被覆盖率按森林覆盖率计算，即自然保护区森林植被占自然保护区总面积的比例。

8.1.2.2　保护性植被覆盖率、干扰性植被覆盖率

自然保护区保护性植被覆盖率（C_{PV}）为保护性植被的面积占自然保护区总面积的百分比；干扰性植被覆盖率（C_{IV}）为干扰性植被的面积占自然保护区总面积的百分比。同时，应按功能区分别计算核心区、缓冲区和实验区中保护性植被覆盖率和干扰性植被覆盖率。

8.1.2.3　面积变化率

$$R_i = \frac{S_{ti} - S_{(t-1)i}}{S_{(t-1)i}} \times 100\% \quad\cdots\cdots (8.2)$$

式中，R_i 为第 i 种植被类型的面积变化率；

S_{ti} 为本期第 i 种植被类型的面积；

$S_{(t-1)i}$ 为上期第 i 种植被类型的面积。

8.1.2.4　面积转出率

根据上期和本期植被空间分布图和各种植被类型的面积，按公式（8.3）和公式（8.4）计算面积转出率和面积转出比例。

$$R_{Oi} = \sum_{j=1}^{n-1} R_{i \to j} \quad\cdots\cdots (8.3)$$

$$R_{i \to j} = \frac{S_{i \to j}}{S_{(t-1)i}} \times 100\% \quad\cdots\cdots (8.4)$$

式中，R_{Oi} 为第 i 种植被类型的面积转出率；

$R_{i \to j}$ 为面积转出比例，即上期第 i 种植被类型转变为本期第 j 类植被类型的面积占上期第 i 种植被类型面积的比例；

$S_{i \to j}$ 为第 i 种植被类型转变为第 j 种植被类型的面积；

$S_{(t-1)i}$ 为上期第 i 种植被类型的面积；

n 为本期植被类型的数量。

8.1.2.5　面积转入率

按公式（8.5）和公式（8.6）计算面积转入率和面积转入比例。

$$R_{Ii} = \sum_{j=1}^{m-1} R_{i \leftarrow j} \quad\cdots\cdots (8.5)$$

$$R_{i \leftarrow j} = \frac{S_{i \leftarrow j}}{S_{ti}} \times 100\% \quad\cdots\cdots (8.6)$$

式中，R_{Ii} 为第 i 种植被类型的面积转入率；

$R_{i \leftarrow j}$ 为面积转入比例，即本期第 i 种植被类型由上期第 j 种植被类型转变而来的面积占本期第 i 种植被类型面积的比例；

$S_{i \leftarrow j}$ 为第 j 种植被类型转变为第 i 种植被类型的面积；

S_{ti} 为本期第 i 种植被类型的面积；

m 为上期植被类型的数量。

8.1.2.6　植被转类指数

$$I_T = \frac{\sum\limits_{i=1}^{m}\sum\limits_{j=1}^{n} S_{i \rightarrow j}(D_j - D_i)}{S_T} \times 100 \qquad\qquad (8.7)$$

式中，I_T 为植被转类指数；

　　$S_{i \rightarrow j}$ 为第 i 种植被类型转变为第 j 种植被类型的面积；

　　S_T 为自然保护区的总面积；

　　m 为上期植被类型的数量；

　　n 为本期植被类型的数量；

　　D 为植被类型的生态级别赋值，D_i、D_j 分别表示第 i 和 j 种植被类型的生态级别赋值。利用黄金分割比例，将生态级别赋值（D）划分为 4 个等级：天然林、天然灌木林、天然草地等天然的保护性植被类型赋值为 1.00；用乡土种营造的人工林、人工灌木林、人工牧草地等人工的保护性植被类型赋值为 0.62；耕地和园地内的栽培植被以及用外来种营造的人工林等干扰性植被类型赋值为 0.38；入侵种形成的植被以及无植被类型赋值为 0。

　　100 为转换常数，乘 100 将 I_T 的值域范围扩增到 -100～100 之间。

8.1.2.7　保护性植被破碎化指数

$$I_F = 1 - \sum\limits_{j=1}^{n}\left(\frac{S_j}{\sum\limits_{j=1}^{n} S_j}\right)^2 \qquad\qquad (8.8)$$

式中，I_F 为保护性植被破碎化指数，反映所有保护性植被的总体破碎化程度，介于 0～1 之间；

　　S_j 为第 j 个保护性植被斑块的面积；

　　n 为所有保护性植被斑块的数量。

8.1.2.8　保护性植被格局完整性指数

保护性植被格局完整性指数（I_{PC}）计算按公式（8.9）。

$$I_{PC} = \sqrt[3]{\frac{\sum\limits_{j=1}^{n} S_j}{S_t} (1-I_F)(2-I_{FD})} \times 100 \qquad\qquad (8.9)$$

$$I_{FD} = \sum\limits_{j=1}^{n}\left[\frac{S_j}{\sum\limits_{j=1}^{n} S_j} \cdot \frac{2\lg(0.25 P_j)}{\lg S_j}\right] \qquad\qquad (8.10)$$

式中，I_{PC} 为保护性植被格局完整性指数，介于 0～100 之间；

　　S_j 为第 j 个保护性植被斑块的面积；

　　S_t 为自然保护区总面积；

　　I_F 为保护性植被破碎化指数；

　　I_{FD} 为保护性植被面积加权分形维数；

　　n 为保护性植被斑块的数量；

　　P_j 为第 j 个保护性植被斑块的周长；

8.1.2.9　保护性植被类型长势变化指数

保护性植被类型长势变化指数（I_{VGi}）按公式（8.11）计算。

$$I_{VGi} = \frac{\sum\limits_{l=1}^{7} N_{il}L}{N_i} \times 100 \quad\text{……………………}\text{（8.11）}$$

式中，I_{VGi} 为保护性植被类型长势变化指数，即第 i 种保护性植被类型的植被长势变化指数。I_{VGi} 值介于 −100～100 之间。其值越大，保护性植被类型生长状况越趋于改善，反之，保护性植被类型生长状况越趋于退化；

N_{il} 为第 i 种保护性植被类型处于第 l 等级的像元数量；

L 为像元的植被长势变化等级赋值，利用黄金分割比例，根据附录 D 中表 D.1 确定；

N_i 为第 i 种保护性植被类型的像元数量。

8.1.2.10　保护性植被长势总体变化指数

保护性植被长势总体变化指数（I_{VG}）计算按公式（8.12）。

$$I_{VG} = \frac{\sum\limits_{l=1}^{7} N_l L}{N} \times 100 \quad\text{……………………}\text{（8.12）}$$

式中，I_{VG} 为保护性植被长势总体变化指数，介于 −100～100 之间；

N_l 为保护性植被处于第 l 等级的像元数量；

L 为像元的植被长势变化等级赋值，利用黄金分割比例，根据附录 D 中表 D.1 确定；

N 为保护性植被像元数量。

8.1.2.11　森林植被类型质量指数

森林植被类型质量指数（Q_{Fi}）通过面积加权法求得，计算按公式（8.13）。

$$Q_{Fi} = \frac{\sum\limits_{j=1}^{m} S_{Fij} Q_{Fij}}{S_{Fi}} \times 100 \quad\text{……………………}\text{（8.13）}$$

式中，Q_{Fi} 为第 i 种森林植被类型的质量指数，Q_{Fi} 介于 0～100 之间；

S_{Fij} 为第 i 种森林植被类型第 j 个森林样地或小班的面积；

S_{Fi} 为第 i 种森林植被类型的面积；

Q_{Fij} 为第 i 种森林植被类型第 j 个森林样地或小班的质量指数，计算方法见附录 D 中 D.2.1；

m 为第 i 种森林植被类型的森林样地或小班的数量。

8.1.2.12　森林植被总体质量指数

森林植被总体质量指数（Q_F）通过面积加权方法求得，计算按公式（8.14）。

$$Q_F = \frac{\sum\limits_{i=1}^{n} S_{Fi} Q_{Fi}}{S_F} \quad\text{……………………}\text{（8.14）}$$

式中，Q_F 为森林植被总体质量指数，Q_F 介于 0～100 之间；

S_{Fi} 为第 i 种森林植被类型的面积；

S_F 为森林植被总面积；

Q_{Fi} 为第 i 种森林植被类型的质量指数；

n 为森林植被类型的数量。

8. 1. 2. 13 灌丛植被类型质量指数

灌丛植被类型质量指数（Q_{Bi}）通过数量平均法求得，计算按公式（8.15）。

$$Q_{Bi} = \frac{1}{m}\sum_{j=1}^{m} Q_{Bij} \times 100 \quad\cdots\cdots\cdots\cdots\cdots\cdots\cdots\cdots (8.15)$$

式中，Q_{Bi} 为第 i 种灌丛植被类型的质量指数，Q_{Bi} 介于 0~100 之间；

Q_{Bij} 为第 i 种灌丛植被类型第 j 个灌丛样方的质量指数，计算方法见附录 D 中 D.2.2；

m 为第 i 种灌丛植被类型的样方数量。

8. 1. 2. 14 灌丛植被总体质量指数

灌丛植被总体质量指数（Q_B）通过面积加权方法求得，计算按公式（8.16）。

$$Q_B = \frac{\sum_{i=1}^{n} S_{Bi} \times Q_{Bi}}{S_B} \quad\cdots\cdots\cdots\cdots\cdots\cdots\cdots\cdots (8.16)$$

式中，Q_B 为灌丛植被总体质量指数，Q_B 介于 0~100 之间；

S_{Bi} 为第 i 种灌丛植被类型的面积；

S_B 为灌丛植被总面积；

Q_{Bi} 为第 i 种灌丛植被类型的质量指数；

n 为灌丛植被类型的数量。

8. 1. 2. 15 草地植被类型质量指数

草地植被类型质量指数（Q_{Gi}）通过数量平均法求得，计算按公式（8.17）。

$$Q_{Gi} = \frac{1}{m}\sum_{j=1}^{m} Q_{Gij} \times 100 \quad\cdots\cdots\cdots\cdots\cdots\cdots\cdots\cdots (8.17)$$

式中，Q_{Gi} 为第 i 种草地植被类型的质量指数，Q_{Gi} 介于 0~100 之间；

Q_{Gij} 为第 i 种草地植被类型第 j 个草地样方的质量指数，计算方法见附录 D 中 D.2.3；

m 为第 i 种草地植被类型的样方数量。

8. 1. 2. 16 草地植被总体质量指数

草地植被总体质量指数通过面积加权方法求得，计算按公式（8.18）。

$$Q_G = \frac{\sum_{i=1}^{n} S_{Gi} Q_{Gi}}{S_G} \quad\cdots\cdots\cdots\cdots\cdots\cdots\cdots\cdots (8.18)$$

式中，Q_G 为草地植被总体质量指数，Q_G 介于 0~100 之间；

S_{Gi} 为第 i 种草地植被类型的面积；

S_G 为草地植被总面积；

Q_{Gi} 为第 i 种草地植被类型的质量指数；

n 为草地植被类型的数量。

8.1.3　评估结果分析

8.1.3.1　植被覆盖状况

（1）植被覆盖率。基于两期植被覆盖率（C_V）的计算结果，通过比较 C_V 的大小，分析自然保护区植被覆盖率的变化情况。

（2）保护性植被、干扰性植被覆盖率。基于两期自然保护区及各功能区中保护性植被覆盖率、干扰性植被覆盖率的计算结果，计算本期和上期覆盖率的变化值，分析保护性植被、干扰性植被覆盖率的变化情况。

（3）面积变化率。基于面积变化率（R_i）大小，分析自然保护区及核心区、缓冲区和实验区中各种植被类型的面积变化显著度，变化显著度分级参照表 8-2。

表 8-2　植被类型面积变化显著度分级

Tab. 8-2　Significance classification of vegetation type area change

变化显著度	极显著增加	显著增加	无明显变化	显著减少	极显著减少
R_i	$R_i \geqslant 0.5\%$	$0.1\% \leqslant R_i < 0.5\%$	$-0.1\% < R_i < 0.1\%$	$-0.5\% < R_i \leqslant -0.1\%$	$R_i \leqslant -0.5\%$

（4）面积转出率和面积转入率。根据上期和本期植被空间分布图和植被类型面积统计情况，计算植被类型面积转移矩阵。基于面积转移矩阵，计算自然保护区中各种植被类型的面积转出率（R_{Oi}）和转入率（R_{Ii}），以及转出比例（$R_{i \to j}$）和转入比例（$R_{i \leftarrow j}$）分析各种植被类型的面积转出和转入情况。

（5）植被转类指数。基于植被转类指数（I_T）的大小，分析自然保护区中植被类型变化的总体趋势。I_T 值为正数时，表示自然保护区植被类型总体转好；I_T 值为负数时，表示自然保护区植被类型总体转差。

8.1.3.2　保护性植被空间格局

（1）保护性植被破碎化指数。计算自然保护区两期保护性植被破碎化指数（I_F），通过比较 I_F 的大小，分析保护性植被破碎程度的变化情况。

（2）保护性植被格局完整性指数。计算自然保护区两期保护性植被格局完整性指数（I_{PC}），通过比较 I_{PC} 的大小，分析自然保护区保护性植被格局整体性的变化情况。

8.1.3.3　保护性植被长势

（1）保护性植被类型长势变化指数。基于保护性植被类型长势变化指数（I_{VGi}）的计算结果，分析每种保护性植被类型长势的变化情况。保护性植被类型长势变化指数（I_{VGi}）介于 -100~100 之间，其值越大，保护性植被类型生长状况越趋于改善，反之，保护性植被类型生长状况越趋于退化。

（2）保护性植被长势总体变化指数。基于自然保护区保护性植被长势总体变化指数（I_{VG}）的计算结果，分析评估期内所有保护性植被生长状况的总体变化情况。保护性植被长势总体变化指数（I_{VG}）介于 -100~100 之间，其值越大，保护性植被总体生长状况越趋于改善，反之，保护性植被总体生长状况越趋于退化。

8.1.3.4　保护性植被质量

（1）森林植被类型质量指数。统计每种森林植被类型两期的质量指数（Q_{Fi}）及其变化值、两期质量等级，并分析每种森林植被类型质量的变化情况。

（2）森林植被总体质量指数。比较两期森林植被总体质量等级和总体质量指数（Q_F），计算 Q_F 的变化值，分析森林植被总体质量的变化情况。

（3）灌丛植被类型质量指数。统计每种灌丛植被类型两期的质量指数（Q_{Bi}）及其变化值、两期质量等级，并分析每种灌丛植被类型质量的变化情况。

基于灌丛植被类型质量指数（Q_{Bi}），依据附录 D 中表 D.5 划分的植被质量等级，制作灌丛植被类型质量等级空间分布图。

（4）灌丛植被总体质量指数。比较两期灌丛植被总体质量等级和总体质量指数（Q_B），计算 Q_B 的变化值，分析灌丛植被总体质量的变化情况。

（5）草地植被类型质量指数。统计每种草地植被类型的两期质量指数（Q_{Gi}）及其变化值、两期质量等级，并分析每种草地植被类型质量的变化情况。

基于草地植被类型质量指数（Q_{Gi}），依据附录 D 中表 D.5 划分的植被质量等级，制作草地植被类型质量等级空间分布图。

（6）草地植被总体质量指数。比较两期草地植被总体质量等级和总体质量指数（Q_G），计算 Q_G 的变化值，分析草地植被总体质量的变化情况。

8.2 案例分析

以吉林长白山国家级自然保护区风倒区为研究案例，研究植被保护成效。

由于受到 1986 年 8 月 26 日从朝鲜半岛登陆的 15 号台风的袭击，长白山自然国家级自然保护区西坡和南坡的原始植被大面积风倒，风倒区从海拔 1000m 的熔岩台地至海拔 1750m 的倾斜高原，跨越红松阔叶混交林、云冷杉至岳桦林三个垂直分布的植被带，风倒区地理位置 41°52′40″~42°01′10″N，127°53′37″~128°02′00″E，总面积超过 1 万 hm²。风倒区植被恢复的研究一直受到长白山自然保护区及其他相关部门的高度重视，也成为长白山国家级自然保护区的重要课题（郑鹏和陈明俊，1989；陈利顶和傅伯杰，2000）。全面了解和掌握自然保护区风倒区植被的变化情况，有助于了解自然保护区典型干扰区植被的恢复效果，对长白山森林生态系统的稳定发展、生物多样性的保护都有着重要意义。

8.2.1 数据来源和处理方法

8.2.1.1 数据来源

调查资料：自然保护区森林资源调查小班数据（1993 年）；自然保护区总体规划（2006—2020 年）涉及风倒区植被的调查数据；2010 年 8 月景观类型野外采集数据，采用手持 GPS 记录各种景观类型的地理位置（经度、纬度和海拔）。通过 ArcMap10.0 软件提取自然保护区风倒区空间数据，生成风倒区的矢量图层。

影像资料：中国资源卫星应用中心提供的 ZY-1 02C HR 正射校正全色影像（2012 年），分辨率为 2.36m；与 HR 全色影像几何配准的 P/MS 全色和多光谱融合影像

（2012 年），分辨率为 5m；2010 年几何精校正的 TM 影像数据；近年来 Google Earth 发布的长白山国家级自然保护区部分区域的高分辨率影像数据。

8.2.1.2　风倒区植被类型划分

基于自然保护区森林资源调查资料绘制 1993 年自然保护区风倒区植被分布图（图 8-1）。根据 2012 年解译的景观分类数据，参考自然保护区总体规划中风倒区的植被调查资料以及风倒区中实地踩点调查资料，利用 ArcMAP 软件制作 2012 年自然保护区风倒区植被类型空间分布图（图 8-2）。

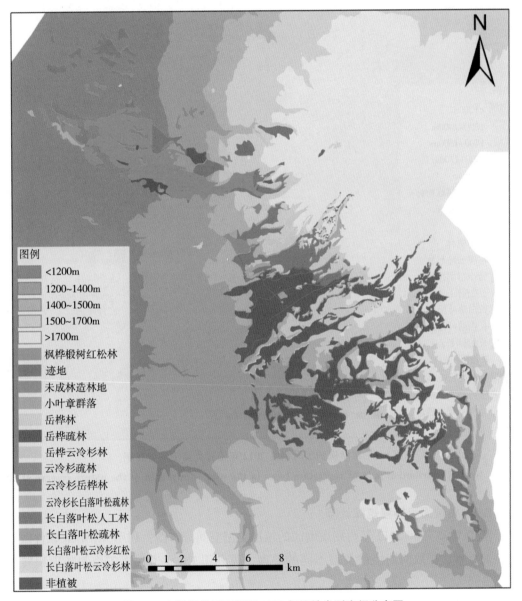

图例
<小于>1200m
1200~1400m
1400~1500m
1500~1700m
>1700m
枫桦椴树红松林
迹地
未成林造林地
小叶章群落
岳桦林
岳桦疏林
岳桦云冷杉林
云冷杉疏林
云冷杉岳桦林
云冷杉长白落叶松疏林
长白落叶松人工林
长白落叶松疏林
长白落叶松云冷杉红松
长白落叶松云冷杉林
非植被

0　1　2　　4　　6　　8 km

图 8-1　自然保护区风倒区 1993 年植被类型空间分布图

Fig. 8-1　Spatial distribution map of vegetation types in the wind−down area of the nature reserve at 1993

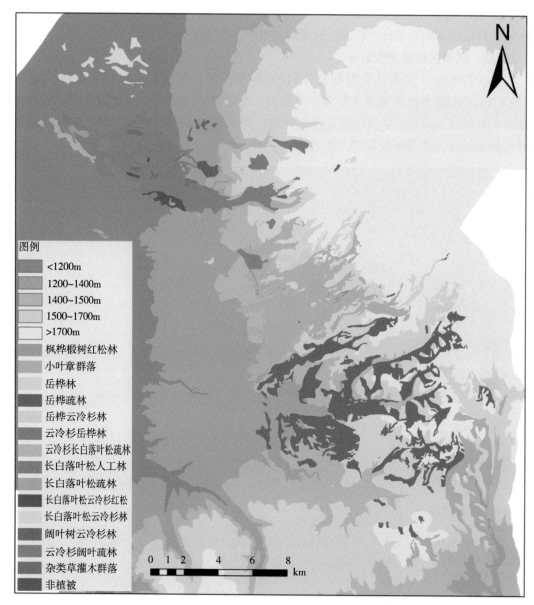

图例

- <1200m
- 1200~1400m
- 1400~1500m
- 1500~1700m
- >1700m
- 枫桦椴树红松林
- 小叶章群落
- 岳桦林
- 岳桦疏林
- 岳桦云冷杉林
- 云冷杉岳桦林
- 云冷杉长白落叶松疏林
- 长白落叶松人工林
- 长白落叶松疏林
- 长白落叶松云冷杉红松
- 长白落叶松云冷杉林
- 阔叶树云冷杉林
- 云冷杉阔叶疏林
- 杂类草灌木群落
- 非植被

0 1 2 4 6 8 km

图 8-2 自然保护区风倒区 2012 年植被类型空间分布图

Fig. 8-2 Spatial distribution map of vegetation types in the wind-down area of the nature reserve at 2012

8.2.1.3 植被面积转移矩阵计算

基于 1993 年和 2012 年两期风倒区的植被类型空间分布图，利用 ArcMAP 软件做相交叠加处理，提取两期植被类型不同的要素，再利用 Excel 透视表工作制作面积转移矩阵。

根据转移矩阵，计算转出比例和转入比例分析植被类型的变化情况。

8.2.1.4 NDVI 趋势变化与显著性检验

N 对回归方程斜率θ_{slope}利用相关系数 R 在 $P<0.05$ 水平上做显著性检验。相关系数

检验法是专门针对一元线性回归拟合使用的一种显著性检验法，其本质上和 F 检验法是一致的（高守义和刘廷福，1981）

$$F = (n-2)\frac{U}{Q} = (n-2)\frac{R^2}{1-R^2} \quad \cdots\cdots\cdots\cdots\cdots\cdots\cdots\cdots \quad (8.19)$$

式中，F 为 F 检验的检验量；

　　　U 为回归平方和；

　　　Q 为残差平方和；

　　　R 为相关系数；

　　　n 为评估期的总率数。

8.2.2　结果与分析

8.2.2.1　植被类型及面积变化分析

自然保护区风倒区 1993 年和 2012 年两期植被类型组成见表 8-3。1993 年，风倒区植被类型面积最多的为岳桦疏林，面积为 5679.36hm^2，占风倒区总面积的 46.05%；其次为采伐迹地、未成林造林地，面积分别为 2300.32hm^2、2136.65hm^2，另外风倒区还存在一定面积的小叶章群落，占风倒区总面积的 4.89%。2012 年，风倒区植被类型面积最大的为小叶章群落，有 4144.20hm^2，占 33.60%；其次为岳桦疏林、长白落叶松人工林，面积分别有 3960.10hm^2 和 2341.60hm^2，分别占风倒区面积的 32.11% 和 18.98%。

1993 年到 2012 年，风倒区岳桦疏林的面积由 5679.36hm^2 减少到 3960.10hm^2，减少了 1719.26hm^2，除岳桦疏林没发生转移的 3748.03hm^2（转出比例 65.99%）（表 8-4，表 8-5），有 1648.59hm^2（转出比例 29.03%）的岳桦疏林转变为小叶章群落，集中分布在风倒区中南部锦江峡谷东北方向海拔 1400～1700m 区域（图 8-2）。采伐迹地的面积由 2300.32hm^2 减少为 0hm^2，除转变长白落叶松云冷杉林 198.53hm^2、长白落叶松人工林 198.99hm^2 外，其余大部分也都转变为变为小叶章群落，转移面积为 1871.45hm^2（表 8-4），转出比例为 81.36%，分布在风倒区海拔 1500m 以上区域，尤其是海拔 1700m 以上；未成林造林地有 95.47% 的转变为长白落叶松人工林，集中分布在自然保护区西坡海拔 1400m 以下区域，1400～1500m 区域有少量分布；云冷杉疏林 1993 年为 179.13hm^2，2012 年为 0，根据转移矩阵分析，有 40.93hm^2 转变为阔叶云冷杉林，58.81hm^2 转变为云冷杉长白落叶松疏林，两者转出比例分别为 22.85%、32.83%，总计为 55.68%，另外，11.35% 的云冷杉疏林转变为杂类草灌木群落（表8-4）。其他植被类型面积的变化及转移情况详见表 8-4 至表 8-6。

表 8-3 1993 年与 2012 年自然保护区风倒区植被类型面积及占比

Tab. 8-3 Vegetation area and proportion in windthrow area in 1993 and 2012

代码	植被类型	1993 年		2012 年	
		面积（hm²）	占比（%）	面积（hm²）	占比（%）
01	枫桦椴树红松林	19.11	0.15	39.97	0.32
02	迹地	2300.32	18.65	0.00	0.00
03	未成林造林地	2136.65	17.32	0.00	0.00
04	小叶章群落	603.51	4.89	4144.20	33.60
05	岳桦林	410.51	3.33	497.25	4.03
06	岳桦疏林	5679.36	46.05	3960.10	32.11
07	岳桦云冷杉林	462.82	3.75	487.31	3.95
08	云冷杉疏林	179.13	1.45	0.00	0.00
09	云冷杉岳桦林	168.39	1.37	171.77	1.39
10	云冷杉长白落叶松疏林	65.08	0.53	123.89	1.00
11	长白落叶松人工林	102.65	0.83	2341.60	18.98
12	长白落叶松疏林	15.17	0.12	15.17	0.12
13	长白落叶松云冷杉红松	88.24	0.72	111.74	0.91
14	长白落叶松云冷杉林	81.26	0.66	285.79	2.32
15	阔叶树云冷杉林	0.00	0.00	40.93	0.33
16	云冷杉阔叶疏林	0.00	0.00	8.51	0.07
17	杂类草灌木群落	0.00	0.00	83.98	0.68
18	非植被	22.06	0.18	22.06	0.18

8.2.2.2 NDVI 变化趋势分析

对风倒区 2000—2010 年时间序列植被 NDVI 变化趋势表明（表 8-7）：风倒区中，有 5683.91hm² 植被保持稳定基本不变，占风倒区总面积的 46.19%。植被趋于改善的面积总计为 2625.23hm²，主要分布在自然保护区西坡海拔 1400m 以下的区域（图 8-3）。趋于改善的植被中，轻微改善 2494.51hm²，占 20.27%，明显改善的面积 130.72hm²，占 1.06%；植被趋于退化的总面积为 3996.83hm²，其中轻度退化植被面积占优势，有 3269.22hm²，占风倒区总面积的 26.56%。退化的植被主要分布在风倒区海拔 1500m 以上区域（图 8-3），尤其是在海拔 1700m 以上的区域，有部分中度退化（表 8-7）。

表 8-4　1993—2012 年长白山国家级自然保护区风倒区植被面积转移矩阵

Tab. 8-4　Area transfer matrix of vegetation in widthrow area in CMNR from 1993—2012

单位：hm²

面积	1	15	4	5	6	7	16	9	10	17	11	12	13	14
1	9.48									9.64(−)				
2			1871.45(−)		17.38(+)	11.46(+)				2.51(−)	198.99(+)			198.53(+)
3			20.65(−)				1.04(+)			51.50(−)	2039.96(+)		23.50(+)	
4			603.51											
5				215.83	194.68(−)									
6			1648.59(−)	281.42(+)	3748.03			1.31(+)						
7						462.82								
8	30.49(+)	40.93(+)				13.03(+)	7.47(+)	2.07(+)	58.81(+)	20.33(−)				6.00(+)
9								168.39						
10									65.08					
11											102.65			
12												15.17		
13													88.24	
14														81.26

注：表中植被类型代码 1-17 同表 8-3；+、−分别代表植被变化有利于和不利于风倒区植被恢复的面积。

表 8-5　1993—2012 年长白山国家级自然保护区风倒区各植被类型面积转出比例

Tab. 8-5　The area proportion timsformed to other types of vegetation in widthrow area in CMNR from 1993—2012

单位:%

转出比例	1	15	4	5	6	7	16	9	10	17	11	12	13	14	合计
1	49.58									50.42					100.00
2			81.36		0.76	0.50				0.11	8.65			8.63	100.00
3			0.97				0.05			2.41	95.47		1.10		100.00
4			100.00												100.00
5				52.57	47.43										100.00
6			29.03	4.96	65.99			0.02							100.00
7						100.00									100.00
8	17.02	22.85				7.27	4.17	1.16	32.83	11.35				3.35	100.00
9								100.00							100.00
10									100.00						100.00
11											100.00				100.00
12												100.00			100.00
13													100.00		100.00
14														100.00	100.00

注：表中植被类型代码 1-17 同表 8-3。

表 8-6　1993—2012 年长白山国家级自然保护区风倒区各植被类型面积转入比例

Tab. 8-6　The area proportion timsformed to other types of vegetation in widthrow area in CMNR from 1993—2012

单位:%

转入比例	1	15	4	5	6	7	16	9	10	17	11	12	13	14
1	23.71									11.48				
2			45.16		0.44	2.35				2.99	8.50			69.47
3			0.50				12.20			61.33	87.12		21.03	
4			14.56											
5				43.40	4.92									
6			39.78	56.60	94.64			0.76						
7						94.97								
8	76.29					2.67	87.80	1.21	47.47	24.21				2.10
9								98.03						
10									52.53					
11											4.38			
12												100.00		
13													78.97	
14														28.43
合计	100.00	100.00	100.00	100.00	100.00	100.00	100.00	100.00	100.00	100.00	100.00	100.00	100.00	100.00

注:表中植被类型代码 1—17 同表 8-3。

表 8-7 风倒区植被 NDVI 变化趋势及面积统计

Tab. 8-7 Statistics for NDVI variation trend and area of vegetation in windswept area

变化趋势	变化范围	面积（hm²）	比例（%）
重度退化	≤-5.00	54.84	0.45
中度退化	-4.99~-3.00	672.77	5.47
轻度退化	-2.99~-1.00	3269.22	26.56
基本不变	-0.99~1.00	5683.91	46.19
轻微改善	1.01~3.00	2494.51	20.27
明显改善	≥3.01	130.72	1.06

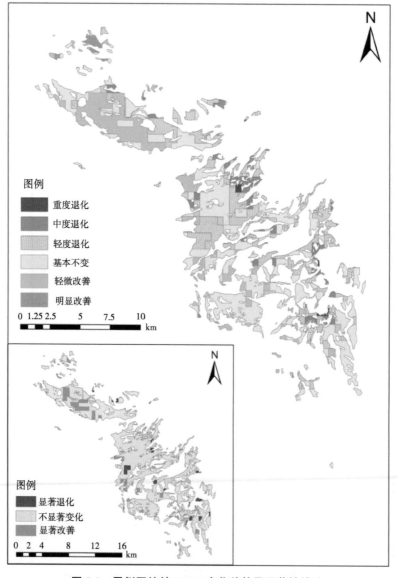

图 8-3 风倒区植被 NDVI 变化趋势及显著性检验

Fig. 8-3 Variation trend and significance test of NDVI in windswept area

利用一元线性回归 r 值检验法对风倒区 2000—2010 年植被 NDVI 变化趋势进行显著性检验，11 年间趋于改善植被中有 906.60hm² 达到显著水平（表 8-8），主要分布在风倒区海拔 1400m 以下的西坡区域；显著退化的占 2.84%。

表 8-8　风倒区植被 NDVI 变化显著性

Tab. 8-8　Changes significance of NDVI in windswept area

显著性	p 值	面积（hm²）	比例（%）
显著退化	$p<0.05$	349.35	2.84
不显著	$p\geqslant0.05$	11050.01	89.79
显著改善	$p<0.05$	906.60	7.37

8.2.3　讨论

8.2.3.1　风倒区两期主要植被类型组成及原因

1993 年，岳桦疏林、迹地和未成林造林地是风倒区主要组成部分，三者面积总和占风倒区总面积的 82.02%。1986 年 8 月从朝鲜半岛登陆的 15 号台风袭击，使得自然保护区南坡 1500m 以上岳桦林大面积风倒形成 5679.36hm² 岳桦疏林。台风过后，长白山行政主管部门制定了《长白山自然保护区风灾区山林清理与恢复规划》，先后有 6 个大型国有森工企业在自然保护区内从事风倒木的捡集、生产活动（沈孝辉，1993），一直到 1994 年，采伐风倒木的生产活动才被禁止（李文生，2006），这是形成大面积迹地的主要原因。为了尽快恢复森林植被，根据《长白山自然保护区风灾区山林清理与恢复规划》，长白山自然保护区管理局等相关部门进行了人工更新，采取种植阳性树种长白落叶松人工造林，在采伐迹地以及西坡海拔 1400m 以下区域形成大面积的未成林造林地。

2012 年，小叶章群落、岳桦疏林成为风倒区的主要植被类型。风倒区西南坡 1500m 以上区域大面积岳桦疏林在 20 多年的恢复演替中，群落中很少再有乔木树种定居，并没有形成郁闭度较高的岳桦林，而是植被草甸化，草本植被大量滋生，以禾本科植物小叶章为优势，形成小叶章为主的草甸，群落物种组成中较多的还有橐吾、山牛蒡、马先蒿、藜芦等植物。在 1500m 以上的迹地，也都形成了以小叶章为优势种的草甸群落。这种由森林受干扰破坏转化的草地群落，很难再继续演替形成原有的顶极植被。虽然附近并不缺少乔木种源，但繁茂生长的草本植物使得天然下种的乔木种子很难接触到土壤，阻碍种子发芽，并且草根的高度盘结形成 5~10cm 毡状盘结层，也使得更新的乔木幼苗无法扎根。加之该区域土层薄、土壤贫瘠干旱等环境条件，乔木的天然更新相当困难（薛俊刚，2009）。小叶章为优势的草甸群落具有很强的稳定性。另外，未成林造林地中同样有 20.65hm² 形成了小叶章群落。

8.2.3.2　植被类型变化与植被恢复的关系

风倒区植被类型的变化，根据是否有利于恢复成为风干扰前的原始植被，将其划分为两种类型：有利和不利。有利于植被恢复的植被类型变化一般都进行了进展演替。1200m 以下区域的采伐迹地上，有 198.83hm² 的迹地上形成了长白落叶松云冷杉林；云冷杉疏林的演替过程中，也存在着进展演替现象，海拔 1200m 以下区域，有 30.49hm²

的云冷杉疏林中有阔叶树枫桦、椴树以及红松的更新，形成了枫桦椴树红松幼龄林，有 6hm² 形成长白落叶松云冷杉林；海拔 1400～1500m 之间，云冷杉疏林大部分演替成为阔叶云冷杉林和部分云冷杉阔叶疏林，阔叶树种主要包括白桦、山杨、粉枝柳 *Salix rorida* 等，而在 1500m 以上，有部分云冷杉疏林形成云冷杉岳桦林，面积为 2.07hm²。有利于植被恢复的面积总计为 1741.55hm²（表 6-2 带 "+"），除去人工造林形成的长白落叶松人工林 2341.60hm² 外，有利于植被恢复的面积仅占 17.47%。

　　不利于植被最终恢复的植被变化类型包括以下 8 种类型：枫桦椴树林转为杂类草灌木群落、岳桦林转为岳桦疏林、岳桦疏林转为小叶章群落、云冷杉疏林转为杂类草灌木群落、迹地转为小叶章群落、迹地转为杂类草灌木群落、未成林造林地转为小叶章群落、未成林造林地转为杂类草灌木群。前四种类型植被处于一种逆行演替序列。在迹地、未成林造林地形成的小叶章群落或者杂类草灌木群落，从植被演替的角度看，虽然并不属于逆行演替，但是这种由原始森林植被遭受破坏后形成以禾本科植物小叶章为优势，高度草甸化的植被类型，具有很强的稳定性，乔木树种的天然更新相当困难，如果不进行人工干预，即使在经历很长的时间，很难继续演替形成疏林、天然林等植被类型。这些不利于植被恢复的植被变化的总面积达 3818.90hm²（表 8-4 带 "-"），除去人工造林形成的长白落叶松人工林，这类植被占到 38.30%。

8.2.3.3　风倒区 NDVI 变化与植被类型变化的关系

　　由近 11 年风倒区植被 NDVI 的变化趋势与植被类型的变化基本吻合，趋于改善的植被分布在海拔 1400m 以下，这部分区域植被除了落叶松人工造林外，还有迹地的进展演替形成的长白落叶松云冷杉林。而退化的植被主要分布在海拔 1500m 以上区域。另外，植被 NDVI 趋势分析还表明，在 1993—2012 年间植被类型未发生变化的岳华疏林内，还存在着进一步退化的趋势，分布在海拔 1700m 以上，部分岳桦疏林退化级别为中度退化，并且有一些还达到显著水平。

参考文献

陈利顶，傅伯杰. 2000. 干扰的类型、特征及其生态学意义 [J]. 生态学报，20 (4)：581-586.
戴声佩，张勃，王海军，等. 2010. 1999—2007 年祁连山区植被指数时空变化 [J]. 干旱区研究，2 (4)：585-591.
高守义，刘廷福. 1981. 一元线性回归相关系数显著性检验 [J]. 林业勘查设计，(1)：34.
李文生. 2006. 吉林长白山国家级自然保护区管理局志 (1989—2004) [M]. 安图：吉林长白山国家级自然保护区管理局.
沈孝辉. 1993. 长白山自然保护区风倒木的清理与更新 [J]. 国土绿化，2：17-21.
信忠保，许炯信，郑伟. 2007. 气候变化和人类活动对黄土高原植被覆盖变化的影响 [J]. 中国科学 (D 辑)：地球科学，37 (11)：1504-1514.
薛俊刚. 2009. 吉林长白山国家级自然保护区风灾区植被恢复情况调查 [J]. 国土与自然资源研究，(1)：95-96.
张月丛，赵志强，李双成，等. 2008. 基于 SPOT VEGTATION 数据的华北北部地表植被覆盖变化趋势 [J]. 地理研究，27 (4)：745-753.
郑鹏，陈明俊. 1989. 长白山自然保护区风灾区恢复景观问题的商榷 [J]. 吉林林业科技，8 (4)：17-20.

中国科学院中国植被图编辑委员会（张新时主编）. 2007. 中国植被及其地理格局——中华人民共和国植被图（1∶1 000 000）说明书（上卷）［M］. 北京：地质出版社.

方精云，朴世龙，贺金生，等. 2003. 近 20 年来中国植被活动在增强［J］. 中国科学（C 辑），33（6）：554-565.

朴世龙，方精云. 2001. 最近 18 年来中国植被覆盖的动态变化［J］. 第四纪研究，21（4）：294-301.

陈云浩，李晓兵，陈晋，等. 2002. 1983—1992 年中国陆地植被 NDVI 演变特征的变化矢量分析［J］. 遥感学报，6（1）：12-18.

Herrmann S M, Anyamba, A, Tucker, C J. 2005. Recent trends in vegetation dynamics in the African Sahel and their relationship to climate［J］. Global Environmental Change, 15（4）：394-404.

Tucker C J, Townshend J R G, Golf T E. 1985. African land cover classification using satellite data［J］. Science, 227：369-375.

Senay G B, Elliott R L. 2000. Combining AVHRR-NDVI and landuse data to describe temporal and spatial dynamics of vegetation［J］. Forest Ecology and Management, 128（2）：83-91.

Tucker, C J, Newcomb W W, Dregne H E. 1994. AVHRR data sets for determination of desert spatial extent［J］. International journal of remote sensing, 15：3547-3565.

YU F, Price K P, Ellis J, et al. 2004. Interannunal variations of the grassland boundaries bordering the eastern edges of the Gobi Desert in central Asia［J］. International journal of remote sensing, 25：327-346.

第9章
野生动植物保护成效定量评估技术

　　野生动植物作为生物多样性的重要组成部分，就地保护已经成为其最佳的保护途径之一（喻勋林等，2015）。研究表明，我国的重点保护野生动植物在自然保护区内较少得到保护甚至未受保护，物种多样性衰退明显（蒋明康等，2006；关博等，2012；韦惠兰和杨凯凯，2013）。而野生动植物的保护成效是衡量自然保护区功能是否得到充分发挥的重要指标，因此自然保护区野生动植物保护成效评价就成为自然保护区保护工作的评价手段之一（Iojǎ et al.，2010；Yorio，2010）。目前，关于野生动植物保护的研究多集中在区域生物多样性、群落特征、种群动态、资源利用、保护状况及对策等方面（Daszak et al.，2000；周志华和蒋志刚，2005；喻勋林等，2015）。而对野生动植物保护成效研究仍然较为缺乏，主要集中在对单一物种或者珍稀濒危物种长期定位监测后的数量对比方面。

　　黄族豪等（2005）通过样线调查评估了甘肃盐池湾自然保护区有蹄类动物的种类和数量的变化，发现藏野驴和藏原羚的数量稍有下降，岩羊的数量显著下降，而鹅喉羚的数量明显增加。Kasahara 和 Koyama（2010）分析了 1996—2009 年 13 种在日本越冬的水鸟种群数量变化，发现在 14 年中有 7 种表现出明显的下降趋势，而呈现下降趋势的物种大多是以水面食物作为主要觅食对象的物种。刘海洋等（2012）则对八大公山和壶瓶山自然保护区珍稀濒危植物珙桐的种群动态进行了研究，发现保护区内珙桐种群幼苗年个体数量较少、成年个体数量也较少，种群衰退迹象明显。但是不同的物种种群动态之间可能具有一定的差异，但从其数量变化来反映其保护成效仍然具有一定争议。野生动植物种群空间分布格局与范围的动态变化也常常作为其保护成效重要指标，如曾治高等（2004）对陕西牛背梁自然保护区羚牛的研究、秦喜文等（2009）对扎龙自然保护区丹顶鹤的研究等。此外，种群生存力分析、栖息地适宜性模型等也常常作为重要的研究手段，运用到野生动植物保护成效评价中。很多研究都集中在同一地区时间轴上的动态变化，近些年也出现了在空间轴上进行自然保护区内外野生动植物种类差异比较，从而评价其保护成效的研究（郑景明等，2011；李丹等，2016）。

9.1　自然保护区野生植物保护成效评估方法

9.1.1　评估指标

　　自然保护区野生植物保护成效从野生植物多样性、珍稀濒危野生植物生存状况、野生植物保护管理状况三方面进行评估，总计 10 个评估内容，27 个评估指标（表 9-1）。

表 9-1　自然保护区野生植物保护成效评估指标
Tab. 9-1　Evaluation index of wild plant conservation efficiency in nature reserve

评估方面	评估内容	序号	指标名称	符号	含义
野生植物多样性	本地野生植物丰富度	1	被子植物种数	S_w	被子植物的物种数
		2	裸子植物种数	S_s	裸子植物的物种数
		3	蕨类植物种数	S_h	蕨类植物的物种数
		4	苔藓植物种数	S_{th}	苔藓植物的物种数
		5	地衣种数	S_l	地衣的物种数
		6	大型真菌种数	S_{mf}	大型真菌的物种数
		7	大型藻类种数	S_{ma}	大型藻类的物种数
	珍稀濒危野生植物丰富度	8	Ⅰ级物种数	$S_{N\,I}$	国家Ⅰ级重点保护野生植物的物种数
		9	Ⅱ级物种数	$S_{N\,II}$	国家Ⅱ级重点保护野生植物的物种数
		10	极危物种数	S_{EN}	IUCN 物种红色名录中极危的野生植物的物种数
		11	濒危物种数	S_{CR}	IUCN 物种红色名录中濒危的野生植物的物种数
		12	易危物种数	S_{VU}	IUCN 物种红色名录中易危的野生植物的物种数
珍稀濒危野生植物生存状况	种群数量	13	出现度	F	珍稀濒危野生植物在植物群落样方中出现的频度
		14	个体数	N	珍稀濒危野生植物的总株数或丛数
	种群结构	15	年龄结构指数	V_p	反映珍稀濒危野生植物种群的年龄结构特征
		16	性比	SR	雌雄异株的珍稀濒危野生植物雌雄个体的比例
	种群繁殖	17	结实量	SY	珍稀濒危野生植物成熟个体的平均结实数量或重量
		18	实生苗数量	SN	珍稀濒危野生植物实生幼苗的总株数
	种群在群落中的地位	19	重要值	IV	反映珍稀濒危野生植物在群落中的地位和作用
	分布	20	分布面积	A	珍稀濒危野生植物在自然保护区中的分布总面积
		21	垂直分布范围	AR	珍稀濒危野生植物分布的海拔范围，即分布海拔上限与下限的差值
		22	适宜生境占比	SH	适宜珍稀濒危野生植物生存的生境类型的面积占自然保护区总面积的比例
	生存干扰	23	干扰生境占比	IH	受采集、放牧、旅游等人为干扰的珍稀濒危植物生境占适宜生境的比例

（续）

评估方面	评估内容	序号	指标名称	符号	含义
野生植物保护管理状况	珍稀濒危野生植物保育	24	人工扩繁数量	EN	国家Ⅰ级、IUCN 极危等级植物的人工扩繁数量
		25	野外栽植数量	PN	国家Ⅰ级、IUCN 极危等级植物在自然生境中的人工繁育数量
	外来物种控制	26	外来物种数	AS	外来植物的种数
		27	入侵物种危害面积	IA	入侵植物的分布面积

9.1.2　评估指标的计算方法

9.1.2.1　野生植物多样性

该评估方面包括本地野生植物丰富度和珍稀濒危野生植物丰富度两个评估内容，其中，本地野生植物丰富度包括被子植物种数、裸子植物种数、蕨类植物种数、苔藓植物种数、地衣种数、大型真菌种数和大型藻类种数等初级评估指标，珍稀濒危野生植物丰富度包括Ⅰ级物种数、Ⅱ级物种数、极危物种数、濒危物种数、易危物种数等初级评估指标。以上这些评估指标的数值通过调查所获得的基础数据进行汇总，直接比较。

9.1.2.2　珍稀濒危野生植物生存状况

该评估方面包括种群数量、种群结构、种群繁殖、种群在群落中的地位、分布和生存干扰 6 个评估内容，每个评估内容包括数量不等的评估指标。

（1）种群数量通过出现度和个体数两个指标进行评估。

①出现度。在每一调查主样方 4 个对角线方向上设置 4 个修正样方，其形状和大小与调查主样方相同，如果调查的珍稀濒危植物呈狭长带状分布，也可与调查主样方并排等距布设。修正样方与调查主样方的间距，乔木为 20m，灌木为 5m，草本为 2m。修正样方仅调查珍稀濒危植物的有无，不计植株数量。出现度的计算公式如下：

$$F=\frac{n}{N_1+N_2} \quad\cdots\cdots\cdots\cdots\cdots\cdots\cdots\cdots\cdots\cdots\cdots \quad (9.1)$$

式中，F 为珍稀濒危植物在某个植物群落类型中的出现度；

n 为该植物群落中出现珍稀濒危植物的样方数量；

N_1 为该植物群落类型中调查主样方的数量；

N_2 为该植物群落类型中修正样方的数量。

②个体数。对极小种群的珍稀濒危植物的个体数宜通过普查的方式获得，数量较多的珍稀濒危植物采用下式计算：

$$N=F×D×S \quad\cdots\cdots\cdots\cdots\cdots\cdots\cdots\cdots\cdots\cdots\cdots \quad (9.2)$$

式中，N 为珍稀濒危植物在某植物群落中的个体数；

F 为珍稀濒危植物在该植物群落类型中的出现度；

D 为主样方中的个体平均密度，即珍稀濒危植物在该植物群落类型中每公顷个体数；

S 为该植物群落类型的分布面积。在不小于 1∶50000 比例尺的地形图、植被图或林相图上，确定该植物群落类型的分布范围，进行面积求算；或利用森林资源规划设计调查资料确定。

（2）种群结构通过年龄结构指数和性比两个指标进行评估。

①年龄结构指数。统计珍稀濒危植物各年龄阶段个体数，采用年龄结构动态指数衡量种群年龄结构类型，计算公式如下：

$$V_p = \frac{\sum\limits_{n=1}^{k-1}(S_n \times V_n)}{\sum\limits_{n=1}^{k-1}S_n} \quad\cdots\cdots\cdots\cdots\cdots\cdots\cdots\cdots\cdots\cdots (9.3)$$

其中，

$$V_n = \frac{S_n - S_{n+1}}{\max(S_n, S_{n+1})} \quad\cdots\cdots\cdots\cdots\cdots\cdots\cdots\cdots\cdots (9.4)$$

式中，V_p 为种群年龄结构指数；

　　　S_n 为第 n 龄级种群个体数；

　　　S_{n+1} 为第 n+1 龄级的种群个体数；

　　　V_n 为种群从 n 到 n+1 级的个体数量动态指数；

　　　k 为种群龄级数。

②性比。性比主要针对雌雄异株的珍稀濒危野生植物进行评估，通过直接比较其雌雄个体的比例。

（3）种群繁殖通过结实量和实生苗数量两个指标进行评估。结实量和实生苗数量两个评估指标均通过野外调查获得其基础数据后直接进行比较。

（4）种群在群落中的地位通过重要值进行评估。重要值的计算公式如下：

$$IV = \frac{RD + RF + RT}{300} \quad\cdots\cdots\cdots\cdots\cdots\cdots\cdots\cdots\cdots (9.5)$$

式中，IV 为重要值，介于 0~1 之间；

　　　RD 为相对密度；

　　　RF 为相对频度；

　　　RT 为相对显著度，即树木的相对胸高断面积。

上式用于草本或灌木植物群落时，相对显著度可用相对盖度代替。

（5）分布包括珍稀濒危野生植物的分布面积、垂直分布范围和适宜生境占比 3 项评估指标。珍稀濒危野生植物的分布面积、垂直分布范围和适宜生境占比等评估指标通过直接统计汇总各指标的数值，进行对比。

（6）生存干扰仅包括干扰生境占比一项评估指标。干扰生境占比通过直接统计汇总受采集、放牧、旅游等人为干扰的珍稀濒危植物生境占适宜生境的比例得到。

9.1.2.3　野生植物保护管理状况

该评估方面仅包括珍稀濒危野生植物保育和外来物种控制两个评估内容。

（1）珍稀濒危野生植物保育包括人工扩繁数量和野外栽植数量两项评估指标。人工扩繁数量和野外栽植数量两项评估指标通过直接统计汇总各指标的数值，进行对比。

（2）外来物种控制包括外来物种数和入侵物种危害面积两项评估指标。外来物种数和入侵物种危害面积两项评估指标通过直接统计汇总各指标的数值，进行对比。

9.1.3 评估结果评定

9.1.3.1 野生植物多样性

（1）本地野生植物丰富度。统计自然保护区内本地野生植物种数，包括被子植物、裸子植物、蕨类植物、苔藓植物、地衣、大型真菌和大型藻类等植物类群。并计算两期各项指标的变化值，分析本地野生植物丰富度的变化情况。

（2）珍稀濒危野生植物丰富度。统计自然保护区内国家Ⅰ级和Ⅱ级重点保护野生植物、IUCN物种红色名录中极危、濒危和易危的野生植物种数。并计算两期各项指标的变化值，分析珍稀濒危野生植物丰富度的变化情况。

9.1.3.2 珍稀濒危野生植物生存状况

（1）种群数量。根据调查样方数据，计算珍稀濒危野生植物在每种植物群落类型中的出现度（F），估算珍稀濒危野生植物个体数（N）。计算两期珍稀濒危野生植物个体数（N）的变化值，分析种群数量的变化情况。

（2）种群结构。

①年龄结构指数（V_p）。基于种群年龄结构指数（V_p）的大小，判断珍稀濒危野生植物种群年龄结构特征。V_p值为正、负、零，分别表征种群年龄结构的增长、衰退、稳定等特征。并计算种群年龄结构指数（V_p）和两期种群年龄结构指数（V_p）的变化值，分析珍稀濒危野生植物种群年龄结构的变化情况。

②性比（SR）。对于雌雄异株的珍稀濒危野生植物，统计种群中雌、雄个体株数，计算雌雄个体比例，即性比。并计算两期性比（SR）的变化值，分析珍稀濒危野生植物种群性比的变化情况。

（3）种群繁殖。

①结实量（SY）。对于种群数量不足100株的极小种群植物，应全部调查统计每株成熟个体的果实数量或重量，计算平均结实量；其他珍稀濒危植物，根据种群的分布、年龄结构等特征，选择不少于30株的成熟个体调查果实数量或重量，计算平均结实量。计算两期结实量（SY）的变化值，分析珍稀濒危野生植物种群结实量的变化情况。

②实生苗数量（SN）。统计每个样方中的实生幼苗个体数，计算珍稀濒危野生植物实生苗数量。计算两期实生苗数量（SN）的变化值，分析珍稀濒危野生植物种群实生苗数量的变化情况。

（4）种群在群落中的地位。重要值（IV）能够反映珍稀濒危野生植物在群落中地位和作用，计算其重要值（IV）。并计算两期重要值（IV）的变化值，分析珍稀濒危野生植物种群重要值的变化情况。

（5）分布。在不小于1∶50000比例尺的地形图、植被图上，结合实地调查资料，确定珍稀濒危野生植物空间分布范围，制作珍稀濒危野生植物分布图。计算珍稀濒危野生植物在自然保护区中的分布面积（A）、垂直分布范围（AR）及适宜生境占比（SH）。计算两期各项指标的变化值，分析珍稀濒危野生植物种群分布的变化情况。

（6）生存干扰。通过现地调查、访谈等手段，确定珍稀濒危植物生境中受采集、放牧、旅游等人为干扰的生境面积，计算干扰生境面积占适宜生境的面积比，即干扰生境占比（IH）。计算两期干扰生境占比（IH）的变化值，分析珍稀濒危野生植物生存干扰的变化情况。

9.1.3.3　野生植物保护管理状况

（1）珍稀濒危野生植物保育。统计自然保护区对珍稀濒危野生植物的人工扩繁数量（EN）和野外栽植数量（PN）。计算两期人工扩繁数量（EN）和野外栽植数量（PN）的变化值，分析珍稀濒危野生植物保育的变化情况。

（2）外来物种控制。通过对外来物种进行专项调查，确定自然保护区中外来物种数（AS）。基于外来物种调查等资料，根据其扩散能力和危害程度，确定入侵物种，进而确定入侵物种的分布范围，制作自然保护区入侵物种分布图，求算入侵物种的危害面积（IA）。计算两期外来物种数（AS）和入侵物种的危害面积（IA）的变化值，分析外来物种控制的变化情况。

9.2　自然保护区野生动物保护成效评估方法

9.2.1　评估指标

自然保护区野生动物保护成效从野生动物多样性状况、主要保护野生动物生存状况、野生动物防控状况三方面进行评估，总计 10 个评估内容，38 个评估指标（表9-2）。除"外来物种防控"评估内容的指标仅统计外来物种之外，其他指标一律统计本地种。

表 9-2　自然保护区野生动物保护成效评估指标

Tab. 9-2　Evaluation index of wild animal conservation efficiency in nature reserve

评估方面	评估内容	序号	评估指标	符号	含义
一、野生动物多样性状况	（一）各类群野生动物的物种丰富度	1	哺乳类种数	S_M	哺乳类野生动物的物种数
		2	鸟类物种数	S_{AV}	鸟类野生动物的物种数
		3	爬行类物种数	S_R	爬行类野生动物的物种数
		4	两栖类物种数	S_{AM}	两栖类野生动物的物种数
	（二）野生动物目、科、属级的丰富度	5	目数	N_O	所有野生动物的总目数
		6	科数	N_F	所有野生动物的总科数
		7	属数	N_G	所有野生动物的总属数
		8	G-F 指数	D_{G-F}	G 指数代表属间的多样性，F 指数代表科中和科间的多样性。G-F 指数是 0~1 的测度，非单种科越多，G-F 指数越高。
	（三）珍稀濒危野生动物的物种丰富度	9	Ⅰ级物种数	$S_{N\,I}$	国家Ⅰ级重点保护野生动物种数
		10	Ⅱ级物种数	$S_{N\,II}$	国家Ⅱ级重点保护野生动物种数
		11	CITES 附录Ⅰ物种数	$S_{C\,I}$	列入 CITES 附录Ⅰ中的野生动物物种数
		12	CITES 附录Ⅱ物种数	$S_{C\,II}$	列入 CITES 附录Ⅱ中的野生动物物种数
		13	野外灭绝物种数	S_{EW}	IUCN 物种红色名录中野外灭绝的野生动物种数
		14	极危物种数	S_{CR}	IUCN 物种红色名录中极危的野生动物种数
		15	濒危物种数	S_{EN}	IUCN 物种红色名录中濒危的野生动物种数
		16	易危物种数	S_{VU}	IUCN 物种红色名录中易危的野生动物种数

（续）

评估方面	评估内容	序号	评估指标	符号	含义
二、主要保护野生动物生存状况	（四）种群多度	17	种群数量	N	某种主要保护野生动物的全部活体个体数
		18	种群密度	D	某种主要保护野生动物在单位面积内或调查监测位点上出现的活体个体数
		19	活体出现频率	F_L	某种主要保护野生动物活体出现的样线数、样方数、样点数或位点数占总抽样数的比例
		20	痕迹出现频率	F_T	某种主要保护野生动物痕迹出现的样线数、样方数、样点数或位点数占总抽样数的比例
		21	活体遇见率	R_{LM}	某种主要保护野生动物在单位距离内遇见的活体个体数
		22	痕迹遇见率	R_{TM}	某种主要保护野生动物在单位距离内遇见的痕迹数
	（五）种群结构	23	年龄结构指数	I_A	某种主要保护野生动物幼体和亚成体占所有个体数的比例
		24	性比	R_S	某种主要保护动物野生动物雌性个体数与雄性个体数的比例
	（六）分布特征	25	分布面积	A	某种主要保护野生动物在自然保护区内经常活动和游荡的区域面积
		26	分布系数	C_D	某种主要保护野生动物在不同栖息地类型的分布广度
	（七）栖息地特征	27	栖息地面积	A_H	某种主要保护野生动物的栖息地面积
		28	干扰栖息地占比	R_{IH}	建筑物和构筑物建设、矿产资源开发、放牧、垦殖、旅游等人类活动干扰的栖息地面积占栖息地总面积的比例
		29	栖息地破碎化指数	I_F	反映主要保护野生动物栖息地的破碎化程度和分离程度，指数越大，破碎化程度越高、分离程度越高
三、野生动物防控状况	（八）外来物种防控	30	外来物种的种类	S_A	外来的陆生脊椎动物的种类
		31	入侵物种的数量	N_I	每种形成危害的外来物种的个体数
		32	入侵物种的危害面积	A_I	每种形成危害的外来物种的分布面积
	（九）野生动物安全防控	33	死亡动物种类	S_D	由于乱捕滥猎、交通致死及其他人类活动造成的野生动物非正常死亡的种类
		34	死亡动物数量	N_D	由于乱捕滥猎、交通致死及其他人类活动造成的每种野生动物非正常死亡的个体数量
		35	人身伤亡数量	L_H	野生动物肇事造成的人员伤亡数量
	（十）野生动物肇事防控	36	农林业损失	L_A	野生动物肇事造成的农、林、牧、渔等方面的经济损失
		37	其他财产损失	L_P	野生动物肇事造成的建筑物、构筑物、交通工具等财产的经济损失
		38	损失补偿率	R_C	野生动物肇事案件中补偿金额与实际损失金额的比值

9.2.2　评估指标的计算方法

9.2.2.1　野生动物多样性状况

该评估方面包括各类群野生动物的物种丰富度，野生动物目、科、属级的丰富度和珍稀濒危野生动物的物种丰富度 3 个评估内容。其中，各类群野生动物的物种丰富度包括哺乳类物种数、鸟类物种数、爬行类物种数和两栖类物种数等初级评估指标；野生动物目、科、属级的丰富度包括目数、科数、属数等初级评估指标，以及 G-F 指数；珍稀濒危野生动物的物种丰富度包括 I 级物种数、II 级物种数、CITES 附录 I 物种数、CITES 附录 II 物种数、野外灭绝物种数、极危物种数、濒危物种数和易危物种数等初级评估指标。

（1）各类群野生动物的物种丰富度。哺乳类物种数、鸟类物种数、爬行类物种数和两栖类物种数等初级评估指标通过统计汇总直接得到。

（2）野生动物目、科、属级的丰富度。

①目数、科数、属数等初级评估指标通过统计汇总直接得到。

②G-F 指数。

$$D_{G-F} = 1 - \frac{D_G}{D_F} \quad\cdots\cdots\cdots\cdots\cdots (9.6)$$

其中，

$$D_F = \sum_{k=1}^{m} \left(-\sum_{i=1}^{n} \frac{S_{ki}}{S_k} \ln \frac{S_{ki}}{S_k} \right) \quad\cdots\cdots\cdots\cdots (9.7)$$

$$D_G = -\sum_{j=1}^{p} \frac{S_j}{S} \ln \frac{S_j}{S} \quad\cdots\cdots\cdots\cdots\cdots (9.8)$$

式中，D_{G-F} 为 G-F 指数（$0 \leqslant D_{G-F} \leqslant 1$），其中规定：如果鸟类或兽类中所有的科都是单种科，即 $D_F = 0$ 时，则规定该保护区的 G-F 指数为零，$D_{G-F} = 0$；非单种科越多，G-F 指数越高。

D_G 为 G 指数，即属间的多样性指数；

D_F 为 F 指数，即科中和科间的多样性指数；

m 为鸟类或兽类的科数；

n 为 k 科中的属数；

S_{ki} 为鸟类或兽类 k 科 i 属中的物种数；

S_k 鸟类或兽类中 k 科的物种数；

p 鸟类或兽类中的属数；

S_j 鸟类或兽类 j 属中的物种数；

S 鸟类或兽类中的物种总数。

9.2.2.2　主要保护野生动物生存状况

该评估方面包括种群多度、种群结构、分布特征和栖息地特征 4 个评估内容。其中种群多度包括种群数量、种群密度、活体出现频率、痕迹出现频率、活体遇见率和痕迹遇见率等评估指标；种群结构包括年龄结构指数和性比等评估指标；分布特征包括分布面积和分布系数等评估指标；栖息地特征包括栖息地面积、干扰栖息地占比和栖息地破碎化指数等评估指标。

（1）种群多度。

①种群数量。种群数量可以通过野外调查汇总直接得到。

②种群密度。

A. 样线法

$$D = \frac{\sum\limits_{i=1}^{m} N_i}{\sum\limits_{i=1}^{m} A_i} \quad\cdots\cdots\cdots\cdots\cdots\cdots\cdots\cdots\cdots\cdots (9.9)$$

其中，

$$A_i = 2L_i \frac{\sum\limits_{j=1}^{N_i} W_j}{N_i} \quad\cdots\cdots\cdots\cdots\cdots\cdots\cdots (9.10)$$

式中，D 为某物种的种群平均密度，单位是每平方千米或公顷的个体数；

N_i 为某物种在第 i 条样线中所有的活体个体数，包括野外调查记录到的实体、红外相机拍摄识别的个体，通过微卫星 DNA 等生物技术识别的个体；

m 为调查样线总数；

A_i 为第 i 条样线的面积；

L_i 为第 i 条样线的长度；

W_j 为某物种的第 j 个个体距样线中线的垂直距离。

B. 样方法

$$D = \frac{\sum\limits_{i=1}^{m} N_i}{\sum\limits_{i=1}^{m} A_i} \quad\cdots\cdots\cdots\cdots\cdots\cdots\cdots\cdots (9.11)$$

式中，D 为某物种的种群平均密度，单位是每平方千米或公顷的个体数；

N_i 为某物种在第 i 个样方中所有的活体个体数；

m 为调查样方总数；

A_i 为第 i 个样方的面积。

C. 样点法

$$D = \frac{\sum\limits_{i=1}^{m} N_i}{\sum\limits_{i=1}^{m} A_i} \quad\cdots\cdots\cdots\cdots\cdots\cdots\cdots\cdots (9.12)$$

其中，

$$A_i = \pi \times \left(\frac{\sum\limits_{j=1}^{N_i} R_j}{N_i}\right)^2 \quad\cdots\cdots\cdots\cdots\cdots (9.13)$$

式中，D 为某物种的种群平均密度，单位是每平方千米或公顷的个体数；

N_i 为某物种在第 i 样点中所有的活体个体数；

m 为查样点总数；

A_i 为第 i 样点的面积；

R_j 为种的第 j 个体距样点中心的垂直距离。

D. 位点法

$$D = \frac{\sum_{i=1}^{m} N_i}{m} \quad \cdots\cdots\cdots\cdots\cdots\cdots\cdots\cdots\cdots\cdots\cdots \quad (9.14)$$

式中，D 为某物种的种群相对密度，单位是每个位点的个体数；

N_i 为某物种在第 i 个位点的活体记录数，位点是指红外相机拍摄点、陷阱、饮水点等调查监测位点；

m 为调查监测位点总数。

③活体出现频率。

$$F_L = \frac{n}{m} \times 100\% \quad \cdots\cdots\cdots\cdots\cdots\cdots\cdots\cdots\cdots\cdots \quad (9.15)$$

式中，F_L 为某种物种在样线、样方、样点或位点上活体的出现频率；

n 为某物种活体出现的样线、样方、样点或位点的总数；

m 为调查抽样总数。

④痕迹出现频率。

$$F_T = \frac{n}{m} \times 100\% \quad \cdots\cdots\cdots\cdots\cdots\cdots\cdots\cdots\cdots\cdots \quad (9.16)$$

式中，F_T 为某种物种在样线、样方、样点或位点上痕迹的出现频率，痕迹包括尸体、粪便、食迹、足迹、卧迹、爪痕、毛发等；

n 为某物种痕迹出现的样线、样方、样点或位点的总数；

m 为调查抽样总数。

⑤活体遇见率。

$$R_{LM} = \frac{1}{m} \sum_{i=1}^{m} \left(\frac{N_i}{L_i} \right) \quad \cdots\cdots\cdots\cdots\cdots\cdots\cdots\cdots \quad (9.17)$$

式中，R_{LM} 为某物种的活体遇见率（次/km）；

N_i 为某物种在第 i 条样线中所有的活体记录数；

L_i 为第 i 条样线的长度；

m 调查样线总数。

⑥痕迹遇见率。

$$R_{TM} = \frac{1}{m} \sum_{i=1}^{m} \left(\frac{N_i}{L_i} \right) \quad \cdots\cdots\cdots\cdots\cdots\cdots\cdots\cdots \quad (9.18)$$

式中，R_{TM} 为某物种的痕迹遇见率（次/km）；

N_i 为某物种在第 i 条样线中所有的痕迹记录数；

L_i 为第 i 条样线的长度；

m 调查样线总数。

（2）种群结构。

①年龄结构指数。

$$I_A = \frac{N_Y}{N} \times 100\% \quad \cdots\cdots\cdots\cdots\cdots\cdots\cdots\cdots\cdots \quad (9.19)$$

式中，I_A 为某物种中幼体、亚成体个体数占所有个体数的比例；

　　　　N_Y 为某物种中的幼体、亚成体个体数；

　　　　N 为某物种的所有个体数。

②性比。

$$R_S = \frac{N_F}{N_M} \times 100\% \quad\cdots\cdots\cdots\cdots\cdots\cdots\cdots\cdots\cdots\cdots\cdots\cdots\cdots\cdots (9.20)$$

式中，R_S 为某物种的雌性个体数与雄性个体数的比例；

　　　　N_F 为某物种的雌性个体数；

　　　　N_M 为某物种的雄性个体数。

（3）分布特征。

①分布面积。

分布面积可以通过野外调查汇总直接得到。

②分布系数。

$$C_D = \frac{1}{2} \times \left(\frac{n}{m} + \frac{n'}{m'} \right) \times 100\% \quad\cdots\cdots\cdots\cdots\cdots\cdots\cdots\cdots\cdots\cdots (9.21)$$

式中，C_D 为某物种的分布系数；

　　　　n 为某物种出现的样线、样方、样点或位点的总数；

　　　　m 为调查抽样总数；

　　　　n' 为某物种出现的栖息地类型数，根据自然保护区景观分类体系确定栖息地类型，参见《LY/T 2244.3—2014 自然保护区保护成效评估技术导则 第 3 部分：景观保护》，对有林地、天然草地等应按其植被类型将栖息地类型进一步细化；

　　　　m' 为某物种栖息地类型总数。

（4）栖息地特征。

①栖息地面积。栖息地面积可以通过野外调查汇总直接得到。

②干扰栖息地占比。

$$R_{IH} = \frac{A_{IH}}{A_T} \times 100\% \quad\cdots\cdots\cdots\cdots\cdots\cdots\cdots\cdots\cdots\cdots\cdots\cdots (9.22)$$

式中，R_{IH} 为受人类活动干扰的栖息地总面积占自然保护区总面积的比例；

　　　　A_{IH} 为自然保护区内受人类活动干扰的栖息地总面积；

　　　　A_T 为自然保护区的总面积。

③栖息地破碎化指数。

$$I_F = C_F \times \left[1 - \sum_{i=1}^{n} \left(\frac{A_i}{\sum\limits_{i=1}^{n} A_i} \right)^2 \right] \quad\cdots\cdots\cdots\cdots\cdots\cdots\cdots\cdots (9.23)$$

其中，

$$C_F = \frac{\sum\limits_{i=1}^{n} L_i}{n} \quad\cdots\cdots\cdots\cdots\cdots\cdots\cdots\cdots\cdots\cdots\cdots\cdots (9.24)$$

式中，I_F 为某物种的栖息地破碎化指数；

　　　　C_F 为某物种的栖息地分离系数；

n 为某物种的栖息地斑块数；

L_i 为某物种的栖息地第 i 个斑块到其他斑块之间的最远距离；

A_i 为某物种的栖息地第 i 个斑块的面积。

9.2.2.3　野生动物防控状况

该评估方面包括外来物种防控、野生动物安全防控和野生动物肇事防控 3 个评估内容。其中，外来物种防控包括外来物种的种类、入侵物种的数量和入侵物种的危害面积等初级评估指标；野生动物安全防控包括死亡动物种类和死亡动物数量等初级评估指标；野生动物肇事防控包括人身伤亡数量、农林业损失和其他财产损失分布系数等初级评估指标，以及损失补偿率等。

（1）外来物种防控。

①外来物种的种类。外来物种的种类可以通过野外调查汇总直接得到。

②入侵物种的数量。入侵物种的数量可以通过野外调查汇总直接得到。

③栖息地破碎化指数。入侵物种的危害面积可以通过野外调查汇总直接得到。

（2）野生动物安全防控。

①死亡动物种类。死亡动物种类可以通过野外调查汇总直接得到。

②死亡动物数量。死亡动物数量可以通过野外调查汇总直接得到。

（3）野生动物肇事防控。

①人身伤亡数量。人身伤亡数量可以通过调查汇总直接得到。

②农林业损失。农林业损失可以通过调查汇总直接得到。

③其他财产损失。其他财产损失可以通过调查汇总直接得到。

④损失补偿率。

$$R_C = \left(\frac{L'_A + L'_P}{L_A + L_P} \right) \times 100\% \quad\cdots\cdots\cdots\cdots\cdots\cdots\cdots\cdots\cdots\cdots\cdots \text{（9.25）}$$

式中，R_C 为农林及其他财产经济损失补偿率；

L'_A 为用于补偿农林业经济损失的金额；

L_A 为造成农林业经济损失的金额；

L'_P 为用于补偿其他财产经济损失的金额；

L_P 为造成其他财产经济损失的金额。

9.2.3　评估结果评定

9.2.3.1　评估指标变化率计算

各项评估指标变化率计算公式如下：

$$R = \frac{V' - V}{V} \times 100\% \quad\cdots\cdots\cdots\cdots\cdots\cdots\cdots\cdots\cdots\cdots\cdots\cdots \text{（9.26）}$$

式中，R 为某项评估指标的变化率；

V' 为本期的评估指标数值；

V 为上期的评估指标数值。

9.2.3.2　评估指标变化显著度分级

根据各项评估指标变化率的大小，分析自然保护区野生动物的保护成效，变化显著度分级参照表 9-3。

表 9-3　评估指标变化显著度分级参考表

Tab. 9-3　Reference table for grading in the significance change of evaluation index

变化率	极显著增加	显著增加	无明显变化	显著减少	极显著减少
R	$R \geqslant 5\%$	$1\% \leqslant R < 5\%$	$-1\% \leqslant R < 1\%$	$-5\% \leqslant R < -1\%$	$R < -5\%$

9.3　小结

　　野生动植物保护一直以来都是生态专家和野生动物学者关心的问题，目前关于野生动植物保护的研究也纷繁多样，若将时间轴加入，就可以进行野生动植物保护成效的探索。可以根据自然保护区内两期或多期野生动植物资源调查数据，统计野生动物种类、数量和生态分布（野生动植物在垂直带的分布、在海拔高度上的分布以及在自然保护区不同功能区的分布等）等指标在时间上的变化情况，以衡量自然保护区对野生动植物物种多样性的保护成效。在实际操作中，可能因为人员数量和资金投入等因素的限制而难以统计自然保护区内野生动植物的种类和种群数量，那么就需要将种类和种群数量等绝对值转换成相对值进行衡量，如遇见率。

　　另外，根据自然保护区以往的野生动植物资源调查数据分析珍稀濒危物种丰富度的变化、关键食物链片段的完整性以及伞护种（关键种）的生境适宜性等指标的变化情况，可以衡量自然保护区对珍稀濒危物种及其栖息地的保护成效。

参考文献

关博，崔国发，朴正吉. 2012. 自然保护区野生动物保护成效评价研究综述 [J]. 世界林业研究，25（6）：40-45.

黄族豪，刘迺发，张立勋，等. 2005. 甘肃盐池湾自然保护区有蹄类动物资源变化 [J]. 经济动物学报，9（4）：246-248.

蒋明康，王智，秦卫华，等. 2006. 我国自然保护区内国家重点保护物种保护成效评价 [J]. 生态与农村环境学报，22（4）：35-38.

李丹，张萱蓉，杨小波，等. 2016. 自然保护区对濒危植物种群的保护效果探索——以海南昌江县青梅种群为例 [J]. 林业资源管理，（1）：118-125.

刘海洋，金晓玲，沈守云，等. 2012. 湖南珍稀濒危植物——珙桐种群数量动态 [J]. 生态学报，32（24）：7738-7746.

秦喜文，张树清，李晓峰，等. 2009. 扎龙国家级自然保护区丹顶鹤巢址的空间分布格局分析 [J]. 湿地科学，7（2）：106-111.

韦惠兰，杨凯凯. 2013. 秦岭自然保护区保护成效评估 [J]. 生态经济，（1）：374-379，383.

喻勋林，周先雁，蔡磊. 2015. 野生植物类型自然保护区保护成效评估 [J]. 中南林业科技大学学报，35（3）：32-35.

曾治高，宋延龄，麻应太. 2004. 牛背梁自然保护区秦岭羚牛分布格局与种群大小的变化 [C] // 中国动物学会兽类学分会会员代表大会暨学术讨论会.

郑景明，徐满，孙燕，等. 2011. 庐山自然保护区内外公路路缘外来植物组成对比 [J]. 北京林业大学学报，33（3）：51-56.

周志华，蒋志刚. 2005. 野生动植物贸易活动的特点及影响因子研究 [J]. 生物多样性，13（5）：

462-471.

Daszak P, Cunningham A A, Hyatt A D. 2000. Emerging infectious diseases of wildlife - threats to biodiversity and human health [J]. Science, 287 (5452): 443-449.

IojăC I, Ptroescu M, Rozylowicz L, et al. 2010. The efficacy of Romania's protected areas network in conserving biodiversity [J]. Biological Conservation, 143 (11): 2468-2476.

Kasahara S, Koyama K. 2010. Population trends of common wintering waterfowl in Japan: participatory monitoring data from 1996 to 2009 [J]. Ornithological Science, 9 (1): 23-36.

Yorio P. 2010. Marine protected areas, spatial scales, and governance: implications for the conservation of breeding seabirds [J]. Conservation Letters, 2 (4): 171-178.

附录 A 中国自然保护综合地理区划系统

自然保护地理区域	自然保护地理地带	自然保护地理区	自然保护地理小区
东北温带区域 I	大兴安岭北部寒温带半湿润地带 I 1	大兴安岭北段落叶针叶林区 I 1A	大兴安岭北端 I 1A(1)，呼玛河流域山地 I 1A(2)，大兴安岭北段西麓 I 1A(3)，大兴安岭北段东麓 I 1A(4)
	大兴安岭南部温带半湿润地带 I 2	大兴安岭中段针阔混交林区 I 2A	根河－海拉尔河山地 I 2A(1)，大兴安岭中段西麓 I 2A(2)，大兴安岭中段东麓 I 2A(3)
		大兴安岭南段森林草原区 I 2B	苏克斜鲁山北段 I 2B(1)，苏克斜鲁山南段 I 2B(2)
	小兴安岭温带半湿润地带 I 3	小兴安岭北部针阔混交林区 I 3A	小兴安岭北段 I 3A(1)，小兴安岭中段 I 3A(2)
		小兴安岭南部针阔混交林区 I 3B	青黑山 I 3B(1)，大箐山 I 3B(2)，平顶山 I 3B(3)
	东北平原温带湿润半湿润地带 I 4	松嫩平原外围蒙古栎、草原草甸区 I 4A	大兴安岭山前台地 I 4A(1)，小兴安岭山前台地 I 4A(2)，大黑山台地 I 4A(3)
		松嫩平原栽培植被与草原草甸区 I 4B	松嫩平原北部 I 4B(1)，松嫩平原南部 I 4B(2)
		辽河平原栽培植被与草原草甸区 I 4C	东辽河平原 I 4C(1)，辽河平原 I 4C(2)，辽河湾沿海平原 I 4C(3)
	长白山温带湿润半湿润地带 I 5	穆棱－三江平原湿地，草甸区 I 5A	三江平原 I 5A(1)，穆棱平原 I 5A(2)
		张广才岭－完达山针阔混交林区 I 5B	分水岗－完达山 I 5B(1)，张广才岭北段 I 5B(2)，张广才岭南段 I 5B(3)，张广才岭山前丘陵 I 5B(4)，大青山丘陵 I 5B(5)
		长白山阔叶红松林区 I 5C	老爷岭－太平岭 I 5C(1)，高岭－盘岭 I 5C(2)，大丽岭 I 5C(3)，英额岭 I 5C(4)，威虎岭 I 5C(5)，龙岗山北段 I 5C(6)，长白山 I 5C(7)
		吉林哈达岭次生落叶阔叶林区 I 5D	吉林哈达岭北段 I 5D(1)，吉林哈达岭中段 I 5D(2)，吉林哈达岭南段 I 5D(3)

（续）

自然保护地理区域	自然保护地理地带	自然保护地理区	自然保护地理小区
东北温带区域 I	辽东半岛暖温带湿润半湿润地带 I6	龙岗山针阔混交林区 I6A	龙岗山中段 I6A(1)、龙岗山南段 I6A(2)、老岭 I6A(3)、千山北段 I6A(4)
		辽东半岛落叶阔叶林与湿地区 I6B	千山南段 I6B(1)、辽东半岛 I6B(2)、鸭绿江沿岸丘陵 I6B(3)
华北暖温带区域 II	燕山暖温带半湿润地带 II1	辽西冀北山地落叶阔叶林区 II1A	医巫闾山 II1A(1)、松岭山地 II1A(2)、努鲁儿虎山北段 II1A(3)、努鲁儿虎山南段 II1A(4)
		七老图山落叶阔叶林与草原区 II1B	七老图山北段 II1B(1)、七老图山南段 II1B(2)
		燕山落叶阔叶林区 II1C	燕山西段 II1C(1)、大马群山-军都山 II1C(2)、燕山东段沿海丘陵 II1C(3)、都山 II1C(4)、燕山东段沿海段 II1C(5)
	海河平原暖温带半湿润地带 II2	海河平原栽培植被与湿地区 II2A	北京平原 II2A(1)、太行山山前平原 II2A(2)、燕山山前平原 II2A(3)、冀中平原 II2A(4)、冀南平原 II2A(5)、渤海西部滨海平原 II2A(6)、黄河三角洲平原 II2A(7)、黄河平原 II2A(8)
	山西高原暖温带半湿润地带 II3	晋北中山落叶阔叶林与草原区 II3A	冀西北山地 II3A(1)、大同盆地 II3A(2)、晋西北高原 II3A(3)、恒山 II3A(4)、芦芽山 II3A(5)
		晋中山地落叶阔叶林区 II3B	五台山 II3B(1)、太行山中段西麓 II3B(2)、寿阳山地 II3B(3)、忻州盆地 II3B(4)、太原盆地 II3B(5)、太岳山 II3B(6)、云中山 II3B(7)、关帝山 II3B(8)、吕梁山南段 II3B(9)
		太行山东坡栽培植被与落叶阔叶林区 II3C	太行山北段 II3C(1)、太行山东麓前丘陵 II3C(2)、太行山中段东坡 II3C(3)
	陕北和陇中高原暖温带半干旱地带 II4	陕北高原切割原落叶阔叶林与草原区 II4A	白干山 II4A(1)、梁山 II4A(2)、子午岭 II4A(3)、陇东黄土高原 II4A(4)
		陇中高原南部落叶阔叶林与草原区 II4B	六盘山 II4B(1)、陇山 II4B(2)、陇西高原 II4B(3)

（续）

自然保护地理区域	自然保护地理地带	自然保护地理区	自然保护地理小区
华北暖温带区域Ⅱ	太行山南段和秦岭北坡暖温带半湿润地带Ⅱ5	太行山南段山地落叶阔叶林与灌地地区Ⅱ5A	太行山南段Ⅱ5A(1)、长治盆地Ⅱ5A(2)、沁河谷地Ⅱ5A(3)、临沂—运城盆地Ⅱ5A(4)、中条山Ⅱ5A(5)、太行山南麓平原Ⅱ5A(6)
		陕南豫西栽培植被与山地落叶阔叶林区Ⅱ5B	嵩山Ⅱ5B(1)、崤山Ⅱ5B(2)、伏牛山Ⅱ5B(3)、华山Ⅱ5B(4)、关中盆地Ⅱ5B(5)、陇东高原南部Ⅱ5B(6)、秦岭北麓Ⅱ5B(7)
	黄淮平原暖温带半湿润地带Ⅱ6	黄淮平原栽培植被与湿地区Ⅱ6A	南四湖洼地Ⅱ6A(1)、黄淮平原Ⅱ6A(2)、黄淮沙区Ⅱ6A(3)、淮北平原东北部Ⅱ6A(4)、沂沭平原Ⅱ6A(5)、淮北平原Ⅱ6A(6)、苏北平原Ⅱ6A(7)
	山东半岛暖温带半湿润地带Ⅱ7	胶东半岛落叶阔叶林区Ⅱ7A	艾山Ⅱ7A(1)、昆嵛山Ⅱ7A(2)
		胶莱平原栽培植被与落叶阔叶林区Ⅱ7B	胶莱平原Ⅱ7B(1)、鲁东南丘陵Ⅱ7B(2)
		鲁中南山地落叶阔叶林区Ⅱ7C	泰山—鲁山Ⅱ7C(1)、鲁南山地Ⅱ7C(2)、抱犊崮丘陵Ⅱ7C(3)
华东、华南热带亚热带区域Ⅲ	长江中下游中亚热带湿润地带Ⅲ1	江淮平原栽培植被与湿地区Ⅲ1A	里下河低平原Ⅲ1A(1)、淮阳丘陵Ⅲ1A(2)、长江三角洲平原北部Ⅲ1A(3)、长江三角洲平原南部Ⅲ1A(4)、巢湖平原丘陵Ⅲ1A(5)
		大别山及周边栽培植被与常绿阔叶林区Ⅲ1B	淮南平原Ⅲ1B(1)、桐柏山北部丘陵Ⅲ1B(2)、大别山西段Ⅲ1B(3)、大别山东段Ⅲ1B(4)、大洪山Ⅲ1B(5)、江汉平原北部Ⅲ1B(6)、桐柏山Ⅲ1B(7)
	长江中下游中亚热带湿润地带Ⅲ2	浙皖山地常绿阔叶林与湿地区Ⅲ2A	宁镇丘陵Ⅲ2A(1)、九华山Ⅲ2A(2)、黄山Ⅲ2A(3)、天目山Ⅲ2A(4)、钱塘江三角洲平原Ⅲ2A(5)、彭泽丘陵Ⅲ2A(6)、白际山—清凉峰Ⅲ2A(7)、昱岭—千里岗Ⅲ2A(8)、龙门山—金衢盆地Ⅲ2A(9)、怀玉山Ⅲ2A(10)
		鄱阳湖平原栽培植被与湿地区Ⅲ2B	鄱阳湖湿地平原Ⅲ2B(1)、鄱阳湖南部平原Ⅲ2B(2)

（续）

自然保护地理区域	自然保护地理地带	自然保护地理区	自然保护地理小区
	长江中下游中亚热带湿润地带Ⅲ2	罗霄山脉北段山地常绿阔叶林区Ⅲ2C	江汉平原南部Ⅲ2C(1)、长江中游河谷平原Ⅲ2C(2)、幕阜山北支Ⅲ2C(3)、幕阜山Ⅲ2C(4)、连云山Ⅲ2C(5)、九岭山Ⅲ2C(6)、武功山北部Ⅲ2C(7)
		湘中平原丘陵栽培植被与常绿阔叶林区Ⅲ2D	洞庭湖平原Ⅲ2D(1)、长沙盆地Ⅲ2D(2)、湘西丘陵Ⅲ2D(3)、衡阳盆地Ⅲ2D(4)、九嶷荆山Ⅲ2D(5)
		浙闽山地常绿阔叶林与湿地区Ⅲ2E	会稽山Ⅲ2E(1)、四明山Ⅲ2E(2)、天台山Ⅲ2E(3)、大盘山Ⅲ2E(4)、括苍山Ⅲ2E(5)、仙霞岭Ⅲ2E(6)、武夷山北段Ⅲ2E(7)、洞宫山Ⅲ2E(8)、武夷山南麓Ⅲ2E(9)、武夷山中段西侧Ⅲ2E(10)、武夷山南段西侧Ⅲ2E(11)
华东、华南热带亚热带区域Ⅲ		赣南山地常绿阔叶林区Ⅲ2F	赣中盆地Ⅲ2F(1)、干山北段Ⅲ2F(2)、干山南段Ⅲ2F(3)、杉岭西北部山地Ⅲ2F(4)、武功山Ⅲ2F(5)、万洋山-八面山-诸广山Ⅲ2F(6)
		雪峰山常绿阔叶林区Ⅲ2G	雪峰山北段Ⅲ2G(1)、雪峰山南段Ⅲ2G(2)、八十里南山Ⅲ2G(3)、越城岭Ⅲ2G(4)
	东南亚热带湿润地带Ⅲ3	戴云山及周边山地常绿阔叶林区Ⅲ3A	太姥山Ⅲ3A(1)、鹫峰山Ⅲ3A(2)、戴云山Ⅲ3A(3)、山沿海丘陵Ⅲ3A(4)、玳瑁山北段Ⅲ3A(5)、武夷山南段东侧Ⅲ3A(6)、玳瑁山南段Ⅲ3A(7)
		南岭东段-杉岭山地常绿阔叶林区Ⅲ3B	杉岭北段Ⅲ3B(1)、杉岭南段Ⅲ3B(2)、杉岭西段山地Ⅲ3B(3)、九连山北段Ⅲ3B(4)、九连山南段Ⅲ3B(5)、滑石山Ⅲ3B(6)
		南岭西段山地常绿阔叶林区Ⅲ3C	阳明山Ⅲ3C(1)、大瑶岭Ⅲ3C(2)、骑田岭Ⅲ3C(3)、海洋山Ⅲ3C(4)、都庞岭Ⅲ3C(5)、九嶷山Ⅲ3C(6)、萌渚岭Ⅲ3C(7)、大桂山Ⅲ3C(8)、瑶山北段Ⅲ3C(9)、瑶石山Ⅲ3C(10)

（续）

自然保护地理区域	自然保护地理带	自然保护地理区	自然保护地理小区
华东、华南热带亚热带区域Ⅲ	东南亚热带湿润地带Ⅲ3	黔桂石灰岩丘陵山地常绿阔叶林区Ⅲ3D	九万山Ⅲ3D(1)、架桥岭Ⅲ3D(2)、大瑶山Ⅲ3D(3)、大容山Ⅲ3D(4)、六万大山-罗阳山Ⅲ3D(5)、大容山Ⅲ3D(6)、桂西岩溶丘陵Ⅲ3D(7)、桂东南平原丘陵Ⅲ3D(8)
		粤桂丘陵山地常绿阔叶林与湿地区Ⅲ3E	瑶山南段Ⅲ3E(1)、珠江三角洲平原Ⅲ3E(2)、云雾山Ⅲ3E(3)、云雾山沿海丘陵Ⅲ3E(4)、云开大山Ⅲ3E(5)
		闽粤沿海山地常绿阔叶林与湿地区Ⅲ3F	博平岭北段Ⅲ3F(1)、博平岭南段Ⅲ3F(2)、连花山Ⅲ3F(3)、莲花山沿海丘陵Ⅲ3F(4)
	台湾岛亚热带湿润地带Ⅲ4	台湾西部平原栽培植被与湿地区Ⅲ4A	台湾西部平原Ⅲ4A(1)
		台湾东部山地常绿阔叶林区Ⅲ4B	雪山Ⅲ4B(1)、中央山Ⅲ4B(2)
		台南地区热带雨林季雨林与湿地区Ⅲ4C	台湾山南端Ⅲ4C(1)、台湾西南部平原Ⅲ4C(2)
	华南热带湿润地带Ⅲ5	雷州半岛台地栽培植被与湿地区Ⅲ5A	雷州半岛Ⅲ5A(1)
		十万大山热带雨林季雨林与湿地区Ⅲ5B	十万大山Ⅲ5B(1)、北部湾平原Ⅲ5B(2)
	海南岛热带湿润地带Ⅲ6	海南岛北部平原栽培植被与湿地区Ⅲ6A	海南岛北部Ⅲ6A(1)
		海南岛南部山地热带雨林季雨林与湿地区Ⅲ6B	黎母岭Ⅲ6B(1)、五指山Ⅲ6B(2)
华中、西南热带亚热带区域Ⅳ	秦巴山地北亚热带湿润地带Ⅳ1	秦岭东部栽培植被与常绿阔叶林区Ⅳ1A	南阳盆地Ⅳ1A(1)、流岭-蟒岭Ⅳ1A(2)、秦岭东段Ⅳ1A(3)
		大巴山北部常绿阔叶林区Ⅳ1B	荆山Ⅳ1B(1)、武当山Ⅳ1B(2)、大巴山东段北麓Ⅳ1B(3)、大巴山西段北麓Ⅳ1B(4)
		秦岭中段南坡常绿阔叶林区Ⅳ1C	平河梁Ⅳ1C(1)、秦岭中段南麓Ⅳ1C(2)、小陇山-紫柏山Ⅳ1C(3)
		岷山-西秦岭常绿阔叶林区Ⅳ1E	西秦岭东段Ⅳ1E(1)、西秦岭西段Ⅳ1E(2)、岷山Ⅳ1E(3)
	四川盆地及边缘山地亚热带湿润地带Ⅳ2	大巴山脉南部常绿阔叶林区Ⅳ2A	大巴山南麓Ⅳ2A(1)、米仓山南麓Ⅳ2A(2)

（续）

自然保护地理区域	自然保护地理地带	自然保护地理区	自然保护地理小区
华中、西南热带亚热带区域IV	四川盆地及边缘山地亚热带湿润地带IV2	四川盆地栽培植被与湿地区IV2B	川北丘陵IV2B(1)、川东平行岭谷IV2B(2)、川中丘陵平原IV2B(3)、成都平原IV2B(4)
		川西山地常绿阔叶林与高山草甸区IV2C	龙门山IV2C(1)、邛崃山北段IV2C(2)、邛崃山南段IV2C(3)、大相岭IV2C(4)
	贵州高原及边缘山地亚热带湿润地带IV3	武陵山常绿阔叶林与湿地区IV3A	武陵山山前平原IV3A(1)、巫山IV3A(2)、壶瓶山IV3A(3)、武陵山东北部IV3A(4)、武陵山南段IV3A(5)、齐岳山IV3A(6)、武陵山西北部IV3A(7)、梵净山IV3A(8)、大娄山西段IV3A(9)、大娄山南侧石灰岩山地IV3A(10)、大娄山南段IV3A(11)
		贵州高原常绿阔叶林与石灰岩溶洞区IV3B	苗岭东段IV3B(1)、苗岭原石灰岩IV3B(2)、黔南石灰岩峰丛IV3B(3)、黔西北高原IV3B(4)、黔南高原IV3B(5)、黔南高原IV3B(6)、桂西北岩溶山地IV3B(7)
	横断山脉北部亚热带湿润半湿润地带IV4	怒江澜沧江切割山地常绿阔叶林与高山植被区IV4A	念青青古拉山东段IV4A(1)、他念他翁山南段IV4A(2)、伯舒拉岭IV4A(3)
		金沙江切割山地常绿阔叶林与高山植被区IV4B	芒康山IV4B(1)、沙鲁里山北段IV4B(2)、沙鲁里山西南部IV4B(3)、沙鲁里山东南部IV4B(4)、工卡拉山IV4B(5)、大雪山北段IV4B(6)、大雪山南段IV4B(7)
	横断山脉南部中亚热带湿润地带IV5	川南山地常绿阔叶林区IV5A	大凉山北部IV5A(1)、大凉山南部IV5A(2)、小相岭IV5A(3)、牦牛山IV5A(4)、鲁南山－龙帚山IV5A(5)、锦屏山IV5A(6)、白林山IV5A(7)、绵绵山IV5A(8)
		云南高原栽培植被与常绿阔叶林区IV5B	乌蒙山北段IV5B(1)、乌蒙山南段IV5B(2)、五莲峰IV5B(3)、堂狼山IV5B(4)、拱王山－三台山IV5B(5)、白草岭IV5B(6)、滇东北高原IV5B(7)、滇中高原西部IV5B(8)、滇中高原东部IV5B(9)

（续）

自然保护地理区域	自然保护地理地带	自然保护地理区	自然保护地理小区
华中、华南热带亚热带区域 IV	横断山脉南部中亚热带湿润地带 IV5	怒江澜沧江平行峡谷常绿阔叶林区 IV5C	雪山IV5C(1)、王龙山IV5C(2)、点苍山IV5C(3)、云岭北段IV5C(4)、云岭南段IV5C(5)、雪盘山IV5C(6)、清水郎山IV5C(7)、怒山北段IV5C(8)、怒山南段IV5C(9)、高黎贡山IV5C(10)
	西南热带亚热带湿润地带 IV6	滇西山原常绿阔叶林区 IV6A	滇西山原IV6A(1)
		滇中南亚高山常绿阔叶林区 IV6B	老别山IV6B(1)、邦马山IV6B(2)、澜沧江中游河谷IV6B(3)、无量山北段IV6B(4)、无量山南段IV6B(5)、哀牢山北段IV6B(6)、哀牢山南段IV6B(7)
		滇南宽谷热带雨林季雨林区 IV6C	澜沧江下游河谷IV6C(1)、滇西南山地IV6C(2)
		滇东南常绿阔叶林与山地季雨林区 IV6D	元江河谷北段IV6D(1)、元江河谷南段IV6D(2)
		桂西南岩溶山原常绿阔叶林与山地季雨林区 IV6E	六诏山北部IV6E(1)、六诏山南部IV6E(2)、桂西山原IV6E(3)、桂西南山地IV6E(4)
	喜马拉雅山东缘热带湿润地带 IV7	喜马拉雅山南翼常绿阔叶林与山地季雨林区 IV7A	喜马拉雅山南翼IV7A(1)
		喜马拉雅山东端高山常绿阔叶林与山地季雨林雨林区 IV7B	喜马拉雅山东端IV7B(1)
内蒙古温带区域 V	西辽河温带半干旱地带 V1	西辽河平原草原与针阔混交林区 V1A	松嫩平原西部V1A(1)、西辽河平原V1A(2)、科尔沁沙地V1A(3)、赤峰黄土丘陵V1A(4)
	呼伦贝尔温带半干旱地带 V2	呼伦贝尔高原草原区 V2A	东呼伦贝尔草原V2A(1)、西呼伦贝尔草原V2A(2)
		内蒙古高原东部草原区 V2B	乌珠穆沁高原V2B(1)、锡林郭勒高原东部V2B(2)、锡林郭勒高原西部V2B(3)、浑善达克沙地东部V2B(4)、坝上高原V2B(5)、张北高原V2B(6)、乌兰察布高原东部V2B(7)、阴山北部丘陵平原V2B(8)、大青山V2B(9)
	鄂尔多斯高原及周边山地温带半干旱地带 V3	鄂尔多斯高原草原与荒漠草原区 V3A	河套平原西部V3A(1)、河套平原东部V3A(2)、库布齐沙地西部V3A(3)、桌子山V3A(4)、西鄂尔多斯高原V3A(5)、鄂尔多斯高原北部V3A(6)、鄂尔多斯高原东部V3A(7)、毛乌素沙地V3A(8)

（续）

自然保护地理区域	自然保护地理地带	自然保护地理区	自然保护地理小区
内蒙古温带区域 V	鄂尔多斯高原及周边山地温带半干旱地带 V3	贺兰山及周边山地草原与山地落叶阔叶林区 V3B	贺兰山 V3B(1)、宁夏平原 V3B(2)、罗山-屑灵山 V3B(3)
		陇中高原北部草原与落叶阔叶林区 V3C	陇中高原北部 V3C(1)、六盘山余脉 V3C(2)
西北温带暖温带区域 VI	内蒙古西部温带干旱地带 VI1	乌兰察高原草原与荒漠草原区 VI1A	浑善达克沙地西部 VI1A(1)、巴彦淖尔高原西部 VI1A(2)、巴彦淖尔高原东部 VI1A(3)、狼山 VI1A(4)
		阿拉善高原东部低地草原化荒漠与灌木化荒漠区 VI1B	雅布赖山 VI1B(1)、乌兰布和沙漠 VI1B(2)、腾格里沙漠西部 VI1B(3)、腾格里沙漠东部 VI1B(4)
		阿拉善高原及河西走廊荒漠区 VI1C	黎汗毛里脱沙窝 VI1C(1)、巴丹吉林沙漠 VI1C(2)、西阿拉善荒漠 VI1C(3)、额济纳绿洲 VI1C(4)、包尔乌拉山荒漠 VI1C(5)、龙首山山地 VI1C(6)、疏勒河流域荒漠 VI1C(7)、河西走廊东部 VI1C(8)
		北山及周边漠戈壁与荒漠草原区 VI1D	北山北坡 VI1D(1)、北山南坡 VI1D(2)、河西走廊西部 VI1D(3)
	北疆温带干旱半干旱地带 VI2	阿尔泰山山地草原与针叶林区 VI2A	阿尔泰山西北部 VI2A(1)、阿尔泰山中部 VI2A(2)
		准噶尔盆地西部荒漠、山地草原与针叶林区 VI2B	萨吾尔山 VI2B(1)、乌尔喀什尔山 VI2B(2)、巴尔鲁克山-玛依勒山 VI2B(3)、额敏河谷地 VI2B(4)
		准噶尔盆地中部低地荒漠区 VI2C	阿尔泰山山前平原 VI2C(1)、额尔齐斯河流域荒漠 VI2C(2)、阿尔泰山东南部 VI2C(3)、乌伦古河流域戈壁 VI2C(4)、古尔班通古特沙漠东部 VI2C(5)、古尔班通古特沙漠西部 VI2C(6)、北天山山前平原 VI2C(7)、北天山东段北麓 VI2C(8)、北天山西段北麓 VI2C(9)、艾比湖流域 VI2C(10)、赛里木湖-科尔古奎山 VI2C(11)、阿拉奎山 VI2C(12)
		准噶尔盆地东部荒漠与荒漠戈壁区 VI2D	北塔山 VI2D(1)、将军戈壁 VI2D(2)、霍景涅里辛沙漠 VI2D(3)、三百四戈壁 VI2D(4)、莫钦乌拉山 VI2D(5)

（续）

自然保护地理区域	自然保护地理地带	自然保护地理区	自然保护地理小区
西北温带暖温带区域VI	北疆温带干旱半干旱地带VI2	天山东段灌木、半灌木荒漠VI2E	巴里坤山VI2E(1)、博格达山北坡VI2E(2)、博格达山南坡VI2E(3)
		天山西段北麓荒漠、草原与针叶林区VI2F	科古琴山南麓VI2F(1)、伊犁河谷VI2F(2)、乌孙山－那拉提山VI2F(3)、依连比尔尕尔山VI2F(4)、阿吾拉勒山VI2F(5)、天山中部山地VI2F(6)
		天山西段南麓山地草原与针叶林区VI3A	额尔宾山VI3A(1)、阿拉沟山VI3A(2)、巴音布鲁克盆地VI3A(3)、霍拉山VI3A(4)、哈尔克他乌山北坡VI3A(5)、哈尔克他乌山南坡VI3A(6)、托木尔山地VI3A(7)、天山南脉VI3A(8)、天山南坡VI3A(9)、拜城谷地VI3A(10)、柯坪盆地西部VI3A(11)、柯坪盆地东部VI3A(11)、喀拉铁热克山VI3A(12)
	南疆温带暖温带干旱地带VI3	吐鲁番-哈密盆地及周边荒漠与盆地绿洲区VI3B	吐鲁番盆地VI3B(1)、哈密盆地VI3B(2)、哈顺戈壁VI3B(3)、库鲁克塔格东部VI3B(4)、库鲁克塔格西部VI3B(5)、焉耆盆地VI3B(6)
		塔里木盆地低地荒漠区VI3C	罗布泊VI3C(1)、阿尔金山山前平原VI3C(2)、天山山前平原VI3C(3)、塔里木河东段荒漠河岸平原VI3C(4)、塔里木河西段荒漠河岸平原VI3C(5)、克里雅河流域荒漠VI3C(6)、和田河流域荒漠VI3C(7)、昆仑山山前地带VI3C(8)、叶尔羌河流域荒漠VI3C(9)、喀什冲积平原VI3C(10)、喀什山前平原VI3C(11)
		西昆仑山低地荒漠与高山植被区VI3D	乌卡沟高寒山地VI3D(1)、卡尔隆高寒山地VI3D(2)、库尔干高原VI3D(3)、喀喇昆仑山北麓VI3D(4)
青藏高原高寒区域VII	昆仑山高寒干旱地带VII1	昆仑山西段高山高寒荒漠区VII1A	喀喇昆仑VII1A(1)、喀拉塔什山VII1A(2)、喀喇昆仑山东部高寒山地VII1A(3)
		昆仑山中东段高山高寒荒漠区VII1B	昆仑山中段VII1B(1)、库木库勒盆地VII1B(2)、博卡雷克塔格VII1B(3)、可可西里山VII1B(4)

（续）

自然保护地理区域	自然保护地理地带	自然保护地理区	自然保护地理小区
青藏高原高寒区域Ⅶ	昆仑山高寒干旱地带Ⅶ1	阿尔金山高寒植被与荒漠植被区Ⅶ1C	阿尔金山Ⅶ1C(1)
	柴达木、祁连山高寒干旱半干旱地带Ⅶ2	柴达木盆地荒漠Ⅶ2A	祁连山西部低山Ⅶ2A(1)、柴达木盆地西北部Ⅶ2A(2)、柴达木盆地东南部Ⅶ2A(3)、祁漫塔格山Ⅶ2A(4)
		祁连山西段高山盆地草原与针叶林区Ⅶ2B	祁连山西段山地Ⅶ2B(1)、西祁连山荒漠Ⅶ2B(2)、西祁连山山山原Ⅶ2B(3)
		祁连山东段高山草原、湿地与针叶林区Ⅶ2C	祁连山中段山地Ⅶ2C(1)、祁连山东段山地Ⅶ2C(2)、祁连山南部Ⅶ2C(3)、青海湖Ⅶ2C(4)、祁连山东端Ⅶ2C(5)
	羌塘高原高寒干旱地带Ⅶ3	中阿里地区高寒荒漠与荒漠草原区Ⅶ3A	中阿里地区Ⅶ3A(1)
		羌塘高原北部高寒草原区Ⅶ3B	阿里高原西北部Ⅶ3B(1)、羌塘高原西北部Ⅶ3B(2)、羌塘高原东北部Ⅶ3B(3)
		羌塘高原中部高寒草原区Ⅶ3C	长江源西部Ⅶ3C(1)、唐古拉山西段Ⅶ3C(2)、羌塘高原中北部Ⅶ3C(3)
		羌塘高原南部高寒草原与高寒湿地区Ⅶ3D	羌塘高原西南部Ⅶ3D(1)、羌塘高原中南部Ⅶ3D(2)、羌塘高原东南部Ⅶ3D(3)、冈底斯山脉中段Ⅶ3D(4)、冈底斯山脉东段Ⅶ3D(5)
	藏东、青南高寒半湿润半干旱地带Ⅶ4	江河源高寒草原区Ⅶ4A	鄂拉山Ⅶ4A(1)、长江源北部Ⅶ4A(2)
		青南高原宽谷高寒草甸区Ⅶ4B	巴彦喀拉山脉北段Ⅶ4B(1)、长江源南部Ⅶ4B(2)、唐古拉山东段南部Ⅶ4B(3)
		川西藏东高寒灌丛与草甸区Ⅶ4C	甘南高原Ⅶ4C(1)、黄南山-西倾山Ⅶ4C(2)、松潘高原Ⅶ4C(3)、阿尼玛卿山Ⅶ4C(4)、巴颜喀拉山中段Ⅶ4C(5)、巴颜喀拉山东南部Ⅶ4C(6)、巴颜喀拉山西南部Ⅶ4C(7)
		澜沧江、金沙江上游切割割山地高寒草原区Ⅶ4D	澜沧江-金沙江上游谷地Ⅶ4D(1)、他念他翁山北麓Ⅶ4D(2)
		念青唐古拉山中段高寒灌丛与高山植被区Ⅶ4E	念青唐古拉山中段北麓Ⅶ4E(1)

（续）

自然保护地理区域	自然保护地理地带	自然保护地理区	自然保护地理小区
青藏高原高寒区域Ⅶ	藏南高寒半湿润半干旱地带Ⅶ5	西南阿里山地高寒荒漠与荒草原区Ⅶ5A	西南阿里地区Ⅶ5A（1）
		喜马拉雅山脉中部山地森林与高山植被区Ⅶ5B	藏南谷地西部Ⅶ5B（1）、喜马拉雅山中段Ⅶ5B（2）、喜马拉雅山东段Ⅶ5B（3）
		雅鲁藏布江谷地灌丛与草原区Ⅶ5C	藏南谷地中部Ⅶ5C（1）、藏南谷地东部Ⅶ5C（2）
		念青唐古拉山南麓草原草甸与高山植被区Ⅶ5D	念青唐古拉山中段南麓Ⅶ5D（1）、念青唐古拉山西段Ⅶ5D（2）
南海诸岛热带区域Ⅷ	南海诸岛热带湿润地带Ⅷ1	东沙群岛热带珊瑚岛区Ⅷ1A	东沙群岛Ⅷ1A（1）
		中沙群岛热带珊瑚岛区Ⅷ1B	中沙群岛Ⅷ1B（1）
		西沙群岛热带珊瑚岛区Ⅷ1C	西沙群岛Ⅷ1C（1）
		南沙群岛热带珊瑚岛区Ⅷ1D	南沙群岛Ⅷ1D（1）

附录 B　建议优先规划建设的自然保护区域和自然保护区群

自然保护区域 或自然保护区群	主要涉及自然 保护地理小区	自然保护区建设关 键区域所占比例 （%）	优化布局后国家 级自然保护区保 护比例（%）	主要涉及 地貌区	自然保护区建设 关键区域所占 比例（%）
大兴安岭北端 自然保护区域	大兴安岭北端	24.19	28.04	额木尔山	3.70
	呼玛河流域山地	1.07	8.80	雉鸡场山	60.02
	–	–	–	大兴安岭北段丘陵	0.46
	–	–	–	伊勒呼里山	0.00
高岭–盘岭自 然保护区域	高岭–盘岭	50.32	17.84	盘岭	37.36
	–	–	–	高岭	61.05
长白山自然保 护区域	长白山	100.00	19.73	英额岭	91.89
	英额岭	81.00	7.21	长白山	99.34
高黎贡山自然 保护区域	怒山北段	100.00	0.00	云岭	73.62
	雪盘山	93.40	20.69	雪盘山	93.04
	云岭北段	79.00	45.84	怒山	96.47
	云岭南段	71.00	8.88	高黎贡山北段	90.99
	高黎贡山	50.57	19.37	–	–
阿尔泰山自然 保护区域	阿尔泰山西北部	100.00	16.84	阿尔泰山	52.31
	阿尔泰山中部	35.35	53.40	–	–
祁连山自然保 护区域	祁连山东段山地	59.00	31.25	走廊南山	66.93
	祁连山中段山地	36.00	78.72	托来山	28.29
	–	–	–	冷龙岭–乌鞘岭	47.14
	–	–	–	大通山–达坂山	9.61
小兴安岭中南 段自然保护 区群	大箐山	40.97	3.03	青黑山	17.07
	平顶山	33.92	3.66	大箐山	50.14
	青黑山	18.81	9.04	平顶山	38.09
张广才岭南段 –长白山自然 保护区群	大丽岭–哈尔巴岭	60.52	0.58	老爷岭	69.60
	张广才岭南段	56.40	15.08	大丽岭	43.44
	威虎岭	54.00	4.84	哈尔巴岭	80.28
	老爷岭–太平岭	39.27	4.73	张广才岭南段	58.58
	–	–	–	牡丹岭	74.35
太行山北段自 然保护区群	太行山北段	0.00	8.11	太行山北段	0.00
武夷山北段自 然保护区群	武夷山北段	79.11	1.02	洞宫山	56.87
	武夷山中段东麓	78.20	5.42	武夷山北段	70.02
	洞宫山	77.90	4.93	武夷山中段	54.43
	武夷山中段西麓	42.00	5.41	–	–
	武夷山南段西侧	60.00	2.94	–	–

（续）

自然保护区域或自然保护区群	主要涉及自然保护地理小区	自然保护区建设关键区域所占比例（%）	优化布局后国家级自然保护区保护比例（%）	主要涉及地貌区	自然保护区建设关键区域所占比例（%）
雪峰山南部自然保护群	越城岭	54.16	5.91	越城岭	61.19
	八十里南山	51.45	14.12	八十里南山	76.71
南岭中部自然保护区群	九嶷山	79.12	3.44	九嶷山	74.90
	五指山	60.00	12.76	五指山	62.99
桂西南热带自然保护区群	十万大山	69.00	9.08	桂西南山地	39.18
	桂西南山地	40.65	–	十万大山	76.78
海南岛南部自然保护区群	黎母岭	52.60	12.06	五指山	51.71
	五指山	40.28	4.26	黎母岭	52.70
秦岭中段自然保护区群	秦岭中段南麓	80.34	28.04	秦岭中段	57.56
	秦岭北麓	67.00	8.95		–
大巴山东段自然保护区群	大巴山东段北麓	50.61	21.29	大巴山东段	51.88
	大巴山南麓	16.39	14.17	大巴山西段	23.74
川西山地自然保护区群	岷山	92.12	29.73	摩天岭	85.90
	邛崃山南段	76.00	13.18	岷山南段	97.11
	大相岭	58.54	3.67	茶坪山	81.76
	龙门山	52.00	9.11	龙门山	18.25
	大凉山北部	43.26	6.78	邛崃山	72.97
	小相岭	22.94	12.01	大相岭	60.66
	–	–	–	小相岭	22.59
	–	–	–	大凉山	30.43
武陵山自然保护区群	武陵山西北部	78.24	2.61	壶瓶山	62.02
	壶瓶山	59.99	11.39	武陵山北段	65.59
	武陵山东北部	51.00	4.09	–	–
西双版纳热带自然保护区群	澜沧江下游河谷	65.25	12.58	滇西南山地	34.00
	无量山南段	37.54	0.00	澜沧江下游河谷	25.25
	哀牢山南段	36.46	8.89	无量山	13.54
	滇西南山地	34.00	2.26	哀牢山	11.46
天山西段自然保护区群	乌孙山-那拉提山	78.29	2.23	博罗科努山	32.03
	赛里木湖-科古琴山	75.50	0.06	阿吾拉勒山	60.45
	科古琴山南麓	72.76	2.87	科古琴山	74.74
	阿吾拉勒山	67.35	6.42	别珍套山	58.35
	–	–	–	那拉提山	74.63
	–	–	–	乌孙山	77.95

附录 C　不同自然地理单元国家级自然保护区晋级前后对比

自然保护地理小区	已建国家级自然保护区	保护比例 (%)	已建省级自然保护区及面积 (km²)	升级后国家级自然保护区总面积 (km²)	升级后保护比例 (%)	建议升级自然保护区	保护优先区域
大兴安岭北端 I 1A (1)	黑龙江呼中、内蒙古额尔古纳、内蒙古汗马	3.04	黑龙江北极村 (1975.53)、内蒙古乌玛 (6593.72)、黑龙江漠河笃斯斯越橘 (278.29)、黑龙江峰岭 (683.73)、内蒙古满归阿鲁 (643.86)	10378.19	28.04	黑龙江北极村、黑龙江峰岭、内蒙古乌玛	涉及
呼玛河流域山地 I 1A (2)	黑龙江呼中、黑龙江双河、内蒙古汗马	7.33	黑龙江塔河盘中 (550.74)、黑龙江盘河 (407.83)、黑龙江呼玛河 (520.5)	3115.12	8.80	黑龙江呼玛河	涉及
大兴安岭北段西麓 I 1A (3)	内蒙古额尔古纳、内蒙古汗马	2.59	内蒙古额尔古纳湿地 (1260)、内蒙古室韦 (1025.59)、内蒙古兴安里湿地 (663.81)	2830.65	6.41	内蒙古室韦、内蒙古兴安里湿地	涉及
黑河-鄂伦春山地 I 1A (4)	黑龙江绰纳河、黑龙江多布库尔湿地、黑龙江南瓮河、黑龙江中央站黑嘴松鸡	9.58	黑龙江剌耳滨河 (377.9)	5108.05	9.58	无	涉及
根河-海拉尔河山地 I 2A (1)		0.00	内蒙古海拉尔西山 (146.03)	0.00	0.00	新建省级自然保护区	
大兴安岭中段西麓 I 2A (2)	内蒙古红花尔基樟子松林	0.83	内蒙古维纳河 (1805.97)、内蒙古柴河 (686.23)、内蒙古阿尔山 (190.36)、内蒙古杜拉尔 (385.67)	2197.18	9.12	内蒙古维纳河、内蒙古柴河	涉及
大兴安岭中段东麓 I 2A (3)	内蒙古毕拉河	1.17	无	566.04	1.17	新建省级自然保护区	

（续）

自然保护地理小区	已建国家级自然保护区	保护比例（%）	已建省级自然保护区及面积（km²）	升级后国家级自然保护区总面积（km²）	升级后保护比例（%）	建议升级自然保护区	保护优先区域
苏克斜鲁山北段 I 2B (1)	内蒙古青山	1.26	内蒙古乌兰河 (585.15)、内蒙古老头山 (314.42)	855.04	4.00	内蒙古乌兰河	涉及
苏克斜鲁山南段 I 2B (2)	内蒙古阿鲁科尔沁草原、内蒙古高格斯台、内蒙古古日格斯台、内蒙古罕乌拉、内蒙古乌兰坝、内蒙古罕山	11.87	内蒙古平顶山-七锅山 (22.50)	4460.12	11.87	无	
小兴安岭北段 I 3A (1)	黑龙江胜山	2.46	黑龙江公别拉河湿地 (511.16)、黑龙江红旗湿地 (212.83)、黑龙江平山 (213.94)、黑龙江引龙河 (242.17)、黑龙江门鲁河 (263.12)	1111.16	4.56	黑龙江公别拉河	
小兴安岭中段 I 3A (2)	黑龙江大沾河、黑龙江友好	14.61	黑龙江逊别拉河 (213.74)、黑龙江都尔滨河 (223.75)、黑龙江干岔子 (450)、黑龙江库尔滨河 (669.64)、黑龙江翠北湿地 (277.3)、黑龙江努敏河 (500.25)、黑龙江北安 (365.05)、黑龙江山口 (944.90)	4120.30	15.66	黑龙江翠北湿地	涉及
青黑山 I 3B (1)	黑龙江丰林、黑龙江茅兰沟、黑龙江太平沟、黑龙江乌伊岭、黑龙江新青白头鹤	6.32	黑龙江平阳河 (459.88)、黑龙江嘉荫恐龙化石 (38.44)、黑龙江伊春茅河源头 (788.64)、黑龙江细鳞河 (206.17)	2617.22	9.04	黑龙江伊春茅河源头	涉及
大管山 I 3B (2)	黑龙江凉水	1.04	黑龙江乌马河紫貂 (207.3)、黑龙江乌马河秋沙鸭 (25.35)、黑龙江双岔河 (103.6)	353.98	3.03	黑龙江乌马河紫貂、黑龙江碧水秋沙鸭	

（续）

自然保护地理小区	已建国家级自然保护区	保护比例（%）	已建省级自然保护区面面积（km²）	升级后国家级自然保护区总面积（km²）	升级后保护比例（%）	建议升级自然保护区	保护优先区域
平顶山 I 3B (3)		0.00	黑龙江朗乡（313.55）、黑龙江平顶山（202.41）、黑龙江龙口（280.18）	515.96	3.66	黑龙江朗乡、黑龙江平顶山	
大兴安岭山前台地 I 4A (1)	内蒙古图牧吉	2.13	黑龙江尼尔基（434.38）、黑龙江哈拉海（231.09）	372.71	2.13	无	平原农耕区
小兴安岭山前台地 I 4A (2)	黑龙江五大连池	0.00	黑龙江讷谟尔河湿地（613.85）、黑龙江鹿角湖梅花鹿（304.85）、黑龙江仙洞山梅花鹿（24.5）、黑龙江双阳河（76.78）、黑龙江扎音河湿地（194.6）、黑龙江西连荒地（102.01）、黑龙江双宝山马鹿（219.53）、黑龙江宾县（212.29）、黑龙江巴彦沿江（82.71）、黑龙江沿江（109.89）	613.85	1.44	黑龙江讷谟尔河湿地	平原农耕区
大黑山台地 I 4A (3)	吉林波罗湖、吉林大布苏	1.59	黑龙江呼兰河口湿地（192.62）、吉林扶余洪泛（610.1）	359.15	1.59	无	平原农耕区
松嫩平原北部 I 4B (1)	黑龙江明水、黑龙江乌裕尔河、黑龙江扎龙、吉林莫莫格	5.26	黑龙江乌裕尔河-双阳河（229.34）、黑龙江齐齐哈尔沿江湿地（165.64）、黑龙江齐齐哈尔沿江湿地（316.75）、黑龙江东兴地（305.29）、黑龙江大庆龙凤湿地（146）、黑龙江东湖湿地（50.50）、黑龙江兰远草原（158.74）、黑龙江肇源沿江（578.7）、黑龙江拉林河口（171.79）、黑龙江肇东沿江（367）、黑龙江哈东沿江湿地（107.25）	3105.61	5.26	无	涉及

（续）

自然保护地理小区	保护比例（%）	已建国家级自然保护区	已建省级自然保护区及面积（km²）	升级后国家级自然保护区总面积（km²）	升级后保护比例（%）	建议升级自然保护区	保护优先区域
松嫩平原南部 I 4B（2）	7.76	吉林查干湖，吉林莫莫格，内蒙古图牧吉	黑龙江二龙涛湿地（132.62），吉林腰井子羊草草原（238）	1991.04	7.76	无	平原农耕区
东江河平原 I 4C（1）	0.00	辽宁章古台	内蒙古乌斯吐（339.23）	339.23	2.14	内蒙古乌斯吐	平原农耕区
辽河平原 I 4C（2）	0.40	辽宁卧龙湖	辽宁开源黄旗寨白鹭（25.36），辽宁大麦科（71.9）	249.91	0.73	辽宁卧龙湖	平原农耕区
辽河湾沿海平原 I 4C（3）	5.85	辽宁辽河口	无	316.98	5.85	无	平原农耕区
三江平原 I 5A（1）	10.30	黑龙江八岔岛，黑龙江东方红湿地，黑龙江清七星河，黑龙江洪河，黑龙江挠力河，黑龙江三环泡，黑龙江三江	黑龙江佳木斯沿江原黑鱼泡（224.01），黑龙江汤旺河（157.23），黑龙江安邦河（37.15），黑龙江桦川湿地（261.19），黑龙江嘟噜河（199.67），黑龙江水莲（263.36），黑龙江富锦沿江（89.52），黑龙江富裕两江湿地（554.9），黑龙江绥滨（124.17），黑龙江乌苏里江（229.72），黑龙江晴胎子岛（192.44），黑龙江东升	4897.21	10.30	无	西部为平原农耕区；东部为保护优先区域
穆棱平原 I 5A（2）	20.55	黑龙江东方红湿地，黑龙江兴凯湖，黑龙江珍宝岛	黑龙江虎口湿地（150）	2649.63	20.55	无	
分水岗－完达山 I 5B（1）	11.20	黑龙江东方红湿地，黑龙江挠力河饶河东北黑蜂	黑龙江大佳河（726），黑龙江七星砬子东北虎（230），黑龙江倭肯河（73.63），黑龙江安兴湿地（110）	3059.25	12.11	黑龙江七星砬子东北虎	涉及
张广才岭北段 I 5B（2）	0.00		黑龙江铁西（72），黑龙江曙光天蚕（97.66），黑龙江西天圈（112.9），黑龙江九龙沟（106.51），黑龙江海林莲花湖（1900），黑龙江蚂蚁河三角洲（163.35）	1900.00	7.29	黑龙江海林莲花湖	

（续）

自然保护地理小区	已建国家级自然保护区	保护比例（%）	已建省级自然保护区及面积（km²）	升级后国家级自然保护区总面积（km²）	升级后保护比例（%）	建议升级自然保护区	保护优先区域
张广才岭南段 I 5B（3）	黑龙江大峡谷、黑龙江小北湖、吉林黄泥河、吉林雁鸣湖	6.17	黑龙江鹰嘴峰（169.98）、黑龙江镜泊湖（1260）、吉林威虎岭（166.60）	2420.78	15.08	黑龙江鹰嘴峰、黑龙江镜泊湖	涉及
张广才岭山前丘陵 I 5B（4）		0.00	黑龙江凤凰湖（150）	0.00	0.00	无	
大青山丘陵 I 5B（5）		0.00	黑龙江黑龙宫林蛙（56）、黑龙江山河林蛙（8.7）、黑龙江松峰山（14.65）	0.00	0.00	新建省级自然保护区	山地农耕区
老爷岭-太平岭 I 5C（1）	黑龙江凤凰山、黑龙江壮丹峰、黑龙江穆棱东北红豆杉	3.60	黑龙江乌青山（257.46）、黑龙江六峰湖（61.9）、黑龙江桦树川（22.80）	1076.12	4.73	黑龙江乌青山	涉及
高岭-盘岭 I 5C（2）	黑龙江老爷岭东北虎、吉林珲春东北虎、吉林汪清	17.84	无	2474.12	17.84	无	涉及
大丽岭-哈尔巴岭 I 5C（3）	吉林雁鸣湖	0.58	无	43.14	0.58	新建省级自然保护区	涉及
英额岭 I 5C（4）	吉林天佛指山	7.21		773.17	7.21	新建省级自然保护区	涉及
威虎岭 I 5C（5）	吉林松花江三湖、吉林雁鸣湖	4.84	吉林长白松（1.12）	683.55	4.84	新建省级自然保护区	涉及
龙岗山北段 I 5C（6）	吉林哈泥、吉林龙湾、吉林松花江三湖	7.62	无	467.10	7.62	无	涉及
长白山 I 5C（7）	吉林松花江三湖、吉林绿江上游、吉林长白山	19.73	吉林抚松野山参（83.16）	2319.54	19.73	无	涉及
吉林哈达岭北段 I 5D（1）	吉林左家	0.83	吉林松花江三湖（55.44）	205.84	0.83	无	山地农耕区

（续）

自然保护地理小区	已建国家级自然保护区	保护比例（%）	已建省级自然保护区及面积（km²）	升级后国家级自然保护区总面积（km²）	升级后保护比例（%）	建议升级自然保护区	保护优先区域
吉林哈达岭中段 I 5D（2）	吉林伊通火山群	0.00	吉林伊通河源（242.57）	0.00	0.00	无	山地农耕区
吉林哈达岭南段 I 5D（3）	吉林四平山门	0.00	辽宁铁岭凡河（512.05）	512.05	3.68	辽宁铁岭凡河	山地农耕区
龙岗山中段 I 6A（1）		0.00	吉林罗通山（10.33），辽宁浑河河源（189.31），辽宁大伙房水库（530），辽宁龙岗山（150.52）	150.52	1.61	辽宁龙岗山	
龙岗山南段 I 6A（2）	辽宁老秃顶子	0.15	辽宁猴石（110.9），辽宁三块石（104.34），辽宁滑石台（2.6）	115.88	1.50	辽宁三块石	
老岭 I 6A（3）	吉林白山原麝，吉林哈泥，吉林集安	4.30	吉林大阳岔（1.5），吉林通化石湖（152）	694.21	5.51	吉林通化石湖	
千山北段 I 6A（4）	辽宁白石砬子，辽宁老秃顶子	1.18	辽宁本溪湿地质遗迹（12），辽宁清凉山（43）	261.91	2.03	辽宁和尚帽子	
千山南段 I 6B（1）	辽宁仙人洞	0.25	辽宁海城九龙川（34），辽宁白云山（133），辽宁鞍山龙潭湾（54.64），辽宁玉石岭（319.47）	168.74	1.17	辽宁白云山	
辽东半岛 I 6B（2）	辽宁大连斑海豹，辽宁蛇岛老铁山	1.26	辽宁大连长海海洋（2.2）	97.82	1.26	无	山地农耕区
鸭绿江沿岸丘陵 I 6B（3）	辽宁白石砬子，辽宁丹东鸭绿江口	2.86	辽宁凤城凤凰山（26）	285.43	2.86	新建省级自然保护区	
医巫闾山 II 1A（1）	辽宁海棠山，辽宁巫医山	1.77	辽宁老鹰窝山（64.053），辽宁关山（48.08）	288.67	2.27	辽宁老鹰窝山	山地农耕区
松岭山地 II 1A（2）	辽宁白狼山，辽宁葫芦岛虹螺山，辽宁北票鸟类化石	2.23	辽宁义县古生物（2.38），辽宁清风岭（90.1），辽宁朝阳小凌河（5.85）	274.48	2.23	辽宁清风岭	山地农耕区

（续）

自然保护地理小区	已建国家级自然保护区	保护比例（%）	已建省级自然保护区及面积（km²）	升级后国家级自然保护区总面积（km²）	升级后保护比例（%）	建议升级自然保护区	保护优先区域
努鲁儿虎山北段 Ⅱ1A（3）	辽宁大黑山，内蒙古大黑山	10.49	内蒙古赤峰青山（92），内蒙古小河沿（180），辽宁朝阳老虎洞沟（107.08）	966.07	10.49	无	山地农耕区
努鲁儿虎山南段 Ⅱ1A（4）	辽宁大黑山，辽宁鲁奴儿虎山	1.36	辽宁天秀山（24.25），辽宁朝阳楸木头沟（48.57）	178.68	1.36	新建省级自然保护区	山地农耕区
七老图山北段 Ⅱ1B（1）	河北茅荆坝，内蒙古黑里河	1.94	无	227.55	1.94	新建省级自然保护区	山地农耕区
七老图山南段 Ⅱ1B（2）	河北茅荆坝，内蒙古黑里河	6.28	河北辽河源（452.25），河北北大山（101.85）	790.13	14.69	河北北大山	山地农耕区
燕山西段 Ⅱ1C（1）	河北滦河上游，河北茅荆坝	2.45	北京喇叭沟门（184.83），北京云蒙山（39），北京云峰山（22.33）	618.57	3.49	北京喇叭沟门	山地农耕区
大马群山-军都山 Ⅱ1C（2）	北京松山，河北赤城大海坨	1.39	北京朝阳木化石（20.5），北京怀沙河怀九河（1.11），北京野鸭湖（87）	158.85	1.39	新建省级自然保护区	涉及；山地农耕区
雾灵山 Ⅱ1C（3）	河北雾灵山，天津八仙山	1.63	河北白草洼（176.8），北京雾灵山（149.70），北京六里坪（41.52），河北四座楼（199.97），天津盘山（7.1）	329.76	3.50	河北白草洼	涉及，山地农耕区
都山 Ⅱ1C（4）	辽宁青龙河	1.28	河北青龙都山（47.06），河北宽城都山（196.48），河北千鹤山（140.37）	260.82	2.78	河北千鹤山	山地农耕区
燕山东段沿海丘陵 Ⅱ1C（5）	河北柳江盆地地质遗迹	0.00	辽宁朝阳楼子山（111.5），辽宁绥中五花顶（134.94）	111.50	1.10	辽宁朝阳楼子山	山地农耕区
北京平原 Ⅱ2A（1）		0.00	北京汉石桥湿地（16.15）	0.00	0.00	无	平原农耕区
太行山山前平原 Ⅱ2A（2）		0.00	无	0.00	0.00	无	平原农耕区
燕山山前平原 Ⅱ2A（3）		0.00	天津大黄堡湿地（4.16），天津青龙湾（112）	112.00	1.47	天津大黄堡湿地	平原农耕区

（续）

自然保护地理小区	已建国家级自然保护区	保护比例（%）	已建省级自然保护区及面积（km²）	升级后国家级自然保护区总面积（km²）	升级后保护比例（%）	建议升级自然保护区	保护优先区域
冀中平原Ⅱ2A（4）		0.00	河北白洋淀（296.96）	296.96	1.96	河北白洋淀	平原农耕区
冀南平原Ⅱ2A（5）	河北衡水湖	0.80	无	170.06	0.80	无	平原农耕区
渤海西部滨海平原Ⅱ2A（6）	河北昌黎黄金海岸，天津古海岸湿地	3.16	河北菩提岛诸岛（42.82）、河北曹妃甸湿地（100.81），天津团泊湖（60.4），天津北大港（348.87），河北南大港（133.80），河北黄骅古贝壳（1.17），河北小山火山（13.81），河北海兴湿地（168）	900.31	6.31	天津北大港，河北曹妃甸湿地	平原农耕区
黄河三角洲平原Ⅱ2A（7）	山东滨州贝壳堤岛与湿地，山东黄河三角洲	6.83	山东马颊山山地（0.2）	1180.80	6.83	无	平原农耕区
黄河平原Ⅱ2A（8）		0.00	无	0.00	0.00	无	平原农耕区
冀西北山地Ⅱ3A（1）	河北泥河湾	0.00	河北黄羊滩（110.35），山西六棱山（120）	120.00	1.30	山西六棱山	涉及；山地农耕区
大同盆地Ⅱ3A（2）		0.00	山西桑干河（695.83），内蒙古苏木山（33.33）	0.00	0.00	无	平原农耕区
晋西北高原Ⅱ3A（3）		0.00	内蒙古岱海（177.4）	177.40	1.32	内蒙古岱海	山地农耕区
恒山Ⅱ3A（4）		0.00	山西壶流河（112.34），山西恒山（114.97），山西南山（208.10），山西紫金山（114.2）	112.34	1.88	山西壶流河	涉及；农耕区
芦芽山Ⅱ3A（5）	山西黑茶山，山西芦芽山	3.32	山西贺家山（134.16），山西蔚汾河（168.9）	627.58	4.55	山西蔚汾河	涉及；山地农耕区

（续）

自然保护地理小区	已建国家级自然保护区	保护比例 (%)	已建省级自然保护区及面积 (km²)	升级后国家级自然保护区总面积 (km²)	升级后保护比例 (%)	建议升级自然保护区	保护优先区域
五台山Ⅱ3B (1)	河北驼梁	2.13	山西繁峙臭冷杉 (250.49)，山西五台山 (33.33)，河北银河山 (362.11)，河北灵寿漫山 (120.28)	463.61	4.62	山西繁峙臭冷杉	涉及；山地农耕区
太行山中段西麓Ⅱ3B (2)		0.00	山西药林寺冠山 (110.17)	110.17	1.62	山西药林寺冠山	山地农耕区
寿阳山地Ⅱ3B (3)		0.00	山西八缚岭 (152.67)，山西铁桥山 (353.517)	353.52	5.94	山西铁桥山	山地农耕区
忻州盆地Ⅱ3B (4)		0.00	无	0.00	0.00	无	平原农耕区
太原盆地Ⅱ3B (5)		0.00	无	0.00	0.00	无	平原农耕区
太岳山Ⅱ3B (6)	山西灵空山	1.19	山西四县脑 (160)，山西超山 (185.6)，山西绵山 (178.27)，山西霍山 (178.52)，山西韩信岭 (160.54)	261.17	3.08	山西四县脑	山地农耕区
云中山Ⅱ3B (7)		0.00	山西云中山 (398)，山西凌井沟 (249.20)	249.20	4.53	山西凌井沟	山地农耕区
关帝山Ⅱ3B (8)	山西庞泉沟	1.02	山西汾河上游 (270)，山西云顶山 (230.29)，山西天龙山 (28.67)，山西薛公岭 (199.77)	334.95	3.26	山西云顶山	山地农耕区
吕梁山南段Ⅱ3B (9)	山西五鹿山	1.26	山西团圆山 (164.77)，山西人祖山 (159.4)，山西管头山 (101.4)	370.94	2.27	山西团圆山	山地农耕区
太行山北段Ⅱ3C (1)	河北小五台山，北京百花山	2.37	北京石花洞 (36.5)，北京蒲洼 (53.97)，北京拒马河 (11.25)，河北保定金华山-横岭 (339.4)，河北摩天岭 (351)，河北大茂山 (13.53)，山西灵丘黑鹳 (715.92)	1491.08	8.11	河北保定金华山-横岭，山西灵丘黑鹳	涉及
太行山前丘陵Ⅱ3C (2)		0.00	无	0.00	0.00	无	平原农耕区

（续）

自然保护地理小区	已建国家级自然保护区	保护比例（%）	已建省级自然保护区及面积（km²）	升级后国家级自然保护区总面积（km²）	升级后保护比例（%）	建议升级自然保护区	保护优先区域
太行山中段东麓 II 3C (3)	河北青崖寨	1.18	河北 南寺掌（30.59）、河北 嶂石岩（237.72）、河北 三峰山（54.64）、山西 孟信垴（390.47）	542.11	4.23	山西孟信垴	山地农耕区
白于山 II 4A (1)	无	0.00	无	0.00	0.00	无	高原农牧区
梁山 II 4A (2)	陕西韩城黄龙山、陕西延安黄龙山褐马鸡	8.19	陕西黄龙山天然次生林（355.63）	1195.09	8.19	无	涉及；高原农牧区
子午岭 II 4A (3)	陕西子午岭	1.40	陕西 崂山（203.17）、陕西 子午岭（176.4）、甘肃 子午岭（241.16）、陕西 桥山（246.51）、陕西 太安（258.72）、陕西 石门山（300.49）、陕西 香山（141.96）	647.37	2.23	甘肃子午岭	涉及；高原农牧区
陇东黄土高原 II 4A (4)	甘肃大统一崆峒山、宁夏云雾山草原	0.88	无	202.83	0.88	新建省级自然保护区	高原农牧区；北部涉及
六盘山 II 4B (1)	宁夏六盘山、陕西秦岭细鳞鲑	2.30	无	273.36	2.30	无	高原农牧区
陇山 II 4B (2)	陕西秦岭细鳞鲑	0.57	无	30.38	0.57	新建省级自然保护区	高原农牧区
陇西高原 II 4B (3)	甘肃太子山、甘肃兴隆山	1.96	甘肃 铁木山（7.49）、甘肃 刘家峡恐龙足迹（37.15）、甘肃 屈吴山（15）	421.74	1.96	新建省级自然保护区	高原农牧区
太行山南段 II 5A (1)	河南太行山猕猴	1.56	河南万宝山（86.67）、山西陵川南方红豆杉（214.4）	416.21	3.23	山西陵川南方红豆杉	山地农耕区
长治盆地 II 5A (2)		0.00	山西中央山（326.71）、山西浊漳河源头（142）	326.71	5.47	山西中央山	平原农耕区

（续）

自然保护地理小区	已建国家级自然保护区	保护比例（%）	已建省级自然保护区及面积（km²）	升级后国家级自然保护区总面积（km²）	升级后保护比例（%）	建议升级自然保护区	保护优先区域
沁河谷地 II 5A (3)	河南太行山猕猴	1.07	山西红泥寺 (207)、山西崦山 (100.09)、山西翼城翅果油树 (109.34)、山西泽州猕猴 (937.75)	213.76	2.20	山西翼城翅果油树	山地农耕区
临沂–运城盆地 II 5A (4)	山西运城湿地	0.00	山西运城湿地 (868.61)	0.00	0.00	无	平原农耕区
中条山 II 5A (5)	河南黄河湿地、河南太行山猕猴、山西历山、山西阳城蟒河猕猴	7.07	山西涞水河源头 (231.14)、山西太宽河 (239.47)	614.59	7.07	无	山地农耕区
太行山南麓平原 II 5A (6)	河南黄河湿地	2.40	河南郑州黄河湿地 (365.74)	129.89	2.40	无	平原农耕区
嵩山 II 5B (1)	无	0.00	无	0.00	0.00	无	山地农耕区
崤山 II 5B (2)	河南黄河湿地、河南小秦岭	3.57	河南青要山 (40)	352.28	3.57	无	山地农耕区
伏牛山 II 5B (3)	河南宝天曼、河南伏牛山	3.25	河南熊耳山 (325.246)、河南西峡大鲵 (10)	614.37	3.25	无	山地农耕区
华山 II 5B (4)	河南小秦岭	1.76	陕西华县大鲵水生生物 (89.12)、陕西东秦岭地质剖面 (0.25)、陕西洛南大鲵 (57.15)	196.19	3.22	陕西华县大鲵水生生物	涉及；山地农耕区
关中盆地 II 5B (5)	河南黄河湿地	1.14	陕西黄河湿地 (573.48)、陕西泾渭湿地 (63.53)、陕西黄龙铺–石门地质剖面 (1)	191.27	1.14	无	平原农耕区
陇东高原南部 II 5B (6)	陕西秦岭细鳞鲑	0.28	陕西野河 (109.96)、陕西安舒庄 (110.16)、陕西千湖湿地 (71.56)	139.34	1.33	陕西野河	高原农耕区
秦岭北麓 II 5B (7)	陕西牛背梁、陕西太白山	6.37	陕西神沙河 (167.68)	582.95	8.95	陕西神沙河	涉及

（续）

自然保护地理小区	已建国家级自然保护区	保护比例（%）	已建省级自然保护区及面积（km²）	升级后国家级自然保护区总面积（km²）	升级后保护比例（%）	建议升级自然保护区	保护优先区域
陇南山地西段 II 5C (1)	甘肃莲花山、甘肃秦州、甘肃漳县珍稀水生动物	0.68	甘肃仁寿山（5.2）、甘肃贵清山（11.14）、甘肃岷县水生生物（11.24）、甘肃岷县双燕（640）	739.73	5.05	甘肃岷县双燕	山地农耕区
陇南山地东段 II 5C (2)	甘肃秦州	0.14	甘肃鸡峰山（524.41）、甘肃麦草沟（36.71）、甘肃黑河（34.95）	540.24	4.85	甘肃鸡峰山	山地农耕区
南四湖洼地 II 6A (1)		0.00	安徽萧县黄河故道湿地（26）、山东南四湖（1275.47）	1275.47	18.35	山东南四湖	平原农耕区
黄淮平原 II 6A (2)		0.07	河南濮阳黄河湿地（33）、安徽砀山酥梨种质（139.8）	35.28	0.07	无	平原农耕区
黄淮沙区 II 6A (3)	河南新乡黄河湿地	1.00	河南开封柳园口湿地（161.48）	192.52	1.00	无	平原农耕区
淮北平原东北部 II 6A (4)		0.00	江苏徐州泉山（3.7）、安徽萧县皇藏峪（20.67）、安徽宿州大方寺（20.8）	0.00	0.00	无	平原农耕区
沂沭平原 II 6A (5)		0.00	无	0.00	0.00	无	平原农耕区
淮北平原 II 6A (6)		0.00	河南汝南宿鸭湖湿地（167）、安徽颍州西湖（110）、安徽颍上八里河（146）、安徽五河沱湖（42）	146.00	0.33	安徽颍上八里河	平原农耕区
苏北平原 II 6A (7)	江苏泗洪洪泽湖湿地、江苏盐城湿地	2.35	江苏涟水涟漪湖（34.33）	377.08	2.35	无	平原农耕区
艾山 II 7A (1)		0.42	山东依岛（0.85）、山东龙口黄水河河口（10.279）、山东莱州大基山（87.53）、山东平度大泽山（96.45）、山东之莱山（102.27）、山东龙口大飘山（23.26）、山东招远罗山	295.00	3.15	山东栖霞牙山、山东崆峒列岛	山地农耕区

（续）

自然保护地理小区	已建国家级自然保护区	保护比例（%）	已建省级自然保护区及面积（km²）	升级后国家级自然保护区总面积（km²）	升级后保护比例（%）	建议升级自然保护区	保护优先区域
艾山 II 7A（1）		0.42	山（94.796），山东蓬莱艾山（100.46），山东莱阳老寨山（29.085），山东栖霞牙山（179），山东福山银湖（60.434），山东海阳招虎山（70.61），山东烟台沿海防护林（234.07），山东圈子山（25.09），山东崂峭列岛（76.9）	295.00	3.15	山东栖霞牙山、山东崂峭列岛	山地农耕区
昆嵛山 II 7A（2）	山东昆嵛山、山东荣成大天鹅	1.53	山东荣成成头山（60.1539），山东牟平山昔山（14.852），山东莱阳五龙河湿地（18.245），山东崂山（448.55），山东海阳千里岩（18.23）	189.15	1.69	山东海阳千里岩	山地农耕区
胶莱平原 II 7B（1）	山东即墨马山	0.00	山东大公岛（16.03），山东胶州艾山地质遗迹（8.6）	0.00	0.00	无	平原农耕区
鲁东南丘陵 II 7B（2）		0.00	江苏连云港云台山（0.67），山东莒县浮来山（4.9）	0.00	0.00	无	山地农耕区
泰山-鲁山 II 7C（1）		0.00	山东泰山（118.92），山东寒武纪地质遗迹（2.62），山东大寨山（12），山东原山古都（139.14），山东仰天山（30），山东鲁山（130.7）	130.70	1.13	山东鲁山	山地农耕区
鲁南山地 II 7C（2）	山东临朐山旺	0.00	山东徂徕山（109.15），山东太平山（37.33），山东临沂大青山（40）	109.15	0.56	山东徂徕山	山地农耕区
抱犊崮丘陵 II 7C（3）		0.00	山东峄城石榴园（46.42），山东枣庄抱犊崮（35）	0.00	0.00	无	山地农耕区

（续）

自然保护地理小区	已建国家级自然保护区	保护比例（%）	已建省级自然保护区及面积（km²）	升级后国家级自然保护区总面积（km²）	升级后保护比例（%）	建议升级自然保护区	保护优先区域
里下河低地平原Ⅲ1A（1）	江苏大丰麋鹿，江苏泗洪洪泽湖湿地，江苏盐城湿地	7.32	无	1641.80	7.32	无	平原农耕区
淮阳丘陵Ⅲ1A（2）		0.34	安徽明光女山湖（210），安徽皇甫山（36），江苏句容宝华山（1.33）	114.72	0.34	无	山地农耕区
长江三角洲平原北部Ⅲ1A（3）	上海九段沙湿地，上海崇明东滩	5.29	江苏启东长江口北支（214.91）	661.75	5.29	无	平原农耕区
长江三角洲平原南部Ⅲ1A（4）		0.00	上海长江口中华鲟（276），上海金山三岛（0.46），江苏吴县光福（0.61），江苏上黄水母山（0.4），江苏宜兴龙池（1.23），江苏镇江豚类（57.3）	0.46	0.00	上海金山三岛	平原农耕区
巢湖平原丘陵Ⅲ1A（5）	安徽铜陵淡水豚	0.75	安徽安庆沿江湿地（1200）	89.39	0.75	无	平原农耕区
淮南平原Ⅲ1B（1）	河南董寨鸟类	0.34	安徽霍邱东西湖（142），河南淮滨（43.87），河南淮南湿地（34）	128.45	0.52	河南固始淮河湿地	平原农耕区
桐柏山北部丘陵Ⅲ1B（2）		0.00	河南信阳天目山（67.5），河南高乐山（90.6）	90.60	1.17	河南高乐山	山地农耕区
桐柏山Ⅲ1B（3）		0.00	河南大白顶（49.24），河南淮河源（359.38），湖北中华山鸟类（35.23），河南四望山（140）	359.38	3.25	河南淮河源	涉及；山地农耕区
大别山西段Ⅲ1B（4）	河南大别山鸟类，河南鸡公山，河南连康山	4.92	河南黄缘闭壳龟（1099.3）	1670.31	14.39	河南黄缘闭壳龟	涉及；山地农耕区

（续）

自然保护地理小区	已建国家级自然保护区	保护比例（%）	已建省级自然保护区及面积（km²）	升级后国家级自然保护区总面积（km²）	升级后保护比例（%）	建议升级自然保护区	保护优先区域
大别山东段Ⅲ1B（5）	安徽天马、安徽鹞落坪、河南大别山、湖北大别山	2.77	湖北狮子峰（104.51）、湖北大崎山（17.46）、安徽岳西县枯井园（40）、安徽潜山板仓（15.23）、安徽舒城万佛山（20）、安徽霍山佛子岭（66.67）	666.00	2.95	安徽岳西县枯井园	涉及；山地农耕区
大洪山Ⅲ1B（6）		0.00	湖北京山对节白蜡（30.44）	0.00	0.00	无	山地农耕区
江汉平原北部Ⅲ1B（7）	湖北洪湖	0.33	湖北沉湖湿地（115.79）	200.08	0.79	湖北沉湖湿地	平原农耕区
宁镇丘陵Ⅲ2A（1）	安徽铜陵淡水豚、安徽扬子鳄	1.33	安徽当涂石臼湖（106.67）、江苏溧阳中华曙猿遗迹（0.42）、浙江长兴尹家边扬子鳄（1.22）	177.01	1.33	无	山地农耕区
九华山Ⅲ2A（2）	安徽牯牛峰、安徽升金湖、安徽铜陵淡水豚、安徽扬子鳄	5.22	安徽贵池十八索（36.516）、安徽青阳盘台（5.4）、安徽贵池老山（169.09）	509.69	5.22	无	涉及
黄山Ⅲ2A（3）	安徽扬子鳄	0.96	安徽宁国板桥（50）、安徽黄山十里山（19.40）、安徽徽州天湖（44.99）、安徽黄山区九龙峰（27.2）、安徽黟县五溪山（40.5）	121.02	1.53	安徽徽州天湖	涉及
天目山Ⅲ2A（4）	安徽扬子鳄、浙江天目山	0.82	浙江安吉龙王山（12.42）	65.30	1.02	浙江安吉龙王山	涉及
钱塘江三角洲平原Ⅲ2A（5）		0.00	无	0.00	0.00	无	平原农耕区
彭泽丘陵Ⅲ2A（6）	江西桃红岭梅花鹿	0.87	江西黄字号黑麂湾（173.65）、安徽祁门查湾（16）、江西瑶里（36.27）、江西鸳鸯湖（9.17）、安徽休宁六股尖（27.47）、安徽休宁岭南（27.71）	298.65	2.09	江西黄字号黑麂	涉及

（续）

自然保护地理小区	已建国家级自然保护区	保护比例（%）	已建省级自然保护区及面积（km²）	升级后国家级自然保护区总面积（km²）	升级后保护比例（%）	建议升级自然保护区	保护优先区域
白际山-清凉峰 Ⅲ2A（7）	安徽清凉峰、浙江临安清凉峰	2.51	无	186.11	2.51	新建省级自然保护区	涉及
昱岭-千里岗 Ⅲ2A（8）		0.00	无	0.00	0.00	新建省级自然保护区	涉及
龙门山-金衢盆地 Ⅲ2A（9）		0.00	无	0.00	0.00	新建省级自然保护区	
怀玉山 Ⅲ2A（10）	浙江古田山	0.76	江西信江源（177.5）、浙江奥陶陶石灰岩地质（20.12）	258.57	2.44	江西信江源	
鄱阳湖湿地平原 Ⅲ2B（1）	江西南矶湿地、江西鄱阳湖	8.73	江西鄱阳湖长江江豚（68）、江西鄱阳湖鲤鲫鱼产卵场（232.812）、江西鄱阳湖银鱼产卵场（171.03）、江西都昌候鸟（155.33）、江西鄱阳湖河蚌（411）、江西青岚湖（10）	997.63	8.73	无	涉及；平原农耕区
鄱阳湖南部平原 Ⅲ2B（2）		0.00	无	0.00	0.00	无	
江汉平原南部 Ⅲ2C（1）	湖北洪湖、湖北长江新螺段白鳍豚	4.53	湖北上涉湖（39.293）、湖北梁子湖（379.46）	440.63	4.53	无	平原农耕区
长江中游河谷平原 Ⅲ2C（2）	安徽升金湖、湖北龙感湖	2.53	无	265.77	2.53	无	平原农耕区
幕阜山北支 Ⅲ2C（3）	湖南东洞庭湖	2.47	湖北网湖湿地（204.95）	502.57	4.17	湖北网湖湿地	山地农耕区
幕阜山南支 Ⅲ2C（4）	湖北九宫山、江西庐山	2.96	江西伊山（114.15）、湖南幕阜山（77.34）	585.24	3.68	江西伊山	山地农耕区
连云山 Ⅲ2C（5）		0.00	江西铜鼓棘胸蛙（0.33）、湖南大围山（52.2）	52.20	0.55	湖南大围山	

（续）

自然保护地理小区	已建国家级自然保护区	保护比例（%）	已建省级自然保护区及面积（km²）	升级后国家级自然保护区总面积（km²）	升级后保护比例（%）	建议升级自然保护区	保护优先区域
九岭山Ⅲ2C（6）	江西官山，江西九岭山	3.06	江西云居山（24.8），江西峤岭（44.9），江西靖安大觐（1），江西五梅山（144.85），江西三十把（21）	375.26	4.98	江西五梅山	
武功山北部Ⅲ2C（7）		0.00	无	0.00	0.00	新建省级自然保护区	山地农耕区
洞庭湖平原Ⅲ2D（1）	湖北洪湖，湖北石首麋鹿，湖北长江天鹅洲白鳍豚，湖南东洞庭湖	8.36	湖南集成麋鹿（24.6），湖南洞庭湖（1680），湖南横岭湖（430）	1962.74	8.36	无	涉及
长沙盆地Ⅲ2D（2）	湖南衡山	0.86	无	119.92	0.86	无	山地农耕区
湘西丘陵Ⅲ2D（3）		0.00	无	0.00	0.00	新建省级自然保护区	
衡阳盆地Ⅲ2D（4）		0.00	湖南祁阳小魟（60.6），湖南江口鸟洲（2.1）	60.60	0.55	湖南祁阳小魟	
九党荆山Ⅲ2D（5）		0.00	湖南天光山（120.2）	120.20	1.64	湖南天光山	
会稽山Ⅲ2E（1）		0.00	浙江东白山高山湿地（50.715）	50.72	1.19	浙江东白山高山湿地	
四明山Ⅲ2E（2）		0.00	无	0.00	0.00	新建省级自然保护区	
天台山Ⅲ2E（3）	浙江象山韭山列岛	0.08	无	7.30	0.08	新建省级自然保护区	
大盘山Ⅲ2E（4）	浙江大盘山	0.87	无	45.58	0.87	无	涉及
括苍山Ⅲ2E（5）		0.00	浙江括苍山（32），浙江青田鼍（3.61）	35.61	0.37	浙江括苍山，浙江青田鼍	涉及
仙霞岭Ⅲ2E（6）		0.00	无	0.00	0.00	新建省级自然保护区	涉及
武夷山北段Ⅲ2E（7）	浙江九龙山	0.64	福建白马山（32.50）	87.75	1.02	福建白马山	涉及
洞宫山Ⅲ2E（8）	浙江凤阳山-百山祖，浙江乌岩岭	4.93	浙江望东洋高山湿地（11.95）	437.09	4.93	新建省级自然保护区	涉及

（续）

自然保护地理小区	已建国家级自然保护区	保护比例（%）	已建省级自然保护区及面积（km²）	升级后国家级自然保护区总面积（km²）	升级后保护比例（%）	建议升级自然保护区	保护优先区域
武夷山中段西麓Ⅲ2E（9）	江西马头山、江西铜钹山、江西武夷山、江西阳际峰	4.91	江西上饶五府山（51.04）	554.62	5.41	江西上饶五府山	涉及
武夷山中段东麓Ⅲ2E（10）	福建茫荡山、江西武夷山	5.42	福建建瓯万木林（1.89）	672.32	5.42	新建省级自然保护区	
武夷山南段西侧Ⅲ2E（11）	福建君子峰、福建闽江源	2.08	福建邵将石（11.87）、江西岩泉（24.6）、福建泰宁峨嵋峰（54.18）、福建建牙梳山（52.50）	364.88	2.94	福建泰宁峨嵋峰、福建建牙梳山	涉及
赣中盆地Ⅲ2F（1）		0.00	无	0.00	0.00	无	
千山北段Ⅲ2F（2）		0.00	江西宜黄中华秋沙鸭（16.93）、江西宜黄华南虎（583）、江西老虎脑（220）、江西宁都大龙山（61.05）、江西水浆（20）、江西抚河源头（81.88）、江西陵云山（113.42）	583.00	4.57	江西宜黄华南虎	
千山南段Ⅲ2F（3）		0.00	无	0.00	0.00	无	
杉岭西北部山地Ⅲ2F（4）		0.00	无		0.00	新建省级自然保护区	
武功山Ⅲ2F（5）		0.00	江西大岗山（12）、江西安福县铁丝岭（15.01）、江西羊狮幕（70.06）、江西高天岩（72.67）、湖南茶陵云阳山（101.8）	171.86	2.26	江西羊狮幕、湖南茶陵云阳山	
万洋山-八面山-诸广山Ⅲ2F（6）	湖南八面山、湖南炎陵桃源洞、江西井冈山、江西齐云山	3.62	江西五指峰（63.68）、江西井冈山大鲵（10.23）、江西南风面（42.05）、湖南顶江银杉（66.67）	845.24	4.27	江西五指峰、湖南顶江银杉	涉及

（续）

自然保护地理小区	已建国家级自然保护区	保护比例（%）	已建省级自然保护区及面积（km²）	升级后国家级自然保护区总面积（km²）	升级后保护比例（%）	建议升级自然保护区	保护优先区域
雪峰山北段III 2G (1)	湖南六步溪、湖南乌云界	3.74	无	442.49	3.74	无	
雪峰山南段III 2G (2)	湖南鹰嘴界	0.96	湖南康龙 (70.87)	229.87	1.39	湖南康龙	
八十里南山III 2G (3)	湖南黄桑、湖南金童山、湖南新宁舜皇山	3.30	湖南武冈云山 (9.52)、广西银竹老山 (286.7)、广西海洋山 (904)、湖南万佛山 (94.35)	1554.01	14.12	广西银竹老山、广西海洋山	涉及
越城岭III 2G (4)	广西猫儿山、湖南东安舜皇山、湖南新宁舜皇山	5.91	广西建新鸟类 (61)、广西青狮潭 (391)、广西五福宝顶 (85.67)	465.94	5.91	无	涉及
太姥山III 3A (1)	浙江乌岩岭	0.17	浙江承天氡泉 (22.49)	19.94	0.17	新建省级自然保护区	
鹫峰山III 3A (2)	福建雄江黄楮林	0.23	福建福安瓜溪桫椤 (14.38)、福建屏南鸳鸯猕猴 (14.57)、福建宁德官井洋大黄鱼 (314.64)	35.81	0.23	新建省级自然保护区	涉及
戴云山III 3A (3)	福建戴云山、福建雄江黄楮林	2.22	福建大仙峰 (68.93)、福建永春牛姆林 (2.497)	292.97	2.90	福建大仙峰	涉及
戴云山沿海丘陵III 3A (4)	福建闽江河口湿地、福建厦门珍稀海洋物种	0.17	福建长乐海蚌资源 (130)、福建长乐闽江口湿地 (32.19)、福建平潭三十六脚湖 (13.4)、福建永泰藤山 (176.175)、福建老鹰尖 (28.275)、福建莆田平海海滩岩 (0.2)、福建安溪云中山 (40.95)	244.79	1.46	福建永泰藤山、安溪云中山	
玳瑁山北段III 3A (5)	福建天宝岩	1.69	福建尤溪九阜山 (23.082)	133.23	2.04	福建尤溪九阜山	涉及
玳瑁山南段III 3A (6)	福建梅花山	2.58	无	221.68	2.58	新建省级自然保护区	涉及

（续）

自然保护地理小区	已建国家级自然保护区	保护比例（%）	已建省级自然保护区及面积（km²）	升级后国家级自然保护区总面积（km²）	升级后保护比例（%）	建议升级自然保护区	保护优先区域
武夷山南段东侧Ⅲ3A（7）	福建将乐龙栖山，福建君子峰	3.25	福建罗卜岩楠木（3.41），福建三明格氏栲（11.06），福建三明清流莲花山（17.219）	209.56	3.25	新建省级自然保护区	涉及
杉岭北段Ⅲ3B（1）	福建梁野山，福建汀江源，江西赣江源	3.58	福建长汀圭龙山（57.68）	463.39	4.09	福建长汀圭龙山	
杉岭南段Ⅲ3B（2）		0.00	广东蕉岭长潭（55.8544），广东龙文-黄田（79.61），广东渡田河（178.267），广东龙川枫树坝（156.71）	257.88	3.25	广东龙文-黄田，广东渡田河	
杉岭西部山地Ⅲ3B（3）		0.00	无	0.00	0.00	新建省级自然保护区	涉及
九连山北段Ⅲ3B（4）	江西九连山	1.91	广东和平黄石坳（80.968），广东连平黄牛石（44.38），广东翁源青云山（73.59）	207.71	2.96	广东翁源青云山	
九连山南段Ⅲ3B（5）		0.00	广东新丰云髻山（70.5436），广东从化陈禾洞（27），广东龙门南昆山（66.66），广东河源新港（75.13），广东河源大桂山（75.052），广东河源恐龙化石（10.02）	75.05	0.97	广东河源大桂山	
滑石山Ⅲ3B（6）	广东车八岭	0.70	广东南雄恐龙化石（42.21），广东始兴南山（71.13），广东曲江沙溪（93.33），广东佛岗观音山（122.4），江西桃江源（28.168）	268.98	2.49	江西桃江源，广东始兴南山	涉及
阳明山Ⅲ3C（1）	湖南阳明山	1.41	湖南大义山（114.31）	127.95	1.41	无	

（续）

自然保护地理小区	已建国家级自然保护区	保护比例（%）	已建省级自然保护区及面积（km²）	升级后国家级自然保护区总面积（km²）	升级后保护比例（%）	建议升级自然保护区	保护优先区域
大庾岭 III3C (2)	江西齐云山	0.16	江西阳岭（18.8）、江西章江源（104.5）、广东南雄小流坑-青嶂山（78.74）、广东乐昌杨东山十二度水（116.51）、广东粤北华南虎（163.61）	286.86	2.43	江西章江源、广东粤北华南虎	涉及
骑田岭 III3C (3)		0.00	无	0.00	0.00	新建省级自然保护区	
海洋山 III3C (4)		0.00	广西南边村地质剖面（0.25）	0.00	0.00	新建省级自然保护区	涉及
都庞岭 III3C (5)	广西千家洞、湖南永州都庞岭	5.75	广西银殿山（480）、湖南大远源口（55.27）	322.97	5.75	无	涉及
九嶷山 III3C (6)	湖南九嶷山	1.55	广东田心（125.3059）	227.67	3.44	广东田心	涉及
萌渚岭 III3C (7)	广西姑婆山	0.00	广西姑婆山（65.496）	65.50	1.18	广西姑婆山	涉及
五指山 III3C (8)	广东南岭、广东罗坑鳄蜥、广东英德石门台、湖南莽山	12.76	广东龙牙峡（85）、广东青溪洞（31.33）、广东乳源大峡谷（36.73）	1305.70	12.76	无	涉及
大桂山 III3C (9)	广西大桂山鳄蜥、广西七冲	1.18	无	162.97	1.18	新建省级自然保护区	
瑶山北段 III3C (10)	广西大桂山鳄蜥	0.14	广东乐昌大瑶山（79.139）、广东大稠顶（27.285）、广东连南板洞（101.958）、广东笔架山（107.28）、广西滑水冲（99.29）、广东三岳（67.618）	227.44	1.73	广东笔架山、广东连南板洞	
九万山 III3D (1)	广西花坪、广西九万山、广西元宝山	12.97	广西涠洞山大瑙（103.84）、广西寿城（759）	1841.25	12.97	无	涉及
架桥岭 III3D (2)		0.00	广西架桥岭（670）	670.00	8.50	广西架桥岭	

（续）

自然保护地理小区	已建国家级自然保护区	保护比例（%）	已建省级自然保护区及面积（km²）	升级后国家级自然保护区总面积（km²）	升级后保护比例（%）	建议升级自然保护区	保护优先区域
大瑶山 III 3D (3)	广西大瑶山	3.13	广西金秀老山 (88.75)，广西大平山 (18.667)，广西大乐泥盆纪 (0.12)	249.07	3.13	无	
大容山 III 3D (4)		0.00	广西大容山 (208.18)	208.18	2.53	广西大容山	
六万大山-罗阳山 III 3D (5)		0.00	广西那林 (198.9)	198.90	2.86	广西那林	
桂北丘陵 III 3D (6)		0.00	广西红水河来宾段珍稀鱼类 (5.82)，广西龙山 (107.49)	0.00	0.00	无	农耕区
桂西岩溶丘陵 III 3D (7)	广西木论，贵州茂兰	0.29	广西弄拉 (84.81)，广西罗福泥盆系剖面 (0.12)，广西凌云泗水河 (209.5)，广西凌云云洞穴 (6.84)，广西三十六弄-陇均 (128.22)	416.22	0.99	广西弄拉，广西凌云泗水河	
桂东南平原丘陵 III 3D (8)	广西崇左白头叶猴，广西大明山	1.69	广西六景泥盆系地质 (0.05)	268.05	1.69	无	农耕区
瑶山南段 III 3E (1)	广东鼎湖山	0.14	广东杨梅水库 (18.3)，广东封开黑石顶 (41.86)	53.19	0.66	广东封开黑石顶	
珠江三角洲平原 III 3E (2)		0.00	广东江烂柯山 (79.616)，广东金龙水库 (18.3)，广东鲤鱼尾水库 (9.8)，广东江门古兜山 (115.67)，广东珠海淇澳担杆岛 (73.7377)，广东江门台山中华白海豚 (107.477)，广东台山上川岛猕猴 (22.3167)	115.67	0.46	广东江门古兜山	农耕区

（续）

自然保护地理小区	已建国家级自然保护区	保护比例（%）	已建省级自然保护区及面积（km²）	升级后国家级自然保护区总面积（km²）	升级后保护比例（%）	建议升级自然保护区	保护优先区域
云雾山 III 3E（3）	广东云开山	1.32	广东新兴江水源林（36.5）、广东茂名林洲顶鳄蜥（60.648）、广东阳春百涌（40.6）	185.76	1.96	广东茂名林洲顶鳄蜥	
云雾山沿海丘陵 III 3E（4）		0.00	广东恩平七星坑（80.603）、广东君子山（66.67）、广东阳春鹅凰嶂（147.511）	147.51	1.97	广东阳春鹅凰嶂	农耕区
云开大山 III 3E（5）		0.00	广西北流风门泥盆系（0.08）、广东郁南同乐大山天堂山（28.17）、广东郁南同乐大山（63.53）、广西西江珍稀鱼类（19.14）	63.53	0.34	广东郁南同乐大山	
博平岭北段 III 3F（1）	福建虎伯寮、福建漳江口红树林	0.23	福建大埔丰溪（105.9）、福建龙海九龙江口红树林（4.2）、福建东山珊瑚湖（110.7）	138.66	0.96	广东大埔丰溪	
博平岭南段 III 3F（2）		0.00	广东梅县阴那山（25.66）、广东揭东桑浦山-双坑（68.091）、广东潮安凤凰岩（28.75）、广东饶平海山海滩岩（28.12）、广东南澳候鸟（2.565）	70.66	0.88	广东揭东桑浦山-双坑、广东南澳候鸟	
莲花山 III 3F（3）	广东象头山	0.75	广东五华七目嶂（58.5）、广东紫金白溪（57.555）、广东源康禾（64.848）、广东博罗罗浮山（98.11）	205.08	1.44	广东博罗罗浮山	
莲花山沿海丘陵 III 3F（4）		0.05	广东廉江南万红椎林（24.86）、广东惠东莲花山白盆珠（4.05）、广东梅河南红椎林湖古海蚀地（140.34）、广东海丰鸟类（115.91）、广东大亚湾水产资源（903.70）	267.47	1.27	广东海丰鸟类、广东惠东莲花山白盆珠	

（续）

自然保护地理小区	已建国家级自然保护区	保护比例（%）	已建省级自然保护区及面积（km²）	升级后国家级自然保护区总面积（km²）	升级后保护比例（%）	建议升级自然保护区	保护优先区域
雷州半岛Ⅲ5A（1）	广东雷州珍稀海洋生物、广东徐闻珊瑚礁、广东湛江红树林、广西合浦儒艮	1.38	广西涠洲岛鸟类（26.63）、广东雷州湾海洋生态（10）	249.82	1.38	无	平原农耕区
十万大山Ⅲ5B（1）	广西北仑河口、广西防城金花茶、广西崇左白头叶猴、广西弄岗、广西十万大山	5.13	广西西大明山（601）	1379.73	9.08	广西西大明山	涉及
北部湾平原Ⅲ5B（2）		0.00	广西茅尾海红树林（27.84）	27.84	0.53	广西茅尾海红树林	平原农耕区
海南岛北部Ⅲ6A（1）	海南东寨港、海南铜鼓岭	0.12	海南儋州白蝶贝（46.6）、海南东方黑脸琵鹭（14.29）、海南邦溪坡鹿（3.58）、海南临高白蝶贝（343）、海南清澜（29.48）	326.29	2.35	海南儋州白蝶贝	平原农耕区
黎母岭Ⅲ6B（1）	海南霸王岭、海南大田坡鹿、海南尖峰岭、海南鹦哥岭	12.06	海南黎母山（117.01）、海南保梅岭（38.45）、海南佳西（83.27）、海南猕猴岭（122.15）	1019.28	12.06	无	涉及
五指山Ⅲ6B（2）	海南吊罗山、海南珊瑚礁、海南五指山	3.13	海南会山（43.25）、海南六连岭（27.46）、海南尖岭（109.34）、海南上溪（116.62）、海南加新（75.88）、海南礼纪青皮林（57.75）、海南湾岭猕猴（10.07）、海南甘什岭（17.15）	436.37	4.26	海南上溪	涉及
南阳盆地Ⅳ1A（1）		0.00	河南内乡湍河湿地（45.47）	0.00	0.00	无	平原农耕区

（续）

自然保护地理小区	已建国家级自然保护区	保护比例（%）	已建省级自然保护区及面积（km²）	升级后国家级自然保护区总面积（km²）	升级后保护比例（%）	建议升级自然保护区	保护优先区域
流岭–蟒岭 Ⅳ1A（2）		0.00	河南卢氏大鲵（401.3），陕西丹江武关河（90.29）	401.30	4.14	河南卢氏大鲵	
秦岭东段 Ⅳ1A（3）	河南丹江湿地	2.11	湖北丹江口库区（451.03），湖北十堰五龙河（242.01），陕西新开岭（149.63），陕西天竺山（216.85）	857.12	2.83	陕西天竺山	山地农耕区
荆山 Ⅳ1B（1）	湖北南河	0.76	湖北漳河源（102.656），湖北大老岭（238.16），湖北大西沟（222.44）	386.59	1.98	湖北五道峡	
武当山 Ⅳ1B（2）	湖北赛武当	1.69	湖北大西沟（71.5484），湖北五朵峰（204.223）	416.25	3.32	湖北五朵峰	
大巴山西段北麓 Ⅳ1B（3）	陕西化龙山，重庆大巴山	5.27	湖北八卦山（205.52），湖北万江河大鲵（7.8）	607.81	7.96	湖北八卦山	涉及
大巴山东段北麓 Ⅳ1B（4）	湖北堵河源，湖北神农架，湖北十八里长峡	12.59	湖北野人谷（368.92），湖北巴东金丝猴（209.10）	1927.55	21.29	湖北野人谷、湖北三峡万朝山、湖北巴东金丝猴	涉及
平河梁 Ⅳ1C（1）	陕西牛背梁，陕西平河梁	2.34	陕西鹰嘴石（114.62）	338.18	3.54	陕西鹰嘴石	
秦岭中段南麓 Ⅳ1C（2）	陕西佛坪，陕西观音山，陕西汉中朱鹮，陕西黄柏塬，陕西桑园，陕西大白河，陕西天华山，陕西长青，陕西周至，陕西周至老县城	28.04	陕西皇冠山（123.72），陕西周至黑河湿地（131.26），陕西黑河珍稀水生生物（46.19），陕西摩天岭（85.2），陕西牛尾河（134.92）	2688.44	28.04	无	涉及
小陇山–紫柏山 Ⅳ1C（3）	甘肃小陇山，陕西略阳珍稀水生动物，陕西紫柏山	8.49	陕西宝峰山（294.845）	543.85	8.49	无	

（续）

自然保护地理小区	已建国家级自然保护区	保护比例（%）	已建省级自然保护区及面积（km²）	升级后国家级自然保护区总面积（km²）	升级后保护比例（%）	建议升级自然保护区	保护优先区域
汉中盆地Ⅳ1D（1）	陕西汉中朱鹮	1.84	陕西汉江湿地（336.05）	69.01	1.84	无	平原农耕区
米仓山西段北麓Ⅳ1D（2）	陕西米仓山、四川米仓山、四川诺水河珍稀水生动物	5.67	四川大小兰沟（360）、四川水磨沟（73.37）	762.88	10.74	四川大小兰沟	
米仓山东段Ⅳ1D（3）	陕西米仓山、四川诺水河珍稀水生动物	2.18	无	166.32	2.18	新建省级自然保护区	涉及
西秦岭东段Ⅳ1E（1）	甘肃白水江、陕西略阳珍稀水生动物、陕西青木川	4.17	甘肃康县大鲵（102.47）、四川毛寨（141.5）、甘肃博峪河（615.47）、甘肃裕河金丝猴（749.44）	1040.92	10.20	甘肃博峪河	
西秦岭西段Ⅳ1E（2）	四川九寨沟	0.16	甘肃香山（113.3）、甘肃捅岗梁（1143.61）、甘肃多儿（552.75）、甘肃贡杠岭（1478.44）、甘肃文县白龙江大鲵（203.08）	1167.37	7.87	甘肃捅岗梁	涉及
岷山Ⅳ1E（3）	甘肃白水江、四川九寨沟、四川唐家河、四川王朗、四川雪宝顶	27.26	四川白河金丝猴（162.04）、四川勿角（362.80）、四川黄龙寺（550.505）、四川小河沟（282.27）、四川白羊（767.1）、四川片口（197.3）	3410.07	29.73	四川小河沟	涉及
大巴山南麓Ⅳ2A（1）	湖北堵河源、湖北神农架、湖北十八里长峡、重庆大巴山、重庆雪宝山、五里坡、重庆阴条岭	14.17	湖北大九湖湿地（3.333）、四川百里峡（262.6）	2873.78	14.17	无	涉及
米仓山南麓Ⅳ2A（2）	四川米仓山、四川诺水河珍稀水生动物	0.80	四川五台山猕猴（279）	92.51	0.80	新建省级自然保护区	山地农耕区

（续）

自然保护地理小区	已建国家级自然保护区	保护比例（%）	已建省级自然保护区及面积（km²）	升级后国家级自然保护区总面积（km²）	升级后保护比例（%）	建议升级自然保护区	保护优先区域
川北丘陵IV2B（1）	四川诺水河珍稀水生动物	0.05	四川九龙山（80.48）、四川翠云廊古柏（297.72）、四川骝马（121.62）	86.60	0.67	四川九龙山	山地农耕区
川东平行岭谷IV2B（2）	长江上游珍稀特有鱼、重庆缙云山	0.51	重庆华蓥山（43.995）、重庆王二包（74.96）、重庆彭溪河（36.86）、重庆安澜鹭类（42）、重庆忠县天池（10.04）	277.66	0.69	重庆王二包	山地农耕区
川中丘陵平原IV2B（3）	长江上游珍稀特有鱼	0.02	四川安岳恐龙化石群（50）、四川金花桫椤（0.53）、四川龙泉湖（5.52）	13.13	0.02	无	平原农耕区
成都平原IV2B（4）		0.00	无	0.00	0.00	无	平原农耕区
龙门山IV2C（1）	甘肃白水江、四川白水河、四川龙溪-虹口、四川千佛山、四川唐家河	9.11	四川东阳沟（307.61）、四川观雾山（210.34）、四川九顶山（637）	1092.71	9.11	无	涉及
邛崃山北段IV2C（2）	四川小寨子沟	2.47	四川宝顶沟（884）、四川米亚罗（1607.32）、四川黑水三打古（623.20）	1327.85	7.38	四川宝顶沟	涉及
邛崃山南段IV2C（3）	四川蜂桶寨、四川卧龙、四川小金四姑娘山	12.62	四川草坡（556.78）、四川黑水河（317.9）（101.414）、四川墨尔多山（621.63）、四川金汤孔玉（235.74）、四川喇叭河（234.37）、四川喇叭河（132.42）、四川天全河珍稀鱼类（364.90）	3082.77	13.18	四川天全河珍稀鱼类	涉及
大相岭IV2C（4）		0.00	四川周公河（4.19）、四川瓦屋山（364.90）	364.90	3.67	四川瓦屋山	涉及
武陵山山前平原IV3A（1）	湖南乌云界	0.40	湖南花岩溪（43.02）、湖北宜昌中华鲟（80）	81.10	0.84	湖南花岩溪	农耕区

（续）

自然保护地理小区	已建国家级自然保护区	保护比例（%）	已建省级自然保护区及面积（km²）	升级后国家级保护区总面积（km²）	升级后保护比例（%）	建议升级自然保护区	保护优先区域
巫山IV3A（2）		0.00	湖北西陵峡震旦系剖面（3）	0.00	0.00	新建省级自然保护区	农耕区
壶瓶山IV3A（3）	湖北木林子、湖北七姊妹山、湖北五峰后河、湖南八大公山、湖南壶瓶山	11.39	湖北崩尖子（135）	1226.98	11.39	无	涉及
武陵山东北部IV3A（4）	湖北七姊妹山、湖南八大公山、湖南白云山、湖南壶瓶山、湖南张家界大鲵	3.53	湖南索溪峪（39.31）、湖南天子山（55）、湖南印家界（102.06）、湖南洛桑（1）、湖南火岩（1.41）、湖南张家界（48）	742.47	4.09	湖南印家界	涉及
武陵山南段IV3A（5）	湖南高望界、湖南借母溪、湖南小溪	2.82	湖南红岩（89.6）、重庆武陵山（70.11）、湖南两头羊（88.38）、贵州九重岩（85）	635.11	3.25	湖南九重岩	涉及
齐岳山IV3A（6）	湖北星斗山、重庆金佛山	2.79	重庆江南（370.52）、重庆奉节天坑地缝（264.58）、重庆七曜山（101.75）、重庆中山（6.67）、重庆大风堡（220.43）、重庆小南海（150）、湖北咸丰县二仙岩湿地（67.38）、重庆大木山（181.365）、重庆南天湖（144.80）、重庆白马山（72）、贵州大沙河（269.9）	1302.40	4.27	重庆南天湖、贵州大沙河	涉及
武陵山西北部IV3A（7）	贵州麻阳河黑叶猴、湖北星斗山、湖北忠建河大鲵	1.20	重庆武陵山（70.11）、重庆大板营（212.46）、重庆乌江彭水长溪河（0.83）、重庆大阳河（172）	394.63	2.61	重庆大板营	涉及
梵净山IV3A（8）	贵州梵净山	3.74	贵州石阡佛顶山（152）	571.00	5.09	贵州石阡佛顶山	涉及

（续）

自然保护地理小区	已建国家级自然保护区	保护比例（%）	已建省级自然保护区及面积（km²）	升级后国家级自然保护区总面积（km²）	升级后保护比例（%）	建议升级自然保护区	保护优先区域
大娄山东段 IV3A（9）	贵州宽阔水、贵州麻阳河黑叶猴、长江上游珍稀特有鱼、重庆金佛山	3.06	无	621.23	3.06	新建省级自然保护区	涉及
大娄山西段 IV3A（10）	贵州赤水桫椤、贵州习水中亚热带常绿阔叶林、四川画稿溪、长江上游珍稀特有鱼	6.51	重庆四面山（224.33）、重庆老瀛山（34.14）	921.48	6.51	无	涉及
大娄山南侧石灰岩山地 IV3A（11）	长江上游珍稀特有鱼	0.03	无	2.97	0.03	新建省级自然保护区	
苗岭东段 IV3B（1）	贵州雷公山	1.60	贵州革东古生物化石（47.6）、湖南三道坑（137.68）、湖南靖州排牙山（3.62）	610.68	2.07	湖南三道坑	
苗岭山原石灰岩山地 IV3B（2）		0.00	无	0.00	0.00	新建省级自然保护区	
黔南石灰岩峰丛 IV3B（3）		0.00	无	0.00	0.00	新建省级自然保护区	
黔西北高原 IV3B（4）	长江上游珍稀特有鱼	0.09	贵州百里杜鹃（125.81）、云南衰家湾（16.34）	142.61	0.76	贵州百里杜鹃	
黔西高原 IV3B（5）		0.00	贵州野钟黑叶猴（13.62）	13.62	0.11	贵州野钟黑叶猴	
黔南高原 IV3B（6）	广西金钟山、广西雅长兰科	1.64	广西大哄岭豹（20.35）、广西龙滩（488.48）	761.78	4.57	广西龙滩	
桂西北岩溶山地 IV3B（7）	广西木论、贵州茂兰	1.82	广西三匹虎（30.15）	210.78	2.12	广西三匹虎	
念青唐古拉山东段 IV 4A（1）	西藏雅鲁藏布大峡谷	6.38	无	2542.12	6.38	无	
他念他翁山南段 IV4A（2）	无	0.00	无	0.00	0.00	新建省级自然保护区	

（续）

自然保护地理小区	已建国家级自然保护区	保护比例（%）	已建省级自然保护区及面积（km²）	升级后国家级自然保护区总面积（km²）	升级后保护比例（%）	建议升级自然保护区	保护优先区域
伯舒拉岭IV4A（3）	云南高黎贡山	13.35	无	2368.98	13.35	无	
芒康山IV4B（1）	西藏芒康滇金丝猴	2.64	无	976.13	2.64	新建省级自然保护区	
沙鲁里山北段IV4B（2）	四川察青松多白唇鹿	6.07	四川新路海（270.38），四川雄龙西（1710.65）	1436.83	6.07	无	
沙鲁里山西南部IV4B（3）	四川海子山，云南白马雪山	7.74	四川竹巴笼（142.4）	1085.74	7.74	无	
沙鲁里山东南部IV4B（4）	四川格西沟，四川海子山，四川亚丁	15.01	四川神仙山（391.14），四川木里鸭嘴（236.93），四川下拥（110.13）	5215.90	15.01	无	涉及
工卡拉山IV4B（5）		0.00	四川卡莎湖（317），四川亿比措湖（272.76）	317.00	3.59	四川卡莎湖	
大雪山北段IV4B（6）		0.00	四川贡斯卡（137），四川泰宁玉科（1414.74）	1414.74	10.75	四川泰宁玉科	
大雪山南段IV4B（7）	四川贡嘎山，四川栗子坪	17.14	四川冶勒（242.93），四川湾坝（1201）	4252.83	17.14	无	涉及
大凉山北部IV5A（1）	四川黑竹沟，四川老君山，四川马边大风顶，四川美姑大风顶子，长江上游珍稀特有鱼	6.78	四川申果庄（337），四川雷波麻咪泽（388）	1150.19	6.78	无	涉及
大凉山南部IV5A（2）		0.00	四川百草坡（255.97）	255.97	3.22	四川百草坡	
小相岭IV5A（3）	四川栗子坪	5.25	四川马鞍山（408.26）	725.72	12.01	四川马鞍山	涉及
牦牛山IV5A（4）		0.00	四川白坡山（163）	163.00	2.76	四川白坡山	涉及
鲁南山-龙肯山IV5A（5）		0.00	四川螺髻山（209.12）	209.12	1.82	四川螺髻山	涉及

（续）

自然保护地理小区	已建国家级自然保护区	保护比例（%）	已建省级自然保护区及面积（km²）	升级后国家级自然保护区总面积（km²）	升级后保护比例（%）	建议升级自然保护区	保护优先区域
锦屏山IV5A (6)	四川二滩水库	0.00	四川二滩水库（749.6）	749.60	7.08	四川二滩水库	涉及
白林山IV5A (7)	四川攀枝花苏铁	0.22	无	13.58	0.22	新建省级自然保护区	
绵绵山IV5A (8)	云南泸沽湖	0.00	云南泸沽湖（81.33）	81.33	1.01	云南泸沽湖	涉及
乌蒙山北段IV5B (1)	四川长宁竹海、云南乌蒙山、长江上游珍稀特有鱼	3.95	无	614.02	3.95	无	
乌蒙山南段IV5B (2)	贵州威宁草海	1.52	无	120.00	1.52	无	
五莲峰IV5B (3)	云南大山包黑颈鹤、云南乌蒙山、云南药山、长江上游珍稀特有鱼	2.45		280.09	2.45	新建省级自然保护区	
堂狼山IV5B (4)	云南会泽黑颈鹤、云南药山	3.75	云南驾车（82.8）	329.24	3.75	无	
拱王山—三台山IV5B (5)	云南轿子山	1.95	无	164.56	1.95	新建省级自然保护区	
白草岭IV5B (6)		0.00	无	0.00	0.00	新建省级自然保护区	
滇东北高原IV5B (7)		0.00	云南珠江源（133.15）	133.15	1.40	云南珠江源	
滇中高原西部IV5B (8)		0.00	云南澄江动物化石群（18）、云南中国前寒武纪（0.58）、云南雕翎山（6.13）、云南紫溪山（160）、云南寻甸黑颈鹤（72.17）	160.00	0.55	云南紫溪山	
滇中高原东部IV5B (9)		0.00	云南沾益海峰（266.1）、云南十八连山（12.12）	266.10	1.15	云南沾益海峰	
雪山IV5C (1)		0.00	云南纳帕海（24）、云南碧塔海（141.33）、云南哈巴雪山（219.08）	360.42	8.00	云南碧塔海、云南哈巴雪山	涉及

（续）

自然保护地理小区	已建国家级自然保护区	保护比例（%）	已建省级自然保护区及面积（km²）	升级后国家级自然保护区总面积（km²）	升级后保护比例（%）	建议升级自然保护区	保护优先区域
玉龙山 IV5C (2)	云南玉龙雪山	0.00	云南拉市海高原湿地（65.23）	325.23	4.38	云南玉龙雪山、云南拉市海高原湿地	
点苍山 IV5C (3)	云南大理苍山洱海	13.91	无	797.00	13.91	无	
云岭北段 IV5C (4)	西藏芒康滇金丝猴、云南白马雪山	45.84	无	3008.96	45.84	无	涉及
云岭南段 IV5C (5)	云南白马雪山	8.88	云南剑川剑湖（46.30）	660.28	8.88	无	涉及
雪盘山 IV5C (6)	云南云龙天池	3.31	云南云岭（758.94）	903.69	20.69	云南云岭	涉及
清水郎山 IV5C (7)		0.00	云南金光寺（95.84）、云南青华绿孔雀（10）	10.00	0.09	云南青华绿孔雀	涉及
怒山北段 IV5C (8)		0.00	无	0.00	0.00	新建省级自然保护区	涉及
怒山南段 IV5C (9)		0.00	无	0.00	0.00	新建省级自然保护区	
高黎贡山 IV5C (10)	云南高黎贡山	19.37	云南北海湿地（16.29）	1686.51	19.37	无	涉及
滇西山原 IV6A (1)		0.00	云南小黑山（160.13）、云南铜壁关（516.51）	516.51	3.35	云南铜壁关	
老别山 IV6B (1)	云南永德大雪山	1.40	云南南捧河（369.7）、云南临沧澜沧江（895.04）	1070.45	8.53	云南临沧澜沧江	涉及
邦马山 IV6B (2)	云南南滚河	3.29	无	534.33	3.29	无	
澜沧江中游河谷 IV6B (3)	云南威远江	0.00	云南威远江（77.04）	77.04	1.05	云南威远江	
无量山北段 IV6B (4)	云南无量山	3.11	无	309.38	3.11	无	
无量山南段 IV6B (5)		0.00	无	0.00	0.00	新建省级自然保护区	涉及
哀牢山北段 IV6B (6)	云南哀牢山	10.62	无	677.00	10.62	无	

（续）

自然保护地理小区	已建国家级自然保护区	保护比例（%）	已建省级自然保护区及面积（km²）	升级后国家级自然保护区总面积（km²）	升级后保护比例（%）	建议升级自然保护区	保护优先区域
哀牢山南段 IV6B (7)	云南金平分水岭、云南绿春黄连山、云南元江	8.89	云南阿姆山（147.56）、云南元阳观音山（161.87）、云南澧南江秒椤（62.22）	1140.72	8.89	无	涉及
澜沧江下游河谷 IV6C (1)	云南西双版纳	12.58	云南莱阳河（148.92）、云南糯扎渡（189.97）	2332.73	12.58	无	涉及
滇西南山地 IV6C (2)	云南版纳河流域、云南西双版纳	2.26	云南竜山（0.54）	358.37	2.26	新建省级自然保护区	涉及
元江河谷北段 IV6D (1)	云南元江	0.99	云南建水燕子洞（16.01）	140.32	0.99	新建省级自然保护区	涉及
元江河谷南段 IV6D (2)	云南大围山、云南文山老君山	4.38	云南马老君山（45.09）、云南马关古林箐（68.33）	701.54	4.85	云南马关古林箐	涉及
六诏山北部 IV6E (1)		0.00	云南普者黑（107.46）、广西王子山雉类（322.09）、广西那佐苏铁（124.58）、云南驮娘江（157.52）	479.61	2.97	广西王子山雉类、云南驮娘江	涉及
六诏山南部 IV6E (2)	云南文山老君山	0.26	云南广南八宝（52.32）、广西老虎跳（270.08）、云南麻栗坡老山（205）	306.40	2.15	广西老虎跳	
桂西山原 IV6E (3)	广西岑王老山、广西雅长兰科	4.40	无	346.50	4.40	新建省级自然保护区	涉及
桂西南山地 IV6E (4)	广西邦亮长臂猿、广西崇左白头叶猴、广西弄岗	2.54	广西大王岭（477.29）、广西黄连山-兴旺（210.36）、广西靖西西底定（48.24）、广西下雷（271.85）、广西龙虎山（22.56）、广西左江佛耳丽蚌（4.17）	995.95	4.88	广西大王岭	涉及
喜马拉雅山南翼 IV7A (1)	西藏雅鲁藏布大峡谷	4.51	无	2235.54	4.51	无	涉及

（续）

自然保护地理小区	已建国家级自然保护区	保护比例（%）	已建省级自然保护区及面积（km²）	升级后国家级自然保护区总面积（km²）	升级后保护比例（%）	建议升级自然保护区	保护优先区域
喜马拉雅山东端 IV7B (1)	西藏察隅慈巴沟、西藏雅鲁藏布藏藏布大峡谷	13.98	西藏然乌湖湿地 (69.78)	5404.33	13.98	无	涉及
松嫩平原西部 V1A (1)	吉林向海、内蒙古科尔沁、内蒙古图牧吉	5.93	内蒙古代钦塔拉五角枫 (616.41)	1335.23	5.93	无	涉及
西辽河平原 V1A (2)	吉林向海、内蒙古阿鲁科尔沁草原、内蒙古科尔沁	4.77	内蒙古蒙格罕山 (208.55)、内蒙古荷叶花湿地 (601.3)、内蒙古乌力胡舒湿地 (388.82)、吉林包拉温都 (621.9)	1583.62	4.77	无	涉及
科尔沁沙地 V1A (3)	内蒙古大青沟	0.23	内蒙古乌丹塔拉 (234.71)	280.56	1.38	内蒙古乌丹塔拉	
赤峰黄土丘陵 V1A (4)	河北围场红松洼	0.36	内蒙古松树山 (423.77)	488.08	2.70	内蒙古松树山	
东呼伦贝尔草原 V2A (1)	内蒙古达赉湖、内蒙古辉河	13.39	无	5170.65	13.39	无	涉及
西呼伦贝尔草原 V2A (2)	内蒙古达赉湖	29.55	内蒙古巴尔虎草原黄羊 (5283.88)	5697.67	29.55	无	涉及
乌珠穆沁高原 V2B (1)		0.00	内蒙古贺斯格淖尔 (297.69)、内蒙古乌拉盖湿地 (5013.67)	5013.67	19.76	内蒙古乌拉盖湿地	
锡林郭勒高原东部 V2B (2)	内蒙古白格斯台、内蒙古锡林郭勒草原	12.76		6477.78	12.76	无	涉及
锡林郭勒高原西部 V2B (3)	无	0.00	无	0.00	0.00	新建省级自然保护区	
浑善达克沙地东部 V2B (4)	内蒙古白音敖包、内蒙古达里诺尔、内蒙古白音库伦、内蒙古浑善达克乌拉	4.38	内蒙古黄岗梁 (383.07)、内蒙古潢源 (454.38)、内蒙古白音库伦 (104.15)、内蒙古浑善达克沙地 (928)	2622.67	5.38	内蒙古黄岗梁、内蒙古白音库伦	

（续）

自然保护地理小区	保护比例（%）	已建国家级自然保护区	已建省级自然保护区及面积（km²）	升级后国家级自然保护区总面积（km²）	升级后保护比例（%）	建议升级自然保护区	保护优先区域
坝上高原 V2B（5）	2.95	河北滦河上游、河北塞罕坝、河北围场红松洼	内蒙古桦木沟（418.58）、内蒙古乌兰布统草原（300.89）、河北御道口（326.2）、内蒙古蔡木山（260）、河北滦河源草地（215）、河北丰宁古生物化石（52.56）	399.65	2.95	无	
张北高原 V2B（6）	0.00		无	0.00	0.00	新建省级自然保护区	
乌兰察布高原东部 V2B（7）	0.20	内蒙古大青山	内蒙古黄旗海（368.32）	423.32	1.53	内蒙古黄旗海	
阴山北部丘陵平原 V2B（8）	0.00		内蒙古王旗哺乳动物地质遗迹（0.476）	0.00	0.00	新建省级自然保护区	
大青山 V2B（9）	25.18	内蒙古大青山	无	3677.86	25.18	无	涉及
河套平原西部 V3A（1）	1.22	内蒙古哈素奎海	内蒙古乌梁素海湿地（293.33）、内蒙古杭锦淖尔（857.5）、内蒙古库布奇沙漠（150）	498.65	2.97	内蒙古乌梁素海湿地	
河套平原东部 V3A（2）	1.28	内蒙古大青山	内蒙古乌拉山（372）、内蒙古梅力更（153.33）、内蒙古南海子（16.64）、内蒙古哈素海（183.16）	336.05	2.81	内蒙古哈素海	
库布齐沙地西部 V3A（3）	0.00	内蒙古西鄂尔多斯	内蒙古白音恩格尔（262.0964）	262.10	2.72	内蒙古白音恩格尔	涉及
桌子山 V3A（4）	66.51	内蒙古西鄂尔多斯	无	2982.71	66.51	无	涉及
西鄂尔多斯高原 V3A（5）	14.13	内蒙古鄂尔多斯、宁夏灵武白芨滩、宁夏哈巴湖	内蒙古都斯图河（380.04）、内蒙古毛盖图（832.46）、内蒙古鄂尔多斯甘草（1448）	3010.05	14.13	无	涉及

（续）

自然保护地理小区	已建国家级自然保护区	保护比例（%）	已建省级自然保护区及面积（km²）	升级后国家级自然保护区总面积（km²）	升级后保护比例（%）	建议升级自然保护区	保护优先区域
鄂尔多斯高原北部 V3A (6)	内蒙古鄂尔多斯遗鸥	0.81	内蒙古准格尔旗恐龙化石 (17.4)	147.70	0.81	新建省级自然保护区	
鄂尔多斯高原东部 V3A (7)		0.00	无	0.00	0.00	新建省级自然保护区	
毛乌素沙地 V3A (8)	宁夏哈巴湖	1.31	内蒙古毛乌素沙地柏 (466)，陕西无定河湿地 (114.8)，陕西红碱淖 (107.68)	789.43	1.52	陕西红碱淖	
贺兰山 V3B (1)	内蒙古贺兰山，宁夏贺兰山	37.38	内蒙古阿左旗恐龙化石 (905.52)	2452.33	37.38	无	涉及
宁夏平原 V3B (2)	宁夏贺兰山，宁夏武白芨滩	3.78	宁夏沙湖 (55.8)	285.01	3.78	无	
罗山－屈吴山 V3B (3)	宁夏罗山，宁夏中卫沙坡头	0.83	宁夏青铜峡库区 (195)，宁夏石峡沟泥盆系剖面 (45)	96.11	0.83	无	
陇中高原北部 V3C (1)		0.00	甘肃哈思山 (84)，甘肃黄河石林 (30.4)，甘肃崛吴山 (37.15)	84.00	0.43	甘肃哈思山	
六盘山余脉 V3C (2)	宁夏罗山，宁夏南华山	3.20	宁夏党家岔 (41)	512.67	3.20	无	
浑善达克沙地西部 VI1A (1)		0.00	内蒙古二连盆地恐龙化石 (104.71)，内蒙古都呼木柄扁桃 (223.31)，内蒙古脑木更第三系剖面遗迹 (104.1)	223.31	0.54	内蒙古都呼木柄扁桃	
巴彦淖尔高原西部 VI1A (2)	内蒙古乌拉特梭梭林－蒙古野驴	3.52	无	680.00	3.52	无	
巴彦淖尔高原东部 VI1A (3)		0.00	内蒙古巴音杭盖 (372)，内蒙古阿尔其山叉枝圆柏 (147.87)	372.00	2.25	内蒙古巴音杭盖	

（续）

自然保护地理小区	已建国家级自然保护区	保护比例（%）	已建省级自然保护区及面积（km²）	升级后国家级自然保护区总面积（km²）	升级后保护比例（%）	建议升级自然保护区	保护优先区域
狼山 VI1A（4）	内蒙古哈腾套海	5.40	内蒙古乌拉特后旗恐龙化石（32.49）	415.58	5.40	无	
雅布赖山 VI1B（1）	内蒙古哈腾套海	0.00	内蒙古东阿拉善（8038.7383）、内蒙古巴丹吉林（4761.77）	8038.74	30.05	内蒙古东阿拉善	
乌兰布和沙漠 VI1B（2）	内蒙古哈腾套海	3.56	无	615.09	3.56	无	涉及
腾格里沙漠西部 VI1B（3）	甘肃民勤连古城、甘肃祁连山	17.97	甘肃凌渡泉（501.7）	5457.82	17.97	无	涉及
腾格里沙漠东部 VI1B（4）	甘肃祁连山、宁夏中卫沙坡头	1.17	内蒙古腾格里沙漠（7217.07）、甘肃昌岭山（36.79）、甘肃寿鹿山（108.75）	7624.51	21.89	内蒙古腾格里沙漠	涉及
紫汗毛里脱沙窝 VI1C（1）		0.00	无	0.00	0.00	新建省级自然保护区	
巴丹吉林沙漠 VI1C（2）		0.00	内蒙古巴丹吉林湖泊（7170.60）	7170.60	19.11	内蒙古巴丹吉林湖泊	
西阿拉善荒漠 VI1C（3）		0.00	无	0.00	0.00	无	
额济纳绿洲 VI1C（4）	内蒙古额济纳胡杨林	3.03	内蒙古马鬃山古生物化石（526.98）	262.53	3.03	新建省级自然保护区	
包尔乌拉山荒漠 VI1C（5）		0.00	无	0.00	0.00	新建省级自然保护区	
龙首山山地 VI1C（6）	甘肃祁连山、甘肃张掖黑河	1.46	甘肃龙首山（25.5）	358.76	1.46	无	
疏勒河流域荒漠 VI1C（7）	甘肃安西极旱荒漠	6.23	甘肃干海子候鸟（3）、甘肃沙枣园子（1634.04）、甘肃南山（1529）	935.05	6.23	无	
河西走廊东部 VI1C（8）	甘肃民勤连古城、甘肃祁连山、甘肃张掖黑河	6.85	无	1485.36	6.85	无	
北山北坡 VI1D（1）		0.00	无	0.00	0.00	新建省级自然保护区	
北山南坡 VI1D（2）	甘肃安西极旱荒漠	9.18	甘肃马鬃山（4800）	3762.54	9.18	无	

（续）

自然保护地理小区	已建国家级自然保护区	保护比例（%）	已建省级自然保护区及面积（km²）	升级后国家级自然保护区总面积（km²）	升级后保护比例（%）	建议升级自然保护区	保护优先区域
河西走廊西部 VI1D（3）	甘肃安南坝、甘肃安西极旱荒漠、甘肃敦煌西湖、甘肃敦煌阳关	31.76		10890.70	31.76	无	无
阿尔泰山西北部 VI2A（1）	新疆哈纳斯	16.84	无	2201.62	16.84	无	涉及
阿尔泰山中部 VI2A（2）		0.00	新疆金塔斯山地草原（97.67），新疆阿尔泰山两河源头（6759）	6759.00	53.40	新疆阿尔泰山两河源头	涉及
萨吾尔山 VI2B（1）		0.00	无	0.00	0.00	新建省级自然保护区	涉及
乌尔喀什山 VI2B（2）		0.00	无	0.00	0.00	新建省级自然保护区	涉及
巴尔鲁克山-玛依勒山 VI2B（3）	新疆艾比湖湿地、新疆巴尔鲁克山	4.85	无	1299.71	4.85	无	涉及
额敏河谷地 VI2B（4）		0.00	无	0.00	0.00	无	平原农耕区
阿尔泰山山前平原 VI2C（1）		0.00	新疆克科苏湿地（306.67），新疆额尔齐斯河科托科海湿地（990.43）	990.43	7.17	新疆额尔齐斯河科托科海湿地	无
额尔齐斯河流域荒漠 VI2C（2）		0.00	无	0.00	0.00	新建省级自然保护区	无
阿尔泰山东南部 VI2C（3）	新疆布尔根河狸	0.43	无	50.00	0.43	新建省级自然保护区	涉及
乌伦古河流域戈壁 VI2C（4）		0.00	无	0.00	0.00	新建省级自然保护区	无
古尔班通古特沙漠东部 VI2C（5）		0.00	无	0.00	0.00	无	无
古尔班通古特沙漠西部 VI2C（6）		0.00	无	0.00	0.00	无	无

（续）

自然保护地理小区	已建国家级自然保护区	保护比例（%）	已建省级自然保护区及面积（km²）	升级后国家级自然保护区总面积（km²）	升级后保护比例（%）	建议升级自然保护区	保护优先区域
北天山山前平原VI2C（7）		0.00	无	0.00	0.00	无	
北天山东段北麓VI2C（8）		0.00	无	0.00	0.00	新建省级自然保护区	
北天山西段北麓VI2C（9）		0.00	无	0.00	0.00	新建省级自然保护区	
艾比湖河谷VI2C（10）	新疆艾比湖湿地、新疆甘家湖梭梭林	18.36	无	3064.47	18.36	无	
赛里木湖-科尔古琴山VI2C（11）		0.00	新疆温泉北鲵（6.95）	6.95	0.06	新疆温泉北鲵	
阿拉套山VI2C（12）		0.00	新疆夏尔希里（314）	314.00	3.36	新疆夏尔希里	
北塔山VI2D（1）		0.00	无	0.00	0.00	新建省级自然保护区	
将军戈壁VI2D（2）		0.00	新疆卡拉麦里山有蹄类（12825.35）	12825.35	63.93	新疆卡拉麦里山有蹄类	
霍景涅里辛沙漠VI2D（3）		0.00	新疆奇台荒漠类草地（386）	386.00	2.82	新疆奇台荒漠类草地	
二百四戈壁VI2D（4）		0.00	无	0.00	0.00	无	
莫钦乌拉山VI2D（5）		0.00	无	0.00	0.00	新建省级自然保护区	
巴里坤山VI2E（1）		0.00	无	0.00	0.00	新建省级自然保护区	
博格达山北坡VI2E（2）		0.00	新疆天池博格达峰（380.69）	380.69	2.86	新疆天池博格达峰	涉及
博格达山南坡VI2E（3）		0.00	无	0.00	0.00	新建省级自然保护区	涉及
科古琴山南麓VI2F（1）		0.00	新疆霍城四爪陆龟（270）	270.00	2.87	新疆霍城四爪陆龟	涉及
伊犁河谷VI2F（2）		0.00	新疆伊犁小叶白蜡（91.03）	91.03	1.02	新疆伊犁小叶白蜡	涉及
乌孙山-那拉提山VI2F（3）	新疆西天山	0.25	新疆巩留野核桃（312.17）	351.30	2.23	新疆巩留野核桃	涉及
依连哈比尔尕山VI2F（4）		0.00	无	0.00	0.00	新建省级自然保护区	涉及

（续）

自然保护地理小区	已建国家级自然保护区	保护比例（%）	已建省级自然保护区及面积（km²）	升级后国家级自然保护区总面积（km²）	升级后保护比例（%）	建议升级自然保护区	保护优先区域
阿吾拉勒山 VI2F (5)	新疆巴音布鲁克、新疆西天山	1.99	新疆新源山地草甸类草地 (653)	946.98	6.42	新疆新源山地草甸类草地	涉及
天山中部山地 VI2F (6)		0.00	无	0.00	0.00	新建省级自然保护区	涉及
额尔宾山 VI3A (1)		0.00	无	0.00	0.00	新建省级自然保护区	
阿拉沟山 VI3A (2)		0.00	无	0.00	0.00	新建省级自然保护区	
巴音布鲁克盆地 VI3A (3)	新疆巴音布鲁克	20.51	无	1368.94	20.51	无	涉及
霍拉山 VI3A (4)		0.00	无	0.00	0.00	新建省级自然保护区	涉及
哈尔克他乌山北坡 VI3A (5)		0.00	无	0.00	0.00	新建省级自然保护区	涉及
哈尔克他乌山南坡 VI3A (6)		0.00	无	0.00	0.00	新建省级自然保护区	涉及
托木尔山地 VI3A (7)	新疆托木尔峰	37.49	无	2318.34	37.49	无	涉及
拜城谷地 VI3A (8)	新疆托木尔峰	0.37	无	57.42	0.37	无	
天山南脉 VI3A (9)		0.00	无	0.00	0.00	新建省级自然保护区	
柯坪盆地西部 VI3A (10)		0.00	无	0.00	0.00	无	
柯坪盆地东部 VI3A (11)		0.00	无	0.00	0.00	无	
喀拉铁热克山 VI3A (12)		0.00	无	0.00	0.00	新建省级自然保护区	
吐鲁番盆地 VI3B (1)		0.00	无	0.00	0.00	新建省级自然保护区	
哈密盆地 VI3B (2)		0.00	无	0.00	0.00	无	
哈顺戈壁 VI3B (3)	新疆罗布泊	28.46	无	17194.38	28.46	无	
库鲁克塔格东部 VI3B (4)	新疆罗布泊	1.68	无	410.05	1.68	新建省级自然保护区	
库鲁克塔格西部 VI3B (5)		0.00	无	0.00	0.00	新建省级自然保护区	

（续）

自然保护地理小区	已建国家级自然保护区	保护比例（%）	已建省级自然保护区及面积（km²）	升级后国家级自然保护区总面积（km²）	升级后保护比例（%）	建议升级自然保护区	保护优先区域
焉耆盆地Ⅵ3B（6）	无	0.00	无	0.00	0.00	新建省级自然保护区	
罗布泊Ⅵ3C（1）	新疆罗布泊	27.38	无	13329.11	27.38	无	涉及
阿尔金山山前平原Ⅵ3C（2）	甘肃敦煌西湖、新疆罗布泊	56.55	无	25185.26	56.55	无	涉及
天山山前平原Ⅵ3C（3）	无	0.00	无	0.00	0.00	无	
塔里木河东段荒漠河岸平原Ⅵ3C（4）	新疆罗布泊、新疆塔里木胡杨	8.99	无	4469.59	8.99	无	涉及
塔克拉玛干沙漠东部Ⅵ3C（5）		0.00	无	0.00	0.00	新建省级自然保护区	
塔里木河西段荒漠河岸平原Ⅵ3C（6）		0.00	无	0.00	0.00	新建省级自然保护区	涉及
克里雅河流域荒漠Ⅵ3C（7）		0.00	无	0.00	0.00	新建省级自然保护区	
和田河流域荒漠Ⅵ3C（8）		0.00	无	0.00	0.00	新建省级自然保护区	
昆仑山山前地带Ⅵ3C（9）		0.00	无	0.00	0.00	无	
叶尔羌河流域荒漠Ⅵ3C（10）		0.00	无	0.00	0.00	新建省级自然保护区	涉及
喀什冲积平原Ⅵ3C（11）		0.00	无	0.00	0.00	新建省级自然保护区	
乌卡沟高寒山地Ⅵ3D（1）		0.00	无	0.00	0.00	新建省级自然保护区	
卡尔隆高寒山地Ⅵ3D（2）		0.00	无	0.00	0.00	新建省级自然保护区	
塔什库尔干高原Ⅵ3D（3）		0.00	新疆帕米尔高原湿地（1256）	1256.00	5.33	新建帕米尔高原湿地自然保护区	
喀喇昆仑山北麓Ⅵ3D（4）		0.00	无	0.00	0.00	新建省级自然保护区	
喀喇昆仑山Ⅶ1A（1）		0.00	新疆塔什库尔野生动物（15000）	15000.00	20.71	新疆塔什库尔野生动物	

（续）

自然保护地理小区	已建国家级自然保护区	保护比例（%）	已建省级自然保护区及面积（km²）	升级后国家级自然保护区总面积（km²）	升级后保护比例（%）	建议升级自然保护区	保护优先区域
喀拉塔什山Ⅷ1A (2)	西藏羌塘	15.82	无	7218.96	15.82	无	
喀喇昆仑山东部高寒山地Ⅷ1A (3)	西藏羌塘	63.13	无	43863.96	63.13	无	
昆仑山中段Ⅷ1B (1)	西藏羌塘、新疆阿尔金山	10.41	新疆中昆仑 (320000)	8595.25	10.41	无	
库木库勒盆地Ⅷ1B (2)	青海可可西里、西藏羌塘、新疆阿尔金山	97.79	无	34792.15	97.79	无	涉及
博卡雷克塔格Ⅷ1B (3)	青海可可西里、新疆阿尔金山	16.82	无	3851.22	16.82	无	
可可西里山Ⅷ1B (4)	青海可可西里、青海三江源、西藏羌塘、新疆阿尔金山	85.11	无	63143.11	85.11	无	
阿尔金山Ⅷ1C (1)	新疆罗布泊	11.39	无	2994.96	11.39	无	
祁连山西部低山Ⅷ2A (1)	甘肃安南坝、青海柴达木梭梭林、新疆罗布泊	5.55	青海可鲁克湖-托素湖 (411.2)	2703.70	6.55	青海可鲁克湖-托素湖	
柴达木盆地西北部Ⅷ2A (2)	新疆罗布泊	10.11	无	5119.83	10.11	无	
柴达木盆地东南部Ⅷ2A (3)	青海柴达木梭梭林	1.21	青海诺木洪 (1180)、青海格尔木胡杨林 (42)	1754.84	3.69	青海诺木洪	
祁漫塔格山Ⅷ2A (4)	新疆阿尔金山	12.00	无	3909.61	12.00	无	
祁连山西段山地Ⅷ2B (1)	甘肃盐池湾	39.73	甘肃昌马河 (682.5)	13606.17	39.73	无	涉及
西祁连山荒漠Ⅷ2B (2)	无	0.00	无	0.00	0.00	新建省级自然保护区	
西祁连山原Ⅷ2B (3)	青海柴达木梭梭林	2.26	无	419.42	2.26	无	
祁连山中段山地Ⅷ2C (1)	甘肃祁连山、甘肃盐池湾	78.72	无	19029.52	78.72	无	涉及

（续）

自然保护地理小区	已建国家级自然保护区	保护比例（%）	已建省级自然保护区及面积（km²）	升级后国家级自然保护区总面积（km²）	升级后保护比例（%）	建议升级自然保护区	保护优先区域
祁连山东段山地Ⅶ2C（2）	甘肃祁连山、青海大通北川河源区、青海青海湖	31.25	青海祁连山（8347）	8095.55	31.25	无	涉及
祁连山南部Ⅶ2C（3）		0.00	无	0.00	0.00	新建省级自然保护区	
青海湖部Ⅶ2C（4）	青海青海湖	24.66	无	4884.11	24.66	无	
祁连山东端Ⅶ2C（5）	甘肃连城、甘肃祁连山、青海大通北川河源区、青海循化孟达	6.68	甘肃黄河三峡湿地（195）	1763.11	6.68	无	涉及
中阿里地区Ⅶ3A（1）	西藏羌塘	20.86	西藏班公错湿地（563.03）	11749.11	20.86	无	
阿里高原Ⅶ3B（1）		0.00	西藏洞错湿地（411.73）	411.73	1.09	西藏洞错湿地	
羌塘高原西北部Ⅶ3B（2）	西藏羌塘	79.61	无	71199.56	79.61	无	涉及
羌塘高原东北部Ⅶ3B（3）	青海可可西里、西藏羌塘	81.52	无	44295.32	81.52	无	涉及
长江源西部Ⅶ3C（1）	青海可可西里、青海三江源	39.79	无	10049.83	39.79	无	涉及
唐古拉山西段Ⅶ3C（2）	西藏拉鲁湿地、西藏雅鲁藏布江中游河谷黑颈鹤	32.00	无	14827.21	32.00	无	涉及
羌塘高原中北部Ⅶ3C（3）	青海三江源、西藏羌塘	69.11	无	81686.78	69.11	无	涉及
羌塘高原西南部Ⅶ3D（1）	西藏羌塘	0.00	西藏扎日南木错湿地（1429.82）	1429.82	3.44	西藏扎日南木错湿地	
羌塘高原中南部Ⅶ3D（2）	西藏羌塘、西藏色林错	18.68	西藏昂孜错-马尔下错（940.41）	10559.58	18.68	无	
羌塘高原东南部Ⅶ3D（3）	西藏色林错	15.25	无	5808.66	15.25	无	
冈底斯山脉中段Ⅶ3D（4）		0.00	无	0.00	0.00	新建省级自然保护区	
冈底斯山脉东段Ⅶ3D（5）	西藏色林错	5.82	西藏日喀则岩溶（1.4）、西藏纳木错（10997.96）	2722.94	5.82	无	

（续）

自然保护区地理小区	已建国家级自然保护区	保护比例（%）	已建省级自然保护区及面积（km²）	升级后国家级自然保护区总面积（km²）	升级后保护比例（%）	建议升级自然保护区	保护优先区域
鄂拉山 Ⅶ4A (1)	青海三江源	4.22	无	1503.71	4.22	无	
长江源北部 Ⅶ4A (2)	青海柴达木梭梭林，青海可可西里，青海三江源	46.26	无	26678.32	46.26	无	涉及
巴颜喀拉山北段 Ⅶ4B (1)	青海三江源，四川长沙贡马	49.71	无	30134.74	49.71	无	涉及
长江源南部 Ⅶ4B (2)	青海隆宝，青海三江源	65.28	无	35258.42	65.28	无	涉及
唐古拉山东南部 Ⅶ4B (3)	青海三江源	29.33	无	7358.01	29.33	无	涉及
甘南高原 Ⅶ4C (1)	甘肃尕海－则岔，甘肃莲花山，甘肃太子山，甘肃洮河，青海循化孟达	25.27	甘肃郭扎沟紫果云杉（26.87），甘肃白龙江阿夏（1355.36），四川铁布（200）	5458.95	25.27	无	
黄南山－西倾山 Ⅶ4C (2)	甘肃尕海－则岔，青海循化孟达	19.73	无	4698.58	19.73	无	涉及
松潘高原 Ⅶ4C (3)	甘肃尕海－则岔，甘肃黄河首曲湿地，四川若尔盖湿地	13.95	西藏曼则塘（1658.74）	3278.03	13.95	无	
阿尼玛卿山 Ⅶ4C (4)	甘肃黄河首曲湿地，青海三江源	37.47	甘肃玛曲青藏高原土著鱼类（274.16）	9676.15	37.47	无	涉及
巴颜喀拉山中段 Ⅶ4C (5)	青海三江源，四川长沙贡马	19.64	四川洛须（1553.5）	16300.96	19.64	无	涉及
巴颜喀拉山东南部 Ⅶ4C (6)		0.00	四川南莫且湿地（828.34）	828.34	7.35	四川南莫且湿地	涉及
巴颜喀拉山西南部 Ⅶ4C (7)	无	0.00	无	0.00	0.00	新建省级自然保护区	
澜沧江－金沙江上游谷地 Ⅶ4D (1)	青海隆宝，青海三江源	42.27	无	14141.89	42.27	无	涉及
他念他翁山北段 Ⅶ4D (2)	青海三江源，西藏类乌齐马鹿	11.40	无	5054.62	11.40	无	涉及

（续）

自然保护地理小区	已建国家级自然保护区	保护比例（%）	已建省级自然保护区及面积（km²）	升级后国家级自然保护区总面积（km²）	升级后保护比例（%）	建议升级自然保护区	保护优先区域
念青唐古拉山中段北麓Ⅶ4E (1)	西藏色林错、西藏拉鲁湿地、西藏雅鲁藏布江中游河谷黑颈鹤	0.00	西藏麦地卡 (895.41)	895.41	2.63	西藏麦地卡	
西南阿里地区Ⅶ5A (1)		0.00	西藏札达土林 (5600)，西藏玛旁雍错湿地 (974.99)	974.99	1.49	西藏玛旁雍错湿地	
藏南谷地西部Ⅶ5B (1)		0.00	无	0.00	0.00	无	
喜马拉雅山中段Ⅶ5B (2)	西藏珠穆朗玛峰	59.77	无	33810.00	59.77	无	涉及
喜马拉雅山东段Ⅶ5B (3)	西藏雅鲁藏布江中游河谷黑颈鹤	1.37	无	345.22	1.37	新建省级自然保护区	涉及
藏南谷地中部Ⅶ5C (1)	西藏雅鲁藏布江中游河谷黑颈鹤	5.82	西藏塔格架热喷泉群 (4)，西藏桑桑湿地 (56.44)	2369.02	5.82	无	
藏南谷地东部Ⅶ5C (2)	西藏雅鲁藏布江中游河谷黑颈鹤	4.78	无	1472.06	4.78	无	
念青唐古拉山中段南麓Ⅶ5D (1)	西藏拉鲁湿地、西藏雅鲁藏布江中游河谷黑颈鹤	1.05	西藏巴结巨柏 (0.08)，西藏工布 (20149.81)	20541.20	54.98	西藏工布	涉及
念青唐古拉山西段Ⅶ5D (2)	西藏拉鲁湿地、西藏雅鲁藏布江中游河谷黑颈鹤	5.88	无	1577.98	5.88	无	
东沙群岛Ⅷ1A (1)		0.00	无	0.00	0.00	新建省级自然保护区	
中沙群岛Ⅷ1B (1)		0.00	海南西南中沙群岛 (24000)	0.00	0.00	新建省级自然保护区	
西沙群岛Ⅷ1C (1)		0.00	海南东岛白鲣鸟 (1)	0.00	0.00	新建省级自然保护区	
南沙群岛Ⅷ1D (1)		0.00	无	0.00	0.00	新建省级自然保护区	

注：保护比例均指国家级自然保护区保护比例。

附录 D　植被保护成效评估数据处理方法

D.1　像元的植被长势变化率（*PVGR*）计算及显著性检验

D.1.1　像元的植被长势变化率（*PVGR*）计算

利用一元线性回归趋势分析每个像元的植被长势变化率（*PVGR*），计算按公式（D.1）：

$$PVGR = \frac{n\sum\limits_{i=1}^{n}NDVI_{(S)i} - \sum\limits_{i=1}^{n}i\sum\limits_{i=1}^{n}NDVI_{(S)i}}{n\sum\limits_{i=1}^{n}i^2 - (\sum\limits_{i=1}^{n}i)^2} \quad\text{……………………} \quad (D.1)$$

式中，*PVGR* 为像元的植被长势变化率；

n 为评估期的总年数；

i 为年序号，为 1，2，3…n；

$NDVI_{(S)i}$ 为某个像元第 i 年植被生长季的 *NDVI* 值，介于 0～250 之间。$NDVI_{(S)i}$ 由第 i 年植被生长季中每个月的 *NDVI* 值经平均计算获得，计算按公式（D.2）：

$$NDVI_{(S)i} = \frac{1}{m}\sum\limits_{j=1}^{m}NDVI_{(M)ij} \quad\text{……………………………} \quad (D.2)$$

m 为植被生长季中的月份数量；

$NDVI_{(M)ij}$ 为某个像元第 i 年植被生长季中第 j 个月的 *NDVI* 值，是由该月份中每天或每旬的 *NDVI* 经最大合成法求得。

D.1.2　像元的植被长势变化率的显著性检验

利用 *F* 检验法对像元的植被长势变化率在 0.05 的显著性水平下进行检验，计算按公式（D.3）：

$$F = (n-2)\frac{U}{Q} \sim F(1,\ n-2) \quad\text{……………………………} \quad (D.3)$$

式中，*F* 为 *F* 检验量；

U 为回归平方和；

Q 为残差平方和；

n 为评估期的总年数。

查 *F* 分布临界值表，若 $F \geqslant F_{0.05}(1,\ n-2)$，则 $P<0.05$；反之 $P \geqslant 0.05$。

D.1.3　像元的植被长势变化率分析

基于自然保护区像元的植被长势变化率（*PVGR*）及其显著性检验结果，获得像元的植被长势的变化等级（l），参照表 D.1 制作自然保护区植被长势变化等级空间分布图。

表 D.1　植被长势变化等级划分表

区间	$PVGR \geqslant 5$ $P<0.05$	$3 \leqslant PVGR$ <5 且 $P<0.05$	$0 \leqslant PVGR$ $<3 P<0.05$	$P \geqslant 0.05$	$-3<PVGR$ $\leqslant 0 P<0.05$	$-5 \leqslant PVGR$ $<-3 P<0.05$	$PVGR<-5$ $P<0.05$
变化等级（l）	明显改善	中度改善	轻微改善	基本不变	轻度退化	中度退化	重度退化
变化等级赋值（L）	1	0.62	0.38	0	−0.38	−0.62	−1

D.2　保护性植被样地（样方）质量指数计算

D.2.1　森林植被样地或小班质量指数计算

D.2.1.1　原始数据的测定

森林植被质量评估原始数据包括自然度、郁闭度、平均胸径和平均树高 4 项。该数据可由森林资源规划设计调查资料直接查得，或由样地调查资料获取。对于原始数据采集的具体要求符合 LY/T 1958—2011，4.2 中的规定。样地布设采用随机、机械或的抽样方法，可采用圆形、方形、带状或角规样地，在样地内实测各项调查因子，样地数量应满足精度要求，样地调查精度要求参照《国家森林资源连续清查主要技术规定》。

D.2.1.2　参评指标的构建

自然度、郁闭度、平均胸径和平均树高 4 项原始数据作为参评指标直接使用。

D.2.1.3　参评指标等级划分

参考森林资源规划设计调查技术规程（GB/T 26424—2010）、《林业调查用表》等，将参评指标划分为Ⅰ、Ⅱ、Ⅲ、Ⅳ、Ⅴ 5 个等级（FD）。利用黄金分割比例分别赋值为 1.00、0.62、0.38、0.14、0。参评指标的等级划分参照表 D.2。

表 D.2　参评指标等级划分表

参评指标	参评指标等级（FD）				
	Ⅰ（赋值 1.00）	Ⅱ（赋值 0.62）	Ⅲ（赋值 0.38）	Ⅳ（赋值 0.14）	Ⅴ（赋值 0）
龄组	过熟、成熟天然林	近熟天然林	中龄、幼龄天然林	乡土种人工林	外来种人工林
郁闭度	0.7~1.0	0.60~0.69	0.40~0.59	0.30~0.39	0.20~0.29
平均胸径	参照技术规定、查阅专业用表和使用经验数值 3 种方法，确定该 3 项参评指标的等级				
平均树高					

D.2.1.4　森林植被样地或小班质量指数

$$FQ_{ij} = \frac{1}{4} \sum_{d=1}^{4} FD_{ijd} \quad\cdots\cdots\cdots\cdots\cdots\cdots\cdots\cdots\cdots\cdots \text{(D.4)}$$

式中，FQ_{ij} 为森林植被样地或小班质量指数，即第 i 种森林植被类型第 j 个森林样地或小班的质量指数，介于 0~1 之间；

FD_{ijd} 为第 i 种森林植被类型第 j 个森林样地或小班第 d 个参评指标的等级赋值。

根据森林样地或小班质量指数 FQ_{ij} 的大小，将森林样地或小班的质量划分为"好"、"较好"、"中"、"较差"、"差" 5 个等级，见表 D.3。

表 D.3　森林植被质量等级划分表

森林植被质量等级	好	较好	中	较差	差
区间	[0.8, 1]	[0.6, 0.8)	[0.4, 0.6)	[0.2, 0.4)	[0, 0.2)

D.2.2　灌丛植被样方质量指数计算

D.2.2.1　原始数据的测定

灌丛植被质量评估原始数据包括灌丛植物种类、数量（株数或丛数）、高度和盖度4项，可由植被监测固定样地或植被调查样方数据获得。植被调查取样遵守典型性、完整性和代表性的原则，并兼顾生态参照区。

D.2.2.2　参评指标的构建

使用灌丛群落高度、灌丛群落总盖度和建群种重要值3项为参评指标。群落高度为调查样方中建群种高度的平均值；灌丛群落总盖度为调查样方中所有灌木的总盖度；建群种重要值为该灌木种的相对密度、相对高度和相对盖度的平均数，介于0~1之间。

D.2.2.3　参评指标等级划分

以生态参照区内灌丛样方的3项参评指标为最优标准，将参评指标划分为Ⅰ、Ⅱ、Ⅲ、Ⅳ、Ⅴ5个等级。利用黄金分割比例分别赋值为1.00、0.62、0.38、0.14、0。参评指标的等级划分参照表D.4。

表 D.4　参评指标等级划分表

参评指标	参评指标等级（FD）				
	Ⅰ（赋值1.00）	Ⅱ（赋值0.62）	Ⅲ（赋值0.38）	Ⅳ（赋值0.14）	Ⅴ（赋值0）
群落高度 群落总盖度 建群种重要值	达到生态参照区内该项指标的80%	介于生态参照区内该项指标的60%~80%	介于生态参照区内该项指标的40%~60%	介于生态参照区内该项指标的20%~40%	不足生态参照区内该项指标的20%

D.2.2.4　灌丛植被样方质量指数

$$BQ_{ij} = \frac{1}{3}\sum_{d=1}^{3}BD_{ijd} \quad\cdots\cdots\cdots\cdots\cdots\cdots\cdots\cdots\cdots\cdots\cdots\cdots\cdots (D.5)$$

式中，BQ_{ij}为灌丛植被样方质量指数，即第i种灌丛植被类型第j个灌丛样方的质量指数，介于0~1之间；

BD_{ijd}为第i种灌丛植被类型第j个灌丛样方第d个参评指标的等级赋值。

根据灌丛植被样方质量指数BQ_{ij}大小，将灌丛样方的质量划分为"好"、"较好"、"中"、"较差"、"差"5个等级，参照表D.5。

表 D.5　灌丛、草地植被质量等级划分表

质量等级	好	较好	中	较差	差
区间	[0.8, 1]	[0.6, 0.8)	[0.4, 0.6)	[0.2, 0.4)	[0, 0.2)

D.2.3　草地植被质量指数计算

D.2.3.1　原始数据的测定

草地植被质量评估原始数据包括草本植物种类、高度、盖度、地上生物量和样方盖度 5 项，可由植被监测数据或植被调查样方数据获得。植被调查取样遵守典型性、完整性和代表性的原则，并兼顾生态参照区。

D.2.3.2　参评指标的构建

使用草地群落高度、群落总盖度、建群种重要值 3 项为参评指标。草地群落高度为调查样方建群种高度的平均值；群落总盖度即为样方盖度；建群种重要值为该物种的相对高度、相对盖度和相对地上生物量的平均数，介于 0~1 之间。

D.2.3.3　参评指标等级划分

将参评指标划分为Ⅰ、Ⅱ、Ⅲ、Ⅳ、Ⅴ 5 个等级。利用黄金分割比例分别赋值为 1.00、0.62、0.38、0.14、0。参评指标的等级划分参照表 D.4。

D.2.3.4　草地植被样方质量指数

$$GQ_{ij} = \frac{1}{3}\sum_{d=1}^{3} GD_{ijd} \quad\cdots\cdots\cdots\cdots\cdots\cdots\cdots\cdots\cdots\cdots\cdots\cdots\cdots\cdots \text{(D.6)}$$

式中，GQ_{ij} 为草地植被样方质量指数，即第 i 种草地植被类型第 j 个草地样方的质量指数，介于 0~1 之间；

GD_{ijd} 为第 i 种草地植被类型第 j 个草地样方第 d 个参评指标的等级赋值。

根据草地植被样方质量指数 GQ_{ij} 大小，将草地样方的质量划分为"好"、"较好"、"中"、"较差"、"差" 5 个等级，参照表 D.5。